詩人のための量子力学

レーダーマンが語る不確定性原理から弦理論まで

レオン・レーダーマン／クリストファー・ヒル：著
吉田三知世：訳

Quantum Physics for Poets

Leon M. Lederman
Christopher T. Hill

白揚社

スーパー・アシスタントでもある妻、エレンにこの本を捧げる。

——レオン

キャサリンとグレアムにこの本を捧げる。

——クリストファー

詩人のための量子力学　目次

・〔　〕で示した部分は翻訳者による補足です。

第1章　これがショックじゃないなら、君はわかっていないのだ

テレビドラマシリーズ『スタートレック』と、そのスピンオフ作品は、宇宙船エンタープライズ号が銀河間空間を旅する物語だ。その五年にわたる宇宙探検ミッションの目的は、前人未踏の遠方に行くことだった。エンタープライズの乗組員たちは、遠い未来には存在するかもしれない想像上の技術を使って、光の何倍も速いワープスピードで移動し、「亜空間通信」を使って、何パーセク〔一パーセクは約三〇兆キロメートル〕も離れた場所から宇宙艦隊司令部と連絡をとり、接近してくる宇宙船や新しい惑星の表面を「スキャン」し、ときには光子魚雷で敵軍の攻撃から身を守る。なかでもいちばん高度で新しいのは、乗組員が自分を粒子レベルに分解し、ビームに乗せて「転送」する技術だ。これを使って、彼らは見たこともない世界の表面に降り立ち、不思議な景色のなかを調査して回ったり、よその星の文明——より高度なことも、そうでないこともある——の指導者と直接話し合ったりする。

しかし、数あるスタートレックのどの放映回でも、あるいは他のどんなSF長編ドラマでも、私たちが知る限り、一九〇〇年から三〇年にかけて地球上で実際に行われた宇宙調査ほど、奇妙なこ

とは起こったためしがない。二〇世紀初頭の「科学の時代」に物理学者たちが探検したフィールドは、エンタープライズ号が行ったところに負けず劣らずすごかった。だがそれは、銀河間空間を数十億光年進むというような、尺度の大きいほうの極限をいく話ではなかった。それは、宇宙のすべてをつくり上げている最も小さな物体の姿が現れてくる、誰も探ったことのなかった未知の宇宙、一センチの何十億分の一の、また何十億分の一という深い世界——すなわち、尺度の小さいほうの極限——を追究する旅だったのだ。

一九世紀から二〇世紀への変わり目、技術の進歩と科学の高度化のおかげで、探検者たる物理学者たちは、まったく新しい驚異的な異文明領域とも言える、原子の世界に初めて足を踏み入れた。そこで彼らが出合ったものは、想像を超えているが実在する、超現実的《シュール》なものだった。まるで、当時の美術、音楽、文学が——ピカソの目、シェーンベルクの耳、そしてカフカのペンが——、自然の奥底に存在する、摩訶不思議で奇怪で、それまで誰も知らなかった新しい世界を解明しようとする物理学者たちとタッグを組んでいるかのようだった。物理学は、それまでの三〇〇年をかけて、さまざまな法則を見いだし、精緻化を進めて構築されてきたにもかかわらず、物理学の体系をなす諸法則に関する、洗練された「古典的な」科学知識のほとんどすべてが、この新しい世界では完全に間違っていることが明らかになったのだ。『スタートレック』に例えるなら、カーク船長とエンタープライズの乗組員たちがある惑星に降り立ったところ、その惑星はウサギの穴に落ちたアリスが見たのと同じくらい異様な自然法則に支配されていた、というのに近いだろう。それは、まったく新しい、一種「夢の論理」のようなものに支配される世界だった。ここに置いた物体が、すぐさまあっちに現れた。なめらかな硬い石の輪郭がみるみるうちにぼやけて、やがて消え去り、何もなくなってしまった。堅固な壁も、何の苦もなくするりと通りぬけられた。物体は、空間と時間のなかでむやみやたらに跳びまわった。

おびただしい数の物質の粒子が、この奇妙な新しい世界のなかで、群れをなしてあちらへ、こちらへと動いていた。科学者たちは注意深く観察し、これらの粒子は、出発点Aから離れたところにある終点Bへと、きっちり定まった時間でみな同時に到達するわけではないことを発見した。運動は、三〇〇年前にガリレオやニュートンが考えたようなものではまったくなかった[1]。すべてのものを構成している自然の**基本粒子**――たとえば、あの小さな電子など――は、AからBへ行くのに、複数の可能な経路をすべて同時に進むかのように見えたのだ！　どの瞬間を見ても、粒子は、どこにも存在しないと同時に、あらゆる場所に存在していた。奇妙なことに粒子たちは、とり得た、つまり自分がとったかもしれないすべての経路を知っていて、しかも実際にどの経路をとったかは知らぬままに、終点に到着していた。科学者たちは、AからBに行くときに通れる経路を一部ふさぐという細工をしてみたが、粒子がBに到達する様子は、細工に影響される場合もあれば――たとえば、粒子がとり得る経路（実際にとるかどうかは別として）の一つだけに、少し細工をして変えてやると、粒子はBにますます頻繁に到達するようになったという実験など――、そんなことにはまったく影響されないこともあった。

内部にそれらしい仕掛けも内臓ももたない、針の先のように小さな粒子は、検出器にははっきりした経路を示し、蛍光スクリーンに小さな光の点を残し、ガイガーカウンターを「カチッ……カチッ……カチッ、カチッ……カチッ」と鳴らす。だが、このものすごく小さい物質の点は、波であるようにも見える。粒子たちは、波のような雲のような、ぼやけた広がりのある運動を見せ、そこには、湖や海の表面に見られる波のような、山と谷が現れる。そして逆に、電波や光のように波だと思われていたものが、粒子でもあることがわかった。波が粒子になり、粒子が波になったのだ。どちらでもないが、しかし、同時に両方でもある。まるで、当時の急進的な画家や作曲家、小説家が、自然法則をつくっているかのようだった。

要するに、高度に洗練されたさまざまな装置をとおして見るようになった二〇世紀初頭の物理学者の目の前で、世界は劇的な変貌を遂げたのだ。今や宇宙は、ルネサンスに始まった三〇〇年にわたる啓蒙主義の時代をとおして科学が教えてきたのとは、まったく異なる仕組みで働いているようだった。物理の世界に対する私たちの理解がこれほど大きく変化したことは、自然観そのものが、今や完全に様変わりしたのだと高らかに告げていた。そしてこの革新的な理解はさらに、まったく新しくて底の知れない科学――量子力学――を誕生させていくのである。

新しい実験データや理論物理のアイデアと格闘する物理学者たちは、ガリレオやニュートンの古典時代の伝統的な世界でつくり出された言語や比喩を使わざるをえなかったが、それは新しい経験を記述するにはどうにも不便だった。今や世界を記述するのには、「曖昧な」「不確定な」「薄気味悪い遠隔作用」などの言葉が必要になったようだった。まるで、幽霊がうろちょろしては実験の結果に影響を及ぼしているかのように。

波がときとして粒子であり、粒子がときとして波であるなどということがどうして起こるのかを、辻褄を合わせてうまく説明するために、**粒子と波の二重性**という概念が登場した。しかし、科学者たちの混乱は治まらなかった。量子物理のもたらした影響はあまりに摩訶不思議であり、おそらく正気を保つためであろう、量子力学のパイオニアたちは、自分たちが記述しているのが広大な新世界であることを否定せずにはいられなかった。代わりに彼らは、「自分たちは、起こり得る実験の結果を予想する新しい方法を編み出しただけであって、それ以上ではないのだ」と、まるで他人ごとのように主張するほうを選んだのだった。

前もって少し量子力学を見ておこう

量子時代以前、科学者たちは、原因と結果について述べるとき、そして、加えられたさまざまな力に応答して、物体が明確に定義された経路に沿って進む様子を正確に述べるとき、曖昧なところなど少しもなしに明言することができた。だが、遠い昔から一九世紀の終わりまで発展してきた古典的な科学が対象にしてきたのは、膨大な数の原子の集合ばかりだった。たとえば、一粒の砂にしても、一兆の数百万倍ほどの原子が含まれている。

量子時代以前の観察者たちは、例えてみれば、はるか彼方から人間の大群を調べている、文明をもった異星人のようなものだった。そのような地球外文明から地球を見ても、数千人、数万人、もしくはそれ以上の群集しか観察できない。彼らは、パレードで行進している人間たち、拍手喝采している聴衆、職場へ、あるいは四方八方へと急ぐ通行人たち、こんな状態の人間を観察したことだろう。しかし、もっと接近して、個々の人間のふるまいが見えるようになったときに何が見いだされるか、実際にそういう状況になる前に、彼らに心構えさせてくれるものは何もなかっただろう。接近して見たとき、人間たちのふるまいには、ユーモア、愛、思いやり、そして独創性が表れているのがわかるはずだが、そんな微妙な特徴は、遠方から群集としての人間が示すふるまいだけを観察してきた者には、まったく予期せぬものだろう。その異星人が昆虫やオートマトン〔入力された情報に対して、内部の状況に応じた処理をした結果を出力する自動機械〕だったとしたら、今はじめてクローズアップして観察することができた人間の行動の特徴を記述するために、即座に使える言葉すらもっていないはずだ——実のところ、人類が今日まで蓄積してきた詩や文学（たとえば古代ギリシャの悲劇詩人アイスキュロスから現代アメリカの作家トマス・ピンチョンに至るまで）にしても、個々の人間の経験をすべて網羅してはいない。

これと似たような状況で、二〇世紀の幕開け、膨大な数の原子に満たされた物体のふるまいを正確に予測してきた、物理学という厳格たることを身上とする荘厳な建物は、倒れて粉々に砕けた。新たに精緻化され洗練された実験をとおして、個々の原子の性質のみならず、原子のなかに存在しているもっと小さな粒子の性質までもが表舞台に登場してきて、ソロで、デュエットで、トリオで、あるいは大勢でパフォーマンスをするのが見られるようになった。古典世界から目覚めつつあった第一級の科学者らにとって、新たに観察された個々の原子のふるまいはショッキングなものだった。彼ら新世界の探検者、原子時代の近代物理学のアバンギャルドな「詩人、画家、作曲家」たちは、ハインリヒ・ヘルツ、アーネスト・ラザフォード、J・J・トムソン、ニールス・ボーア、マリー・キュリー、ヴェルナー・ハイゼンベルク、エルヴィン・シュレーディンガー、ポール・ディラック、ルイ＝ヴィクトル・ド・ブロイ、アルベルト・アインシュタイン、マックス・ボルン、マックス・プランク、ヴォルフガング・パウリらであった。彼らが原子の内部に見いだしたものに感じたショックは、宇宙船エンタープライズ号の乗組員が、広大な宇宙のなかで異星人の文明に出合ったときに感じただろうショックに近いものであったと言えよう。最初のデータに面食らって混乱したものの、やがて科学者たちは、この新世界に秩序と論理を復活させるべく必死の努力を始めた。一九二〇年代の終わりになって、化学と日常のありきたりな出来事すべてを定義する、原子の性質についての基本的な論理がついに構築された。人間は、この奇妙極まりない量子の新世界を理解しはじめたのだ。

『スタートレック』の探検者なら、転送ビームを使って、そこそこ安心な場所になんとか戻ってくることができるかもしれない。しかし、一九〇〇年代初頭の物理学者には、帰るべき安心な場所などなかった。彼らは、原子を支配する奇妙奇天烈な新しい量子の法則が、すべてのものにとって一番の基礎をなす根本的なものであることを知っていた——宇宙のどこであろうとも。私たちはみな原子でできているのだから、原子の領域のありさまが意味する異様な真実から逃れることなどできない。異星人の世界を見てしまったと思ったら、それは私たちの世界だったのだ！

新しい量子の世界で行われたさまざまな発見が指し示したショッキングな意味に、その発見者たる当の科学者たちは狼狽した。政治的な革命にも似て、量子論は、その初期のリーダーの多くを消耗させた。彼らが最も忌み嫌ったのは、他人の政治的陰謀や策略ではなく、世界のありさまに関する、人を落ち着かなくさせるような深い哲学的な問題であった。一九二〇年代が終わるころ、この物理概念の革命が意味するものがどんなに大きな影響を及ぼすかという全貌がわかりはじめると、アルベルト・アインシュタインのような大物まで含めて、量子論の創始者の多くが、自らがその創生に大いに貢献したはずのこの理論を非難し、拒否するようになった。しかし、二一世紀に突入した今、量子力学はさまざまな状況に応用され、そのすべてにおいて実際に役目を果たしているのである——トランジスタ、レーザー、原子力、そのほか数え切れない発明や洞察を私たちにもたらしてくれている。傑出した物理学者たちが、量子論を理解するもっと親しみやすくわかりやすい方法を探そうと奮闘している。人間の直感が心地よく感じる範囲をなるべく逸脱しないやり方を見つけようと試みている。だが私たちは、鎮静剤を求めるのはやめて、そろそろ正面から科学に向き合うまっとうな態度に戻るべきだろう。

量子論が登場する前に主流だった科学は、巨視的な物体の世界を見事に説明し切っていた。壁に立てかけられて安定している梯子、矢や弾丸の飛行、惑星や、風変わりな軌道を進む彗星の自転や公転、しかるべく機能する便利な蒸気機関、電信、電気モーターと発電機、ラジオ放送。要するに、一九〇〇年までに科学者たちが容易に観察し、測定できたほとんどすべての現象が、古典物理学でうまく説明できたのだ。ところが、原子サイズの物体の摩訶不思議なふるまいを説明しようとする試みは、途方もなく困難で、冷静ではいられないほどだった。新たに生まれた量子論は、完全に直感に反するものだった。

直感は、それまでの経験に基づいたものだ。この意味においては、以前の古典物理学にしても、それが発見された当時の人々にとっては直感とは相容れないものであった。ガリレオが到達した、摩擦がない状態での物体の運動に関する洞察は、当時の人々にとって、直感的にはどうにも受け入れにくいものだった。摩擦のない世界など、ほとんどの人が経験したことも考えたこともなかったのだから[2]。だが、ガリレオから始まった古典物理学は、私たちが直感と感じるもの自体を変えた。その後三〇〇年間、一九〇〇年に至るまで共有されることになったこの新しい直感には、これ以上の極端な変化は起こりそうになかった――量子物理学の発見によって、まったく新しいレベルで直感に反する衝撃、私たちの現実世界の捉え方を揺るがしかねない衝撃がもたらされるまでは。

一九〇〇年から三〇年にかけて、一見自己矛盾としか思えないさまざまな現象が世界各地の実験室から報告されるようになったが、そうした現象を総合的にとらえ、原子というものを理解するには、旧来の姿勢や、慣習となった思考の枠組みを根本から変えなければならなかった。それまで大きな尺度では出来事を明確に予測してきた物理の方程式が、今や「こうなるかもしれない」という可能性しか提供してくれなくなった。それも、どの可能性についても、**確率**――ある一つの出来事に対して、それが実際に起こる確からしさ――しか計算できなくなってしまったのだ。ニュートンの絶対的に正確で確実な方程式（**古典的決定論**）は、曖昧さ、不確定性、そして、確率を主役とするシュレーディンガーの方程式とハイゼンベルクの数学とにとって代わられたのだった。

さて、この不確定性というものは、自然界において原子のレベルでどんなふうに現れているのだろう？　いろいろな場面に現れているが、ここでは単純な例を一つ挙げよう。実験室にウランなどの放射性原子の塊があったとすると、**半減期**と呼ばれる時間が経つと、もともとあった原子の半数が消えてしまう（このことを物理学者は「原子が、他の原子や原子の構成要素へと崩壊する」と言う）。半減期に等しい時間がもう一度経過すると、残った原子はまた半数にまで減る（だから、半減期が二度経過すると、放射性原子は、もともとあった数の四分の一になり、半減期が三度経過すると、もともとの数の八分の一になる、というふうに、数がどんどん減っていく）。量子力学を使い、きちんと計算すれば、原理的にはウラン原子の半減期を求めることは可能だ。同じように、他の元素や核子などの基本的な粒子についても半減期を計算することができ、おかげで素粒子物理学者は職に就いて給料をもらえるというわけだ。しかし量子力学は、どれか一つのウラン原子に注目したとき、それがいつ消えるかを予測することはできないのである。

この結論は、ちょっと嫌な感じがする。ウラン原子が実際にニュートンの古典論的な物理法則に支配されていたなら、ウラン原子のなかで働いている何らかのメカニズムがあって、それを十分詳しく研究しさえすれば、あるウラン原子がいつ崩壊するかを正確に予測することができるはずだ。だが、量子の法則は、そういう内部メカニズムを把握できていないがために、曖昧な確率の結果しか与えてくれないというわけではない。そうではなくて、ある一つの原子の崩壊について知ることができるのは確率だけだと量子論は断言しているのである。

世界に見られる量子論的状況の例をもう一つ考えてみよう。二つのまったく同じ光子（光をつくり上げている粒子）を、まったく同じ方法で一枚のガラス窓にぶつけると、どちらの光子も、ガラスを通り抜けるか、あるいはガラスから反射するか、どちらかのふるまいをする。新しく登場した量子力学は、それぞれの光子が反射するのか通過するのかどちらなのかを、正確に予測することはできない。私たちは、原理的にすら、ある一個の光子の未来を予測することはできないのだ。さまざまな可能性の確率を計算することしかできないのである。量子力学を使って、「どちらの光子も、ガラスから反射する確率は一〇パーセントで、ガラスを通過する確率は九〇パーセントだ」と計算することはできる。だが、それだけだ。しかしながら、一見あいまいで不正確としか思えない量子力学が、物事の仕組みを理解するための正しい手段――実のところ、唯一の正しい手段――を提供してくれる。また量子力学は、原子の構造やふるまい、分子の形成、そして放射の発生（私たちが感じる光はすべて原子から放射される）を理解する唯一の方法を提供する。のちに量子力学が成熟してくると、原子核に関して、なぜクォークは陽子や中性子の内部に閉じ込められて永遠に出てこないのか、そして太陽はどうやってものすごい量のエネルギーを生み出しているのかについても、同じく実にうまく説明できることも明らかになるのである。

では、原子の説明には見事に失敗したガリレオやニュートンの古典物理学が、日食がいつ起きるかや、ハレー彗星が次に戻ってくるのは二〇六一年だということや、宇宙船が進む正確な経路を、これほどまでにエレガントに正しく予測できるのはなぜなのだろう？　翼が外れてしまうことなく飛行機が飛び続けられることや、橋や高層ビルは風が吹いても崩れず、ロボット手術器具は正確で精密だということを保証しているのはニュートン力学だ。量子論が、実のところ世界はこんなふうに成り立っているのではないと声を大にして言うのなら、現代社会のインフラがニュートン力学に支えられているなどということが、どうしてあり得るのだろう？

それは、膨大な数の原子が集まって大きな物体をつくるとき――これすなわち、先に挙げた飛行機の翼や橋、そしてロボット器具などの例すべてで起こっていることである――、偶然と不確定性に満ちた、直感に反する量子力学的なふるまいは平均化されて消えてしまい、古典的ニュートン物理学に従って、ちゃんと正確に予測できるという状況が現れるのだ。一言で言えば、それは統計的効果だ。平均的なアメリカの家庭一世帯は二・六三七人だという、統計的に正確な文章とちょっと似ている。この文章はいたって正確だが、二・六三七人からなる家庭などどこにもない。

二一世紀の現代社会では、量子物理が原子や素粒子の研究のみならず、材料科学の研究や宇宙研究でも不可欠になっている。アメリカでは、量子論の成果をエレクトロニクスやその他の分野で利用することによって毎年数兆ドルが生み出され、また、量子世界を理解したことによって実現された生産性の向上のおかげでさらに数兆ドルが生み出されている。だが、一部の独自路線を行く者たち――実存主義の哲学者に応援された物理学者――は、今なお量子論を定義する基本概念を研究して、まだ見落とされたままになっている、より深く厳密な理論が量子論の内部に存在するのではないかと期待しつつ、すべてをつじつまが合うように説明しようとしている。しかし、彼らはあくまで少数派でしかない。

どうして量子論は心にしっくりこないのだろう?

よく知られているように、アルベルト・アインシュタインはこんなふうに言った。「君はサイコロ遊びをする神を信じているが、私は、客観性が存在する世界の完璧な法則と秩序を信じており、想像力をとことんたくましくしてそれを捉えようとしているのだ……。量子論が最初に大成功を収めたからといって、世界の根底にサイコロ遊びがあるなどとは、私には絶対に信じられない。君の若い同僚たちが、私のこの態度を老人ぼけのせいだと考えていることは重々承知しているがね」[3]。そしてエルヴィン・シュレーディンガーはこう嘆いた。「私の波動方程式がこのように使われることがわかっていたなら、発表する前に論文を燃やしていただろう……。こんな方程式など大嫌いだし、自分がそれと関わったことが悔やまれる」[4]。いったい何が気にいらなくて、彼らのような優れた物理学者たちは、自分たちが生み出した愛すべき理論からそっぽを向いてしまったのだろう？彼らの不満は、「量子論では、『神は宇宙を相手にサイコロ遊びをしている』ことになってしまっている」という表現でまとめられることが多いが、その背景についてじっくり考えてみよう。

新しい量子論をもたらした飛躍的進歩《ブレークスルー》は、一九二五年、若きドイツ人ヴェルナー・ハイゼンベルクが、重い花粉症から解放されたくて、北海に浮かぶ小さなヘルゴラント島で一人ぼっちの休暇を過ごし、見事なアイデアを思いついたときにはじまったのだった[5]。

そのころ科学者たちのあいだで、原子は、中心部にある密度の高い核と、その周りを太陽を周回する惑星のように回る電子とでできているという仮説が次第に支持を集めつつあった。しかし、ハイゼンベルクは原子内部の電子のふるまいについてじっくり考えた結果、電子が原子核の周りでどんな軌道を進んでいるのかという正確な知識は必要ないのだと気づいた。電子は、一つの軌道から別の軌道へと不思議なジャンプをしているようで、その際、極めて正確に決まった色の光が必ず放出されていた。ハイゼンベルクは、この現象を数学的に説明することに成功したが、そうするのに「きっちり決まった軌道を電子が周回している小さな太陽系」という原子のイメージを使う必要はまったくなかったのである。そしてついに彼は、電子が点Ａで放出され点Ｂで検出されたとき、電子がＡからＢのあいだをどんな経路に沿って移動したのかを計算すること自体あきらめてしまう。さらには、ＡとＢのあいだで何らかの測定を行えば、理論的にとり得るあらゆる経路に影響を及ぼしてしまうことにも気づいた。ハイゼンベルクは、原子からの光の放出について、正確な結果を提供できる理論を構築したが、その理論では、電子がどんな経路をとるかはまったく知らなくても正しい結果が得られたのである。突き詰めていくと、存在するのは、出来事が起こる可能性とその確率だけだと彼は見抜いた。しかもその確率には、常に不確定性が本質的に伴っているのだった。これが当時新たに登場しつつあった、量子物理学の現実《リアリティ》だったのだ。

ハイゼンベルクの革命的な解決策は、原子物理学で出てきた、さまざまな摩訶不思議な実験結果を説明することができ、そのおかげで、彼と同じ方向に先に進みはじめていたニールス・ボーアは、自身の急進的な思考を全面的に展開することができた。ボーアこそ、量子論の父であり、祖父であり、また助産師であった。ボーアはハイゼンベルクの大胆な考え方をさらに一歩前進させた——あまりに大きな一歩だったので、ハイゼンベルクさえもがショックを受けたほどだ。しかし、ついにそのショックから立ち直ったハイゼンベルクは、すでに名を上げた年上の同僚たちとは違い、新しいアイデアを推進するボーアの熱意に同調した。

ボーアの主張はこうだ。電子がどの経路をとるかという知識が、原子のふるまいを決定するのに何の意味ももたないなら、恒星を周回する惑星の軌道のように明確に定義された電子の**軌道**というものは、概念として意味をなさず、したがって放棄されねばならない。最終的に状況を決定するのは、観察と測定である。測定という行為そのものが、系がとり得るさまざまな可能性のなかから、一つの可能性を系に選ばせる。言い換えれば、たんに不確かな測定のせいで現実《リアリティ》が曖昧に見えてしまうのではなくて、むしろ、原子のレベルの微視的な領域では、現実《リアリティ》を従来のガリレオ的な意味での確実性を示すものと考えること自体が間違っているということなのだ。

量子物理では、系の物理状態と、それを観察している何らかの存在の意識とのあいだに、一種不気味な結びつきがあるように見える。しかし実のところ、無数に存在する可能性の一つに量子系を**収束**させるのは、測定するという行為なのである。これがいかに薄気味悪いことかは、スリットが二つあるスクリーンに電子を一個ずつ通過させて（電子は二つのスリットのどちらか一方を通過する）、スクリーンから少し離れたところで検出し、多数の電子が通過しおえたときのパターンを観察すれば実感できる。このパターンは、電子がどちらのスリットを通ったかを、誰かが（あるいは何かが）知っているかどうか、つまり、電子がどちらのスリットを通過したかが「測定」されたかどうかで違ってくる。測定が行われていたなら、ある結果が得られるが、測定が行われていなければ、それとはまったく違う結果となる。電子は、気味の悪いことに、誰も（何も）観察していなかったなら、同時に両方の経路をとるのに、誰か（または何か）が観察していたなら、片方の経路だけをとる。このようにふるまう電子は、粒子でもなければ波でもない――その両方であると同時に、どちらでもない――何か新しいものだ。それらは**量子状態**と呼ばれるものなのである。[6]

　原子を探る科学の形成期に立ち会った物理学者の多くが、これらの奇妙な現象を受け入れられなかったのはそれほど不思議ではない。量子の現実《リアリティ》に対するハイゼンベルクとボーアの解釈（いわゆる**コペンハーゲン解釈**）を一番わかりやすく説明すると、こういうふうになるだろう――原子の領域にある何かを測定するとき私たちは、その状態そのもののなかに測定装置を入りこませてしまい、ひどく大きな干渉をしてしまっているのだ。だが、実際のところ量子物理は、私たちが生まれつきもっている現実《リアリティ》の感覚にまったく対応していない。私たちは、量子論と遊び、量子論を検証しながら、それに慣れていくしかない。いろいろな実験を行い、さまざまな状況を表す理論的問題をつくっていくなかで徐々に親しむのが唯一の道だろう。そうするなかで、新しい「量子論的直感」を身につけることができるだろう。最初は、まったく直感に反するとしか感じられないにしても。

さて、ハイゼンベルクによるものとはまったく別に、量子力学の大きなブレークスルーがもう一つ、やはり休暇中だった理論物理学者によって一九二五年に成し遂げられた。ただし、ハイゼンベルクとは違い、一人ぼっちの休暇ではなかったようだ。その理論物理学者というのが、ウィーン生まれのエルヴィン・シュレーディンガーだ。彼は友人の数学者にして理論物理学者のヘルマン・ワイルと、科学史上最も有名な協力関係を結んだ。優れた数学者で、相対性理論や電子の相対論的理論の発展に大いに貢献したワイルは数学面でシュレーディンガーを助け、その見返りとしてシュレーディンガーは、ワイルが自分の妻、アニーと枕を交わすことを許した。アニーがこのことをどう思っていたのか、私たちにはわからないが、夫婦関係にこのような実験を行うことは、当時のウィーンの知識人たちのあいだでは珍しくなかった。この取り決めのおかげでシュレーディンガーは、ワイルの数学面での助けのほかに、婚外のさまざまな関係に耽る自由を得たわけで、その一つが量子論における最大級の発見をもたらすことになった（と言ってもいいだろう[7]）。

一九二五年一二月、シュレーディンガーは二週間半の休暇を別荘で過ごすためにスイスアルプスの町アローザへ出かけた。アニーは家に残し、古くからのウィーンの女友達を連れ、他にはフランスの物理学者ルイ・ド・ブロイの論文数編に、真珠を二粒もって行った。左右の耳に一個ずつ真珠を詰め、雑音で気が散らないようにして、ド・ブロイの論文をじっくりと読んだ（そのあいだ女友達が何をしていたのかはわからない）。そしてシュレーディンガーは、**波動力学**を生み出したのだ。

波動力学は、生まれて間もない量子力学を、より単純な数学で理解できる、新しい方法であった――新しい方法ではあったが、当時のほとんどの物理学者にとって極めてなじみ深い波動方程式を使っていたのである。おかげで波動力学は、生まれたばかりの量子物理を、はるかに多くの物理学者に広める一大ブレークスルーとなった[8]。**シュレーディンガー方程式**と呼ばれることも多い、今では有名になったシュレーディンガーの波動方程式が量子物理の進歩を加速したのは確かだが、物理学者たちが最終的にたどりついたその解釈があまりに異様だったために、その生みの親は精神的なストレスに苛まれることになった。ちょっと驚いてしまうのだが、シュレーディンガーは後年、自分が発表した研究が思想や哲学を革命的に変えてしまったことを悔やみ、そんな研究など世に出さねばよかったと嘆くのである。

シュレーディンガーは、電子を（数学的に）波として描いた。それまで硬い小さな球だと思われていた電子は、いくつかの実験では、実際に波のようにふるまう。波の現象は物理学者にとってなじみ深く、水、光、空気や固体を伝わる音、ラジオ、マイクロ波などなど、そんな例は数え切れないほどある。当時の物理学者は、これらの現象をどれもよく理解していた。シュレーディンガーは、電子をはじめとする素粒子も、実のところ量子のレベルでは、**物質波**という新しい波なのだと主張した。これはすこぶる奇妙な主張だったが、同時に、彼の方程式は物理学者にはとても使いやすく、正しい答えがすべてすんなりと出てくるように思われた。シュレーディンガーの波動力学は、物理学のコミュニティの人々に安らぎを感じさせた。彼らは、登場して間もない量子論という領域を理解しようと取り組みながら、ハイゼンベルクの理論はあまりに抽象的すぎると感じていたのであろう。

シュレーディンガー方程式の主役は、波動方程式の解にあたるもの、すなわち、電子の波を記述するもので、ギリシャ文字Ψ《プサイ》で表される。Ψは**波動関数**と呼ばれ、電子についてわかっていること、もしくは、わかり得ることがすべて盛り込まれている。波動方程式を解くと、Ψが空間と時間の関数として出てくる。言い換えれば、シュレーディンガーの方程式は、波動関数の値が空間のなかでどのように分布しており、また、時間が経つとどのように変化するのかを教えてくれるのである[9]。

シュレーディンガー方程式は水素原子に応用することができ、その結果、水素原子のなかで電子たちがどんなダンスを踊っているのかを厳密に特定することができた。Ψで記述される電子の波は、打楽器のベルやその他の楽器が響くときのパターンと非常によく似た波のパターンで、いわば鳴り響いていたのである。それは、バイオリンやギターの弦をはじいたときと最もよく似ているかもしれない。つまり、解として得られた物質波には明確で観察可能な形と、特定の大きさのエネルギーを対応させることができたのだ。このようにシュレーディンガーの方程式は、原子内の電子の振動のエネルギー準位を正しい値で導き出すことに成功したのだった。実は、水素のエネルギー準位は、シュレーディンガーより前に、ボーアが大雑把な推測によって極めて正しい値を計算していた（この頃の量子力学を、今では**前期量子論**と呼んでいる）。原子は、特定のエネルギーをもった光――光の**スペクトル線**――を放出するが、こうした光は、電子が運動の一つの波動状態（たとえばΨ_2）から、別の波動状態（たとえばΨ_1）へと「ジャンプする」ときに現れるようだった。

シュレーディンガーの方程式にはこんなすごい威力があるのだと、物理学者たちは知った。Ψの数学的な形式を見れば、そこに波のパターンがあることはすぐにわかった。こうして、量子力学で扱わねばならないすべての系に、波の概念を簡単に適用することができるようになった。それらの系とは、電子を多数含む系、原子全体、分子、内部で電子が動き回っている結晶や金属、原子核内部の陽子や中性子、そして今日では、クォーク（陽子や中性子、そして原子核を構成するさまざまな粒子を形づくっている基本的な構成要素）でできた粒子などである。

シュレーディンガーは、電子は音波や水の波のように純粋な波であって、粒子としての側面など今後いっさい思い出す必要がない、あるいは、そもそも錯覚でしかなかったのだと考えた。彼の解釈では、Ψは新しい種類の物質波で、それ以外の何物でもなかった。しかしやがて、シュレーディンガー自身によるこの方程式の解釈は間違っていることが明らかになる。それでもなお、Ψが何らかの波を表しているのだとしたら、それはいったい何の波なのだろう？　また、電子は依然として微小な粒子のようにもふるまい、蛍光スクリーンにぶつかると、針の先で突いたような点を残したが、そんなふるまいが、物質波Ψとどんなふうに両立するというのだろう？

　ドイツの物理学者マックス・ボルン（歌手のオリビア・ニュートン＝ジョンの祖父）がまもなく、シュレーディンガー方程式のよりよい解釈を思いつき、それが新しい物理学の重要な教義となって今日にまで至っている。ボルンは、電子に付随する波は**確率波**だと断言したのであった[10]。実際のボルンの主張はこうだ。Ψの数学的な二乗、すなわちΨ^2は、ある電子をtという時間にxという場所で見いだす確率を表している。Ψ^2が大きくなる場所や時間では、その電子が見つかる可能性は大きい。一方、Ψ^2が小さくなる場所や時間では、電子が見つかる可能性は小さい。$\Psi^2=0$の場合は、その可能性はまったくない。これは、ハイゼンベルクのブレークスルーと同様、極めてショッキングな考え方だったが、こちらのシュレーディンガー方程式の捉え方はずっとわかりやすく、誰もが理解できた。そして結局、このボルンの解釈が決定的な見解となった。

　ボルンは、電子がどこにあるのかは正確にはわからない、そして、それを知ることは不可能だと断言したのだ。ここにあるんじゃない？　そうだな、八五パーセントの確率であるかもしれないな。それとも、あそこかな？　そうかもしれないね、一五パーセントの確率でね……。確率を用いた解釈は、実験室で行うどんな実験に対しても、正確に予測できることと、正確には予測できないことを明確に規定した。まったく同じはずの実験を二回やって、まったく違う二つの結果が出てくることもあり得るわけだ。粒子は、古典科学がふつう従っているとされる厳格な因果律に支配されることなく、どこに存在するか、何を行うかの自由を許されているように見える。新しい量子論では、神は確かに宇宙を相手にサイコロ遊びをなさるのだ。

心情的にはどうにもしっくりこない方向へ進んだこの革命で、自分が大きな役割を担ったことにシュレーディンガーは心を乱してしまったが、これ以上に皮肉なことがあった。ボルンが確率という解釈を思いついたのは、一九一一年に発表された、ある大胆な推測を述べた論文に刺激されたからだったのだが、その論文は、誰あろうアルベルト・アインシュタインが書いたものだったのである。シュレーディンガーとアインシュタインは、その後生涯を通してタッグを組み、量子力学に反対し続けることになる。マックス・プランクもまたそうだった。「コペンハーゲンの連中が提案した確率解釈は、われわれが愛する物理学に対する反逆行為として、絶対に葬り去らなければならない」と彼は述べた(11)。

一九世紀から二〇世紀への変わり目のベルリンを生きた偉大な理論物理学者、マックス・プランクは、新たに生まれてきた量子論の意味に狼狽していた。プランクこそ、この新しい理論の本当の創始者であり、一九世紀のうちに早くも、この新しい科学の概念に対して**量子**という言葉をつくったのも彼だったことを考えると、この上なく皮肉な展開である。

厳密な因果関係ではなくて、確率が宇宙を支配しているのだと認めることを反逆的だと考える人がいても不思議はない。考えてみてほしい。ごく普通のテニスボールを手にとって、自分の手元に跳ね返ってくるように、平らなコンクリートの壁に向かって投げ、同じ場所に立ったまま、壁の同じ点に向かって、同じ強さでラケットでボールを打ち続けてみる。他の条件（風速など）がすべて同じなら、あなたの腕前があがるにつれて、ボールはまったく同じように、あなたのところに繰り返し跳ね返ってくるはずだ。それは、あなたの腕が疲れ果ててしまうか、ボール（または壁）が磨り減ってしまうまで続くだろう。アンドレ・アガシがウィンブルドンで勝利したのも、カル・リプケン・ジュニアがカムデン・ヤーズでルイビル・スラッガー社製のバットから野球のボールがどんなふうに跳ね返るかを予測する名人との評判を得たのも、このような原理のおかげだ。だがもしも、ボールが必ず跳ね返ってくるとは、あてにできなかったらどうなるだろう？　ときには、ボールがコンクリートの壁をまっすぐ通り抜けていくならどうなるだろう？　しかも、そんな通り抜けが起こるかどうかは、たんに確率だけの問題だったら？　ボールは一〇〇回のうち五五回は跳ね返ってくるが、四五回は壁を通り抜けるのだとしたら？　テニスボールは、ある一定の割合でラケットから跳ね返るが、それ以外のときは、ラケットを通り抜けてしまう、しかも、いつ通り抜けるかはただランダムに決まるのであって、まったく予測できないとしたら？　もちろん、実際のテニスボールという巨視的なニュートン力学の世界を扱っているかぎり、こんなことが現実に起こるはずはない。しかし、原子の世界は違う。電気的な壁にぶつかる電子には、その壁を通過する確率がある（このように、壁を電子などの粒子が通過する現象を**トンネル効果**と呼ぶ）。量子的トンネル現象を起こす量子のテニスボールが、どんなに扱いにくく、どんなに苛つくものか、おわかりいただけるだろう。

何の変哲もない日常の出来事のなかにも、光子が確率論的なふるまいをしているのが観察できることがある。あなたが、大好きなビクトリアズ・シークレットのランジェリーショップのショーウインドーを見ているとしよう。セクシーなマネキンが履いている下着に重なって、あなたの姿がうっすらとガラスに映っているのが見えるだろう。いったい何が起こっているのだろう？　光は光子という粒子の流れで、奇妙な量子論的効果を起こす。光子（たとえば、太陽のような光源から来ているとしよう）の大部分は、あなたの顔の表面で反射して、ショーウインドーのガラスをまっすぐ通り過ぎて、たまたま内側にいた人（マネキンに商品を着せている人だろうか）に、明瞭なあなたの姿を見せてくれるだろう。しかし、光子のごく一部は、ガラスから反射してあなたのほうに戻って来る。そのため、あなたの姿がショーウインドーのなかの露出度の高い下着に重なって見える。光子はすべてまったく同じなのに、どうしてガラスを通り抜けるものと、ガラスから反射してくるものがあるのだろう？

注意深く実験してみると、どの光子が通り抜け、どの光子が反射するかを予測する方法はないことがはっきりする。計算できるのは、どれかの光子を選んだとき、その光子が通り抜ける確率と反射する確率だけだ。ショーウインドーに向かって進む一個の光子に量子論を当てはめてシュレーディンガー方程式で計算すれば、たとえば、その光子は九六パーセントの確率でガラスを通り抜け、四パーセントの確率で反射するという答えを得るかもしれない。でも、どの光子がどっちのふるまいをするのか？　それは、考えられる最高の機器を使っても決めることはできない。神様がサイコロを転がしてお決めになるのだ——あるいは、量子論がそんなふうな確率で割り振るのである（神様が使うのはルーレットかもしれないが、いずれにせよ、すべては確率なのだ）。

ショーウインドーでの経験を、もうちょっとお金をかけた形で再現することができる。真空中に置いたワイヤースクリーンを、電池（電圧は一〇ボルトとしよう）のマイナス極につないで電気的な障壁をつくり、そこに向かって電子ビームを飛ばす。電子のエネルギーが九ボルトしかなかったら、電子は障壁で跳ね返されてしまう、つまり、「反射」されるだろう。九ボルトというエネルギーは、障壁がもっている一〇ボルトの反発力に打ち勝つには足りない。ところがシュレーディンガー方程式からは、電子波の一部は障壁を通過し、別の一部は障壁から反射されるという答えが出てくる。光の量子がショーウインドーで見せるふるまいと、そっくりではないか。とはいえ、私たちが一個の電子の一部や、一個の光子の一部を見ることはあり得ない。これらの粒子は、粘土の塊のように、一部をちぎったりすることはできないのである。素粒子は、常にまるまる一個として、完全に反射されるか完全に通り抜けるかのいずれかなのだ。反射が起こる確率が二〇パーセントということは、まるまる一個の電子が反射する確率が二〇パーセントという意味である。シュレーディンガー方程式から得られる答えは、常にΨ^2の形で出てくる。

このような実験が行われた結果、物理学者のコミュニティは、シュレーディンガー自身がもっていた、「粘土のようにちぎれる電子」をイメージした物質波という概念を捨て去り、「数学的波動関数Ψを二乗すると、電子をある場所で見いだす確率が得られる」という、いっそう奇妙な考え方を受け入れるようになった。たとえば、一〇〇〇個の電子をスクリーンに向けて飛ばして、ガイガーカウンターで調べると、五六八個がスクリーンを通過し、四三二個が跳ね返って戻ってきた、ということがわかるはずだ。しかし、どの電子が通過して、どの電子が跳ね返るのだろう？　それはわからない。知ることは不可能なのだ。いらいらしてしまうが、これが量子物理の真実である。計算できるのは確率Ψ^2だけだ。

薄気味悪い遠隔作用

アルベルト・アインシュタインはさらにこうも言った。「私は［量子論を］真面目に信じることはできない。なぜならそれは、物理学は、薄気味悪い遠隔作用などの影響は受けずに、時間と空間のなかの現実《リアリティ》を表さねばならないという考え方とは絶対に相容れないからだ(12)」。

アインシュタインは、量子物理学の基本原理の一つに致命的な欠陥があるのを見つけたと思っていた。量子論の提唱者たち、とりわけボーアは、粒子のさまざまな性質は、粒子が測定されるまで客観的な現実性《リアリティ》をもたないと主張していた。しかしアインシュタインにとっては、人間が測定するまでそうした客観的な物体が存在しないなんて、まったくばかげた考えだった。粒子は存在し、位置、速度、質量、電荷などの性質をちゃんともっているはずだった——私たちが観察していなくても、また、それらがどんな値なのか知らなくても。彼が受け入れたのは、小さな粒子を測定すれば、その粒子は乱されて、未知の変化を受けてしまうという、常識的な考え方だけだった。粒子を観察するだけで、その量子状態が、突然宇宙全体で（第7章の原註8で述べるように、まるで「リセットされる」ように）変化してしまうという考え方は、信号（情報）が何らかの方法で気の遠くなるような距離を瞬時に伝わることを意味したが、だとするとそのスピードは光よりも速くなるわけで、そんなことは不可能だった。アインシュタイン自身が構築した相対性理論では、何ものも光の速さを超えることはできないのである。

そこでアインシュタインは、一九三五年、量子の世界の潜在的な現実性《リアリティ》は測定することによってのみ実際の現実性《リアリティ》になるという考え方を完全に叩きのめすために、ある思考実験を提案した。アインシュタイン（Einstein）と、彼に協力したボリス・ポドルスキー（Podolsky）とネイサン・ローゼン（Rosen）の名前にちなんでＥＰＲ思考実験と呼ばれるもので、一つの「親粒子」の放射性崩壊によって生まれ、速度、スピン、電荷などの性質のあいだにある関係をもっている、二つの「娘粒子」について検討した。例として、電気的に中性（電荷がゼロ）だが放射性をもつ親粒子が、どこか遠くの宇宙で崩壊し、二つの娘粒子を生み出したとしよう。この娘粒子の片方は、マイナスの電荷をもった電子（モリーと名づけよう）で、もう片方は、プラスの電荷をもった陽電子（ジューンと名づけよう）だったとする。この二つの粒子は、大きさは等しく符号が反対の電荷をもって、反対の向きに飛んでいくが、どっちの粒子がどっちの向きに行くかは私たちにはわからない。ジューンはたとえばピオリア〔イリノイ州の都市。アメリカの平均的な都市として引き合いに出される〕に、そしてモリーは遠い彼方のケンタウルス座α星に飛んでいくかもしれない。だが、その逆に、モリーがピオリアに、ジューンがケンタウルス座α星に向かうこともあり得る。古典物理学では、このいずれか一方である。しかし量子論では、実際の物理的な量子状態は、これら二つの可能性が混じり合った、一種あやふやな状態として、次のように表される。

〔ジューン→ピオリア、モリー→ケンタウルス座α星〕＋
〔ジューン→ケンタウルス座α星、モリー→ピオリア〕

このように、二つ（あるいはそれ以上）の可能性を足し合わせるやり方を、**重ね合わせ**と言うが、この重ね合わせで**混じり合った**とか、**もつれ合った**などと呼ばれる状態をつくるという方法こそ、あらゆる可能性を同時に網羅するという量子論の特徴なのである。[13] 二つの可能性のどちらが現実《リアリティ》に対応しているのかは、決定的な測定を行うまでまったくわからない。測定した時点で、量子状態が測定を反映した状態へと瞬時に変化するのである。

さて、ここで妙な話になってくる。ピオリアに到着した粒子を測定したなら、その瞬間に、宇宙の彼方に飛んでいってケンタウルス座α星に到着した粒子が何だったかもわかる。つまり、ピオリアでジューンを観察すると、ケンタウルス座α星に到着したのはモリーだとわかるわけだ。このとき量子状態は、宇宙全体で**収束**して、次のような**純粋状態**となる。

〔ジューン→ピオリア、モリー→ケンタウルス座α星〕

反対に、〔ジューン→ケンタウルス座α星、モリー→ピオリア〕という可能性もある。というのも、量子論では両方の可能性があって、予測できるのはそれぞれの確率だけだからだ。

古典物理学が成立していたとしても、同じ結果になるのではないかと言う人がいるかもしれない。しかし古典物理学では、観察を行ったからといって、それによって自然の状態が変化することはない。私たちは、その自然の古典論的状態が実際に何なのかを知るだけだ。古典論的状態は、混じり合った状態であることなど決してなく、常に明確な現実性《リアリティ》をもっている。その状態を観察しても、私たちの知識が変化するだけだ。ところが量子論では、測定を行うとジューンとモリーの実際の物理状態――あるいは波動関数――が宇宙全体で瞬時のうちに変化し、別の量子状態になってしまうのである。

アインシュタインは、こんなことが起こるためには、宇宙全体で――少なくともピオリアからケンタウルス座α星までのあいだで――情報が瞬時に伝わらねばならないと思ったわけで、それは自然界には光速という速さの極限が存在することに反していた。アインシュタインはボーアに向かって、「それ見ろ！」と叫んだに違いない。

この思考実験によりボーアは、彼の主張する量子状態の解釈にとって破滅的と思われる反証を突きつけられた。ジューンの位置はモリー（放射性親粒子の最初の量子状態によって関連づけられている電子）を測定しなくても推定可能なことから、ケンタウルス座α星に到着した粒子の性質には、独立した客観的な現実性《リアリティ》があるに違いないと思いたくなる。しかしボーアは、あくまで、測定によって現実の存在になるまで、明確な性質は存在しないと主張した。アインシュタインのほうは、こう結論した。測定を行うことによって、はるか彼方の別の場所での性質まで決定してしまう量子論は、一種「薄気味悪い遠隔作用」を認めており、したがってボーアの解釈は信号が光よりも速く伝わっていることを意味し、それゆえに量子論は欠陥がある不完全なものだ、と。このような問題こそ、プランク、ド・ブロイ、シュレーディンガー、そしてアインシュタインなどの物理学者たちが、量子論が落ち着いていったコペンハーゲン解釈という立場を拒否した根拠なのであった。

　ＥＰＲ思考実験は、量子論の心臓に銀の杭を打ち込んで、吸血鬼を退治するがごとくその息の根を止めてしまったのだろうか？　どう見てもそんなことはない。量子論は依然として健在でピンピンとしており、科学史上最も成功した理論と言ってもいい。量子論の提唱者たちは、アインシュタインの説得力ある議論にどのように対抗したのだろう？　つまるところ、量子論擁護派の主張の本質はこうだ。「そうです。状態は実際に、宇宙全体で瞬時に、どちらか一方の状態にリセット（もしくは、収束）します。しかし、どんな実験をしようとも、薄気味悪い遠隔作用があったという証拠を示すことは絶対にできません」。ケンタウルス座α星に光の速度よりも速くメッセージを伝えることは不可能だ。そこにいる観察者は、誰が来たかを観察するまで、モリーがやってくるなんて知ることはできない。同様に、もつれ合った量子状態が二つの可能性の一方に収束したなんてことは、測定してみるまでわからない。ボーアによれば、ＥＰＲ思考実験は、信号は光速と同じかそれより遅い速度でしか伝わらないという「自然の因果律」を破ってはいない。したがって、ボーアはこう言った。「実際にわれわれが知る現実《リアリティ》は、やはり測定という行為によって定まるのだ」と。そんなわけでボーアはさらに、「量子論によってショックを受けない者は、量子論を理解していないに違いない」と言い添えたのだった[14]。

　ありがたいことに、ＥＰＲ思考実験が起こす頭痛は、ニュートン力学が無効となる、日常生活とはかけ離れた原子の領域に限られているようだった。しかし、そんな楽観的な見方は長くは続かなかった――結局、私たちはみな原子でできているのだから。

シュレーディンガーのトラ猫

さて、量子論をめぐる哲学的苦悩の世界を去る前に、今では有名になった**シュレーディンガーの猫**のパラドックスにさっと目を通しておかないわけにはいかない。このパラドックスは、ふわふわとつかみどころがない感のある量子の微視的世界とその統計的確率を、常に明確に記述することが可能なニュートン的巨視的世界に結びつける。アインシュタイン、ポドルスキー、ローゼンと同じく、シュレーディンガーも、測定するまで客観的な現実《リアリティ》が存在しない世界、観察するまでは、たくさんの可能性が混じり合って渦巻いているばかりの世界という描像に異議を申し立てた。シュレーディンガーのパラドックスは、そんな世界観を冷笑するつもりで提案されたわけだが、結局、今日に至るまで、科学者たちをいらいらさせ続けている。彼は、ある思考実験を行うことによって、原子の量子論的効果を、日常的な巨視的世界のなかでドラマチックに露《あらわ》にしたのである。自分の主張の正しさを示すために、彼もまた放射能の現象を利用した——放射能をもつ粒子は、ある予測可能な割合で崩壊するが、どれか一個の粒子を選んだとき、その粒子がいつ崩壊するかを予測することはできない、という現象だ。つまり、たとえば一時間のあいだに何パーセントの原子が崩壊するかは予測できるが、どの原子が崩壊するかは予測できないのである。

という次第で、シュレーディンガーはこんなレシピをつくった。一匹の猫を、致死性のガスが入ったフラスコと一緒に箱のなかに入れる。次に、ガイガー管のなかに微量の放射性物質を置く。この物質の量は、一時間のうちに五〇パーセントの確率でたった一個の原子が崩壊するごく微量にしておく。崩壊する原子によってガイガーカウンターが作動し、このガイガーカウンターが仕掛けを働かせ、その結果ハンマーが動き、ガスの入ったフラスコが割れるという、ルーブ・ゴールドバーグ風の複雑な機械〔二〇世紀アメリカの漫画家、ルーブ・ゴールドバーグが描くのを得意とした、普通に行えば簡単にすむことを、わざわざ煩雑にする複雑な機械〕を箱のなかにしつらえておく。そして、ガスが箱に充満し猫が死ぬという案配である。（やれやれ、世紀末ウィーンの知識人たちが好みそうな話だ……）。

こうして一時間が経ったとき、猫は死んでいるだろうか？ それとも生きているだろうか？ 系全体を量子論的波動関数を使って記述するなら、猫が生きている状態と死んでいる状態は、混合して一つの状態をつくっているはずだ。このとき、生きている可能性も死んでいる可能性も「五分五分」だ。波動関数Ψは、状況は、「生きている猫」と「死んだ猫」の混合[15]、すなわち、$\Psi_{\text{猫は生きている}}+\Psi_{\text{猫は死んでいる}}$で表される混合量子状態だと教えてくれる。したがって、巨視的なレベルでさえも、私たちに決定できるのは、猫が生きているのを見いだす確率（$\Psi_{\text{猫は生きている}}$）^{2}と、猫が死んでいるのを見いだす確率（$\Psi_{\text{猫は死んでいる}}$）^{2}だけなのである。

だが、ここで問題が生じる。量子状態が「猫は生きている」か「猫は死んでいる」かのどちらの状態に収束するかが決まるのは、誰が（あるいは何が）箱を覗くときなのだろうか？ 当の猫が箱のなかにいて、ガイガーカウンターを心配そうに見つめ、自ら「観察」を行っているのではないのか？ この「誰がという大問題」は、さらに拡張することができる。たとえば、放射性崩壊はコンピュータで監視できるので、箱のなかに記録用紙を設置すれば、いつでも猫の状態を印刷することが可能になる。この場合、猫が本当に「生きている」か「死んでいる」かのどちらかの状態になるのは、そう決まったことをコンピュータが最初に検出したときなのだろうか？ それとも、それを述べたメッセージの印刷が完了したときだろうか？ はたまた、原子の崩壊でガイガー管のなかで多数の電子が一気に動いてガイガーカウンターが「カチッ」と鳴って、原子より小さな裏側の世界から巨視的な世界へと戻るときなのだろうか？　シュレーディンガーの「箱のなかの猫」のパラドックスは、ＥＰＲ実験と同様、新しい量子論の基本原理に疑問を投げかける強力な反論のようだ。直感的に言って、半ば死んでおり半ば生きているという「混合状態にある猫」などいるわけがない――それとも、いるのだろうか？

このあと本書で見るように、大きな巨視的な系の比喩としてシュレーディンガーが使った巨視的な猫は、実際に混合状態にあると考えられないわけではない。つまり、量子論は巨視的レベルにも混合状態という概念を持ち込むのであり、したがってここでも量子物理の勝利というわけだ。

量子論的効果は、小さな原子のレベルから大規模な巨視的な系まで、実に多岐にわたって現れている。たとえば**超伝導**と呼ばれる量子論的現象があるが、これはごく低温度である種の物質が電流を通す完璧な導体となる現象だ。電池などなくても、電流は回路のなかを永遠に流れ続ける。**超流動**の現象もこれとよく似ている。こちらは、液体ヘリウムが流れとなって容器の壁を昇り降りしたり、容器にたまった液に挿した管を登って噴水状に噴出し、また容器の液溜りに戻ってくるという運動を、エネルギーをいっさい消費することなく永遠に続ける現象だ。すべての素粒子が質量を獲得する現象もこれと似た量子力学的現象で、**ヒッグス機構**と呼ばれているが、まだわかっていない点が多い。量子力学から逃れることは決してできない。私たちはみな、結局のところ、同じ箱のなかの猫なのだ。

長い年月が経ったが
ついにノックの音が聞こえた

わたしはドアのことを思った
ロックがなくてロックできないドア。

わたしは灯りを吹き消して、
つま先で床を歩き、
両手を高く挙げて
ドアに祈った。

だが、またノックの音、
わたしの窓は大きい。
窓の下枠に登り
わたしは外へ降りた。

窓枠越しに
わたしは「お入りなさい」と言った
ドアをノックしたやつに向かって
それが誰であろうと。

そんなわけでノックの音がして
わたしは竃から出て

世界のなかに隠れ
年月とともに変化するようになった。
――ロバート・フロスト『ロックのないドア[16]』

数学は使いませんよ。でも、数がいくつか登場するかもしれません

本節では、原子や分子の薄気味悪い微小世界を理解するためにつくり上げられたいくつかの物理法則について、みなさんに「なるほど！」と感じられるくらいに理解してもらいたいと思う。読者のみなさんには、ちょっとしたことを二つ期待したい。一つは、世界に対する好奇心、そしてもう一つは偏微分方程式に関する完全な理解だ。おっと、失礼。二つ目はほんの冗談。文系の大学一年生を何年も教えてきて、専門家でない人々がどんなに数学を恐れ嫌っているかは十分承知している。というわけで、数学は出さないでおこう――少なくとも、たくさんは出さないつもりだ。出したとしても、ごくたまに、ほんのちょっとだけだ。

科学者が世界について語っていることは、すべての人が教育の過程で教わっておくべきものだ。とりわけ量子論については、絶対にそうだ。量子論は私たちの世界観を激変させた。古代ギリシャ人が神話を捨て、理性の力で宇宙を理解しようと探究を始めて以来最大の変化だ。量子論は人間のもつ理解を劇的に拡張したのである。その過程で、私たちの知の地平を広げた現代の科学者は、相当な犠牲を払うこととなった。量子論とともに、直感に反する薄気味悪い事柄をいくつも受け入れねばならなかったのだ。忘れないでいただきたいのだが、そうなってしまった一番の理由は、古い

ニュートン的な言葉では、新しい原子の世界を記述することができなかったからだ。しかし、私たち科学者は、最善を尽くす所存だ。

量子論では極めて小さなものの世界に入っていくので、ここからの話をわかりやすくするため、一〇の**累乗**という表現を使おう。これはたとえば、10^4など、科学でいつも使う表記法で、これからときどきそんなものが出てきても怖がらないでほしい。ものすごく大きな数やものすごく小さな数を単純に書き表す手段にすぎないのだから。たとえば10^4は、一の後ろに〇《ゼロ》が四つ並んだ数だと考えればいい（これを一〇の四乗と呼ぶ）。だから10^4は10,000だ。逆に10^{-4}は、小数点を挟んで〇が四つあると考えればよいわけで、0.0001である（あるいは、一を一〇〇〇〇で割った数と考えることもできる。つまり、一万分の一だ）。

自然界の長さや距離の尺度の多くが、一〇の累乗で表現できる。ここに、大きいものから小さいものへと順番に例を挙げてみよう。

・一メートルは、人間の体を代表する大きさだ。子どもの身長、片腕の長さ、行進するときの歩幅などがほぼ一メートルだ。

・一センチメートル、すなわち10^{-2}（「一〇のマイナス二乗」と読む）メートルは、だいたい親指の爪、ミツバチ、カシューナッツの大きさである。

・一〇のマイナス四乗（10^{-4}）メートルは、針の先端、または蟻の脚の太さにあたる。これでもまだ古典的なニュートン物理学の範囲内である。

・もう一段小さい10^{-6}（一〇〇万分の一）メートルは、生きた細胞の中にある大きな分子、たとえばＤＮＡなどの大きさだ。このあたりから量子論的ふるまいが始まる。また、可視光の**波長**

もほぼこのぐらいだ。

・金の原子は直径10^{-9}（一〇億分の一）メートルだ。最も小さな原子である水素原子は直径10^{-10}メートルである。

・原子核の直径は10^{-15}～10^{-14}メートルである。陽子や中性子の直径は10^{-15}メートルで、これより小さいものを探すなら、陽子の内部にあるクォークがある。最も強力な粒子加速器（つまり、世界でいちばん性能の高い顕微鏡）である、スイスのジュネーブにある大型ハドロン衝突型加速器（LHC）で直接観察できる最小距離は10^{-19}メートルである。

・10^{-35}メートルが、存在すると考えられている最小の距離尺度で、この尺度に達すると、量子効果のせいで距離そのものが意味を失う。

量子論は正しく、10^{-9}メートルの原子から10^{-15}メートルの原子核へと知識を拡張するには不可欠だということが実験によってわかっている。言葉で表現すると、原子核の大きさは、一メートルの一〇〇〇兆分の一だ。科学者たちが行った最新の微小世界の探検では、フェルミ国立加速器研究所の加速器テバトロンを使って、10^{-18}メートルまでを探ったが、量子論が成り立たないと匂わせるものなど何もなかった。欧州原子核研究機構（CERN）のLHCが稼動を始めたので、まもなく、さらに一〇分の一小さな距離を調べることができるだろう〔二〇一二年の時点で、LHCは10^{-19}の分解能を達成している〕。この新しい極微の世界は、私たちの日常世界にとって、ただのお隣さんではない。ヨーロッパ人がアメリカ大陸を発見したのとはわけが違う。極微の新世界は私たちの世界なのだ。なぜなら、宇宙はすべて、原子より小さい世界の住人によって構成されているのだから。「極微の新世界＝私たちの世界」の性質、それが過去から受け継いできたもの、そしてその未来は、そのような量子の諸法則に支配されるものとして、定まっているのである。

どうして「理論」が大事なのか?

量子論がただの理論、もっと言えば一つの仮説にすぎないのだとしたら、どうして量子論に興味をもたねばならないのか、と疑問に思う人もいるかもしれない。「理論」という言葉が、確かな証拠に裏づけられたものから仮説の段階のものまで、さまざまな意味あいで使われているのは、われわれ科学者の責任だ。まったく「理論」とは、やっかいな言葉だ。

ちょっとたわいない例を考えてみよう。大西洋のそばで暮らしている人たちは、太陽は毎朝五時ごろに海の上に現れ、その後、夜の七時ごろ反対の方角に沈むことに気づくだろう。これを説明するために、人々の尊敬を集めているある高齢の教授は、水平線の向こう側に無限個の太陽が、時間にして二四時間ずつの間隔で一列に並んでいるという理論を提案する。これらの太陽は、地球の片側から浮かび上がってきて、反対側に沈んで見えなくなるという動きを永久に続ける、というのだ。これとは違う、もっと経済的な理論は、太陽は一つしかなく、球形をした地球の周囲を、一周二四時間かけてぐるぐる周回しているという。そして、もっと奇妙で直感に反する三つ目の理論は、太陽は静止していて、地球は一つの軸の周りを二四時間に一回転のペースで自転していると主張する。というわけで、三つの理論が競い合うことになる。ここで「理論」という言葉は、系統だった合理的なやり方でデータを理解するためにつくられた仮説、または推測に基づく考え方を意味する。

最初の理論は、太陽黒点が毎日まったく同じだとか、あるいは、考え方としてあまりにばかばかしいとか、いろいろな理由で早々に捨てられてしまうだろう。二つ目の理論はそれほどたやすくは捨てられないが、他の惑星を観察して、それらが自転していることがわかれば、地球も自転していないはずはないじゃないか、ということになるだろう。そしてついには、地球の表面近くにあるいろいろなものを詳しく測定してみて、地球が実際に自転していることが確認されると、一つの理論だけが生き残ることがはっきりする。それが自転説だ。

ここで問題があることに気づく。この議論のあいだ、「理論」や「説」という言葉をやめて「事実」という言葉に置き換えることは一度もしなかった。歴史で実際にこのことが議論され、自転説が生き残って数百年も経った今もなお、私たちは依然としてこれを「自転説」と呼んでいる。知られている他のどんな事実と比べても、少しもひけをとらない事実と認められているにもかかわらずだ。実はここで言っているのは、生き残った理論や仮説は測定や観察に最もよく一致するということなのだ。理論を試すのに使われる状況は、多様で極端であればあるほどいい。そういう状況にもあてはまってこそ、ついにはその理論は頂点に君臨することになる——よりよい説明が提案されるまでは。しかし、ある理論や説が支配的になってからもなお、私たちは同じ「理論」や「説」という言葉でそれを呼び続ける。これはおそらく、ある特定の応用分野で事実となった実証済みの理論でさえも、より大きな領域に広げて適用されるにつれて、ついには変更が必要になる可能性があるという経験を私たちがしてきているからだろう。

このような次第で、今日私たちには、相対性理論、量子理論、電磁理論、ダーウィンの進化理論、などなどがあり、これらの理論はすべて、登場した当時よりも、科学理論として一段高いレベルのものとして受け入れられている。これらの理論はすべて、自らが扱っている現象に対して妥当な説明を提供し、それが応用されている領域で、いずれも事実だと認められている。一方で、新たに提案されている理論もある——たとえば、超弦理論のように。これらのものは、優れた仮説ではあるが、最終的に受け入れられ確立されるのか、捨て去られてしまうのかは、まだわからない。そしてまた、「フロギストン説」（フロギストンとは、燃えるものに含まれているとされた仮想的な元素。燃焼は、フロギストンが放出される過程だとされた）や、「カロリック説」（カロリックとは、熱の移動を説明するために提案された仮想的な物質）など、私たちが完全に捨て去ってしまった古い理論もある。だが、これまでのところ、量子論はすべての科学のなかで最も成功している理論だ。量子論は事実なのである。

直感？　いえいえ、反直感を刺激しなきゃ

原子の新しい領域に近づくと、私たちの直感はすべてあてにならなくなるようだ。以前からもっていた知識は、用を成さなくなりそうだ。日常生活では、極めて限られた範囲の経験しかできない。飛んでいく弾丸よりも数百万倍も速いスピードなど、誰も経験したことはない。太陽の中心よりも数十億倍も熱い、焼き尽くすような熱に曝されたこともない。個々の分子、原子、あるいは原子核と踊った人もいない。こんなふうに、私たちが自然界について経験できることは限られているが、科学のおかげで、私たちが経験できない世界がどんなに広大で多様性に富んでいるか、気づくことができるようになった。同僚の一人が、こんなたとえをしたことがある。私たちは、まだ卵のなかで形成されつつあるヒヨコなのだと。卵の内部に貯蔵されていた食糧を食べ続け、やがてすべて食べ尽くしてしまうと、世界は終わったかのように思える。しかし、そのとき卵の殻が割れて、ヒヨコは桁違いに大きな（しかも、もっと面白い）新しい世界へと生まれ出る。

大人ならたいていの人がもっている直感的な考え方の一つに、私たちの周りにあるもの――椅子、

電灯、猫など――は、私たちがそばにいてそれを観察していようがいまいが、存在しており、あれこれの性質も一通りすべてもっている、というのがある。もう一つ、学校教育で私たちが身につけるのが、たとえば、おもちゃの自動車を二台、まったく同じ斜面を滑り降りさせて速さを競わせるという実験を、完全に同じ方法で二日続けて行ったなら、二日とも同じ結果になるはずだという直感だ。野球の試合でバッターが外野手に向かってボールを飛ばすとき、ボールは軌跡のどの点でも、きっちり決まった位置ときっちり決まった速度をもっているというのは直感的に明らかだと、思わない人がいるだろうか？　ボールの連続スナップショット（すなわちビデオ）を撮れば、任意の瞬間にボールがどこにあるかを特定できるはずだ。これらのスナップショットをすべてまとめれば、ボールが飛んだなめらかな軌跡がはっきりと描けるだろう。

これらの直感は、椅子やボールの巨視的世界では、今なお役に立っている。だが、すでに見たように、原子の内部では奇妙なことが起こる。このあとも本書では、こんな話が次々と出てくる。どうかここで、あなたがいちばん慣れ親しんでいる直感のいくつかを一時忘れる心構えをしてほしい。科学の歴史は、既存の知識を包含した革命的な考え方が登場することによって進んでいく。たとえば、ニュートンの革命は、それ以前のガリレオやケプラー、コペルニクスの研究や概念を捨てるのではなく、包含するものだった。ジェームズ・クラーク・マクスウェルが最終的にまとめあげた電磁理論にしてもそうだ。(17)一九世紀、マクスウェルはニュートン力学を拡張し、ある意味包含したのである。アインシュタインの相対性理論は、ニュートンの理論を包含し、その適応領域を拡張して、極端な高速と、空間、時間、そして重力に関するいっそう深い考え方を包含した。ニュートンの方程式は、それほど高速でない範囲では依然として有効だった。量子論は、私たちが原子の領域を理解できるように、ニュートンとマクスウェルの理論を包含して構築された。どの場合も、新しい理論は、少なくともはじめのうちは、古い理論の言葉で理解されねばならなかった。しかし、量子論を議論するとき、「古典」論の言葉――私たち人間の普段の言葉――は役に立たないのである。

アインシュタインと、彼の仲間の不満分子たちが抱えており、私たちが今日やはり抱えているのが、新しい原子の物理を、古い巨視的物体の物理の言語と哲学で理解するのは途方もなく難しいという問題だ。私たちは、ニュートンとマクスウェルの古い世界が、新しいものからどのようにして出てくるかを、量子論の言葉で理解できるようにならなければならない。もしも私たちが原子サイズの科学者だったなら、私たちは量子論的現象と共に育っていたかもしれない。そして、クォークのサイズの、ちょっと違った環境で育ってきた同僚が、こんなふうに言うかもしれない。「原子を10^{23}個組み合わせて、『ボール』とでも呼べるようなものをつくったとしたら、どんな世界ができるだろうね?」

確率、不確定性、客観的現実《リアリティ》、薄気味悪さなどの概念はすべて、私たちの言語を受け付けないのかもしれない。これは、二〇世紀の終わりになってもなお解決できない問題だった。リチャード・ファインマンは、あるテレビの対談で、視聴者のみなさんに二つの磁石のあいだに働く力を説明していただけませんかと司会者が丁寧な態度で頼んだのを断ったという。「私にはできません」と、その偉大な理論物理学者は言った。ファインマンはのちにその理由を説明した。その司会者(そしてほとんどの人々)は、力というものを、テーブルを手で押すときの力のようなものと理解している。これが彼の世界であり、彼の言語だ。しかし、テーブルの上に載せた手には、電気、量子論、そして、さまざまな物質の性質が関わっている。それは複雑なことなのである。テレビの司会者はファインマンが、まったく純粋な磁力を、「古い世界」の住人たちが「慣れ親しんでいる」力の概念に沿って説明してくれることを期待していたのだ。

このあと本書で見るように、量子物理を理解することは、まったく新しい世界に入っていくことだ。量子論が、科学世界の探検が二〇世紀に成し遂げた最大の発見であることはまったく疑いなく、二一世紀をとおしても重要であり続けるだろう。プロの科学者だけが楽しみ、利益を得るに任せておくには、あまりに重要すぎる。

二一世紀の最初の一〇年が過ぎた今、高名な物理学者たちは、哲学的にもっと心地よく、人間の直感にそれほどショックを与えない、「もっと親切で優しい」量子力学を見いだそうと、たゆまぬ努力をなおも続けている。しかし、このような努力は何の成果ももたらしていないようだ。他の物理学者たちは、量子物理のルールを素直にそのまま習得し、それらのルールを新しい対称性原理にあてはめ、点のような粒子に代わるものとして弦や膜を考案し、今日私たちが顕微鏡を使って調べられるよりも何兆倍も小さな、日常とはかけ離れた世界について、実に有効なビジョンを構築して、何歩も大きく前進している。量子物理のルールを受け入れて極微の世界を究明するツールとして使うというこのアプローチこそ、知られているすべての力の統一について、そして時空の構造そのものについて、強力なヒントを提供してくれる、最も実りある取り組み方ではないだろうか。

本書では、ちょっと不安にさせられるような量子論の薄気味悪さと、量子論によって私たちの自然についての理解がいかに大きく変わったかを、お伝えしたいと思っている。量子論の薄気味悪さのほとんどは、人間がどのように条件づけられているかということから来ていると私たちは考えている。自然には自然の言語があり、私たちはそれを学ばねばならない。カミュを読むならフランス語で読めるように学ぶべきであり、カミュを無理やりアメリカ英語のスラングに訳してしまってはならない。フランス語が難しくてわからないのなら、長い休暇をとってプロヴァンスを訪れ、フランスの空気を吸うべきであって、アメリカの田舎の家にこもったままで、自分が慣れ親しんだ地元の言葉に世界を無理やり訳してしまってはならないだろう。このあとに続くページでは、私たちの世界の内部にありながら、まったく異なる景色をもつ領域へとみなさんをいざなうことになる。そのなかで、この素晴らしい新世界を理解するための新しい言語を獲得するという、さらなる利益を享受していただきたいと思う。

第2章　量子以前

　ガリレオがピサの斜塔を登って、形はまったく同じだが重さの異なる二つの物体をそこから落としたとき、彼はたんなる科学実験を越えたことを行っていた。彼は、大いなる街頭演劇の舞台をつくり、アリストテレスを信奉するピサ大学の教授たちを公の場であざ笑うお膳立てをしていたのだ。それにはおそらく、自分の名前を宣伝して、資金集めを容易にしようという目的もあったのだろう（ガリレオは科学者人生の少なくとも一時期、生計を立てるために、メディチ家の運勢をホロスコープで占っていたことがある）。だが、それより重要だったのは、直感を実験に基づく証拠に置き替えること、そして教義を事実に置き替えることの重要性を、ガリレオがこの公開実験で示したことだった。

　量子論にどんどん深く入り込むにつれ、現実存在《リアリティ》に関してあなたが生まれつきもっていた直感や、「物理的な世界」についての理に適った認識が、大いに揺るがされることになるだろう。だが、あなたがそれで味わうショックに負けず劣らず、ガリレオが落とした二つの物体が塔の足元に同時にドサッと落ちたのを目で見て、耳で聞いたピサの市民たちのショックは大きかったのではないだろうか。「重たいものが軽いものより速く地面に落ちないなんてことが、どうしてあるんだ（アリストテレスが間違っていたなんてことが、どうしてあり得るんだ）？」と、彼らは思っただろう。彼らの直感は、人為的に教え込まれたものだった。古代ギリシャ人たちは、どちらの物が先に地面に落ちるか、実験で確かめたりしたことなどまったくなかった。つまるところ、直感は生まれつき備わっているというよりも、観察によって学びとるものなのかもしれない。

ガリレオの時代のヨーロッパ人たちは、もう二〇〇〇年にもわたって、重い物体は軽い物体よりも速く落ちて地面に先に到着すると（間違ったことを）教えられていた。また、運動する物体はいつかは自然に停止し、地球は宇宙の中心にあって、「月、太陽、惑星など、すべてのものは、天国から地獄にいたるまで、秩序正しく、地球の周りを回転している」と教えられていた。一方、ガリレオの大胆な考え方は、観察と、その結果論理的に得られた結論に基づいていた——同時に落とされた二つの物体は、その重さにかかわらず（空気抵抗の影響を無視するという条件の下では）、同じ瞬間に地面に到達する。これは、実際に実験を行えば確認できる結果だ。さらに、運動の状態を変えるような力が働かないかぎり物体は直線上を永遠に運動し続けるとも彼は述べたが、これも、摩擦のない滑らかな面の上を運動する物体によって確認できる。また、太陽が太陽系の中心であって、惑星（地球もその一つ）は楕円軌道に沿ってその周囲を回転しており、月は地球の周りを回転しているというガリレオの主張により、地球を中心とした宇宙という古い体系を使ったのではなかなか説明できない複雑な動きを一気に解き明かすことができた。一九三〇年の量子力学と同じく、ガリレオの考え方はどれも、一六〇〇年当時には「まったく直感に合わない」ものだったのである。[1]

眩暈《めまい》がするような量子物理学の世界を理解するには、それに先行した科学を少しばかり知っておかなければならない。それは、**古典物理学**と呼ばれる科学で、ガリレオの時代よりも前に始まり、その後ニュートン、マイケル・ファラデー、ジェームズ・クラーク・マクスウェル、ハインリヒ・ヘルツ、そしてそのほか大勢の科学者たちによって精緻化された、数百年にわたる科学の営みの集大成である。(2) 古典物理学は、一種時計仕掛けの宇宙を仮定していた。秩序正しく、因果律が成り立ち、厳密で、予測可能な宇宙だ。古典物理学は全盛を極めたが、やがて二〇世紀が始まると、事態は一変した。

話をややこしくする因子

直感に反したこととはどのようなものなのかをわかっていただくために、地球について考えてみよう。地球はとても頑丈で、永久に変化せず、じっと静止しているように思える。地球上では、朝食が載ったお盆をなんの苦もなく、コーヒー一滴たりともこぼさずに、水平に保つことができるが、実は地球は自らの軸を中心に自転している。地球の表面にある物体は、静止しているどころか、地球が自転するのと一緒に回転している。さながら巨大なメリーゴーラウンドだ。赤道近くでは、表面速度は時速約一六〇〇キロメートルに達するのだから、ジェット機並みの速さだ。おまけに、地球は太陽を回る軌道に沿って、時速約一六万キロという目もくらむような猛スピードで宇宙のなかを駆けめぐっている。しかも太陽系全体が、これよりいっそう速いスピードで銀河のなかを突進している。だが、太陽は確かに東から昇って西に沈んでいるのに、私たちは何も感じないし、こんな運動のことなんて、これっぽっちも気にならない。どうしてそんなことになっているのだろう？　馬にまたがって手紙を書くことなど不可能だし、州間高速道路で車を時速一一〇キロで飛ばしていればなおさらだ。それなのに、地球を時速約二万九〇〇〇キロで周回している宇宙カプセルのなかで、宇宙飛行士たちが針に糸を通し、神経を使う細やかな仕事をいろいろこなしている映像を、私たちはみな見ている。彼ら宇宙に浮かんでいる宇宙飛行士は、下のほうで自転している地球に目をやらなければ、いっさい動いていないように見える。

太陽のパターンが
似合うのは彼だけ
円板がなければ輝きも
太陽ではありえないのだから——
——エミリー・ディキンソン「太陽のパターン[3]」

周囲が自分とまったく同じように運動しており、しかもその運動が一定で、加速しなければ、それがどんな運動であっても、私たちは感じることはない。だがこれは、日常的な直感からただちに理解できることではない。古代ギリシャ人は、地球の表面には完全な静止状態がそもそもの性質として備わっているのだと信じていた。ガリレオはこの伝統的な「アリストテレス的」直感に挑み、それを科学的に改善された新しい直感に置き換えた。じっとしていることは、一定の運動をしている状態と同じであるということを、私たちは学ぶ。宇宙飛行士たちは、彼ら自身の視点で見れば静止しているが、私たちの視点から見れば宇宙空間を時速約二万九〇〇〇キロで疾走しているのである。

ガリレオの慧眼には、軽いものも重いものも同じ速度で落下し、同時に地面に達するということは明々白々だった。一方、たいていの人間にとってそれは、少しも明らかではなかった。というのも、経験は正反対のことを示しているように見えたからだ。しかしガリレオは、それが事実と異なるのだと示す実験を行い、その意味するところも論理的に説明した。このことにだれも気づかなかったのは、たんに周囲の空気が運動に抵抗を与えていたからだった。ガリレオは、周囲に存在する空気を、自然の根底にある本質的な単純さを見えにくくしている、「話をややこしくする因子」だと考えた。空気が存在しなければ、すべての物体は同じ速度で地面に落下する。それは羽毛や巨大な岩でさえも同じだ、と気づいたのであった。

実のところ、重力の引き、つまり重力の力は、引っ張られる物体がどれだけ重いかで決まる。**質量**は、物体のなかにどれだけの物質が含まれているかの尺度だ。重さは、要は質量をもった物体に働く重力である（あなたの理科の先生が、「月の上でも物体の質量は同じだが、重さは減る」と、いつも言っていたのを思いだしていただきたい。そして先生は、私たちと同じように、ガリレオのような人たちのおかげでこの事実を学んだのである）。物体の質量が大きければ大きいほど、重力は強くなる。質量が二倍になれば、それに働く重力も二倍になる。ところが、物体の質量が大きくなると、その物体が運動の状態を変えることに対して働く抵抗も大きくなる。この二つの拮抗する傾向がちょうど打ち消し合って、すべての物体は同じ速度で地面へと落ちる——ただし、空気抵抗の影響を除けば、ではあるが。空気抵抗は話をややこしくする因子なのだ。

古代ギリシャの人々には、物体にとって最も自然な状態は、じっと静止している状態だというのは明らかだった。サッカーボールを蹴れば、ボールは転がりはじめるが、ついには静止する。自動車は、ガソリンがなくなるまで走り続けるが、その後スピードが落ちていって、最後には止まってしまう。アイスホッケーのパックをテーブルの上で滑らせると、一メートル足らず進んで、その後は止まってしまう。こうしたことはすべて、まったく明白であり、完璧にアリストテレス的な考え方だ（私たち全員の心の底には、アリストテレスがいるのである）。

だが、ガリレオはもっと深い直感に到達した。彼は気づいたのだ。もしもホッケーのパックがワックスでつるつるに磨かれていて、テーブルもワックスがかけられ、つるつるになっていたなら、パックはテーブルの表面をずっと先のほうまで滑っていくだろう。そして、テーブルではなくて凍った湖の表面だったなら、とても長い距離を滑っていくはずだ。摩擦をすべてなくし、その他の話をややこしくする因子もすべてとり去ったなら、ホッケーのパックは一本の直線の上を一定の速度で、いつまでも滑っていくだろう。そうか！　運動が止まってしまうのは、パックとテーブルのあいだの（あるいは車と道路のあいだの）摩擦のせいだ。これが話をややこしくする因子だったのだ。ガリレオはそう結論づけた。

物理学の講義室には、エアトラックと呼ばれる実験器具がよく置かれている。エアトラックは、何千という小さな穴があけられた長い鋼鉄製のレールで、穴からは空気が吹き出すようになっている。そしてこのレールには、金属製の滑走体（先の話のホッケー・パックに相当するもの）が乗せられており、吹き出す空気で浮き上がってレール上を移動する。滑走体は、ほんの少し押すだけでレールを滑りだし、片方のバンパーで跳ね返り、戻ってきて、もう一方のバンパーで跳ね返り……という動きを何度も繰り返し、講義のあいだじゅうずっと、長さ一〇メートルのレールの上を行ったり来たりする。後から何の力も加えていないのに、どうして滑走体は、そんなに長いあいだ動いていられるのだろう？　直感に合わないことはなはだしいので、いつまでも見飽きないのだが、実はここで私たちは、摩擦という話をややこしくする因子の影響を受けない、根底に存在する根本的な世界を目撃しているのである。ガリレオは、技術面ではこれよりはるかに素朴だが、啓蒙的ということでは引けをとらない実験をいくつか行い、「運動している孤立した物体は、その運動を永久に維持する」という新しい自然法則を見いだし、それを定式化した。ここで「孤立した」とは、摩擦の力を含む、どんな力も影響を及ぼさないという意味だ。一定の運動をしているという状態を変えられるのは力だけである。

そんなの直感に合わないって？　そのとおり！　本当に孤立した物体など、想像することすら、とんでもなく難しい。なにしろそんなものは、リビングルームでも、野球場でも、それどころか地球上のどこであれ、お目にかかることなどないのだから。この理想的な状態に近づくことができるのは、注意深く計画された実験のなかだけだ。しかし、エアトラックのような実演実験をたくさん行えば、この法則もいつかは、物理学を学ぶごくふつうの大学一年生の直感の一部になることだろう。

世界を注意深く観察することも、科学的方法の一つだ。こうした科学的方法が過去四〇〇年にわたって大きな成功を収めることができたのは、それらを用いることで抽象化を行い、現実世界の話をややこしくする因子がまったくない、純化された小さな想像上の世界をつくり、そのなかで自然の基本法則を探し求められるようになったからだ。その後で、現実の世界に戻って、摩擦や空気抵抗など話をややこしくする因子を定量的に把握して、はるかに複雑なこちらの世界に改めて取り組むことができる。

もう一つ、重要な例を考えよう。実際の太陽系は、はなはだ複雑だ。巨大な恒星、太陽が中心にあり、それよりはるかに小さく、質量はそれぞればらばらの惑星が九つ（冥王星を惑星に数えなければ八つ）、水星と金星以外は一連の衛星を伴って存在しており、どの天体も互いに重力を及ぼしあい、複雑な運動が組み合わさったバレエを進行させている。これを単純化するため、アイザック・ニュートンは、単純な理想化された問いを投げかけた。「たった一つの惑星と、一つの太陽だけからなる太陽系を考えてみよう。これらの天体はどのように運動するだろうか？」

これは、**還元主義的方法**と呼ばれる手法だ。複雑な系（たとえば、九つの惑星と一つの太陽など）をとり上げ、その小さな部分（一つの惑星と一つの太陽）を考える。こうすると、問題が解決可能になる場合もある（この場合は解決する）。そこから改めて、もともと投げかけた、はるかに複雑な問いに残されている、いろいろな特徴を見いだすことができるだろう。太陽系の例で言えば、九つの惑星はそれぞれ、一つの惑星が一つの太陽を周回する場合を考えたときとほぼ同様に運動し、各惑星間に働く力については、ほんの少し補正するだけでいいことがわかる。

還元主義的方法は、いつも適用できるわけではないし、常に成功するわけでもない。だからこそ、最も複雑な物理系である、巨大分子や生物といった複雑な現象はもちろん、竜巻やパイプを流れる液体の乱流などの現象が、今日なお完全には理解されていないのだ。還元主義的方法は、物理学者が抽象化に使った単純な系が、私たちが暮らす乱雑な世界と大きく違わない場合に一番うまくいく。太陽系の場合、巨大な太陽が、地球に働いている他の惑星からの力すべてを凌駕しているので、火星、金星、木星などの影響を無視することで、なかなかいい答えを得ることができる。地球と太陽だけの単純な系を考えることによって、地球の軌道をそこそこうまく記述できるわけだ。この方法に自信がもてるようになったら、現実世界にもう一度戻って、話をややこしくする因子のうち、二番目に最も重要なものを考慮に入れて、いっそう気合を入れて取り組めばいいのである。

放物線と振り子

大勢の人間がわいわいがやがや騒いでいるのが聞こえるではないか！　トランペットがいっ

せいに吹き鳴らされたかのごとき、大騒ぎだ！　無数の雷が轟いたかのごとき、何とも耳障りな轟音だ！　燃えさかる壁はすばやく後退した！　気を失い、いまにも奈落へ落ち込みそうになっていたわたしの腕を、もう一本差し出された腕がしっかりと捉えた。ラサール将軍の腕だった。フランス軍がトレドに攻め入ったのだ。異端審問はとうとう敵の手に落ちたのである。

——エドガー・アラン・ポー『落とし穴と振り子』[4]（巽孝之訳、新潮文庫）

古典物理学、つまり量子論以前の物理学は、二本の柱に支えられている。一つ目は、一七世紀のガリレオ＝ニュートン的力学だ。二つ目の柱は、電気、磁気、そして光学の諸法則からなるが、こちらは一九世紀に一連の物理学者たちが発展させた。クーロン、エルステッド、オーム、アンペール、ファラデー、マクスウェル——これがその物理学者たちの名前だが、いろいろな電気関係の単位に似ていて興味深い。まずは、われらがヒーロー、ガリレオ・ガリレイの後継者である偉大な物理学者、アイザック・ニュートンの宇宙について考えてみよう。

物体は落下し、落下するにつれてその速度は増加するが、その増加の割合はある厳密な値（**加速度**と呼ばれる）をもつ。バットで空中に打ち上げられたボールや大砲から発射された弾などの投射物はどれも、発射点から優美な弧を描いて飛んでいく。この軌跡は**放物線**と呼ばれ、数学的エレガンスの極みと言えよう。一方、おじいさんの古時計の振り子や木の枝にロープで吊るした古タイヤのように、長い糸で高いところから吊り下げた振り子は、時計の時間を合わせるのに使えるほど、極めて正確な往復運動をする。また太陽と月は、地球の海に引力を及ぼして、潮の満ち干をもたらす。これらの現象はすべて、ニュートンの運動の法則で理解し、説明することができる。

ニュートンは、人類史上稀に見る豊かな創造力を爆発的に発揮し、二つの大発見をした。どちらも**微積分法**という数学的な言葉で表されているが、この微積分法にしても、その大部分が、自分の予測を実際の自然と比較するために自ら発明したものだ。二つの大発見の一つ目は、**ニュートンの運動の三法則**と呼ばれているもので、物体に働いている力がわかっているときに、その物体の運動を計算する方法である。これについてニュートンは、「働いている力を教えてくれて、それから十分大きなコンピュータを与えてくれたなら、未来を予測してあげよう」と言ったかもしれないが、私たちが知るかぎり、そうした事実はなかったようだ。

物体に働く力は、ロープ、棒、人間の筋肉、風圧や水圧、磁石など、ありとあらゆる手段によって伝えることができる。ニュートンの二つ目の大発見の中心となったのは、そうした自然界の力のなかでも特別なもの、つまり**万有引力**だった。ニュートンは、あきれるくらい単純な方程式のなかで、すべての物体は互いに力で引き付け合うという大胆な一般化を行った。

この万有引力という、任意の二つの物体のあいだに働く力は、両者の距離が長くなるにつれて小さくなる。たとえば、間隔を二倍にすると、引力は四分の一に減少する。間隔を三倍にすれば、引力は九分の一に減少する。これが名高い**逆二乗則**だ。これはつまり、ある物体から十分遠く離れれば、その物体からの影響を好きなだけ小さくできるということである。私たちの太陽に最も近い恒星の一つ、ケンタウルス座α星（その距離は、たったの四光年だ）から地球に届く引力は、私たちの地球上での体重の1／10,000,000,000,000、すなわち10^{-13}倍である。あるいは、恐ろしく高密度で重たい物体に接近したとする。たとえば中性子星の表面まで行ったとすると、私たちは引力のために原子核くらいの大きさにまで押し潰されてしまうだろう。ニュートンの法則は、落下するリンゴ、投射物、振り子をはじめ、私たちの暮らす地球の表面近くにある物体に引力がどのように働くかをはっきりと説明する。引力はまた、広大な宇宙の遠方まで、たとえば、地球と太陽のあいだの約一億四九〇〇万キロメートルをも越えて働く。

だがニュートンの法則は、私たちが生まれた地球を離れてもなお成り立つのだろうか？ ニュートンの理論が正しいなら、そこから導き出される計算結果は観測と一致しなければならない（実験誤差は許すとしても）。さて、どうだろうか？ 計算結果を見ると、おおまかにはニュートンの法則は太陽系全体で成り立っていることがわかる。実際、各惑星が単独で太陽の周りを公転しているとするだけで、非常によい近似が得られ、ニュートンの法則から個々の惑星に対して完全な楕円軌道が予測される。ところが、もっと詳しく見てみると、火星の公転運動には小さな食い違いがあることがわかる。火星の軌道は、還元主義的な**二体問題**としての近似で予測されるような、完全な楕円ではないのだ。

太陽 - 火星という二体の系だけを他から切り離して解析するなら、地球、金星、木星など諸々の、比較的小さな引力の影響を無視してしまうことになる——これらも、やはり火星に影響しているのだが。火星は、公転軌道に沿って進みながら木星とすれ違うこともあるわけで、長い時間のあいだには、こうした影響も実際に積み重なっていく。火星は、数十億年のあいだには、テレビのリアリティ番組の素人出演者のように、太陽系から追い出されてしまう可能性だってあるのだ。そんなわけで、惑星の運動を長い期間にわたって調べていけば、問題はどんどん難しくなっていく。しかし、現代のコンピュータを使えば、これらの小さな（あるいは、それほど小さくない）乱れを扱うことができる。アインシュタインの一般相対性理論（ニュートンのものに代わる、新しい引力の理論）の、極めて小さな影響だって、ちゃんと扱えるのだ。これらの効果をすべて含めてやれば、理論は観察に基づく測定と、これまでにないほどよく一致するようになる。しかしニュートンの法則は、恒星間の、数兆キロメートルという途方もない距離を越えても働くのだろうか？ 距離が開くにつれ伝わる力の強さは小さくなっていくが、現代の天文学の測定では、引力は宇宙全体にわたって、私たちにわかる限りでは、どこまでも働くことが示されている。

さて、ここでちょっと、ニュートンの運動法則と万有引力の法則で説明できるさまざまな動きについて考えてみよう。リンゴはほぼ一直線に落下するが、これは実のところ、地球の中心めがけて落ちている。大砲の砲弾は放物線を描いて飛び、到達した地点を破壊する。月は、ほんの四〇万キロメートル上空を巡り、地球の海と私たちのロマンチックな心とを引きつける。惑星たちは、円に極めて近い楕円軌道で太陽の周りを猛スピードで公転している。彗星は極端に細長く引き伸ばされた楕円軌道に沿って、太陽に接近したかと思うとくるりと回って元きたほうへと戻っていき、再び太陽に戻ってくるのは数十年、あるいは数百年あとのことだ。いちばん小さなものからいちばん大きなものまで、宇宙に存在するすべてのものは、正確に予測できる運動をする——というのがアイザック・ニュートンの主張だ。

たった一つか二つの数学の式が、これほど多くの事柄を網羅して正しい結果を出すなんて、どうしてそんなことが可能なのだろう?

大砲と宇宙

ニュートン自身も、自分の万有引力の法則はいったいどの程度の範囲の尺度で正しいのか、じっくり考えた。これに取り組むために、崖っぷちに大砲が一台置かれているところを想像した。そして、砲弾を飛ばすのに使う火薬の量を変えたときに、砲弾が飛んでいく軌跡がどう変わるかを計算したいと考えた。これからニュートンのこの思考実験を再現してみよう。まずは、古くなってカビ

図1　将官は、火薬1袋を使って大砲を撃てと命じる。だが、東方から危険な行軍をしていたあいだに、火薬は湿ってカビが生えてしまっていた。「ポソッ」という音がしただけで大砲は不発に終わり、弾は砲身から出るには出るが、ほとんどまっすぐ下に向かって、g=9.8m/s^{2}で加速しながら落下する。まるでニュートンのリンゴのように。

が生えてしまった安い火薬の小袋を一つだけ使ってみよう（図1）。火薬は、着火してもだんだん消えていって、せいぜい砲弾を砲口から押し出すくらいの威力しかないだろう。砲弾は砲身から転がり出て、崖の下に落ちるだろう。木から落ちるリンゴのように、ほとんど垂直に落ちるはずだ――リンゴも砲弾も引力と運動の法則に支配されている。

では次は、官給品の新しい火薬の標準サイズの袋を一つ使ってみよう。バン！　今度は、砲弾は砲身から飛び出して、美しい弧を描き、崖の真下から一〇〇メートルのところに着弾するだろう。だが、将官たちはこの程度の距離では満足しないかもしれない。ならば、火薬を三袋に増やしてみよう。そして、それを準備しているあいだに砲身を少し上に向けてみよう。ドカン！　今回は、砲弾は砲身から上向きに飛び出し、見事な高い放物線を描いて、五キロメートル離れたところに着弾するだろう（図2）。

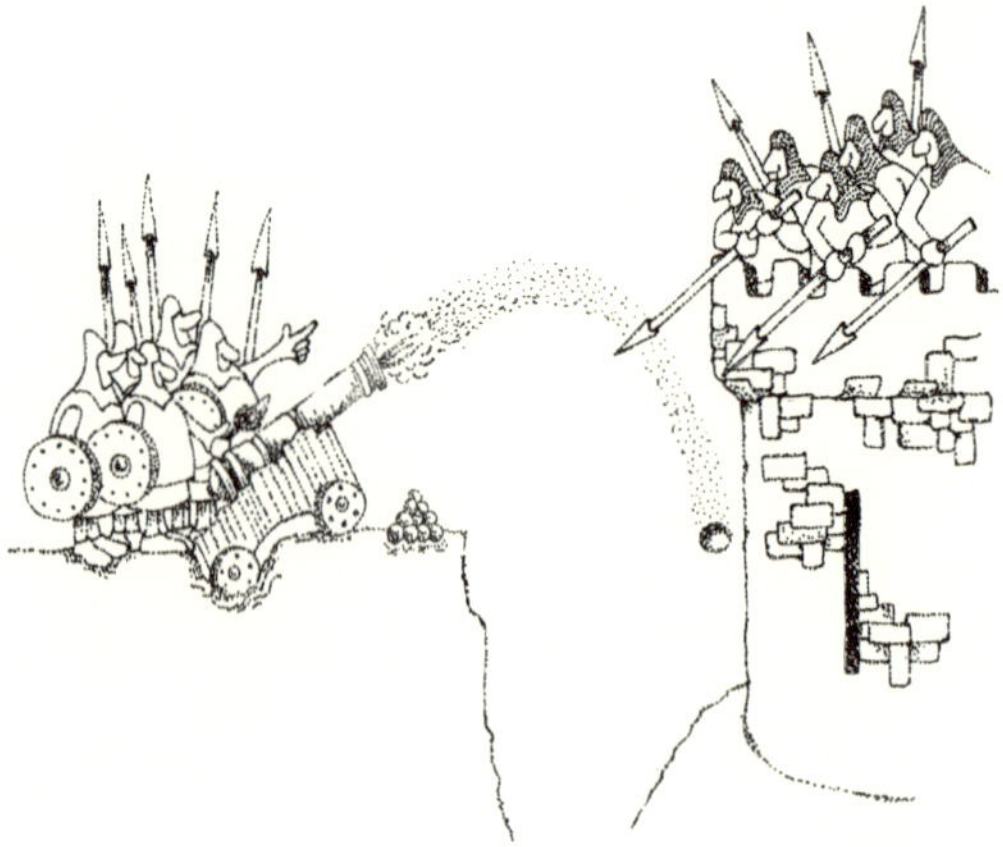

図2　将官は、火薬3袋を使えと命じる。「ドカン」という音と共に、砲弾は放物線を描いて城めがけて飛んでいく。だがこのときも、地面に向かってg=9.8m/s^{2}で加速しながら飛んでいく砲弾は、城壁の手前で地面に落ちてしまう。

しかし将官たちは、せっかくかけた労力に対して、もっと大きな成果が欲しいと言うかもしれない。ならば、超特級の高性能ダイナマイトを使おう――火薬一〇袋分の威力だ。今度は……ドドーン！　数キロメートル離れた監視所にいる将官たちにもはっきりわかる、轟音と炎を伴う大爆発が起こるだろう。将官たちは期待を込めて、狙ったあたりに目を走らせるが、何の変化も見られない。砲弾は、発射の爆発そのものでばらばらになり、消えてなくなってしまったのだろうか？　研究所の連中に電話してみたほうがいい。「一〇袋分ですか⁉」と、びっくり仰天して科学者たちは叫ぶだろう。「やれやれ、ばかなことをしてくれましたね、砲弾は軌道に乗ってしまったんですよ！」。その通り。九〇分後、砲弾は新しいスプートニクのように地球を一周して、彼らの頭の後ろに急接近してくるはずだ（図3）。

この思考実験は、空気抵抗を無視している

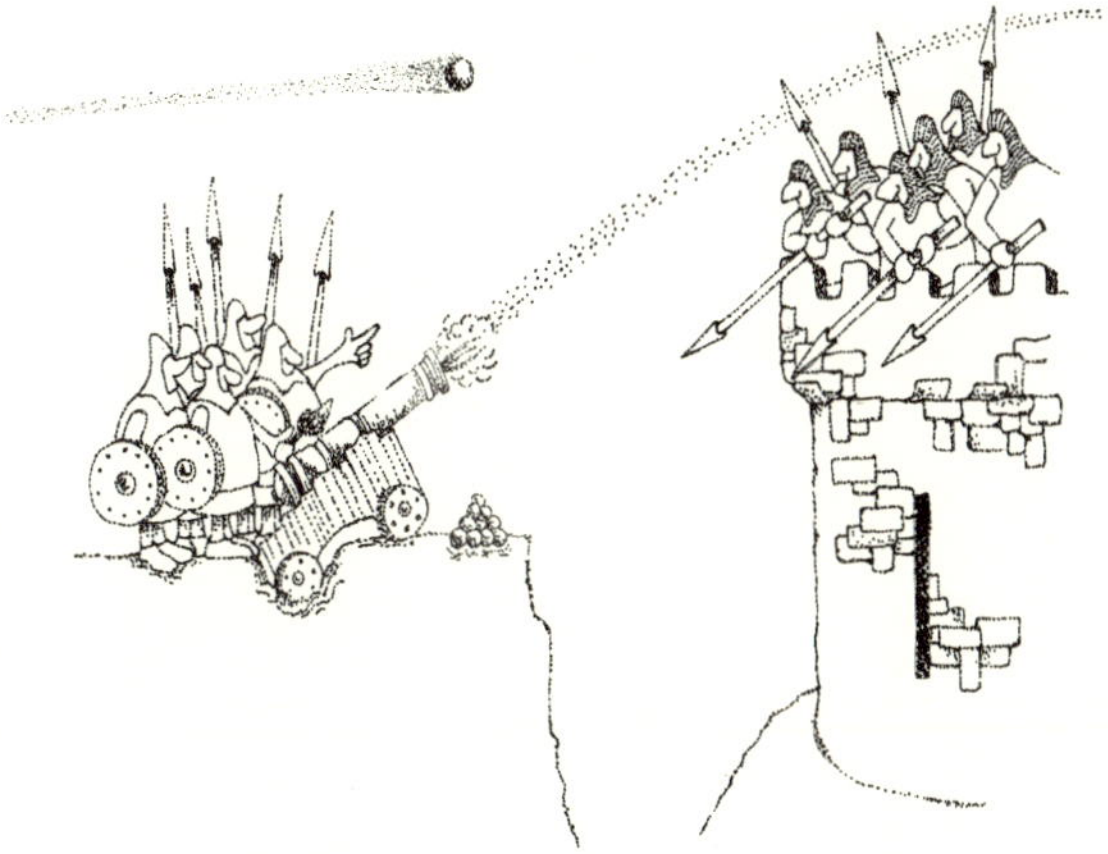

図3　次に将官は、火薬10袋を使えと命じる。「ドドーン」。砲弾は空へと飛び上がって軌道に乗り、90分後に彼らの頭上を通過する。砲弾は絶えずg=9.8m/s^{2}の加速度で落下しているが、地球の地面がこれと同じ割合で砲弾から遠ざかっており（なぜなら地球の表面は湾曲しているので）、しかも砲弾は猛スピードで前に向かって進んでいる。このため、砲弾は円軌道を運動しつづける。（図1〜3：イラスト イルゼ・ルンド）

が、それ以外はニュートンの方程式から得られる予測のとおりである。地球の引力は常に、砲弾を地球に向かって「落ちる」ように強いる。しかし、それぞれの場合で、最初の条件が違っている。最初の速度、すなわち初速度が小さいと、砲弾はほぼ垂直に落下する。初速度が少し上がると、砲弾は地表に近い低い放物線を描いて飛ぶようになる。初速度が上がれば上がるほど、砲弾はどんどん遠くまで飛んでから地表に戻ってくるようになる。ところが、地球の表面は湾曲しているので、地表に向かって「落ちる」軌跡が、地球の湾曲とちょうど同じになるような初速度が存在する。このとき、砲弾は地球を回る軌道に乗ったことになるのである。さらに超特級高性能火薬を二、三袋足せば、砲弾は弧を描いて地球からどんどん離れていき、ついには地球の引力から完全に逃れてしまうだろう。基本的な方程式は常に同じだ——しかし、最初の条件がさまざまに異なることで、そこから得られる結果もさまざまに異なってくる。小惑星や彗星の軌道から、惑星、人工衛星ボイジャー、そして足首にバンジージャンプの紐をくくりつけて橋の上から飛び降りるおめでたい連中まで、すべてこの方程式で軌道を計算できるのだ。

腑に落ちないとお思いかもしれないのでさらにお話しておくと、ニュートンの素晴らしい普遍的な方程式は、深い哲学的な意味ももっている。どんな物体でも、その最初の条件、すなわち初期条件がわかっていれば——大砲の例なら、(1)ある瞬間の砲弾の位置、(2)そのとき砲弾はどの方向にどんな速度で運動しているか（速度は、どれだけの量の火薬を使ったかに対応する）、の二つが初期条件——、原理的には砲弾の未来を完全に予測することができるのである。未来を予測するだって？　これはいよいよ本当にアリストテレス哲学への挑戦だ！

たとえば、太陽系の九つの惑星それぞれの最初の位置（太陽からどれだけ離れているか）と速度が正確にわかっており、惑星どうしのあいだに働く力（惑星の質量によって決まる引力）も与えられており、さらに、途方もなく強力なコンピュータがあったなら、私たちはこの系全体について、遠い未来まで、自分たちが望む正確さで予測することができる。さらにこれを推し進めて、もっと大掛かりなことだって可能だ。いま生まれようとしている恒星系を形づくっている、渦巻く高温の塵の雲のなかに存在している個々の粒子の初期条件がわかれば、この恒星系でこの先起こる惑星とその衛星の形成について、予測することができるはずだ。古典物理学では、十分な能力のコンピュータと、正確な初期条件の知識があれば、すべてが予測可能なのである。このことを表現する言葉までである。「古典物理学は**決定論的**である」というのだ。古典物理学では、少なくとも原理的には、未来は厳密に決定することができる。このあと量子革命の話をするとき、この重要なポイントを思い出してほしい。

ＮＡＳＡは、人工衛星の複雑な軌道を予測するとき、ニュートンの法則に頼っており、コンピュータのプログラムのなかにこれをコード化して組み込んでいる。カルテック（カリフォルニア工科大学）、ＭＩＴ（マサチューセッツ工科大学）、その他の工科大学の学生は、機械工学、土木工学、建築工学にこれを応用している。これらの法則のおかげで、宇宙に行くことが可能になっているのだし、橋、超高層ビル、自動車、飛行機の設計ができる。ニュートンの法則があってこそ、近代文明は今日のような多様で複雑なものとして繁栄できるようになったのである。

ならば、ニュートン物理学のどこがいけないのか？　そりゃはっきりしてる！　三〇〇年間顧客を満足させてきたニュートン物理学も、二つの領域では成り立たない。一つは、とてつもなく速い速度の領域（光速に近い速さの物体）、そしてもう一つは極微の世界（原子のスケール）だ。原子のなかで成り立つのは、量子物理学なのだ。

第3章　隠れていた光の性質

古典物理学の話を終える前に、光についてもう少し考え、そして、ちょっと遊んでおかないといけない。光については、このあと量子物理学の世界に突入してからも、一見摩訶不思議としか思えないが、（それでも）重要な疑問点が、姿を変えて再び持ち上がるのだが、さしあたっては、古典物理学の枠組みのなかにある光の理論の起源を見ておこう(1)。

光はエネルギーの一形態で、電気エネルギーを光に変えるプロセス（たとえば、トースターや電球）や、化学エネルギーを光に変えるプロセス（ろうそくや炎）がたくさんある。太陽光は、太陽の奥深くで起こっている核融合と呼ばれるプロセスで生み出されたエネルギーで、太陽の表面が激しく熱せられて生まれる。原子炉の炉心から放出された放射性粒子は、水のなかで原子をイオン化させる（原子から電子を剥ぎとる）ときに、弱い青色の光を発生させる。

どんな物質でも構わないが、たとえば、鉄の塊があったとしよう。この塊にエネルギーを少し入れてやると、塊は温かくなる。エネルギーがごくわずかなら、手で温もりを感じる程度のことだろう（日曜大工をする人なら、木材に金槌で釘を打ち込むときや引き抜くときに、釘が熱くなることはご存知だろう)。鉄の塊は十分温められると、にぶい暗赤色の光として、弱い放射エネルギーを放出する。温度がさらに上がっていくにつれて、赤色に加えて橙色や黄色が現れ、もっと高温になると緑色や青色が加わる。十分な高温に達すると、物質は明るい白色光を放出する。すべての色が混じっているから白く見えるのである。

私たちが身の周りのいろいろな物体を見ることができるのは、ほとんどの場合、物体自体が光を放出するからではなく、物体が光を反射するからだ。しかし、磨き上げられた鏡以外、光が完全に反射されることはない。太陽に照らされた赤い物体があるとしよう。この物体が赤く見えるのは、太陽からの白色光の赤い部分だけを反射し、橙、緑、紫などは吸収しているからだ。さまざまな色の色素があるが、これらの化学物質は光の吸収の仕方がそれぞれ異なっているのだ。物質に色素を加えることによって、一部の色を選択的に反射させ、色のスペクトルのそれ以外の部分はすべて吸収させることができる。白い物体はすべての色を反射し、黒い物体はすべての色を吸収する。だから、アスファルトで舗装された駐車場は天気のいい日にひどく熱くなるし、熱帯地方では黒いシャツより白いシャツを着るほうが心地いいわけだ。光の吸収、反射、光による温度上昇、そして、これらの現象が光の色とどのように関係しているかは、さまざまな科学機器ですべて測定でき、数値として表すことができる。

光には興味をそそられる性質がいろいろとある。部屋の反対側にいるあなたが私に「見える」ということはすなわち、あなたから反射した光が伝わってきて、私の目まで届くということだ。考えてみれば、これはすごいことじゃないか! だが、あなたの友達のエドワードが、同じ部屋でピアノを見つめているとしよう。このときピアノからエドワードに向かう光線は、あなたから私に向かう光線と交差しているのに、どちらも少しも乱れていないようだ。光線は、チョークの粉やタバコの煙などがないときには見えないものだが、光線どうしは、何の苦もなく互いに通り抜けることができる。だが、たとえば二本の懐中電灯を使って一つの物体を照らすと、一本の電灯で照らすときの二倍明るくなる。

水槽を見てみよう。小型の懐中電灯を準備する。そして、黒板ふきをたたくか、モップをはたくかして埃を立たせ、それから部屋を暗くしよう。懐中電灯からの光線が、空気中の埃で反射されてよく見えるようになる。水槽の水面に斜めから光線を当てると、水面のところで光線が曲がるのもはっきり見える（餌がもらえると勘違いしたブルーグラミーがまごついているのも見えるかもしれない）。このように、水、ガラス、プラスチックなど、透明な物質で光が曲がる現象を**屈折**と呼ぶ。ボーイスカウトは、虫眼鏡で太陽光を木の一点に集中させて火をおこす。彼らは、レンズで光が屈折することを利用している。レンズの各部を通過する光線が、屈折という効果によってすべて**焦点**と呼ばれる一点に集まるのである。こうして光のエネルギーを集中させて、木をすばやく熱し、燃焼という現象をうまく起こしているわけだ。

ガラスのプリズムを窓にかざすと、太陽光の白色は赤‐橙‐黄‐緑‐青‐藍‐紫というスペクトル成分に分離される。私たちの目は、これらの色で認識される可視光に反応するが、光のエネルギーは、可視光の範囲の外側にも続いていることは、みなさんご存知のとおりだ。見えない光のうち、波長が長い側を赤外線、逆に波長が短い側を紫外線と呼ぶ。たとえば赤外線には、赤外線加熱ランプ、温まったトースターの電熱線、消えかかっている石炭の燃えさしが発している光などがあり、紫外線には、いわゆる「ブラックライト」や、溶接作業者がゴーグルをかけて遮っている溶接トーチからの強い光などがある。そのような次第で白色光というのは、さまざまな色の光が、混ざってできている。だから複数の色の光を混ぜ合わせて、白色光をつくることもできる。また、測定器を利用すれば、スペクトルのなかの、それぞれの色の帯（光の**波長**に対応する）の光の強さを判定することができ、そうやって測った光の量を一つのグラフにまとめることもできる。高温になって光を放っている物体について、そのようなグラフをつくると、できあがったグラフは、ある波長（つまり色）付近がピークになった釣鐘型の曲線になる（図13）。物体がまだ比較的低温のとき、ピークは長波長側、すなわち赤色側にある。物体の温度が上がるにつれ、ピークはスペクトルの青色側に移っていくが、それ以外の色もまだたっぷり含まれているので、物体は白く輝く。物体がさらに高温になると、輝きは青白く見えてくる。よく晴れた夜、星を観察すると、微妙な色の違いがあることに気づくだろう。赤味がかって見える星は、白く輝く星よりも低温で、白い星は青い星よりも低温だ。これは、星（恒星）がその生涯の各段階で、異なる核燃料を元に核融合を行って燃焼していることに由来している。そして、このあと本書でも見るように、この単純明快な結論こそが、このさき私たちがいろいろと議論する量子論が生まれ出てくる源そのものとなったのだ。

光はどれぐらいの速さで進むのか?

光は、光源とあなたの目とのあいだの空間を伝わってくる。これは直感ですぐには理解しがたい。子どもにしてみれば、光は伝わってくるようなものではない。ただ輝いているものだ。しかし、光は確かに移動して伝わってくるはずであり、ガリレオも光の伝わる速度を最初に特定しようとした一人だ。ガリレオは二人の助手を隣り合った二つの山の上に立たせ、あらかじめ定めたとおりのタイミングに従って、ランタンにカバーをかけたり外したりする作業を夜通し続けさせた。彼らは声を出して時間を計り、観察者（ガリレオ）との距離が長くなるにつれて、光が感知されるのがどれだけ遅れるかを見極めようとした。音の速さなら、この方法で正しく測定できる——たとえば、一キロメートル離れたところにある市の給水塔に稲妻が落ちたのが見えた瞬間から、雷鳴が聞こえるまでの秒数を数えたりして。音の速さはたったの秒速約三四〇メートルしかないので、一キロを伝わるのに三秒ほどかかり、声に出して数えてもちゃんと測れるくらいに遅れて聞こえる。しかし、光の速さはこの方法で測るには速すぎるため、ガリレオが光の速さを測定しようと行った単純な実験はうまくいかなかった。

一六七六年、パリ天文台で研究していたオーレ・レーマーというオランダの天文学者が、一六一〇年にガリレオが発見していた木星の衛星の運動を望遠鏡を使って詳しく測定した。(2) レーマーは、これらの衛星が木星の陰になる**食**《しょく》を観察し、食の始まる時刻と終わる時刻、つまり衛星が見えなくなる時刻とそのあと再び現れる時刻とが、しばしば計算値からずれることに気づいた。不思議なことに、このずれの大きさは、地球と木星の距離——地球における一年の経過とともに変化する——に対応していた(たとえばガニメデという衛星は、一二月には食のあと計算値よりも早く現れ、七月には遅く現れた)。レーマーは、これは、遠くに落ちた雷の音のほうが遅く聞こえるのと同じように、光の速さが有限なために生じる現象なのだと気づいた。

こうしてレーマーが世界で初めて測定した光速は、秒速約二一万キロメートルだった。続いて一七二七年、イギリスの天文学者ブラッドリーが、地球の公転に伴い恒星の位置がずれて見える光行差の現象から、光速を秒速約三〇万キロメートルと算出した。その後、一九世紀なかごろ、アルマ・フィゾーとジャン・フーコーという、実験技術に極めて長けた二人のフランス人科学者が、それぞれ一八四九年と五〇年に、天体を利用しない地球上での正確な光速測定に初めて成功した。ここから、光速をよりうまく、より正確に測定するための「追い付き追い越せ」の科学界全体を巻き込んだ競争が始まり、それは今日まで続いている。現在最も正確な値は、c = 299,792,458メートル毎秒である。ここで**c**は光速のことで、物理学では常に光速を表すのにこの記号を用いる。したがって、$E = mc^2$のような式を見たらいつも、cは光速だと思い出してほしい。そしてこの光速こそ、物理的宇宙というパズルの最も重要なピースの一つなのである。

でも、光は何でできているのだろう？　粒子、それとも波？

このように光は、ある点から別の点へと、ものすごいスピードで空間を伝わっていく（物理では**「伝播する」**という）。しかし、光について極めて基本的なことだが、私たちの議論では、まだはっきりさせていないことが一つある。それは、隣のお宅のライラックの茂みからあなたの目まで伝わってくる光とはいったい何なのか、もっと一般的な言い方をするなら、光とは何か、という問題だ。私たちが世界に対して抱いている直感的な理解では、すべてのものは粒子と呼ばれる小さなものが集まってできている。そうすると、光についていちばん理屈に合っていそうな考え方は、光は光源から放出される粒子の流れで、目で集められて網膜に送られ、そこで生化学的反応が起こって、脳に「視覚」という感覚が経験される、というものだ。

粒子はエネルギーを運ぶことができるので、「光は粒子だ」というのはいい仮説だ。粒子は、さまざまな表面で反射されて散乱する。粒子は化学反応を起こすこともできる。だが、光の粒子は、色をもたらす何らかの内部構造をもっていなければならない。先人のガリレオと同じように、アイザック・ニュートンも当時入手可能だったすべてのデータを解析し、光は「小さな見えない粒子のシャワー」として伝播するという確信を得た。光の粒子は、光源から放出されたあと、何かの物質

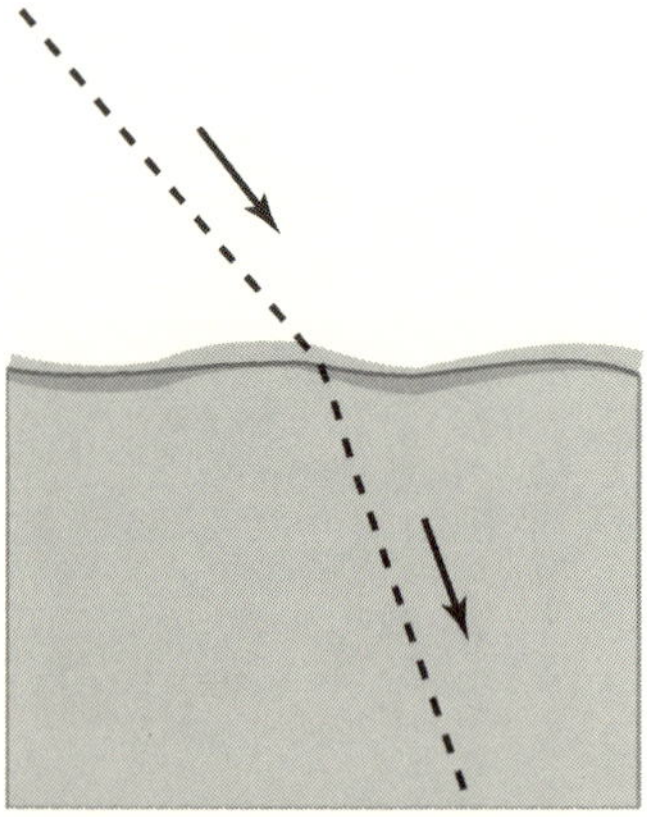

図4　空気から水へと進む光線の屈折

に衝突するまで猛烈なスピードで一直線に進み、衝突した物質によって、吸収、反射、屈折される。見落とさないでほしいのだが、ニュートンがこの認識に至ったのは一七〇〇年ごろで、光速が実際に測定された後のことだった。したがって、ガリレオとは違ってニュートンは、光は瞬時に伝播するのではないことを実際に知っていたのである。ニュートンは最も偉大な理論家の一人だったが、理論家というものは常に、自分たちがつくった理論を実験によって強く支持してもらわねばならない。ニュートンは、屈折――ガラスや水で光が曲げられる現象――は、ガラス、水、あるいは他の任意の屈折性の物質のなかで粒子の速度が変化することによって生じるのだと結論づけた。

屈折はどのようにして起こるのだろう？　ニュートンのいうような光の粒子が、ある角度をなして、ガラス片もしくは水面に向かっているところを想像していただきたい。ニュートンはこう考えた。光が水やガラスの表面、すなわち、これらの媒質の境界に達すると、媒質が光の粒子を「引っ張り」、表面に平行な速度の成分を少し奪ってしまうのだと。もともともっていた速度から、表面に平行な速度成分を少し奪われた粒子の流れは、媒質のほうに向かって「曲げられてしまう」。なるほどこれは、屈折の説明として信頼できそうだ。

だが当時、ニュートンの主張のほかにも屈折を説明する理論は存在した。これと対立する考え方の一つに、光を音の現象との類推で説明するものがあった。音が圧力の乱れであり、まるで水の表面を伝わる波のように空気中を波の形で伝わることは当時すでに知られていたが、光はそれに似ているというのだ。この仮説では、宇宙全体は何か透明な媒質で満たされており、光とは、この媒質のなかを動く、波の形の乱れだった。ニュートンと同じ時代に活躍したクリスティアーン・ホイヘンスは、光は波として伝播し、静かな池の水面を指先でたたいたときに外側に広がっていく円形の波のようにふるまうのだと考えた。密度の高い屈折性の媒質のなかでは、拘束されない空間のなかよりも光の速度は遅くなるとすれば、光の波もまた、空間から密度の高い媒質へと進む際には自然に曲がる（屈折する）ということを、ホイヘンスは示した。

実のところ、屈折性のガラスや水のなかで光の速度は遅くなる。だが当時、天体を使わず光の速度を測定することは不可能だったので、ホイヘンスの説の要《かなめ》であるこのポイントが確認されるには、さらに一五〇〇年を要した。どちらの説も当時のデータとは一致していたが、科学と科学者に対するニュートンの影響力はあまりに大きく、彼の提唱した光の粒子——彼は微粒子《コーパスル》と呼んだ——が定説となった……。だがそれは、一八〇七年までのことだった。

トマス・ヤング

その年、博学で物理学にも情熱をもっていたイギリスの医師が、歴史に残る実験を行った。その医師トマス・ヤング（一七七三〜一八二九年）は、二歳で字が読めるようになり、六歳になるまでに、聖書を二回読み通し、ラテン語の勉強を始めた(3)。寄宿学校で、ラテン語、ギリシャ語、フランス語、イタリア語の読解力を身に付け、博物学、哲学、そしてニュートンの微積分学にも手を伸ばし、さらには望遠鏡や顕微鏡の製作法も学んだ。まだ一〇代のうちに、ヘブライ語、カルディア語、シリア語、サマリア語、アラビア語、ペルシャ語、トルコ語、エチオピア語に取り組んだ。一七九二年から九九年にかけては、ロンドン、エディンバラ、ゲッティンゲンで医学を学んだが、そのあいだは、クエーカー教徒として育てられた過去と決別して、音楽、ダンス、演劇を大いに楽しんだ。生涯で無駄に過ごした日など一日もないと、ヤングは豪語している。独学で傑出した学者となったこの類い稀な紳士は、エジプト学に没頭し、エジプトのヒエログリフを翻訳した最初の一人となった。そして亡くなるその日まで、エジプト語辞典の編纂に尽力したという。

残念ながら、ヤングは医師としてはそれほど成功しなかった。おそらく、患者の信頼を得られなかったからだろう。あるいは患者の扱い方に何かが欠けていたからかもしれない。だが、ロンドンで開業してもあまりはやらなかったおかげで、ヤングには王立協会の会合に出席し、当時の大物科学者たちといろいろな考えを話し合う時間が十分にあった。私たちがいま本書で取り組んでいるテーマについてのヤングの最大の貢献は、光学分野のものだ。彼は一八〇〇年に光学研究を始め、一八〇七年までには光の波動説を支持する一連の実験を行い、その結論を次第に決定的なものとしていった。だが、彼の最も有名な実験の話を始める前に、波動のふるまい全般についてざっと見ておかねばなるまい。

まず水の波を調べてみよう。サーファーやロマン派の詩人たちが愛する波だ。はるか沖合、海の真ん中にある波を思い浮かべよう。波の頂点と頂点のあいだの距離を測れば**波長**が、静かな海面から頂点までの高さを測れば**振幅**が得られる（図5）。頂点は高さ「ゼロ」の位置から何メートルも上になることもあり、谷の深さはそれと同じだけ「ゼロ」の位置から下になる。波は海を**波速**と呼ばれる速度で伝わっていく（cは光の波速だ）。波の頂点は、この速度で海を移動していく。ある点において、一つの波の頂点から谷へと下り、再び次の頂点がやってくるまでの時間を**一周期**とい

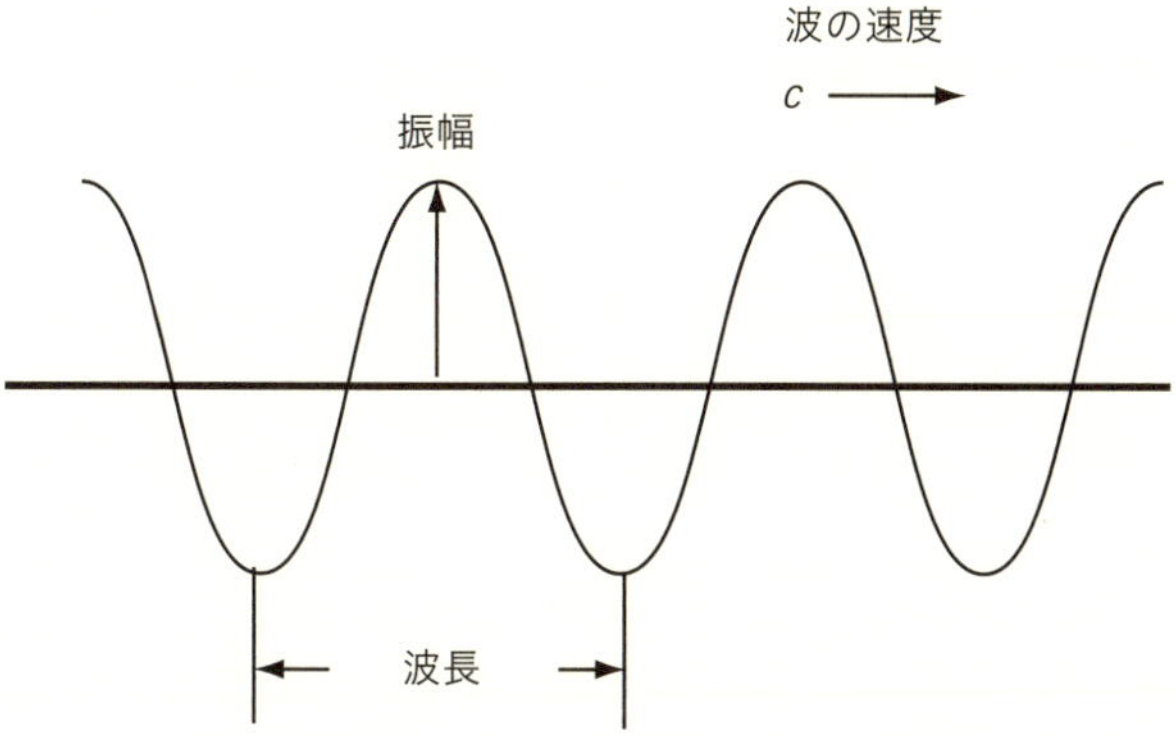

図5　波列、すなわち進行波。波は右に向かって速度cで進み、波長（谷から谷、あるいは山から山の、まる1周期分の長さ）をもっている。静止した観察者が、波が通過していくのを観察している場合、その観察者には、1秒間にc/（波長）個の山または谷が通過するのが見える。振幅は、高さゼロのところから測った山の高さである。

う。これとは逆に、一定の時間内に空間のある点を通過する頂点（または谷）が何個あるか、つまり、ある点を頂点（または谷）が通過していく頻度を**振動数**（**周波数**）という。一分間に三つの山頂が通過するなら、振動数は三サイクル／分だ。波長と振動数を掛け合わせると、波速が得られる。たとえば、波長を三〇メートル、振動数を三サイクル／分としたら、波速は毎分九〇メートルとなる。[4]

　波の振動数は、音の特性としてなじみ深い。人間の耳は、音の振動数をとてもよく聞き分ける。クラシック・コンサートの音合わせで使われるA（ラの音）は、ピアノの鍵盤の中央のC（ド）の高音側に最初に出てくるAで、周波数は四四〇サイクル／秒である。すでに見たように、空気中の音の速度は約三四〇メートル／秒、あるいは時速約一二〇〇キロメートルだ。先に説明した「波長×振動数＝波速」という関係より、波長は音速を振動数で割ったものに等しいという簡単な数学を導き出すことができ、Aの波長は（三四〇メートル／秒）／（四四〇／秒）＝約〇・七七メートルとわかる。人間に聞こえる音の波長は、だいたい（三四〇メートル／秒）／（一七〇〇〇／秒）＝約二センチメートルから（三四〇メートル／秒）／（三〇／秒）＝約一一・三メートルまでの範囲である。音速と波長が、谷間やリグレー・フィールド〔シカゴにある球場〕の広々とした空間や、コンサートホールで音がどのように聞こえるかを決定する。

世界はさまざまな種類の波で満ちている。水の波、音の波、縄やバネにできる波、そして、私たちの足元の地面を揺らす地震波など。こうした波はすべて、古典物理学（量子力学を使わない物理学）で記述できる。それらの波の振幅は、それぞれ異なる種類の数量を表している。水の高さ、音波の圧力（単位はニュートン／平方メートル）、縄の変位、バネの圧縮量などだ。どの場合も、媒質に擾乱《じょうらん》、すなわち、乱されてない正常な状態からのずれが生じている。この擾乱が、ピンと張った長い弦を指ではじいたときのように、波の形で遠くへと伝わっていく。古典物理学の範囲内では、この擾乱によってもち去られるエネルギーの大きさを決めるのは波の**振幅**である。

漁師が独り湖の上のボートに座っているところを想像してみよう。彼は浮きを付けた釣り糸を湖水に投げ込む。浮きのおかげで、一定の長さの釣り糸だけが水に浸かり、湖底には当たらないようにできるし、魚がかかったらすぐに気づくことができる。波が通り過ぎていくあいだ、浮きはただ上下に浮き沈みするだけだ。この浮きのように、何かの位置が一定のサイクルで、まったく同じ運動を繰り返すような変化——すなわち、ゼロから始まって頂点まで上昇し、次にまたゼロまで沈んで、そこからさらに下がって谷に至り、そしてまたゼロまで上昇するという変化——を、**調和波**という。この波は**正弦波**とも呼ばれる。本書では、単純に「波」と呼ぶことにする。

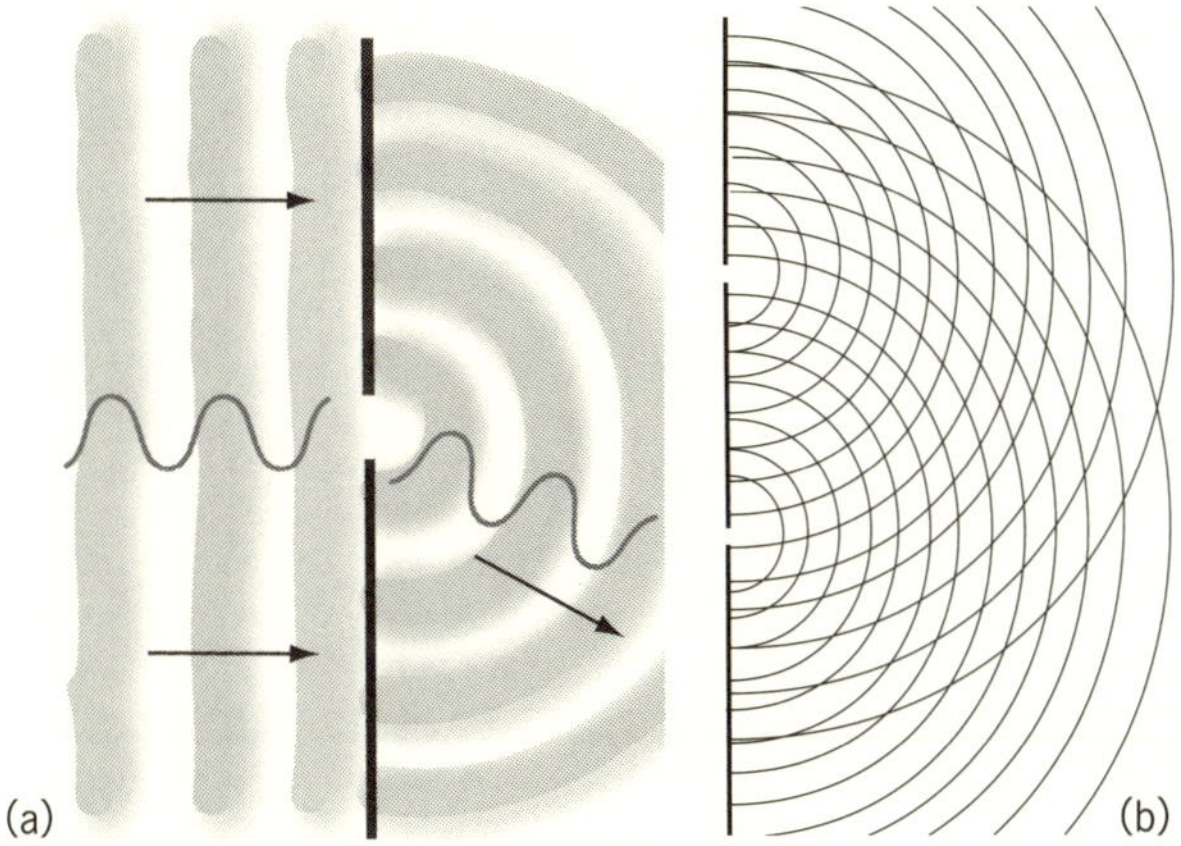

図6　狭い港口に入っていく波列の回折（a）。これと同じことが、光、音、その他のあらゆる波で起こる。音が回折するおかげで、角を曲がった向こう側の音も聞こえる。光が1本のスリットで回折するのは、スリットの開口部の幅が有限だからである。二つのスリットを通ってくる波を重ね合わせることによって、（b）で見られるような回折パターンが形成される。光波が2本のスリットを通過し、その後スクリーンに当たるとすると、トマス・ヤングが観察したのと同じ、明暗の帯が交互に現れる干渉パターンが得られる。

回折

さて、ここでもう一つ二つ、新たな現象を見ておこう。それにあたって、私たちが波に関連して使う語彙に、新しい重要な言葉を加えたい。それは**回折**だ。

ここに、防波堤に守られた港があると想像しよう（図6）。この防波堤には、船が出入りできるように一か所狭い隙間が開けてある。はるか遠方からやってくる海の波は、波頭が防波堤と平行な長い直線となった平行波として防波堤にぶつかり、そこで砕ける。しかし、狭い隙間（波の波長より狭いとする）に到達した波は、隙間を通過して港の内側に至り、あらゆる方向に向かって広がる。まるで、狭い隙間が波の源になったようである――池の真ん中を指でたたいたとき、そこからあらゆる方向に一様に波が広がっていくのともよく似ている。このように狭い開口部（隙間）から、波があらゆる方向に向かって広がる現象を回折という。音波も回折を起こす。だからこそ、角を曲がった向こう側でも何の問題もなく、こちらの音が聞こえるのだ。注意深く測定してみると、波がどれだけ広がるかは波長と開口部の広さで変わることがわかる。波長が長く、開口部が狭くなるほど、波は大きく広がり、逆に開口部が波長よりも広くなると、波はもともとの進行方向をほぼそのまま保って通過する。

このことは、湯船で波を立てて、いろいろな実験をやって確かめることができる。波が防波堤の狭い隙間を通るとき、波長が長いと回折が起こりやすくなることを、浴槽で再現してみてほしい。あるいは、あなたが観察力と健康な目をおもちなら、夜間に街灯の光を見ることで回折を観察できる。目を細めて、光が通る開口を小さくすると、街灯は輝く光線を四方に発しているように見えるはずだ——これも回折の一例である。

光は波だとする説の登場がこれほど遅かった理由の一つに、光が小さな穴を通過して進行方向をはっきり変えるところを確認し、光線が実際に回折するのを納得いくまでしっかりと見た人がいなかったことがある。そのため誰もが、光は波ではないと考えていた。だがヤングは早い時期から、光の波長はとてつもなく短い（一センチメートルの一万分の一以下）ため、光が穴を通過するときに起こる回折もごくわずかで、見逃されていたのだと主張していた。

さて、最後にもう一つ、触れておかねばならない波の性質がある。**干渉**という性質だ（図7）。波と波は足し合わせることができ、また反対に、一方の波からもう一方の波を差し引くこともできる。このような現象は二つの波が空間内で同じ場所を占めるときに起こる。その両極端な例が、谷が山と同じ位置に来て、山と谷が互いに打ち消し合う場合と、山どうし（または谷どうし）が重なり合って巨大な波になる場合の二つだ。実際に海では、多数の波頭がランダムに重なり合い、荒波

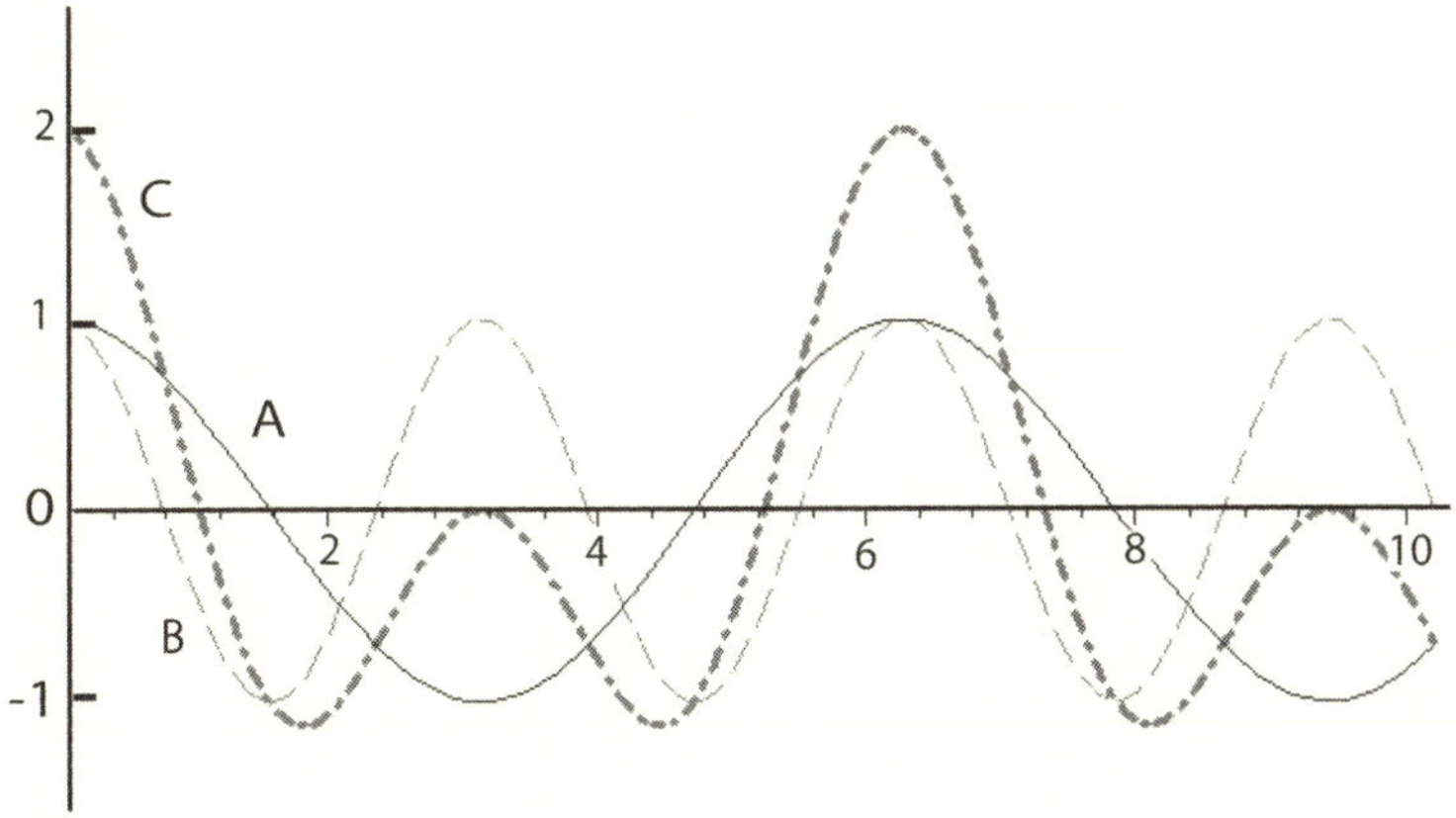

図7　二つの波が重なって干渉する様子。波A（cos(x)を表す実線）を波B（cos(2x)を表す破線）に数学的に足し合わせると、その結果、波C（一点鎖線）が得られる。波Cでは、高い山と低い山が交互に現れることに注意。さらに多くの波を足し合わせることによって、その和として希望する任意のパターンを得ることができる（フーリエ解析）。

（異常波、巨大波）と呼ばれる状態になり、船船を大きな危険にさらすことがある[5]。

波長がほぼ等しい（したがって振動数もほぼ等しい）波どうしは、足し合わせや差し引きの効果が空間の広い範囲にわたって最もよく現れる。二つの波の山が同じ点に同時に達するとき、それらの波は**同位相**であるという。このような波どうしは足し合わされて、振幅が二倍の巨大な波ができる。反対に、二つの波が同じ点に**逆位相**で到着する場合もあり、このときは互いに打ち消し合って、振幅がゼロの波（平らな波）が生まれる。そして、同位相と逆位相のあいだには無数の可能性が連続的に存在するわけで、したがって、二つの波が到達した点で重ね合わさった結果生じる波の振幅にも無数の可能性があることになる。このように、二つの波は重なり合って、強め合ったり打ち消し合ったりできるが、この現象を波の**干渉**と呼ぶ。山どうしや谷どうしが重ね合わさって振幅が大きくなるとき、これを**建設的干渉**といい、山と谷が打ち消し合う干渉を**破壊的干渉**という。(6) さて、これでヤングの二重スリット実験の意義を存分に味わう準備が完了した。

ヤングの二重スリット実験――その恍惚感と苦悩

ヤングの実験は、干渉という現象に現れた、光の波としての性質を説明する多数の実験のうち、最初のものだ。そこから得られたデータは、ニュートンが提示した光のコーパスルという考え、すなわち、光は粒子の流れだとする考え方と完全に矛盾していた。ついでながら、物理学の世界で崇敬されていたニュートンに挑むのは危険だと察したヤングは賢明にも、論文を書くにあたって、まず、光の粒子説と波動説の対立をめぐってニュートン自身が表明していた疑問を、ニュートンの著作から抜き出して示しておいてから、自説の議論を始めた。

さて、光の波としての性質が確認できるヤングの実験を再現するために、私たちはレーザーポインターを固定して、これを静止した光源として使い、そこから放射される光をスクリーンに当てよう。このスクリーンは、アルミホイルに細いスリットを二本開けたもので、スリットの間隔はできるだけ狭くしておく。また、スリットそのものの幅は、極めて細くなければならない。したがって、アルミホイルにカミソリの刃で切れ目を入れるか、あるいは、スモークガラスに細線を刻み込んでスリットとするのがいいだろう。二本のスリットの距離は約一ミリメートルにする（近ければ近いほどいい）。三～四・五メートルほど離れた所に二枚目のスクリーンを設置し、二本のスリットを通過した光が当たるようにしておこう。部屋を暗くすると、光が二枚目のスクリーンに当たる様子が観察できる。そこには、光の明暗が交互に縞模様のパターンをなして現れているのが認められる

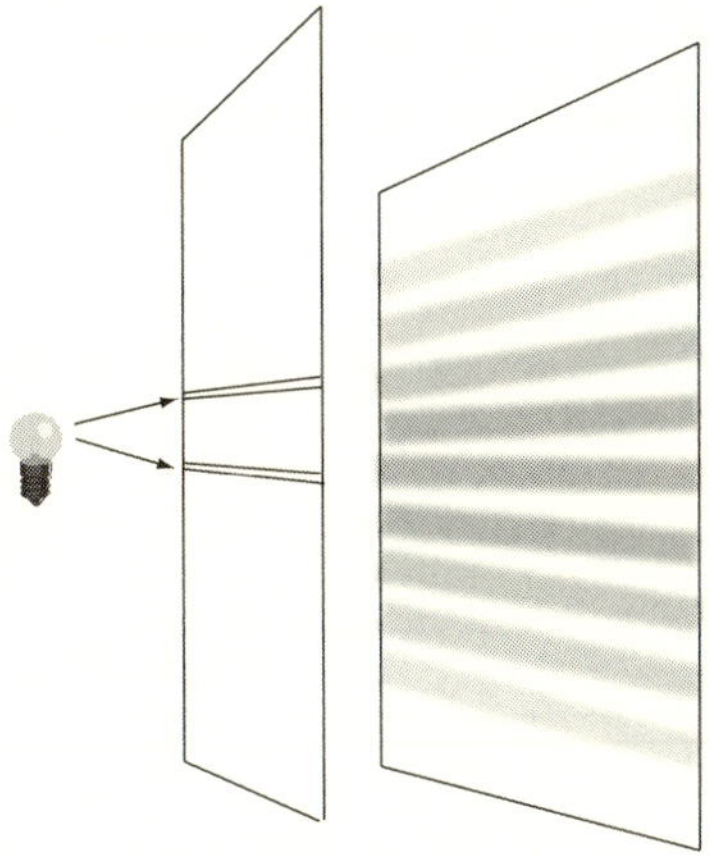

図8　図6（b）のような2本のスリットを通過した光波の干渉パターンが後方のスクリーンに投影された様子。この現象を観察することによって、トマス・ヤングは光が波の現象であることを証明できた。

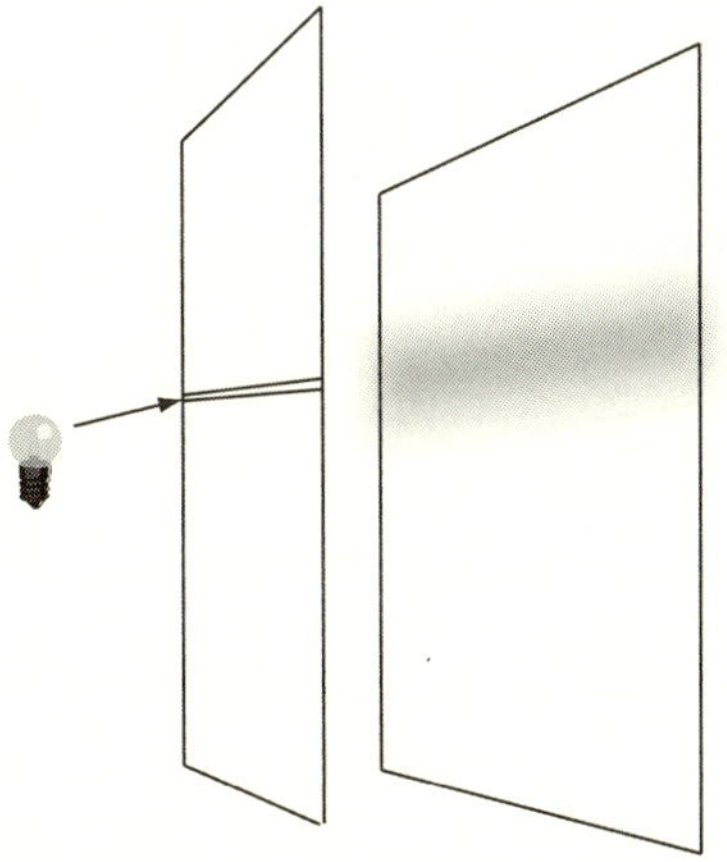

図9　ヤングの実験で干渉が観察されたのは、図8に示すような2本のスリットを通過した波どうしが足し合わされたからだ。もしも片方のスリットがふさがれてしまうと、干渉効果はもはや観察されなくなる（単一スリットによる干渉も起こっているが、スリットの幅が非常に狭いときには観察できない）。

はずだ（図8）。別の言い方をすると、二枚目のスクリーンの上には、光の波の山どうしが強め合った非常に明るい部分と、山と谷が打ち消し合って光がまったく届いていない部分とがあるわけだ。このパターンを**干渉縞**という[7]。

しかし、二本のスリットの一方を閉じてしまうと、まったく違う結果になる。この場合、二枚目のスクリーンの上の、スリットの正面のあたりに、一本だけ光の帯が現れ、その帯の両側は外に向かうにつれ徐々に暗くなる（図9）。二本のスリットから出る波が離れたところにある二枚目のスクリーンの上で重なり合い、明暗の干渉縞をつくり出す[8]ドラマチックな干渉効果は、図8のようにスリットが両方とも開いているときだけしか見られないのである。

いったいどういうことだろう？　二枚目のスクリーンの上に、小さな光検出器があると仮定し、これをPと名づけよう。光は、両方のスリットからPに届く。光は波なので、光源から両スリットに届いたとき、光の位相は山になっているかもしれないし、谷かもしれないし、あるいはその中間のどこかかもしれない。しかし、光源から二本のスリットA、Bまでの距離が等しい場合、それぞれのスリットから二枚目のスクリーンに向かって出ていく光は同位相にある。したがって、Pも二つのスリットから同じ距離にあるなら、二つの波は同じ位相でPに到着し、建設的干渉が起こって、明るい干渉縞ができる。では、Pをスクリーンに沿って動かしてみよう。スリットAからPまでの距離と、スリットBからPまでの距離との差が、ちょうど二つの波が破壊的干渉を起こすような点にどこかで行き当たるはずだ。そこでは二つの波の位相が正反対になって打ち消し合い、スクリーン上に暗い帯が現れる（図10）。

スクリーン上に暗い縞と明るい縞が生じるのは、二つの波の位相の違いのせいだ。それぞれのスリットからPまでの距離の差が一サイクル（つまり一波長）に対応するとき、明るい縞になる。それぞれのスリットからPまでの距離の差が一サイクルの半分（つまり半波長）に対応するとき、暗い縞になる。

ヤングは、彼が到達した卓越した説を端的にこう述べた。「ある種の状況のもとでは、二つの光線を足し合わせた結果、暗くなる――すなわち、波の山が谷に重なる破壊的干渉が起こる」と。これは干渉パターンの典型的な特徴で、「これは波の現象だよ！」と、声を大にして主張しているわけである。わが目でこれを見たいという人は、水たまりに浮かんだ油やガソリンの薄い膜に、明るいさまざまな色の筋が見えるのを観察してみればいい。これもまた、干渉で生じるものだ。この場合、光は薄い油膜の表面とその下にある水の表面との二か所で反射される。そのため、薄い油膜で反射する光線と、水面で反射する光線の二種類ができることになり、後者の光線は油膜と水面を一往復する距離の分だけ位相がずれる。こうして反射してきた二種類の光線はあなたの目に入って干渉を起こす。今の場合、可視光すべての波長

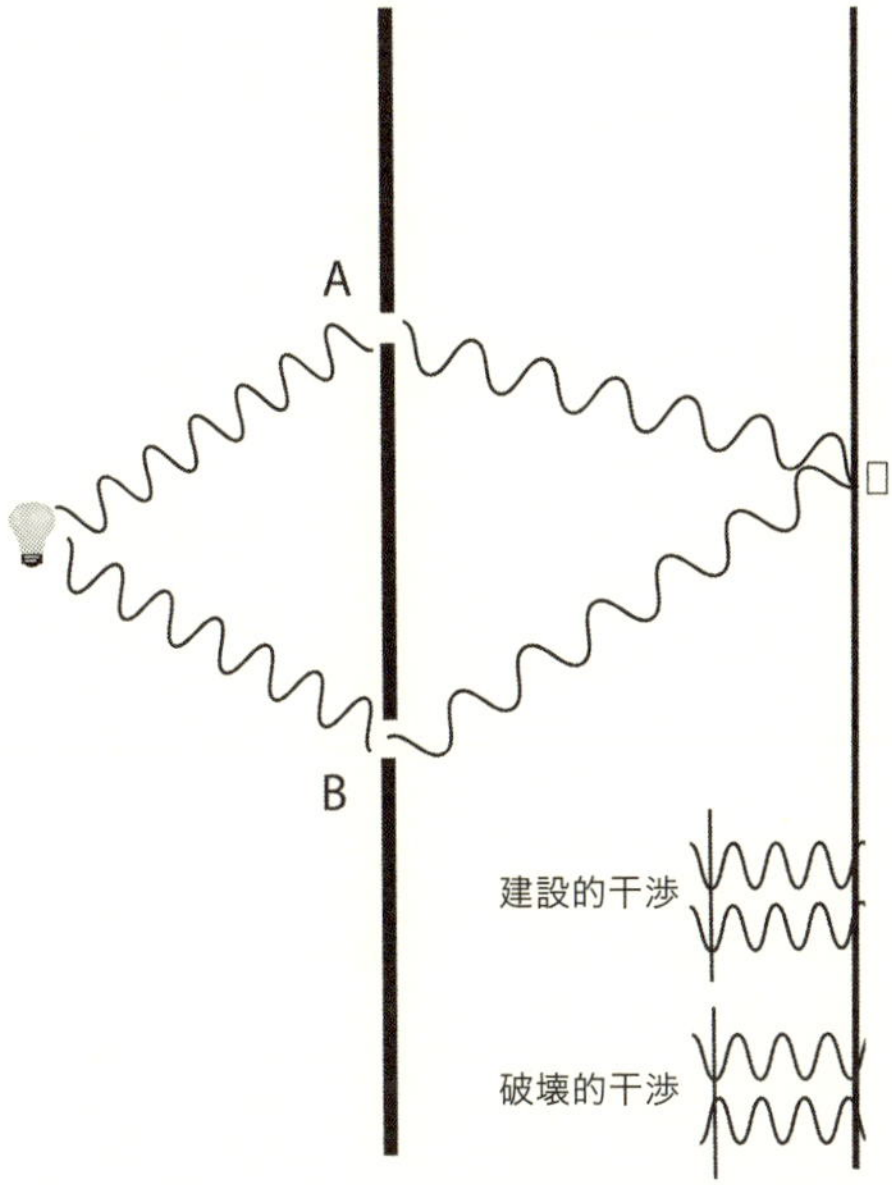

図10　二重スリットによる干渉の原因の詳細。検出スクリーン上の点Pにおいて、二つの波は建設的に干渉し、明るい帯を形成する。別の点P' においては、二つの波は破壊的に干渉し、暗い帯を形成する。

を含む太陽の白色光の下で観察しているので、条件がうまく合って建設的干渉が起こる波長の色が見えることになる。油膜の厚さがほんの少し違うだけで建設的干渉をする波長は変わるので、さまざまな明るい色の筋が見えるわけだ。

ヤングの実験は、光が波であることを示していたが、これはニュートンの説が主流だった当時の科学者たちには受け入れがたいことだった。しかし、ニュートンのいうような光の粒子が、ここでは互いに打ち消し合って、あちらでは強め合って、干渉パターンを形成するなどということが、いったいどうしてあり得るのか。大きなバスケットのなかで、リンゴの上にリンゴを積み重ねていけば、常にどの場所でもリンゴが増えていくわけで、積み重ねているのにリンゴの数が減ることはない！　粒子とはそういうものだ。

ヤングの結論——光は波だ

この実験の一〇年ほどあと、フランスの物理学者オーギュスタン・フレネルがヤングの結果を確認し、さらに拡張したことによって、光は波だという考え方が確立された。「波に基づく光学」が研究分野、技術分野として広がり、顕微鏡から望遠鏡まで、さまざまな精密光学機器が光波に基づいて設計されるようになった。

光の波動説は、私たちが出合う光のさまざまな奇妙な現象——反射、吸収、屈折、回折、そして特に干渉——すべてを説明してくれるようだ。一九世紀が終わるころには、光の波動説では、光は振動する原子から放出されると主張されるようになっていた。この主張は当時にあっては、ようやくおぼろに理解されはじめたばかりだったが、こうした振動は、光の振動数に対応するような、毎秒一〇〇〇兆（10^{15}）サイクルのオーダーの高速振動でなければならないということは知られていた。振動数は光速を波長で割ったものだったことを思い出していただきたい。ものすごく速い速度をものすごく小さな波長で割って得られる振動数は、ものすごく大きいわけで、原子の尺度の超高速振動によってしか達成できない。波長に振動数を掛け合わせると速度が得られるが、真空中では、すべての波長（すべての色）で同じ光速、すなわち、おなじみの c となる。真空中の光速は、どんな光源からの光でも――ロウソクであれ白熱光を発する金属であれ、そして太陽光でも――同じであることは注目に値する。だが、ガラスや水など、たいていの物質を通過する際、光の速度は落ちる。物質の内部では、波長（色）の異なる光は、速度もわずかに異なっている。この性質のおかげで、プリズムなどを使えば、白色光を構成要素である個別の色に分離するという芸当が私たちにもできるわけだ。

二〇世紀になる頃までには、光について知られていた現象のほとんどが、光の波動説を使ってつじつまの合う説明ができるようになっていたが、矛盾する事柄がまだいくつも残っていた。

残された疑問

光の理論の形成過程のこの段階では、まだ十分に答えられていない疑問がたくさん残っていた。光はどんなメカニズムで発生するのか？　どんなメカニズムで吸収されるのか？　色のある物体では、どうして特定のカラーバンド（波長帯域）の光だけが吸収されるのか？　色が網膜に吸収された光の波長がもたらす生理学的な効果だということは、すでに知られていたが、網膜の内部、あるいは写真乾板の上で、どんな秘密のプロセスが起こって、私たちは「見えた」と言えるのか？　これらはすべて、光と物質の相互作用に関する疑問である。疑問はこれだけではない。音波や水の波での経験からして、波状の乱れを伝播するには何らかの媒質が必要だと思われるのに、何も存在しないはずの太陽と地球のあいだの真空を、光はどうやって伝播してくるのか？　気味の悪い、透明で重さのない何かしらの媒質が、広大な空間を満たしているということなのだろうか？　一九世紀の物理学者は、こうした媒質を**エーテル**と名づけた。

じっくり考えてみるべき謎がもう一つある。太陽をめぐる謎だ。スーパー光波生成装置とでもいうべきこの天体は、可視光と不可視光の両方を盛んに生み出す。不可視光は、赤外線をはじめとする可視光より波長が長い光と、紫外線から始まる可視光より波長が短い光である。大気、とりわけ上部成層圏のオゾン層は、紫外線の大部分と、エックス線などのより短波長の光をほとんどすべて遮断する。

さてここで、ダイヤルを回して特定の波長帯域を選ぶと、そこに相当する光を吸収し、そのエネルギーを測定できるような装置を私たちが発明したと仮定しよう。そのような装置は実際に存在する。設備の整った高校の理科室なら、ふつう一台は置いてある。**分光器**と呼ばれるものだ。分光器は赤い光を最も大きく曲げ、紫の光はあまり曲げずに、もともとの白色光線の進行方向から、それぞれの色の成分を扇形に広げて分散する。ニュートンが使ったガラスのプリズムは、初歩的な分光器の一つと言える。このような分光器に、私たちは角度測定用ビュースコープを一本とり付けることにしよう。スコープは、角度目盛が正確に刻まれたレール上にあり、もともとの光線と分光した光との角度がすぐに測れるようになっているものとする。曲がる角度は光の色（波長）で決まるので、このような配置にしておけば、測った角度をすぐに波長に換算することができる。

では、スコープを動かして、最も暗い赤色が徐々に黒へと変わるところ、言い換えれば、可視光がまったくなってしまうところまでもっていこう。スコープの角度目盛は、波長に換算して七五〇〇Åを指している。この「Å」は、**オングストローム**という長さの単位を表す記号で、分光学の発展に貢献したスウェーデンの物理学者、アンデルス・ヨナス・オングストロームにちなんで名づけられた。一Åは一センチメートルの一億分の一（10^{-8}センチメートル）だ。最も暗い赤色の光は波長七五〇〇Å、つまり山と山とのあいだの長さが七五〇〇Åということになる。これは可視光の範囲の長波長側の端だ。波長がこれより長くなると、赤外線や、それより長い波長の光を検知できる検出器が必要になる。さて、可視光の短波長側の端が見えるようにスコープを回転させる。こちらは暗い紫色で、波長は約三五〇〇Åだ。三五〇〇Å以下の短波長領域を観察するには、人間の眼球ではなくて、紫外線が検出できる手段が必要になる。

　ここまでの説明はすべて、白色光がさまざまな色のスペクトルからなることを発見したニュートンの実験を少し精密化しただけにすぎない。だが、一八〇二年にこのような装置を使って実験を行ったイギリスの化学者ウィリアム・ウォラストンは、太陽光を調べると、暗い赤から暗い紫色まで連続的に変化する色のスペクトルに、非常に細い暗線が多数重なっていることを発見した。このたくさんの暗線はいったい何なのだろう？

　バイエルンのレンズ職人で光学の専門家のヨゼフ・フラウンホーファー（一七八七〜一八二六年）が、ここで登場する。彼はほとんど無教育ながら、高度な技術をもっていた[9]。フラウンホーファーは、貧窮した施釉工《せゆうこう》〔陶器に釉薬《うわぐすり》を塗る職人〕の一一人の子どもの末っ子として生まれ、初等教育をほんの少し受けただけで、父親の工房でディケンズの小説さながらの過酷な労働を強いられた。父親が亡くなると、この病弱な若者は、ミュンヘンで鏡の製作とガラスの切り出しを専門とする職人の徒弟となり、いっそう身をやつす。一八〇六年、ミュンヘンの科学機器製造業者の光学工房に職を得ると、そこで熟練した天文学者と光学の専門家の指導を受け、実用的な光学を習得し、数学と光学の専門知識を身に付けた。完璧主義だったフラウンホーファーは、当時入手可能だった光学ガラスの質の悪さに不満を感じ、バイエルンに移転してきたばかりのスイスの巨大ガラス会社にかけあって、門外不出の製法を共有する契約をどうにかとりつける。この協力関係のおかげで、より良質のレンズが製造できるようになった。私たちにとって重要なのは、ここから理論上の大きなブレークスルーがもたらされたことである。後世の科学史の本にフラウンホーファーの名前が載っているのもこのためだ。

レンズを光学的な理想に近づけることを目指したフラウンホーファーは、分光計を使って、さまざまなガラスの光を曲げる力を測定しようと思い至った。自作した精密な分光器を太陽に向けたところ、ウォラストンが指摘していた細い暗線がスペクトルの全域に見られることに驚き、一八一五年までに六〇〇本近い暗線を特定し、その多くについて正確な波長を丁寧に記録した。そして、最も目立つ暗線にAからIまでの太字の大文字を割り振った。たとえば、スペクトルの赤の領域にある暗線は**A**で、紫色の短波長側の端近くの暗線は**I**、といった具合だ。それにしても、いったい何が起こっているのだろう?

高温の炎のなかに金属や塩《えん》を入れると、それぞれの物質に特有の色の光が現れる。このことをフラウンホーファーは知っていた。そして、これらの光を分光計で調べ、そのスペクトルを見ると、この特有の色に対応する波長範囲に、細い明るい線（輝線）が何本も存在することがわかった。さらに興味深いことには、塩から生じた輝線のパターンは、太陽のスペクトルの暗線のパターンと正確に一致することがわかった。たとえば、食卓塩を炎に入れた場合、フラウンホーファーが太陽光のスペクトルのなかで**D**と名づけた暗線のある領域に、黄色い輝線が数本現れた。やがて、妥当と思しき説明が登場した。スペクトルのなかで広がりなしにきっちりと一か所に特定された波長は、正確に定義された一つの振動数に対応することを思い出してほしい。このことからすると、どうやら物質のなかにある何か、おそらくは何か原子レベルのものが、ある一定の振動数で振動するのを好んでいるようだった。原子の存在は、フラウンホーファーの時代には確認も理解もされていなかったが、それでも、はっきりと目で確認できる指紋をもっていたのだ！

原子の指紋

みなさんにはもうおなじみの音の力学的現象を基にして、原子の指紋について考えてみよう。中央のC（ドの音）の高音側に最初に出てくるA（ラ）を発する音叉は、正確に毎秒四四〇サイクルで振動する。原子の領域では、振動数はこれよりはるかに高い。だが、フラウンホーファーの時代の人々でも、物質のなかには、ものすごく小さな音叉——原子のなかの、さらに細かい何らかの構造——がいっぱい詰まっていて、特定の振動数でそれぞれがものすごい速さで振動しており、振動数に応じた波長の光を放出している、と想像することはできた。

では、暗線のほうはどうだろう？　ナトリウムの原子を高温の炎に曝すと、五九六二Åと五九一一Åの波長の光（どちらも黄色の領域）を放射するが、このときナトリウム原子では、この波長に対応する振動数で何かが振動していると考えられる（実際には、この振動数に応じた波長をもつ光が放出される何らかの現象が起こっている）。すると、楽器の弦の固有振動数に等しい振動数の音を外部から与えた場合にのみ弦に共鳴が起こるように、ナトリウム原子がこの波長の光を選択的に吸収するのも不思議ではなくなる。太陽の白熱した表面は、あらゆる波長の光を放射している。放射された太陽光が、内部に比べてかなりの低温の周辺の領域（いわゆるコロナ）を通過するとき、この領域に存在する原子は、自分が放出する特定の光と同じ波長の光を吸収するだろう。このような吸収が起こることで、フラウンホーファーが観察した謎の暗線が生じるとすれば、つじつまが合う。フラウンホーファー以降の分光学によって、個々の元素は加熱されると、その元素特有の一組の**スペクトル線**を発生し、それらの線には目立つもの（ネオンサインでおなじみの、ネオンガスが発生する明るい赤の輝線など）もあれば、暗いもの（水銀灯の薄暗い青の輝線など）もあることが徐々に明らかになっていった。これらの線は化学元素の指紋であり、原子のなかの小さな「音叉」——あるいは原子のなかで振動している何かしらの謎の構造——の正体を見つけるための、最初の手掛かりだった。

これらの線は極めて細いので、分光計で測ったとき、たとえば六五〇三・二Å（暗い赤色）、六一二二・七Å（橙寄りの赤色）などのように正確に読みとることができる。一九世紀後半までには、化学元素のスペクトルを記した分厚い本が入手できるようになり、熟練した分光学者たちは、謎の化合物の成分を特定したり、微量の不純物を検出したりすることができるようになった。だが、当時はまだほとんど理解されていなかった原子という存在から届く、これらドラマチックなメッセージの根源に何があるのか、明確な考えをもっていた者はまだ誰もいなかった。

分光学がもたらしたもう一つの成果は、哲学的なものだった。太陽光に現れた化学元素の指紋である暗線を観察した科学者たちは、太陽の化学組成を知ることができた。すると、なんとそこには、水素、ヘリウム、リチウム、そしてその他、私たちの地球を構成する物質の元素があることがわかった。それ以降、途方もない遠方の銀河にあるさまざまな恒星からの光が分析されているが、どの恒星でも必ず、水素、ヘリウムなどなど、私たちになじみ深い元素が見つかっている。どうやらこの宇宙は、いたるところで同じ化学組成、同じ自然法則をもっているらしく、その事実は、宇宙が人知を超えた何らかの物理的創造の行為という、一つの共通の起源から生まれたことを匂わせた。

これらの一連の展開とちょうど並行して、一七世紀から一九世紀の科学者はもう一つの問題についても悩み続けていた。それは、「万有引力のような力は、いったいどうやって、こんなに長い距離にわたって伝えられるのだろう?」という問題だ。荷馬車の場合、馬が荷車を引く力がベルトをとおして伝わっていることは一目瞭然だ。だが、地球は約一億五〇〇〇万キロメートル離れた太陽の存在をどうやって感じるのだろう? 磁石にしても、離れたところにある釘をどうやって引っ張るのだろう? そこには、目に見える結びつきは存在しない——そのため、これらの力の働き方は、**遠隔作用**という謎めいた名称で呼ばれている。ニュートンが提唱した引力は遠隔作用する。しかし、太陽を地球につなぎ、引力をもたらしているベルトに当たるものは何なのだろう? 偉大なニュートンでさえ、遠隔作用の問題に懸命に取り組んだあげく、肩をすくめてあきらめ、未来の物理学者たちに解決を委ねるほかなかったのである。

マクスウェルとファラデー——地主と製本職人

遠隔作用の謎に、**電磁場**という仮説を提案することによって初めて光明を投じたのは、マイケル・ファラデー(一七九一〜一八六七年)である[10]。ファラデーは貧しい家庭に生まれ、製本職人の仕事に就き、自分が製本した書物を読んで独学していたが、幸運にも、そうした本の一冊をきっかけに、科学に夢中になった。ファラデーは数学はあまり得意ではなかったが、偉大な直感の閃きで、電荷を帯びた粒子は、**電場**と呼ばれる、ある実体を周囲に生み出すのだと考えるようになった。この電場は、宇宙全体にわたって一種の「引っ張る力」を働かせており（ただし、距離が遠くなるにつれてその作用は小さくなる）、そばにある電荷を帯びた他のすべての粒子に作用する。また、磁場というものも同じように考えることができる。一本の棒磁石の周囲の空間は磁場で満たされて「張りつめて」おり、そのため離れたところにある鉄くずにまで磁場の存在を伝えることができ、その結果、磁力が生じていると考えられる（図11）。

さて、この**場**という概念に対して、電荷aが電荷bに力を及ぼしているという状態を説明するのに、わざわざそんな大げさな表現を使う必要などないと、反論する人もいるかもしれない。場の存在は、さまざまに考えられ、議論され、哲学的な熟考の対象にもなってきた。場の概念は、簡潔で

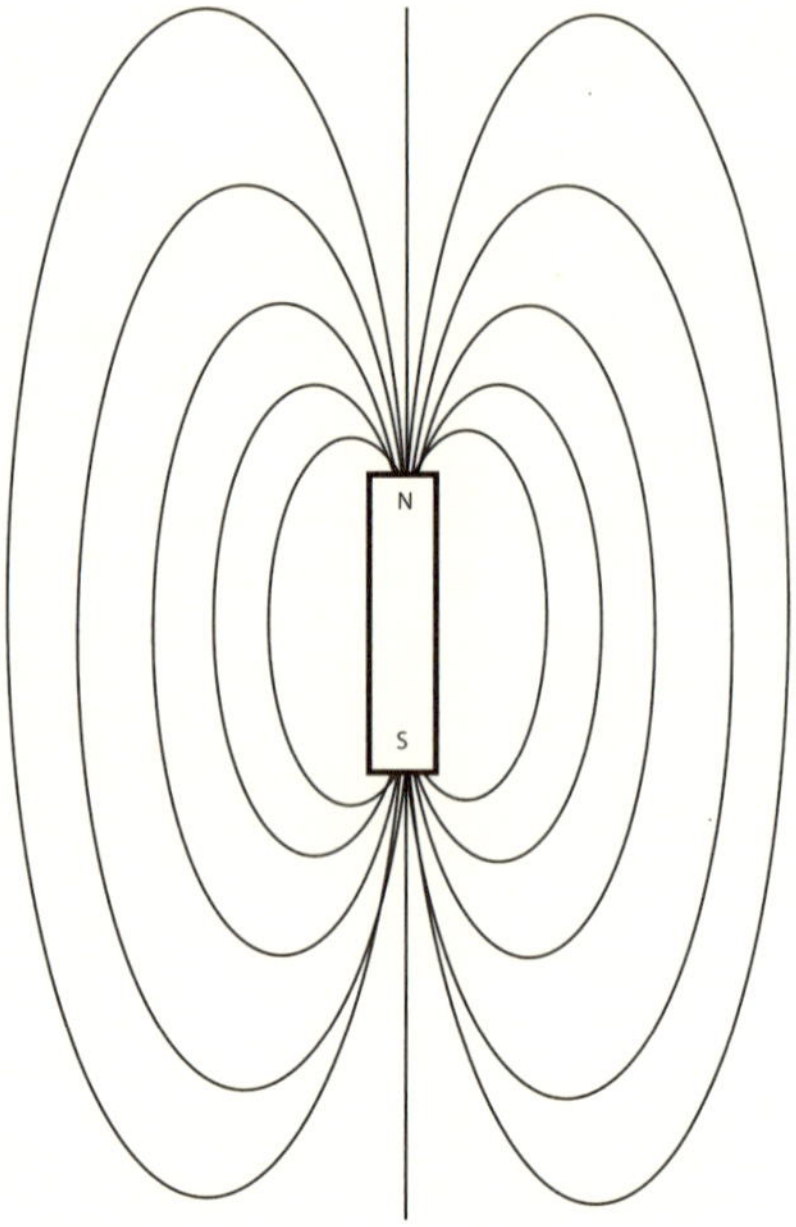

図11　1本の磁石が形成する双極子場。みなさんもよくご存知の形だ。力線は、空間内での場の方向を示す。線の密度は場の**強度**、すなわち場の強さを示す。1枚の紙の裏側に磁石を置き、紙の上に砂鉄をまくと、砂鉄の粒子は力線に沿って並び、磁場を観察することができる。**場**が実在するか否かを議論する物理学者はもはやほとんどいない。彼らは、磁場は存在するものとし、磁場を使って研究を行っている。

説得力のあるエレガントな数学的形式に表すことができ、一九世紀の末までには、電場（電荷によって生み出される）、磁場（磁石、または電流――運動する電荷――によって生み出される）、そして重力場（重力質量をもつ物体によって生み出される）の存在が信じられるようになっていた。場は、離れた距離にある物体がもたらす力を物理的に可視化し、エネルギーが電荷から場のなかへと移動し、また電荷へと戻る様子を説明することができた。このように場は、遠隔作用を説明することができたわけだ。それに、目には見えなかったが、場は測定することができた。たとえば、小さな磁針は磁場に反応する。小さな「試験」電荷は、遠方の電荷がつくる電場を感じることができる。そして、場そのものにエネルギーと運動量が含まれていた。

ファラデーが一八二〇年代に行った一連の実験は、電場と磁場とのあいだに深い結びつきがあることを明らかにした。当時すでに、輪をつくった銅線に電流を通すと磁場が形成されることは知られていた。ファラデーはこれとは逆に、「磁場は電場を生み出せるだろうか？」と考えた。その答えは、「磁場は、時間的に変化するとき、実際に電場を生み出す」という、衝撃的なものだった。ファラデーがその答えを見つけたのは、何重にも巻いたコイルに大電流を流して強い磁場をつくってみたときだ。彼は、こうして電磁石をつくり、その周囲の電場を、帯電した針金を感知器として使って確かめたが、結果はゼロ、つまり電場はまったく存在しなかった。次に、磁場をゼロになるまで下げた。その過程でファラデーは、電流計の針が一瞬跳ね上がって、その後ゼロに戻ったことに気づいた。これはつまり、磁場がゼロまで下がっていくあいだに、電場が生じたことを意味していたのである。ファラデーがふたたび電磁石を「オン」にすると、感知器は、磁場が増加していくあいだに、電場が生じたことを示した。これを見たファラデーは、思わず叫び声を上げたことだろう。

磁場が存在し、その磁場が時間変動するとき、電場が生じる。この、**電磁誘導の法則**と呼ばれる素晴らしい発見は程なく、電気モーター、発電機、そして他ならぬ近代的な電気社会の実現へとつながっていく。この発見によって、力学的エネルギーを直接電気的エネルギーに変換する道が拓けたのだ。たとえば、滝は水車を回転させることができる。この水車に磁石をつないでおけば、水車のそばに設置したコイルのなかに磁場を生み出し、その磁場を変化させることができる。この変化する磁場は電場を**誘導**し、この電場が電流を生み出す。この電流を利用すれば、ラスベガスでもブエノスアイレスでも、近くにある都市に電気エネルギーを送ることができる。そして、このプロセスを逆向きにすれば、電気エネルギーを使ってホイールを回転させることができる。そんな原理で動いているのがディーゼル電気機関車や電気自動車で、どれもファラデーのおかげで使えるようになったものだと言える。

電磁誘導の法則をはじめ、ファラデーの一連の発見は、古典物理学のレベルで電磁気学を完全に理解するための土台となった。これらの概念は、一連の数学用語によって表されていたが、それらの用語はあまり整合性がとれているとは言えなかった。数十年ののち、貴族の血を引くスコットランドの物理学者、ジェームズ・クラーク・マクスウェル（一八三一〜七九年）は、電気と磁気に関するさまざまな経験則を取り上げて、「それらに一つの曲を付ける」取り組みに乗り出した――すなわち、電流、磁場、電場のあいだの複雑な関係を、統一されたエレガントな数学的構造として捉えようとしたのだ。[11]

エディンバラの有名な一族の御曹司だったマクスウェルは、当時のスコットランドの上流階級の慣習に倣い法律の教育を受けたが、彼の精神は技術や科学に引かれた。完璧な卵形を描く技法をテーマに彼が初めて書いた論文が『エディンバラ王立協会紀要』に掲載されたのは、マクスウェルが一四歳のときだった。この技法は、糸を使って楕円を描く方法と基本的に同じもので、デカルトも光の屈折との関連で調べたテーマであった。マクスウェルはまた、私たちが目にするすべての色は、三原色の混合によってつくり出すことができることを示した。ヤングが提唱した、網膜には色の受容体が三種類あり、その一つ以上が損なわれると色覚異常となるという説も復活させた。マクスウェルは一八五六年に、プリズムでつくったスペクトルの青色部分を見ていたとき、そこに暗い点(今ではマクスウェル斑点と呼ばれている)があるのに気づいた。網膜の中心部にある黄斑という部位の色素が青色光を吸収し、局所的に網膜照度が下がって、その分青が認識できなくなり、視野の黄斑に対応する部分で青が見えず、それが暗い点となって表れたのだと彼は考えた。マクスウェルの妻にはこのような暗い点は見えなかったのだが、それは彼女の目の網膜には黄斑色素がほとんど存在しないからであった。マクスウェルは、ある同僚への手紙に、「これ(マクスウェル斑点)は誰にでも見えます。ただし、王立協会フェローのストレンジ大佐と、今は亡き私の義父、それから妻を除いてですが」と記している。

一八六五年、マクスウェルは、彼の名高い一連の電磁気に関する論文の最後の仕上げとして、『電磁場の動力学的理論』を発表した(同時に、自宅の大規模な増築を完了させた)。一八七一年には、ケンブリッジ大学で最初の実験物理学教授に指名され、のちに有名になるキャベンディッシュ研究所の構想と創設に取り組んだ。マクスウェルが生涯望んでいたのは、電気の本質を理解することだった。電気とは、導線を流れる流体なのだろうか?　それとも、空っぽな空間を包含する何らかの媒質のなかに生じた擾乱、すなわち「歪み」なのだろうか?　後者のシナリオをまともに筋の通った話にするには、すべての空間は、**エーテル**と呼ばれる、磁場や電場によって乱される性質をもつ、何らかの非物質的な媒質によって満たされていると仮定しなければならなかった。

電気と磁気に関するすべての経験則を数学の方程式にまとめるなかで、マクスウェルは大発見を成し遂げた。彼はまず、ファラデーの電磁誘導の法則と対《つい》になる類似の法則が、未だ見いだされていないことに気づいた。変化する磁場が電場を生み出すのなら、変化する電場は磁場を生み出すはずではないかと考えたのだ。マクスウェルは、当時の実験データの範囲を大胆に越えて、このような対称性が数学的に要求されるということを発見したのである。こうしてマクスウェルの方程式は、一つにまとまっていった。弱まりつつある磁場は強まりゆく電場を生み出し、その電場が今度は磁場を生み出す――電場と磁場は絡み合った波となって、ダンスしながら伝わっていくのだ。

これがまた次の驚異的な発見につながる。マクスウェルが、自分が構築した方程式に正しい定数を入力してみると、この方程式が描く電磁場は、それを生み出している導線や磁石から漏れ出して、空間のなかを猛スピードで伝播することがわかったのだ。このスピードは、フィゾーが測定した光の速度、秒速三〇万キロメートルにぴたりと一致した。これは偶然だろうか？　物理学の世界で、秒速三〇万キロメートルという速度は意味もなく登場したりはしない。マクスウェルは、こんな目を見張るような結論に到達した。「光とは、振動する電場と磁場が密接に結びついて交じり合い、空間のなかを c = 300,000 km/s で伝播しているものである」というのである。

「場は、エネルギーと運動量を伝播するものであり、たんなる数学的象徴ではなく、実際の物理的実体である」。このファラデーの直感は、マクスウェルの理論のなかに具現化された。ついに科学者たちは、光の波が空間を通って伝わっていくとき、何が「波打っている」のか、正しく理解するに至った。そして、彼らはこのように結論せざるを得なかった。「光が人間の網膜、写真用フィルム、緑色の木の葉などに作用するのは、光をなしている電気力と磁気力が、原子内部に詰め込まれている帯電した何らかの物質に作用しているからだ」と。原子が電荷を貯蔵しているというのは、当時物理学者のあいだで広く囁かれていた考え方だった。だが、それは原子内部でどのように分布しているのだろうか?

光の電磁波説は、一八六五年から八〇年のあいだに、ドイツの物理学者ハインリヒ・ヘルツによって検証された。ヘルツは、電気や磁気の波動をつくり出し、これらの波動が実際に反射、屈折、回折、そして干渉の法則に従うことを実演して示した。これは目覚しい大成功だった! マクスウェルの方程式は、完璧に裏づけられた。マクスウェルは自らの作品を、簡潔かつ極めて象徴的な四つの方程式としてまとめあげていた。これをヘルツは、ベクトル解析という新しい数学の形式を使ってわかりやすく表記した。ヘルツ、無線電信を商業化したグリエルモ・マルコーニ、そして二つの世界大戦を経て、マクスウェルの方程式は、新しい世代の技術をつぎつぎと生み出し、さらに、ラッシュ・リンボー〔アメリカのラジオトークショーのホスト〕、キース・オルバーマン〔アメリカのニュースキャスター〕、オプラ・ウィンフリー〔アメリカの女優。人気番組『オプラ・ウィンフリー・ショー』のホスト〕、そして電子レンジで調理できる食事ももたらした。可視光よりも波長の長いラジオ波、FM波、マイクロ波、そして可視光よりも短波長な紫外線、エックス線、ガンマ線——これらの電磁波が新たに利用されるようになったが、これらの電磁波と可視光とは、波長が異なるだけなのである(図12)。

科学の世界で、実に見事な統一が達成された! すべての手掛かりが互いにうまく噛み合って、光のふるまいをはじめ、さまざまな事柄を説明できるように思えた。どういうカラクリかはともかく、原子にエネルギーを加えると、小さな電荷たちが振動を始めるらしかった。マクスウェルの理論により、振動する電荷は、可視光をはじめとする電磁エネルギーを放出することが示された。ファラデーやマクスウェルらは、光は電気と磁気の波として空間を伝わるという描像を打ち出し、宇

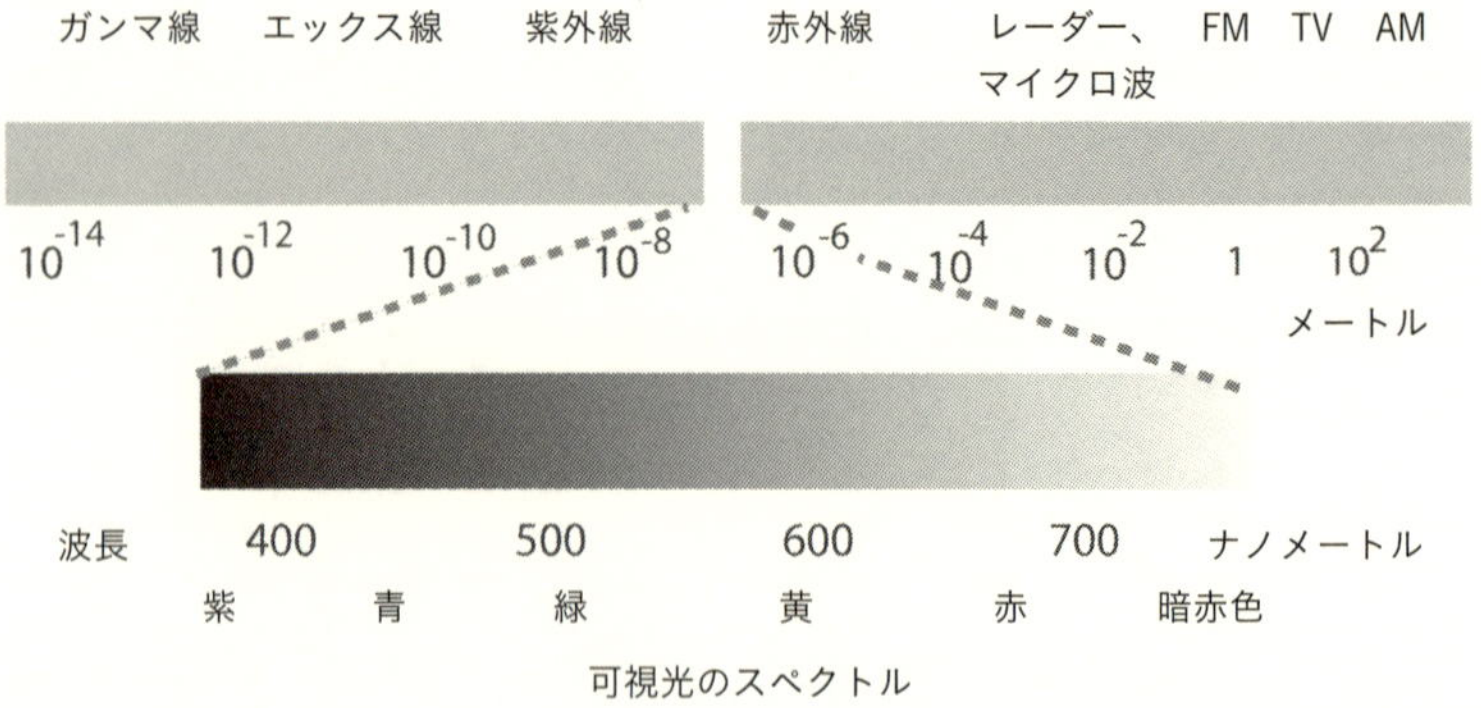

図12　光のスペクトル。可視光は、極めて狭い範囲の波長帯しか占めていない。それは、長波長（暗赤色）側の0.00007＝7×10^{-5}センチメートル（700ナノメートル、もしくは7000Å）から、短波長（紫色）側の0.00004＝4×10^{-5}センチメートル（400ナノメートル、もしくは4000Å）までの範囲である。光子のエネルギーは、赤外線、マイクロ波、そしてTV周波数帯域、AMラジオ周波数帯域（波長数百メートル）と、波長が長くなるにつれて減少する。逆に、エックス線から極めて高エネルギーのガンマ線へと、波長が短くなるにつれて光子のエネルギーは増加する。

宙を古典物理学の言葉で説明することに成功したのである。すべてがうまくいくかのように思われた。自然はなめらかで連続的であり、粒子的なところはなかった。マクスウェルの電磁理論は、ニュートンの古典力学と共に科学者たちが次なる大事業で使える強力な知のツールとなった。その大事業とは、化学者の領分、つまり原子がもつ電荷や力を理解することだった。

　こうした取り組みが勢いを増してゆくにつれ、光についての新たな深い理解が、コンクリートがゆっくりと固まるように、じわじわと定着していった。ところがちょうどそのころ、思いも寄らないことが起こった。さまざまなデータが、衝撃的なまでにはっきりと、光は粒子の流れだと示しはじめたのだ！

　量子の幽霊があちこちで目撃されるようになったのであった。

第4章　反抗者たち、オフィスに押しかける

　ガリレオやニュートンが発見したさまざまな法則は、約三〇〇年にわたって権威あるものとして君臨してきた。これらの法則は、古典物理学の美と高い合理性を内包するもので、秩序ある運動法則の黄金時代、リンゴと小惑星を等しく支配する万有引力の法則、電気と磁気の諸法則の根底にある見事な対称性、そして光は電場と磁場からなるという古典物理学の頂点に輝く洞察を生み出すことになった。第2章と第3章では、第二千年紀の最後の世紀が幕を開けるまで——一九〇〇年まで——の出来事を見てきた。ところがこの一九〇〇年、突然事態は妙な様相を示しはじめた。この章では、すこぶる奇妙で薄気味悪い出来事を見ていくことになる。まずは、みなさんが毎朝あわてて職場や学校に向かう前にお世話になっているだろう、なじみ深い物体から始めよう。それは、トースターである。

　トースターをコンセントにつなぎ、スイッチを入れて内部の電熱線を観察してみよう。電熱線は温かそうな赤色に輝きはじめ、白くて冷たいイングリッシュ・マフィンを、いかにもおいしそうなキツネ色にしてくれるだろう。このときみなさんが見ている光には、専門用語がつけられている。

トースターの電熱線が発するこの赤い輝きは、**黒体放射**と呼ばれる。

黒体放射は、一九〇〇年当時、物理学の世界ではかなりホットな話題だった。鍛冶屋や金属加工職人、料理人たちが、長年にわたって高温の物体がこのような鈍い赤味を帯びた光を放射するのを観察してきたことからすれば、意外な感じもする。古代人たちが洞穴の前でした焚き火の炭も同様に赤く輝いていたのだから、これは数十万年のものあいだ人類に目撃されてきたわけだ。しかし、ようやく一九世紀の終わりになって、一人のとびきり頭のいい物理学者がマクスウェルの方程式を携え、黒体放射をする物体から発せられる暖かそうな輝きの「赤さ」を、じっくり腰を据えて計算してみようとした。そして彼は、何か大きな間違いがあることに気づいたのであった。トースターの電熱線やその他ありふれたものが放射する光。その奇妙な特性を正確に捉えた詳細なデータが、ついには古典物理学を回復不可能なまでに打ちのめしたのである。この、「焚き火やトースターの電熱線が熱せられたときに現れる輝きは、なぜ赤いのか?」という、日常的な現象に関するちょっとした問いかけが、量子世界への扉を力強く開いたのだった。

黒体とは何か?　なぜ大事なのか?

すべての物体は、エネルギーを**放射**し、周囲からエネルギーを**吸収**している。ここでいう「物体」とは大きなものかもしれないし、人間の目では見えないほど小さい微視的なものかもしれないが、いずれにせよ、恐らくは数十億個にのぼるであろう原子からできているものを指す。

物体の温度が高くなれば、その物体が放射するエネルギーもより大きくなる。高温の物体は、やがて外部に放射しているエネルギーの量と、内部に吸収しているエネルギーの量が釣り合った状態に落ち着く。このことは、その物体を構成しているすべての部分（別個の下位物体と見なすこともできる）にも当てはまる。たとえば、冷蔵庫から卵を一つとり出して熱いお湯が満たされた鍋に入れてみる。すると、冷えていた卵はお湯から熱を吸収して温まり、一方お湯のほうは、卵にエネルギーを与えた分少し温度が下がるだろう。逆に、温めた卵を冷たい水のなかに浸けると、水は温まり、卵は冷えていく。どちらの場合も、しばらくすると卵と水は同じ温度になるだろう。この簡単な実験は、熱い物体がどのようにふるまうかを簡潔に示している。卵と水の温度が最終的に到達する、この平衡状態のことを**熱平衡**という。同じことは一つの物体についても言える。つまり、一つの物体の内部にある特に高温の部分は、その周囲によって冷やされ、また、特に低温の部分は周囲から温められるので、やがて熱平衡に到達して、物体のあらゆる部分が同じ温度になる。このとき、同じ温度にある各部分は、お互いに同じ率でエネルギーを放射、吸収しているのである。

天気のいい暑い日にビーチで寝転がると、あなたは電磁波を放射したり吸収したりすることになる。典型的な熱放射体である太陽から、あなたへと放射されるエネルギーがある一方で、あなたの体は適切な体温を維持するために、余分なエネルギーを捨て去っている。[1] 生理学的に正常で、体温が三七℃程度なら、人は常時約一〇〇ワットのエネルギーを周囲に放出している。人体は、肝臓、脳、つま先などあらゆる部分とのあいだに熱平衡を保っているが、それは生命を支える化学反応を維持するために不可欠だ。外界が非常に寒ければ、エネルギーが外界に放出されて失われるのに対処し、体温を維持するために、普段より多くのエネルギーを生み出すか、生み出したエネルギーを保持しなければならない。熱エネルギーを体表に運ぶ血流は、体内を温かく保つために制限され、おかげで指先や鼻は冷たくなる。一方、暑いときは、体温が上がらないように普段より多くエネルギーを放射して捨て去る。温かい汗は皮膚の上で蒸発するが、このとき皮膚から熱エネルギーを奪って大気に放出する。汗は一種のエアコンのような働きをするのである。大勢の人で混雑した部屋は暑くなる——退屈な会議に三〇人の出席者が缶詰になっているとすると、出席者から三キロワットものエネルギーが部屋のなかに放出され、部屋は瞬く間に暑くなってしまう。だが、南極で暖炉もないところから逃げ出せない状況にあるとすれば、これらの人々と身を寄せ合わねばならないだろう。長い冬のあいだ、卵が割れないように守らなければならないコウテイペンギンの越冬群のように。

　人間もペンギンも、そしてトースターも、複雑系である。そのエネルギーは内部で生み出される。人間の場合、食べ物や貯蔵した脂肪を燃焼させることによってエネルギーを生成する。トースターの場合は、電流として流れている電子が電熱線を構成する重い原子に衝突することによってエネルギーが生じる。人間やトースターが発する電磁放射は、表面——皮膚や電熱線の表面など——から外部環境へと放出される。この放射はふつう、特定の「原子内での電子の遷移」（第6章に詳述）によって決まった色を帯びている。たとえば、花火が爆発し相当な高温になる際、火薬の成分の塩化ストロンチウムや塩化バリウム（そのほか多数の類似の物質[2]）は、鮮やかな赤や緑の色を生み出し、華々しい光景をつくり出す。

　こうした効果はどれも興味深い。しかし、あらゆる系が共有する一般的な電磁放射のパターンが存在する。そうしたパターンは、いろいろな系が単純化されたとき、つまり、十分混合されて個々の原子による特殊な効果が平均化されて消え去ってしまったときに現れる。これが**熱放射**と呼ばれるもので、物理学者は、この熱放射を発する理想的な物体を**完全放射体**もしくは**黒体**と呼ぶ。したがって、黒体は定義上、熱せられても、熱放射のみを発するのであって、華々しい花火が見せるようなとびきり魅力的な色彩効果はまったく示さない。黒体は物理学者が頭で考えた理想の物体であり、日常出合う物体はどれも完全な黒体ではない。だが、かなり近いものもあり、たとえば太陽はその一つだ。太陽光のスペクトルにはくっきりした吸収線（フラウンホーファー線）が多数見られる。これは、周囲をとり巻く比較的低温な太陽大気に特定の波長の光を吸収する原子が存在するためだが、太陽からの放射全体として見ると、高温の黒体の放射に極めて近い。炭火、トースターの電熱線、地球の大気、核爆発のきのこ雲、そして誕生の瞬間の宇宙にも、すべて同じことが言える。これらはみな、熱放射を発する黒体を適切に近似しているとみなされる。

黒体を近似するものとして最も優れているのは、旧式のボイラー炉だ——なかでも、高温の炭火が入っている蒸気機関車の炉がいちばんだ。炉は、温度が上がるにつれ、純粋な熱放射だけで満たされていくと、近似的にみなすことができる。実のところ、このような炉こそ、一九世紀後半の物理学者が、黒体の近似物として適切なものを求めていたときに、最初に調べたものだった。

純粋な黒体をつくるためには、炭火からの熱放射を除かねばならない。そこで、ずっしりとした金属の箱を使う。大きくて丈夫な箱で、分厚い鉄製のものがよく使われる。壁面の一つには、なかを覗いたり装置を挿入したりできる穴を開けておく。この金属の箱を炉内に置いて温度が上がるのに任せ、穴から覗いて様子をうかがう。すると、箱の内側の空洞を純粋な熱放射が満たしているのを直接観察することができる。高温になった箱の壁から放射が発生し、内部で跳ね返って飛び回り、その一部が覗き穴から外へ出てくる。

さて、穴のなかを覗いて熱放射を調べれば、所定の色（すなわち所定の波長）の光がどれくらい含まれているかを知ることができる。炉の温度を上げ下げすると、それに合わせて色の成分がどのように変化するかを調べることもできる。こうして、熱平衡にある熱放射そのものを研究することができるのである。

この黒体の炉の温度を徐々に上げていこう。まず穴から出てくるのは、ほんのり温かいが目には見えない赤外線の放射だ。温度が少し上がると、トースターの電熱線のような暗い赤色の輝きが穴から出てくるのが見える。さらに温度が上がってくると、放射は明るい赤色になり、ついには黄色になる。製鋼用の強力なベッセマー転炉なら、酸素がどんどん送り込まれるので炉内はかなりの高温に到達し、黒体放射がほとんど白くなるのを観察することができるだろう。炉が溶けるので実際は不可能だが、炉の絞り弁を全開にして、いっそう高温にすると、最高温度では明るい青白色の光――すべての色が混じり合い、少し青色側に偏っている光――が穴から出てくるはずだ。ここまでくると、核爆発か、あるいはオリオン座のリゲルのような青色超巨星の温度に到達したことになる。[3]リゲルは観察可能な天の川銀河の天体で最も強力な熱放射体だ。

物理学者は、さまざまな温度の黒体が発する放射の強度を正確に測定する方法を編み出した。さらに、任意の色の放射の量を測定する方法も発見し、黒体放射には、どんな温度でも、すべての波長の放射が含まれていることを見いだした――ただし各波長の強度は一様ではない。これらを正確に測定するのは極めて困難であり、それを成し遂げたのは科学の偉業だと言える。その成果が、図13に示す名高い**黒体放射曲線**（**黒体曲線**または**黒体分布**）である。

黒体曲線は、物体から放射される光の色が、温度の上昇と共にどのように変化するかについて、私たちが抱いている直感を裏づけてくれる。炉の温度が比較的低い、三五〇〇K（Kは**ケルビン**という絶対温度の単位で、[4]二七三・一五を引くと摂氏温度となる）のとき、放射される光の大部分は赤外線や、暗い赤味を帯びた色の光で、非常に長い波長をもつ。温度を上げていくにつれて、光の強度のピークは、短波長側、すなわち青味がかった色のほうへと移動していく。他のさまざまな波長の光も一緒に放出されているから、色が混じり合って明るい白色光になる。さらに温度を上げれ

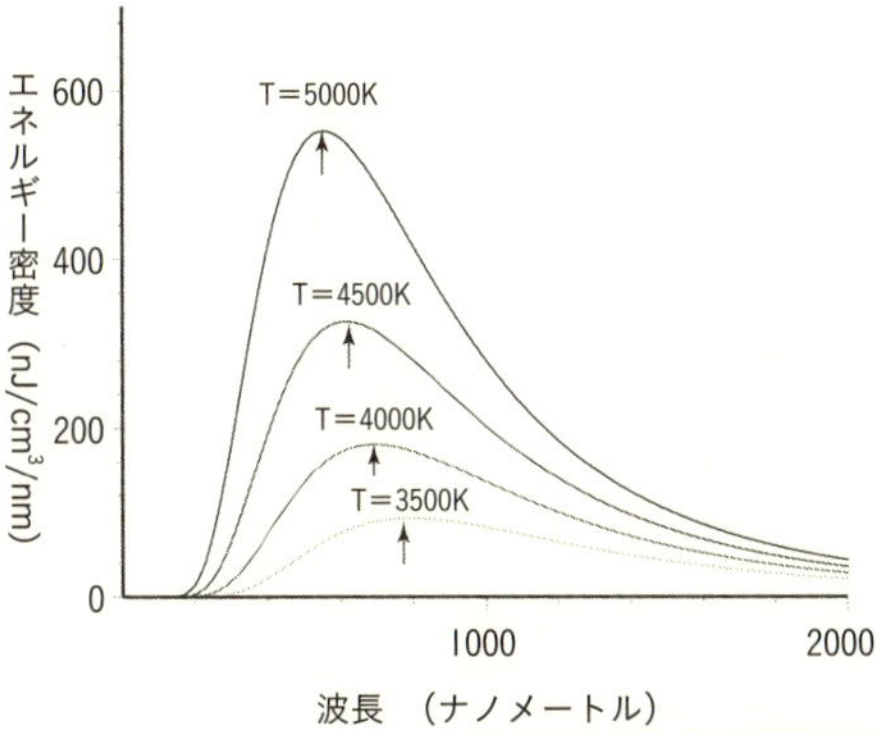

図13　各温度まで熱せられた高温物体から放射される光の黒体放射スペクトル。矢印は各曲線のピーク波長を示す。このグラフから、比較的低温のT＝3500Kでは、ピークは800ナノメートル付近の赤外領域にあり、赤い輝きが観察されることがわかる。また、高温のT＝5000Kでは、ピークは600ナノメートル付近の黄色の領域に移動している。さらに高温になると、ピークは青色の領域に移動する。どの場合も、最も短い波長の領域では、プランクが$E=hf$という式で説明したとおり、エネルギーが低くなっている。（グラフの縦軸は、光の波長1ナノメートルあたりの放射光の微分エネルギー密度をナノジュール毎立方センチメートル単位で表示している。横軸は、光の波長をナノメートル単位で表示している）

ば、光の色は白っぽい青になる（お好みなら、青っぽい白と言ってもいい）。もっと高温になると、光はいっそう青味を帯び、波長が紫外領域に入ると、私たちにはもう見えない。

熱放射の研究は、熱と熱平衡の研究である**熱力学**と、電磁放射の一つとしての光の研究という、物理学の二つの分野を結びつけた新しい分野で、そこから豊かな成果がもたらされた。これらの分野から得られた一見平凡と思える黒体放射のデータからは、興味深い研究テーマがいくつか生まれていたが、このデータが、推理小説さながらの世紀の発見劇――光と原子の量子的性質の発見――における決定的に重要な手掛かりであったとは、誰一人気づいていなかったのである（光と原子と言ったが、つまるところ、すべてを演じていたのは原子だった）。

私はベルリン市民です《イッヒ・ビン・アイン・ベルリーナー》*

一九世紀の物理学者たち、とりわけベルリンにいた傑出した物理学者たちは、熱した黒体から放射される光の強度を各波長で測定して、正確な黒体分布の曲線を描くことに多くの時間を費やしていた。彼らは注目に値する創造力をもって、放射光を、極めて狭い波長範囲ごとに――たとえば赤色であれば、六五二ナノメートルから六五四ナノメートルまでなどのように――分けて収集し、その帯域の放射強度を定量的に測定できる装置を開発した。これらの数値を把握した彼らは、ある黒体からの放射のグラフを見れば、そこから逆にその黒体の温度を即座に言い当てることができるようになった。

黒体と温度については、極端に高温の放射体を詳しく調べる必要はなかった。というのもすべての黒体、もしくは黒体で近似できる物体は、どの温度でも同じ形の放射曲線に従って光を発するからだ。だが、一九〇〇年までに蓄積された、任意の温度での黒体放射曲線に関する膨大なデータには、大きな問題があった。これらのデータは、まったく理屈に合わないとしか思えなかったのだ。どうにも説明がつかなかった。マクスウェルの方程式と、一九世紀から二〇世紀の変わり目を生きた物理学者の誰もが信頼していた洗練された熱力学の諸法則、そして理論物理学者マックス・プランクのずば抜けた計算能力を信頼するなら、そんな測定データとなることなどあり得なかった。

熱と温度に関する強力な理論が、すでに一九世紀のうちに発展していた。**統計力学**と呼ばれるものだ。これを考案したのは、マクスウェルその人と、当時はまだ無名だったアメリカの理論家J・ウィラード・ギブズで、[5]その基礎となったのは、偉大なオーストリアの物理学者ルートヴィッヒ・

ボルツマン（彼は悲劇的な問題をいろいろと抱えていた）が定式化した統計力学理論だった。[6] マクスウェル、ボルツマン、ギブズの理論は、ある系が熱平衡状態にあるとき、その系のさまざまな異なる成分がどのように運動するか、すなわち、その速度がどのように分布しているかを計算する方法を教えてくれた。マックス・プランクは、これらの理論をマクスウェルの輝かしい電磁波理論と結びつけ、黒体曲線の形はそこから計算できると考えた（その過程は実際にはなかなか複雑だ）。

プランクが確認してみると、この計算で得られた曲線は、黒体が発する長波長の光については、実験で得られた曲線と形がぴったり一致していた。だが、波長の短い光（紫外線の領域）に対しては、曲線は無限大になって破綻していた。つまり、この計算によれば、黒体曲線は任意の温度で、常に紫色側（短波長側）で歪んで無限大になってしまうのだ。これは、実験とは大きく食い違っていた。

今の話は、次のようにも説明できる。プランクの注意深い計算によれば、ある一定の体積の空間（たとえばスプーン一杯ほどの空間）を満たす短波長放射（青～紫）は、同じ空間を満たす長波長放射（赤）よりも、常にはるかに強度が高い（より明るい）。このようなことになるのは、要するに、青い光はより「小さく」（波長が短い）、所定の大きさの空間内に、よりたくさん詰め込むことができるからだ。ここからプランクは、マクスウェルによる光の古典論に従えば、すべての黒体はどんな温度であっても明るく青白く輝かねばならなくなるという予測を計算によって導き出した。だが、実際の実験に基づいた黒体曲線では、それほど温度が高くない黒体では、青よりも赤い光の

＊訳註：冷戦時代の一九六一年、ベルリン危機の際にケネディ大統領が、「自由を求める者はみなベルリン市民であり、自分も一人のベルリン市民だ」と述べた言葉を引用している。

ほうがはるかに多かった。実際、温度が比較的低いときは、青い光など存在しないも同然だった。

これはいったいどういうことなのだろう？　ここで、みなさんの理解の助けになるような、ちょっとユーモラスなたとえ話を紹介しよう。あるコンサートホールがあって、有名なピアニスト、アルフレート・ブレンデルによるベートーベンのピアノ・ソナタ一五番の演奏を、格安の均一料金で聴けるとしよう。聴衆はアマチュア音楽家で、全員が極端に痩せていて、しかもとても気さくだとする。さて、この超拒食症のピアノ愛好家たちからなる聴衆は、このホールをどのように埋めるだろう？　聴衆は、同じ料金でどの座席でも座れることを思い出してほしい。答えがわかった人はいるだろうか？　おそらく、みなさん正しく推論されたことと思う。聴衆はみな、優れた演奏家ブレンデル、ベートーベン、そしてとりわけピアノ・ソナタ第一五番が大好きなので、二〇〇〇名なら二〇〇〇名の大部分がピアニストとピアノに最も近い左の角に集中して、同じ座席に何人もが腰掛ける（彼らはとても痩せているので、大勢で座席を共有できるのだ）。アマチュアたちは、ピアニストの手がスタインウェイのコンサート用ピアノの鍵盤の上を飛んだり踊ったりするのを見たいのである。だがその一方で、音楽の聴き方をよりよく知っているごく一部の人たち（パフォーマンスを見るよりも、音楽そのものを聴きたい人たち）は、ホールの残りの部分にまんべんなく散らばるだろう。さて、これがどうして物理の比喩なのだろう？　実はこのシナリオは、熱力学と光に関する古典論的なある理論から導き出される予測に、ちょうど対応するのである。その予測では、黒体放射は最も青い側（最も短波長の側）に集中する傾向があるというのだ。短い波長は、ただ短いがゆえに、長い波長よりも、もっと混み合って存在できるのである。

しかし、もちろんこんなことは、音楽の世界でも黒体放射でも起こらない。実際のコンサートでは、最前列の席はとても高額で観客はまばらにしかいないし、後方の列や上階のバルコニーはガラガラで（何も見えないし何も聞こえないことが多い！）、聴衆のほとんどは中ほどの列に落ち着いている。実際に測定された黒体放射の強度分布もこれと似ていて、長波長側で小さな値として始まって、短波長側に行くにつれて増加し、温度によって決まっているある波長でピークとなり、そこから短波長側の端に向かって次第に減少していく。自然のなかで、光が短波長領域に集中することが観察されることなど、まったくない。実際、超短波は著しく抑制されている。それでも、プランクが気づいたように、マクスウェルの理論に熱的な系に関するギブズとボルツマンの考えを結びつけると、青い色への光の集中が起こらねばならないのだった。しかし、実際にはそうはなっていない。では、どうしてそうならないのだろう？

紫外破綻

プランクが光の古典論に基づいて計算したところ、黒体分布に見られる光の強度は、波長が短くなればなるほど急上昇するという結果が得られた。これに理論家たちは大いに苛立ち当惑したが、理論は実際に、遠紫外領域のような極短波長では、光の強度は無限大になると予測していた。誰が言い出したかは不明だが（おそらくどこかの新聞記者であろう）、この状況は**紫外破綻**と呼ばれた。どうして破綻なのかと言うと、理論的には紫外領域で黒体分布が急激に上昇して無限大になるはずなのに、実際のデータではそんなことは起こっていないからだ。もしもそんなことが現実に起こっていたら、低温の炎は、赤く輝くという数十万年にわたり知られてきた事実に反し、青く輝くはずだ。

これが、それまで大成功を収めてきた古典物理学の、最初の破綻の一つだった（ギブズはこの三五年ほど前に、別の、そしておそらく本当に最初の破綻を見つけていたのだが、マクスウェルを除いては、その重要性を理解する者はいなかったと思われる[7]。大事なのは、データが、「すみませんが、古典論とは違うのです」と表明していたことだった。実験から得られた黒体曲線（図13）では、温度によって異なる波長でピークができる（低温では赤色、高温では紫色）。それより波長が短い紫外領域では、曲線は急激に低下する。その時代の最高の頭脳をもつ者たちが構築し、ヨーロッパ各国の科学アカデミーの権威者たちが認めた、美しく洗練された理論。それが、現実世界の醜悪な事実とこんなふうに衝突するとき、何が起こるのだろう？　宗教では、純然たる教義が永遠に存続する。しかし科学では、駄目な理論は、朝がくるとゴミ袋に入れられて捨て去られてしまう。

古典論はトースターの電熱線は青く輝くはずだと予測するのに、実際の輝きは暗い赤色だ。そんな次第で、トースターの奥を覗き込むたび、あなたは古典物理学の予測とまったく異なる現象を見ることになるわけだ。しかも、まだ気づいておられないだろうが、光は塊として——**量子粒子**として——やってくるという直接の証拠を見ているのだ。あなたは、量子物理をじかに目撃しているのだ！「でも」と、あなたは抗議されるだろう。「前の章で、ヤング氏の天才をお借りして、光は波だということを示したじゃありませんか」と。そのとおり。光は依然として波だ。ここから先、話がますます奇妙になっていくので、それなりの心構えが必要だ。私たちは、遠い彼方の摩訶不思議な新世界をめざして航海している旅人だったことを思い出してほしい。しかしその新世界は、トースターで輝いている電熱線にも見いだせるのである。

マックス・プランク

ベルリンに話を戻そう。そこでは、紫外破綻のただなか、ベルリン大学の理論物理学者で熱理論の専門家だった、四〇歳のマックス・プランクが一人抜きん出て、ジレンマを解決した。プランクは、紫外破綻のことはよくよく認識しており、いったいこれがどういうことなのか理解したいと考えていた。一九〇〇年、ベルリン大学の同僚たちが得た黒体放射のデータをじっくり検討していたプランクは、ある数学的なトリックを思いついた。彼は、マクスウェル、ボルツマン、ギブズの熱物理学のアイデアを使って、黒体曲線を表す方程式を構築した。この方程式は、実験データとたいへんよく一致することが確認された。プランクのトリックとは、波長の長い赤い光に対しては、あらゆる温度でたっぷり放射されることを許すが（ほぼ古典論と同じ）、波長の短い光の放射には、実質的に一種の「罰金《ペナルティ》」を課すということだった。短波長光の放射にこのようなペナルティが課せられたことで、青い光（短波長光＝振動数が高い＝青色であることを思い出してほしい）は抑制され、青色はそれほどたくさん放射されなくなった。

この数学的トリックは、うまくいくように思えた。プランクが課した「ペナルティ」とは、振動数が低い波動の生成には低いエネルギーしか要求しないのに、振動数が高い波動の生成には高いエネルギーを要求するというものだった。そしてプランクは、次のように正しく推論した。黒体の温度があるところまで下がると、それ以下の温度では、短波長の放射を起こすに足りるだけのエネルギーが存在しなくなる、と。先ほどのコンサートホールのたとえを使うと、次のような話になる。プランクは、最前列から観客を排除し、より多くの人間を後方の安い座席やバルコニーに座らせたのだ。要するに、前列の料金を高くし、バルコニー席の料金は大幅に値下げしたわけだ。プランクは、普段はこつこつと順を追って考えるたちだったが、このときは彼らしからぬ直感の閃きで、光の波長（振動数に同じ）をエネルギーに結びつけた。彼が言うには、波長が短ければ短いほど、振動数は高く、そのエネルギーは高くなるのだ。

これは単純な考えだと思われるかもしれないし、多くの点で、自然がこうなっているおかげで、話は実際に単純になっている。だが、光の古典論は、こんなことを少しも予測していなかった。マクスウェルの古典的な理論では、光がもつエネルギーは、強度にしか依存せず、色や振動数には無関係だった。では、プランクはどういうわけで、光にこんな未知の側面があったことを、黒体放射スペクトルの理論式に加えることができたのだろう？　エネルギーは光の強度のみならず、振動数にも依存するということを、どうやって理論に組み込むことができたのか？　光の振動数が高くなるときに、何のエネルギーが高くなるのかを特定しないかぎり、理論は不完全なままだ。

この問題を解決するためにプランクは、黒体曲線の任意の波長（振動数）において放出された光を、塊、すなわち**量子**に分割し、個々の量子に、その振動数に直接関係するあるエネルギーを割り当てた。こうしてプランクが得た独創的な方程式は、次に記すような、数式として可能な最も単純な形をしていた。

$$E = hf$$

これを言葉で言い表せば、「光の量子のエネルギーEは、その振動数fに正比例する」となる。これは、電磁放射は「塊」として放出され、個々の塊はある定数hにその振動数を掛け合わせたものに等しいエネルギーをもっている、ということを意味する。そうすると、任意の振動数における光の総エネルギーは、「その振動数で検出された量子の個数に、それらの量子のエネルギーEを掛け合わせたもの」となる。ここで、振動数は波長に反比例することを思い出していただきたい。波長が短くなると、振動数fが大きくなって、光の量子エネルギーEも大きくなるのである。データを理論と合致させようと努力したプランクは、高い振動数の光（短波長の光）は、黒体から放出される際、より多くのエネルギーを必要とするのだとすれば、うまくいくことに気づいたのだった。彼の方程式を使って所定の温度について調べてみると、予想される黒体放射はデータと正確に一致した。

注目すべきことに、プランクは、マクスウェルの優れた理論に加えた自分の変更を、光に直接関連するものとは捉えなかった。そうではなく、黒体である放射体の壁を構成している原子に関係していると考えた。赤い光ではなく青い光を放射することにペナルティが課せられるのは、赤い光と青い光のあいだにある本質的な性質の違いによるものではなく、むしろ原子が所定の光を放出するときのふるまい方のせいだ、とみていた。このように考えることでプランクは、これ以外の点では完璧にうまくいっていたマクスウェルの理論との衝突を、未然に防ぎたいと望んだのだった。なにしろ、光が電気・磁気と直接結びついていることは、マクスウェルの理論で確立されていた。それに、電気モーターはヨーロッパ各地の大通りで路面電車を走らせ、マルコーニは無線電信をすでに発明し、高性能のアンテナが設計されていた。マクスウェルの理論には明らかな破綻がなかったので、プランクはそれに手を加えたくはなかった。それよりも、もっと難解な熱物理学の理論のほうを修正したいと考えたのだ。

それでもこのプランクの新理論には、古典論、少なくとも熱放射の理論からの大きな飛躍が二つあった。一つは、放射の強度（エネルギー量）を振動数（マクスウェル理論には振動数はまったく登場しない）と結びつけたこと。そしてもう一つは、塊、すなわち離散的な**量子**を導入したことだ。この二つは、理論として絡み合っていた。マクスウェルにとって強度とは、任意の連続的な値をとり得る、なめらかに変化するもので、それは、波の形の擾乱である光をなしている、電場と磁場の振幅だけに依存する。だがプランクの取り扱いでは、ある振動数での強度は、その振動数をもった光の量子の数であり、個々の量子はその振動数に比例するエネルギー、$E=hf$をもつ。この量子の塊という新しい考えは、粒子の概念にずいぶん近いような感じがしてくる。しかし、回折や干渉に関するあらゆる実験によれば、光は依然として純然たる波だと思える。

だが、当のプランクも含め、このブレークスルーの重要性を完全に理解していた者は誰もいなかった。プランクは量子（それぞれがhfに等しい量の放射エネルギーをもつ）を、黒体の壁を構成している原子が熱的に励起されたときの運動に由来する、短い噴射《バースト》や放射のパルスのようなもので、黒体の熱放出プロセスの、こまごまとした未知なる効果によって誘発されるもの、と考えていた。彼は、自分が用いた定数h――今では**プランク定数**と呼ばれる――が、来たるべき革命の礎石となり、前期量子論と近代の誕生の先触れになろうとは、予想だにしていなかった。ついでながら、プランクの偉大な発見は、彼が四二歳のときに成し遂げられた。一九一八年、マックス・プランクは、**エネルギー量子**を発見したことによってノーベル賞を受賞した。

アインシュタイン登場

プランクの量子がもつ驚異的な意味を初めて十分に理解したのは、ほかならぬアルベルト・アインシュタインだった。当時、まだ若く無名だった彼は、一九〇〇年にプランクの論文を読んで、「足元から地面が消え去ってしまったように感じた」ほど驚愕したという[8]。重要だったのは、量子の塊は、光を生み出す放射プロセスによって生じるのか、それとも光そのものの本質的な性質なのか、という問題であった。プランクは、熱せられた物質から光を生み出す発光プロセスに、不穏なまでにはっきりとした、離散的で粒子的なものを導入した。このことをアインシュタインはすぐに理解したが、当初彼は、この粒子性を光そのものの基本的な性質とみることには二の足を踏んだ。

アインシュタインについては、少し説明しておく必要があるだろう。学校嫌いで、決して早熟ではなかったアルベルト・アインシュタインは、「将来が非常に有望である」などとは、誰からも思われそうにない子どもだった。しかし、彼は科学の虜になった。四歳のころ、父親に方位磁石を見せられたときのことだ。方位磁石をどの向きに回そうとも、鉄針を必ず北に向かせる目には見えない力を初めて目の当たりにし、これに完全に魅了されてしまった。のちに七〇代になって、「私は今なお思い起こすことができる――少なくとも、そうできると信じている。この経験が私に消すことのできない深い印象を残したことを」と記している。方位磁石を経験した数年後、少年アインシュタインは、今度は叔父さんに教えてもらった代数学の魅力にとりつかれ、一二歳のときには、幾何学の教科書を読んで深く感動した。一七歳になると、磁場のなかのエーテルの状態をテーマに、初めての科学論文を執筆した。

さて、本書のここで登場するアインシュタインはまだ無名だった。卒業後、大学で正規の職を得ることができず、不定期に家庭教師や代用教員をしていたが、やがてスイスのベルンで、スイス特許局の特許審査官の職に就いた。自分自身の研究は週末にしか取り組めなかったが、特許局で過ごした七年間は、彼が二〇世紀の物理学の基礎をつくる年月となった。このあいだにアインシュタインは、原子の数え方（アボガドロ定数の測り方）を示し、空間と時間についての私たちの理解を大きく変え、$E=mc^2$をもたらす特殊相対性理論を構築し、量子論にも貢献した――この他にも数々の成果を挙げている。アインシュタインはさまざまな才能に恵まれていたが、彼の特殊な能力の一つに、共感覚があった。これは、ある感覚が別の感覚を（たとえば視覚が聴覚を）呼び起こす知覚現象だ。そんなわけで、何かしら問題に取り組んでいるとき、彼の思考プロセスは視覚イメージを伴い、思考が正しい方向に向かっているときは、指先がむずむずする感じがして、うまくいっているといつもわかったのだった。アインシュタインの名が広く一般に知られるようになるのは、ようやく一九一九年、日食に伴って起こったある現象で、彼の一般相対性理論の正しさが確かめられたときだった〔一九一九年の皆既日食の際、アーサー・エディントンがアフリカのプリンシペ島に遠征して観測を行い、太陽の重力によって光が曲げられることを確認し、一般相対性理論を検証した。第9章参照〕。しかし、アインシュタインが一九二一年にノーベル物理学賞を受賞したのは、一九〇五年に発表した光電効果の説明によってであった（特殊相対性理論でも、一般相対性理論でもなかった！）。

一九〇〇年、プランクの光量子説が登場したとき、科学者たちが受けたショックがどんなものだったか、想像してみていただきたい。あなたは静かな心持ちで、一九世紀なかごろから収集されてきた、高温の物体が放射する光の連続スペクトルを調べているとしよう。これらは、電磁放射に関する実験であり、一八六〇年代以降、マクスウェルのおかげで、電磁放射が波であることは十分理解されていた。この本質的に波動であるものが、特殊な状況では、エネルギーの塊、すなわち粒子が集まったものであるかのようにふるまうというのだ。プランクがこの事実を明らかにしたおかげで、古典論を信奉していた科学者コミュニティはとんでもない混乱に陥った。しかし、プランクや彼の同僚のほとんどは、何か精妙な、新古典理論と呼べるような超絶的な説明が間もなく登場するはずだと考えていた。なんといっても黒体放射は、気象にも似た複雑な現象だ。一つひとつとってみればそう難しくない事柄がたくさん絡み合って複雑な現象になるとき、一見理解不能だと思えてしまうことは珍しくない。だが、当時の状況で最も「理解不能」だったのは、いったいどういうわけなのか、この時になって自然がいよいよ、その最も深遠なる秘密を明かしはじめたことかもしれない。

光電効果

ゴロゴロゴロ……、ガラガラガラ……。この腹の底に響くような轟音は、ガリレオ、ニュートン、そしてマクスウェルが頭脳を駆使して構築した古典物理学が崩壊しはじめた音だ。さて、プランクの光量子説に続いて、古典物理学を津波のように襲ったのが、**光電効果**と呼ばれる現象の発見だ。携帯電話で写真を撮るとき、あなたは光電効果（がフォトセル〔受光素子〕に具現化されたもの）を使っている。それは、「光が入ってくると、電気が出ていく」という現象で、単純明快である。

ドイツの物理学者ハインリヒ・ヘルツは、一八八七年、磨いた金属板の表面に光を当てると、金属板から電荷が放出される（要するに電子が飛び出す）ことに気づき、初めて光電効果を観察した。だが光電効果は、どんな光でも起こるわけではなかった。波長が短い（振動数が高い）光でなければならなかった。赤い光（長波長で振動数が低い）ではそんなことは起こらず、紫の光でなければならなかったのだ。確か前にもこんな話があったのでは？　それと何か関係があるのだろうか？

アインシュタインが光電効果に関してどんな成果を上げたのかを見る前に少し回り道をして、一八九七年、ケンブリッジ大学の権威あるキャベンディッシュ研究所のJ・J・トムソンが発見した、電子について見てみよう。この小さな電子は、電荷の**微粒子**《コーパスル》で、内部構造をもたない点のような粒子だが、その質量は原子の質量の約二〇〇〇分の一と小さいけれどもゼロではない（過去一〇〇年間ほど、原子粉砕機《アトム・スマッシャー》〔粒子加速器のニックネーム〕を使って電子をいろいろとたたいてきたが、加速器のパワーをいくら上げても、電子をそれより小さなものに分割することはできなかった。したがって、本書執筆時において、電子は真に基本的な粒子で、それより小さくすることはできず、構造ももたないと考えられている)。

一九世紀から二〇世紀への変わり目、電子は原子の構造のなかで何か重要な役割を果たしているらしいということは十分認識されていたが、それがどんな役割なのか、はっきりとはわからなかった。今の私たちの議論にとって重要なのは、丹念に研磨された金属表面が光で照らされると電子が出てくるということだ(この現象は、金属表面が入念に研磨され、電気の良導体になっている場合に見られる。金属表面に、グリス、汚れ、酸化などがあると、その影響で十分な光電効果は得られなくなる)。光が当たると、その結果、電子が飛び出すのである!

さて、この現象をもう少し詳しく見てみよう。強度(明るさ)と色(波長または振動数)を変えられる光線で、汚れのない金属表面を照らしたとする。暗い赤い光で照らしても、何も起こらない。赤い光の強度を少し上げてみても、装置や金属が少し温かくなる以外、何も起きない。では、光をまた暗くして、色を青か紫に変えてみよう(波長を短く、振動数を高くする)。すると、急に状況が変わる。青い光を金属に当てると、研磨された表面から電子が数個飛び出してくるのだ。次に、この同じ光の強度(明るさ)を上げてみよう。すると今度は、とてもたくさんの電子が次々と金属表面から飛び出してくる(図14)。

私たちは注目すべき現象を目撃したのだ。電子の放出は、光の明るさだけに依存しているのではない。むしろ光の色に大きく依存している。ある**閾値振動数**というものが存在し、光の振動数がそれより低いと、電子はまったく飛び出さない(つまり、閾値振動数に対応する波長よりも短波長の光が必要だということだ)。この閾値振動数に満たない振動数の光(赤い光)を使ったのでは、電子はまったく出てこない。赤い光の強度を極端に高くしようが、赤い光で長時間照らそうが、何の助けにもならない。電子はまったく出てこない。これはどうにも妙な話だ。というのも、マクスウェルの古典論的な光の波動説では、明るい光（強度の高い光）は、多くのエネルギーをもっていることになるからだ。マクスウェルの理論によれば、光がもつエネルギーは、その強度（明るさ）に依存するのであって、振動数には依存しないはずだった。だが、光電効果では、金属から電子をたたき出す能力は、光の振動数（波長）に大きく依存していた。そして、閾値振動数より高い振動数（閾値波長より短い波長）に達すると、光の明るさを上げることで、より多くの電子が出てくる――この点ではマクスウェルの理論に一致していた。

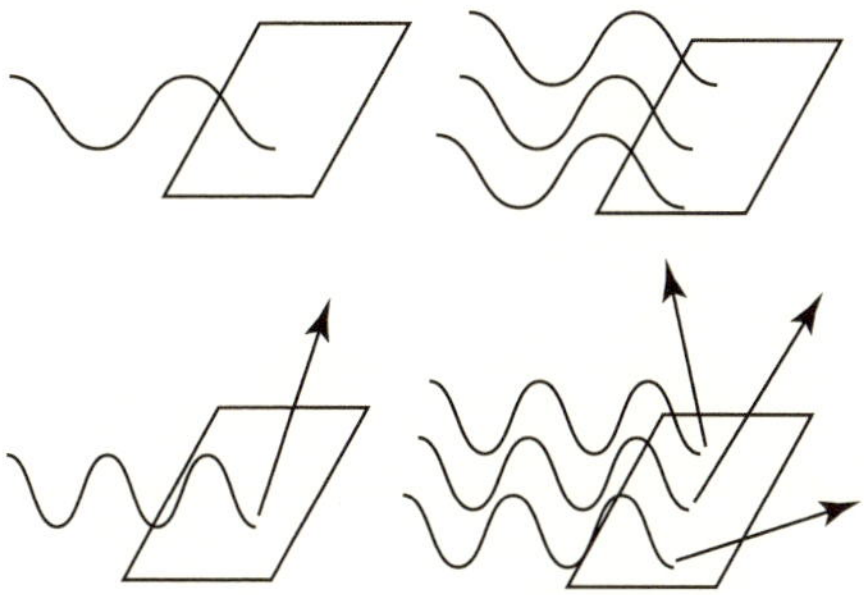
弱い長波長（赤色）光。金属表面から電子はまったく飛び出さない。
強い長波長（赤色）光。電子はまったく飛び出さず、金属が温まる。
弱い短波長（青色）光。電子が数個飛び出す。
強い短波長（青色）光。多数の電子が飛び出す。

図14　光電効果。アインシュタインが説明したように、弱い（赤色）光は、光子1個あたりのエネルギーが、電子をたたき出すには足りない。同様に、強い（赤色）光も、光子1個あたりのエネルギーが電子をたたき出すには不十分で、金属板の温度を上げるだけである。光の波長が十分短くなる（青色になる）と、光子のエネルギーが十分大きくなり、数個の電子がたたき出される。強い青色光なら、多数の電子がたたき出される。このことから、光線がもつエネルギーは、$E=Nhf$ であることが直接導き出される。ここに、N は光子の数、f は光子の振動数（したがって hf は光子1個あたりのエネルギー）である。

通常、電子は金属表面に閉じ込められているが、これは、ずらりと並んだ原子たちに何らかの形で電子が拘束されているからだ。電子を一個はじき出すためには、金属表面から逃れて自由の身になるのに十分なエネルギーを電子に与えてやらねばならない（このとき表面に汚れがないと、電子はいっそう逃れやすくなる）。したがって、光源のワット数を二倍、三倍にしても、振動数が閾値振動数よりも低いかぎり、電子はまったく出てこない。しかし驚くべきことに、光の振動数を高くして（波長を短くして）閾値をほんの少し超えるくらいにすると、電子が飛び出してくる。しかも、光は弱くても構わない――一〇〇〇ワットの電球を一〇ワットの常夜灯に換えても関係ない。電子は、光の振動数が閾値を超えた瞬間から飛び出してくるのである。

ありがたいことに、金属から飛び出す電子のエネルギーは簡単に測定できる。高校の物理実験室でも設備が整っていれば、一八〇〇年代以降、ミラノからベルリン、ストックホルムのいろいろな研究所で行われた、この歴史的な実験を再現することができる。科学の実験は常に再現が可能で、それがいつどこで繰り返されようとも、同じ結果とならねばならない（交霊会で出現する幽霊や、イングリッシュ・マフィンの表面に現れる宗教的なアイコンなどとは違うのである）。そして、みなさんもお察しのとおり、放出された電子のエネルギーは常に光の振動数（波長）だけで決まり、強度には関係ない。金属から電子が放出される状態になったなら、光の強度を上げても、一秒間に放出される電子の数が変化するだけで、それぞれの電子のエネルギーには何の影響も及ばない。だが、たとえば青紫色の四五〇〇Åから紫色の三五〇〇Åへと波長を短くし、光のエネルギーを上げると、個々の電子のエネルギーは実際に増加する。この不思議な閾値振動数に関して、ヨーロッパ中のどこの研究所でも同じ値が記録されたことからすると、どうやらこれらのデータは、自然を正確に記述しているようだった――少なくとも、光と金属表面と電子が関係する性質については。

これをどう考えればいいのだろう？　光電効果の説明の中核には、外へ逃れていく電子は金属の表面で「通行料（エネルギー）」を支払わなければならない、という考え方がある。通行料に見合う十分なお金（つまり、エネルギー）がなければ、電子は支払いができず、障壁を越えられない。一八〇〇年代初頭以来、主流になっていた古典的な光の波動論では、このようなデータを説明できなかった。古典論では、電磁波がもつエネルギーは、波の振幅（波の底から頂上までの高さ）に依存する。ところがデータによれば、強度が極めて高い波であっても、振動数が十分高くなければ、電子を解き放つ役目はまったく果たせない。しかも古典的波動理論では、たとえ閾値振動数を超えていようが、強度の低い光――そのような光の波は膨大な数の原子にわたって広がる――が、ごく短時間のあいだに一個の電子にエネルギーのすべてを集中させてそれをはじき出すことなど、極めて困難だった。そして、この大きな疑問があった――飛び出してくる電子のエネルギーが、金属を照射した光の振動数に依存するのはいったいどうしてなのだろう？　古典論では、そのような結びつきはまったくないのである。

さて、ここから先は、シャーロック・ホームズに証拠をつなぎ合わせてもらい、何か理に適った説明を考えてもらおう（いったん立ち止まって、これまでに読んだことをじっくり考えれば、あなたにも答えを推測することができるはずだ）。実のところ、答えを思いついたのは、博士試験のトラウマから立ち直り、スイスはベルンの小さいながらも清潔なオフィスで特許審査官として働きながら、その合間に自分の研究をしていたアルベルト・アインシュタインだった。一九〇五年、アインシュタインは黒体放射に関するプランクの論文を思い出しながら首をひねった。「プランクが言うように、もしも光が放出される際に、塊、すなわち量子として現れるのなら、同じことは光が吸収される際にも起こるのではないだろうか？　光のエネルギーはまとまって塊をなしており、振動数に比例しているのではないだろうか？」と。アインシュタインは考えた。プランクの方程式は、熱力学の複雑な放射問題だけでなく、光の本質そのものについても記述しているのだとしたら……。黒体から放射される光を量子として捉えたプランクの方程式$E=hf$を思い出してみよう。エネルギー（E）は、振動数（f）に常に一定な数hを掛けたものだった。もしも光が、塊すなわち量子としてしか出現しないのなら、そのエネルギーを電子に引き渡すというプロセスは、一個の電子が一個の光子と直接衝突する際に、「電子はエネルギーを全部もらうか、まったくもらわないかのどちらかである」というルールで進む。光量子から渡ったエネルギーが閾値――Wとする――よりも大きければ、電子は通行料を支払うのに十分なエネルギーを得て、金属表面から外に飛び出す。これは、光量子にはある閾値振動数――Fとする――があって、hFがWより大きくないと、電子は金属から飛び出せないことを意味する。光の振動数がFよりも大きければ、その振動数の光量子と衝突した電子には、金属から飛び出すのに十分なエネルギーが渡る――まさにデータが示しているとおりだ。青い光は電子をはじき出すことができるが、赤い光はできない。このエレガントなまでにシンプルな着想は、光電効果に関する実験データを余すところなく説明する。

　このように光電効果の謎を解き明かしたことで、アインシュタインは一九二二年、ノーベル賞を受賞した。アインシュタインは、プランクのアイデアに対する新しい解釈を提供してくれた。光量子は、プランクが考えていたような、高温になった黒体の壁から光が放出されたり吸収されたりする複雑なメカニズムを説明するにとどまらなかった。プランクの思惑に反し、量子という性質は、光そのものの本質だったのだ。この後すぐ、光の量子は光子《フォトン》と呼ばれるようになる。実際、光は光子でできている。そして、光子は粒子なので、実験室で見かける他の粒子と同じように扱うことができる。個々の光子のエネルギーは、プランクの方程式$E=hf$に示されるように、その振動数に比例する。アインシュタインの考えでは、金属表面から多数の電子をたたき出せる強度の高い光は、おびただしい数の光子に相当する。だが、金属から電子をたたき出すには、個々の光子が、閾値Wよりも大きなエネルギーhfをもっていなければならない。光子のエネルギーがWよりも小さければ、電子は一個たりとも金属表面から飛び出しはしないのである。(9)

その後数年にわたり、何十人もの実験科学者が光電効果の理論を注意深く検証することになった。果たして結果はどうだったのだろう？　きっと正しかったに違いない——なにしろ、この理論のおかげでテレビという発明品ができたのだから。今では、データベースを調べれば、電子が飛び出すときに支払う通行料の大きさを、どんな金属についても知ることができるようになった。これは、私たちが**金属の仕事関数**と呼び、Wで表すもので、さまざまな参考書や便覧に表として記載されている。Wはその金属物質の原子構造に依存する。Wの値が小さい物質の場合、電子は表面からより容易に抜け出すことができる。したがって、Wの小さい物質は、光電池の表面をコーティングするのに使われ、電池の効率を高めている。今ではかなり普及が進んだ太陽電池は、家庭や工場に電力を供給している。日光を直接、電流に変換できる太陽電池は、私たちが使う電力を提供し、エネルギー危機の有望な解決策の一つとなると思われる。今日の**ナノテクノロジー**は、**量子ドット**と呼ばれるナノスケールの（大きい分子くらい小さな）光電素子の創生が基礎になっている。量子ドットとは、光子を一個とり込んで、所望の大きさのエネルギーをもった電子を一個放出したり、その逆のことをしたりできる素子である。量子ドットは、太陽電池の効率向上のほか、高エネルギー電子でがん細胞を攻撃するなど、医療分野でも大いに応用が広がる可能性がある。(10)

ここで、アインシュタインが光電効果の説明をした後の状況をまとめておくならば、次のようになるだろう。空間全体に広がって波として伝播する電磁エネルギーという概念は、反射、屈折、回折、干渉など、さまざまな現象を説明する。しかし、黒体放射と光電効果に対しては、光の波動説は当てはまらず、粒子説の一種と言える量子モデルによってうまく説明できた。この量子モデルでは、個々の粒子（光子）は、プランクの方程式$E = hf$で明確に定まったエネルギーの量子をもつ[11]。

アーサー・コンプトン

一九二三年、プリンストン大学で博士号をとったアーサー・コンプトンが、エックス線〔波長が極めて短い光〕が電子にぶつかったらどんなふるまいをするかを確認すると、粒子としての光子という概念は、より重要視されるようになった。彼が得た結果は明快だ。電子と衝突する光子は、完全に粒子としてふるまい、その様子はまるでビリヤードの球だった[12]。初めは静止していた電子は、ビリヤードの球のようにはじきとばされる。だが、光子のほうも、やはり衝突ではじきとばされる。高いエネルギーをもった光子が電子と衝突して、光子も電子も反跳するというプロセスは、今日では**コンプトン散乱**と呼ばれる。

このコンプトン散乱でも、物理学で扱われる他のすべての衝突と同様に、電子と光子の総エネルギーと運動量は保存される。しかしこれは、光子に確固たる粒子としての性質が与えられて初めて理解できる。コンプトンがこの大胆な結論に到達したのは、他のあらゆる試みがすべて失敗に終わった揚げ句のことだった。量子理論を構築しようとする最初の試みだったニールス・ボーアの古い量子論〔前期量子論〕は、新たに登場したコンプトン散乱のプロセスに、基本的な説明を提供することができなかった。この発見の重要性を説明するには、新しい量子力学をつくり出さねばならなかった。そのようなわけで、コンプトンが自分の発見を米国物理学会で報告すると、多くの研究仲間は露骨に反感を示した。

オハイオ州ウースター出身の勤勉なメノナイト〔キリスト教の一宗派〕の息子だったコンプトンは、自分の実験とその解釈とを少しずつ調整していくことで、この困難な状況を何とか切り抜けた。このテーマをめぐって最後に公開討論が行われたのは、一九二四年にトロントで開催された英国科学振興協会の会合でのことだった。そのときコンプトンは、特別に招集された会議で説得力ある説明を行った。かつての論敵、ハーバード大学のウィリアム・デュアンは、以前はコンプトンのデータが確認できなかったために否定的な立場をとっていたのだが、今回は自分の研究室に戻ると、問題のエックス線の実験を独自に再現し、**コンプトン効果**は正しいと認めた。こうしてアーサー・コンプトンは、一九二七年にノーベル賞を受賞し、アメリカにおける二〇世紀の物理学の発展に大きな役割を果たし、一九三六年一月一三日発行のタイム誌の表紙を飾った[13]。

さて、こうしたことはすべて何を意味しているのだろう？　光は粒子——光子と呼ばれる光の量子——の流れであることを示す一連の現象が確認されている（ああ、ニュートン。あなたはどうしてこのことを知っていたのです?·)。だが、その一方で、光の波動説を証明するヤングの二重スリット実験（世界中の高校や大学の実験室で何百万回も再現された実験）もある。こうして、三〇〇年前の難問がふたたび持ち上がったのだった。物理学は究極のパラドックスに到達したのだろうか？　同時に粒子でも波でもあるものなんて存在し得るのだろうか？　私たちは物理学など完全に諦めて、禅によるバイク修理でもすべきなのだろうか？〔ロバート・パーシングの小説『禅とオートバイ修理技術』にかけている〕

二重スリット実験、威力を増して再登場

光について、二つの矛盾する描像を示すさまざまな現象が存在する。どうしてこんなことが起こり得るのだろう？　もしかしたら、二種類の光が存在するのだろうか？　その矛盾とはこんな具合だ。光波は空間のあらゆる場所に同時に存在できる。だが、粒子は常にどこか特定の位置にしか存在できない。波は分割できる——たとえば、八〇パーセントが反射され、二〇パーセントが表面で吸収される。だが、粒子は分割できない。そこに存在するかしないか、どちらかだ。しかし、最も重要な矛盾は、ヤング博士が最初に発明した、典型的な二重スリット実験によって示されたものだ。

このパラドックスをさらに検討するために、これまでに何度も繰り返され、注意深く行われてきた一連の実験を見てみよう。まず、ヤングの実験を再現してみるところから始めよう。水平方向にスリットが二本開けられたスクリーンに単色光、たとえば、ある特定の波長の青い光などを照射する。スクリーンの背後にはもう一枚、感光性フィルム（実験開始時にセットしたもの）に覆われた検出用スクリーンがある。数分のあいだ光源を点灯し、その後フィルムを外して現像する。そこにはスリットの像が、図8で見たように縦に並んだ横縞の**干渉縞**となって、あるべき位置に写っているはずだ。

フィルムを現像するなどという時間のかかるプロセスはまどろっこしいので、最新の技術を使って、フィルムの代わりに、光の存在を瞬時に検出できる小さな光検出器を数千個並べることにしよう。青い光がその表面に当たると、（光電効果によって）電子の流れを起こす、フォトセルを検出器として使うのである。それぞれのフォトセルからの電流は計器で読みとる。このようなフォトセ

ルで、風呂場の壁に小さなタイルを並べたモザイクのように、検出スクリーン全体を覆うことにしよう（図15）。

ではいよいよ光源を点灯して、二本のスリットが開けられたスクリーンを照らそう。すると、いくつかのフォトセル列に対応する計器の列では、高い数値が計測される一方で、どの計器の数値もゼロになっている列もある。それ以外の列では、計測値はその中間の値になっている。電流の計測値が高い列は、感光フィルムで明るい縞が見られた位置に正確に対応している。このように、フォトセルもフィルムと変わらず、干渉パターンをきっちり示してくれているし、扱いの面倒な化学薬品で現像する必要も、現像のあいだ待つ必要もない。みなさんの予想どおり、フォトセルで観察された光も、波のような干渉を示している。それぞれのスリットを通ってやってくる光は、ある場所では強め合い、また別の場所では打ち消し合う。さらに、一方のスリットを閉じると、予想どおり干渉パターンは消え（図9と同様）、開いたままのスリットの正面がピークとなった、なだらかな広がりのある電流値の分布が見られる。このように、ヤングが示したとおり、光が打ち消し合った場所と強め合った場所が交互に現れる干渉パターンを得るには、二つのスリットを同時に開いておかねばならないのである。

さてここで、今までやっていなかったことをする。光源を非常に暗くするのだ。光源が電球なら、電圧を下げるだけでいい。この状態で同じ実験をもう一度やってみよう。すると、フォトセルの電流は、ぎくしゃくと変化するようになる——計器が急上昇した後ゼロまで下がり、また少し上がって、ふたたびゼロになる、というように。フォトセルをかなり使ってきた私たち（著者）には、このふるまいが何を意味するかがよくわかる。光の強度を下げたとき、フォトセルは光の粒子を一個一個検出しているのだ。そう、私たちは個々の光子を観察しているのである。実際、光子が一個ず

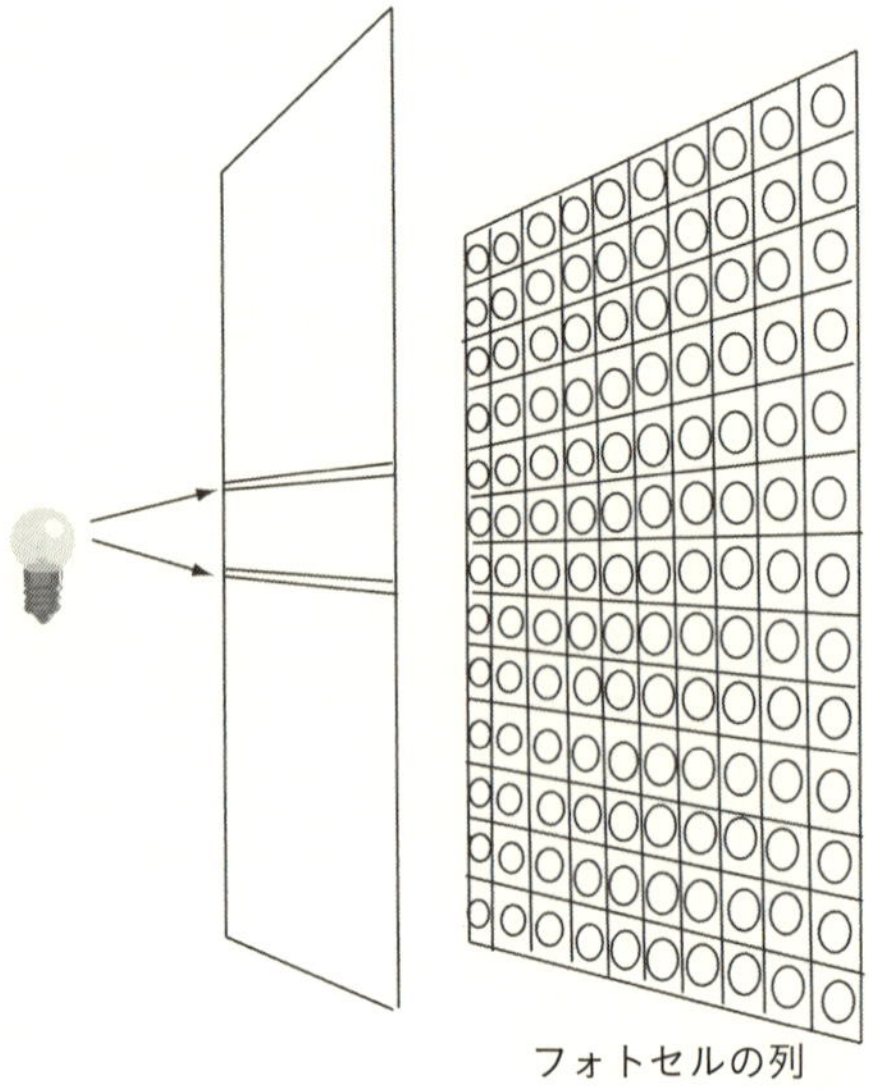

図15　ヤングの干渉実験。個々の光子を多数のフォトセルを配置した検出板で検出するよう準備されている。

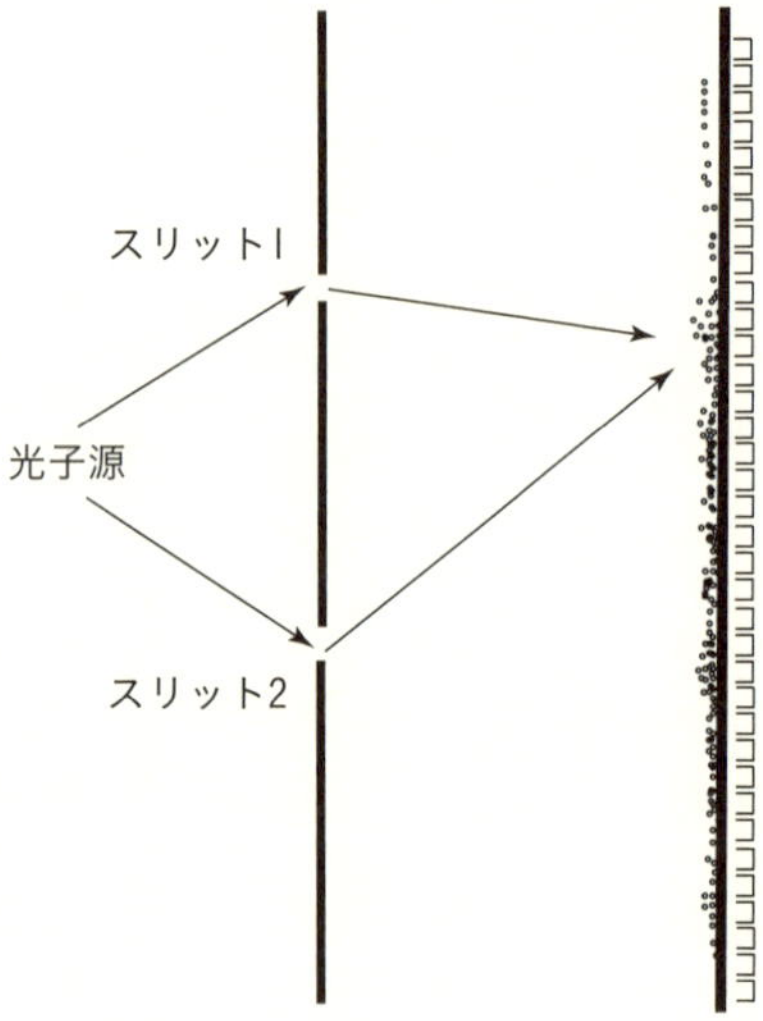

図16　自動実験でまばらな光子を検出し、その結果を図に丸印で記入していく。図示されている状況では、統計的に考えるにはデータが少なすぎて、どんなパターンがあるのか判断できない。

つ、それぞれのフォトセルにやってくるのを数えることもできる。数える作業を簡単にするために、各フォトセルの出力をコンピュータに送り、光子が当たるたびに、当たったフォトセルのカウント数が一つ上がるような計数プログラムを使って、プロセスを自動化することも可能だ。では、そんなシステムを使って、すべてのフォトセルのカウント数をゼロにリセットし、光源を非常に暗くして実験を開始し、光子がぶつかってフォトセルのカウント数が上がっていく様子を表示することにしよう。

　いくつかのフォトセルでカウント数がある程度以上――たとえば一〇〇以上など――になるまで我慢強く待とう。その時点で、この光子計数実験がどんな結果になったかを検討することにしよう。予想どおり、カウント数が高い位置は、前に電流値が高かったところ、すなわち、写真フィルムで明るい線が見られたところに対応している。その一方で、カウント数ゼロが並んだ列もある。これは、干渉パターンのなかで、光子がまったく到達せず、暗い帯になっている部分、すなわち干渉で打ち消し合いが起こっている箇所だ。つまり、光源が極めて暗く、個々の光子がフォトセルで数えられるような状態でさえも、波のような干渉パターンが観察されるというわけだ。いやはや、これは驚くべきことである。個々の光子が互いに干渉し合っているのだろうか？　考え込まずにはいられない状況だ。

　そんな次第で、こう考えるのが順当と思われる。光源、つまり、光子源を極端に暗くして、スリットに一度に一個ずつしか光子が通らないようにしてやれば、光子どうしは互いに干渉し合うことができなくなるので、干渉パターンもまったく見えなくなるに違いない、と。まず深呼吸をしよう。さあ、光源をとことん暗くし、一個のフォトセルで一秒間に一個の光子だけが検出されるくらいにしてみよう（時間さえあればもっと暗くして、一個の光子が検出される時間間隔を、一秒どころか一分、一週間、あるいは一年にしたっていい)。スリットを通過して検出用フォトセルに入った光子を数える、コンピュータの「カチッ、カチッ、カチッ」という音を一時間聞いたところで、いよいよデータを確認してみることにしよう。一時間では数個の光子しか検出されておらず、一〇〇〇個ほどのフォトセル全体に、一見無秩序としか思えない様子でばらばらに数値が記録されているだけだ(図16)。統計とするには値が小さすぎる……。では、もっと長い時間実験を続けてみよう。

実験を数時間続けてみると、データのなかに一つのパターンが次第に現れてくる(図17)。あるフォトセル列のデータを見てみよう――これを第6列としよう。そこでのカウント数は、67, 75, 71, 62, 68などなどだ。そのすぐそばの第8列では、カウント数は、33, 31, 26, 31, 28, 28, 27などなどで、少し離れた第12列では、0, 0, 1, 0, 0, 0, 2, 0である。私たちの干渉実験で、第6列はヤングの明るい干渉縞に対応する。第12列は、干渉で打ち消し合いが起こった暗い干渉縞に対応する。そして第8列は、それらの中間の場所に対応する。干渉パターンがまたもや現れたわけである。しかし今回、私たちが見ているのは連続的な波の干渉ではなく、離散的な粒子――一秒間に一個ずつ検出器に到着する一個一個の光子――の干渉だ。光子たちはバラバラにやってきており、お互いに干渉し合うことなど不可能だ。ということは、光子は粒子なのに、どういうわけか自らと干渉していることになる!

だが、もしかしたら私たちの装置がどこかおかしいのかもしれない。干渉など起こっていないのに、干渉に似た信号を装置が示しているだけなのかもしれない。そこで、あえて干渉パターンを消そうとしてみよう。それで、本当に消えるかどうか確かめればいい。

ちょっとドキドキして手が震えてしまうが、二つのスリットの一方を閉じてカウンターをリセットし、光源を非常に暗くともしてみよう。カウント数は、ゆっくりと一つのパターンを示しはじめ

図17　一度に1個ずつやってくる光子を多数描き込んでいくと、やがてなじみ深いパターンが現れる。光子は、ヤングの干渉パターンの明線領域にどんどん積み重なっていくが、暗線領域ではほとんど光子は検出されない。このことで、光の強度は光子の数で決まるという事実が確認できるが、ここで新たな謎が持ち上がる。「個々の光子はどのようにして互いに干渉し合うのだろう？」という謎だ。この実験を非常に弱い光で行い、まばらにしか来ない光子（1時間に1個ずつ程度）を時間をかけて検出していったとしても、やはり同様の干渉パターンが現れる。このことから、干渉は複数の光子どうしのあいだで起こっているのではないことがわかる。1年に光子1個ずつの実験でも、十分長いあいだ待ち、多数の光子を検出すれば、干渉パターンは現れるだろう。

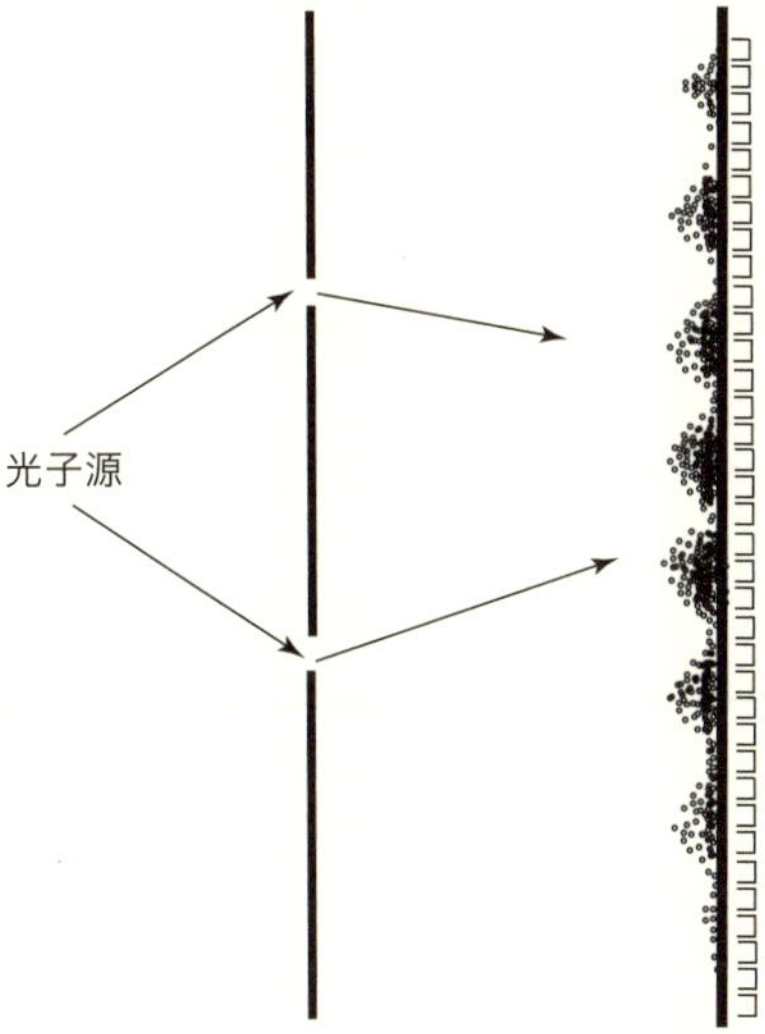

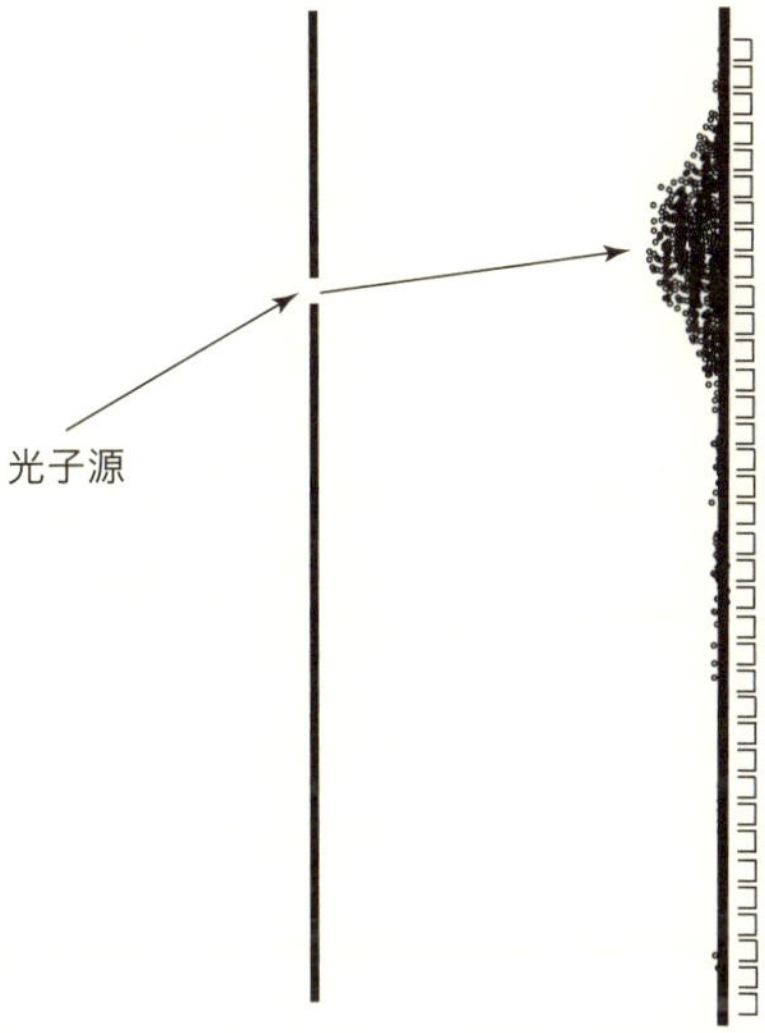

図18　スリット2を閉じ、同じ実験を行う。すると、干渉パターンはまったく現れない。個々の光子に干渉パターンをつくらせているのは、二重スリットだったのだ。

る——開いているスリットのちょうど向かい側に、最も高いカウント数が集中して、少し広がった畝《うね》のような帯ができている（図18）。特に注目したいのが、スリットが二つとも開いていたときは、第12列は、0, 0, 1, 0, 0, 0, 2, 0……、という数値だったのに、今は21, 20, 17, 18, 20, 19, 15……、となっていることだ。スリットを一つ閉じることによって、私たちは首尾よく干渉効果を消し去ることができた。さて、これにはどういう意味があるのだろう？　私たちは離散的な粒子を数えているだけなのに、ヤングが連続的な波について観察したことを完璧に再現している。これが意味するところを考えてみてほしい。鳥肌が立ち、背筋がぞくぞくしてくるはずだ。恐怖を感じたときや衝撃的な事実を知ったときの反応である。

　一個の光子は何と干渉しているのだろう？　一個の光子が二つのスリットを両方とも通過したというのだろうか？　だとしたら、どんな経路を通って？　あるいは、光子はもう一つ道があることを知っていたのだろうか？　一個の光子がどうやって、それを知ったのだろう？　でも、親愛なる読者のみなさん。この摩訶不思議な現象は、実際に起こるのである。この一連の実験は、いろいろ形を変えて何度も繰り返されてきた。点のような粒子の運動に関する実験の結果は、その粒子が実際にとった経路のみならず、その粒子がとり得たすべての経路に影響される。これは、私たちが世界《リアリティ》に関して直接観察できる、最も薄気味悪いことなのかもしれない。私たちの暮らす物理的な宇宙には、どうやら幽霊が棲んでいるらしい。

スリットに罠をしかける

前節までで、光が波動としても粒子としてもふるまうという、衝撃的な矛盾を目撃した。光子は、光のエネルギーの量子だ。一個の光子はスリット1を通過するが、もしもスリット2も開いていたなら、ヤングの実験から波動について予測されるとおりに**干渉**を起こす。スリット2が閉じている場合には干渉は起こらないが、これもヤングの実験で予想されるとおりだ。

　しかし、光子というものは、一個一個ばらばらの粒子である。粒子なのだから、光子は、スリット1か2か、どちらか一方を通過する。スリット1を通過した場合、この粒子（光子）は、スリット2が開いていたかどうかを、どうやって知るのだろう？　つまり、スリット1を通過したときに、スリット2が開いているか閉じているかに応じて、スクリーンに干渉縞ができたりできなかったりするのはどうしてだろう？　唯一可能な説明はこんなばかげたものだ。「スリット1を通過する光子は、どういうわけだかスリット2が開いているかどうかを知り、もし開いていたなら、経路を変えて、干渉で波どうしが打ち消される位置にあるフォトセル検出器に入らないようにする」。言い換えれば、光子という薄気味悪い粒子は、両方のスリットの様子をうかがって、何個のスリットが開いているかを確認したうえで、スクリーン上のどの点に到達するかを決定しているのだ。こんな話、どうにもばかばかしくないだろうか？

　どう見てもこれはひどく奇妙な説だが、検証は可能だ。スリットの片方、たとえばスリット1の後ろ側に光子検出器を一つ置いて、この厄介な光子たちを監視することができる。この光子検出器は言ってみれば、広告看板の背後で白バイにまたがって待機しているハイウェイ・パトロール警官のようなものだ。そのスリットを光子が一個通過するたびに、警報を出してくれる。このたった一個の検出器だけで、光子がスリット1と2のどちらを通ったかを知るには十分である（なぜなら、検出器が感知しなかった光子はどれも、スリット2を通過したに違いないからだ）。

　では、実験をやりなおしてみよう。明るい光と暗い光のどちらも使うが、スリットの後ろに新しく検出器を設置し、光子が一個スリット1を通過するたびに警報が鳴るようにしておく。要するに、それぞれの光子がどちらのスリットを通ったかを区別するわけだ。さて、しばらく時間を置いて結果を確認してみる。なんと、干渉縞が消えてしまっている（図19）。では次に、スリットの後ろの検出器をオフにして、光子がどちらのスリットを通過したか、確認するのをやめてしまおう。すると、今度は干渉パターンが復活する（図20）。検出器をオンにしたりオフにしたりして、実験を何度も繰り返してみよう。検出器をスリット1の後ろではなく、スリット2の後ろに設置することも試してみよう。これらの実験からわかるのは、個々の光子がどちらのスリットを通過したかを知るために、スリットの後ろで検出器を作動させたときはいつも、干渉パターンは崩れて見えなくなるということだ。そして、光子がどちらのスリットを通過したかを観察していないときは、なんとなんと（！）、波のような干渉パターンがふたたび現れる。これは偶然なのだろうか？　実験のやり方がまずかったのか？　それとも、何か本当に薄気味悪いことが起こっているのか？　おそらく、スリットに検出器を取り付けて観察を行うと、光子の経路に何らかの影響が及び、その結果、干渉縞が乱されてしまうのだろう。光子をもともとの経路から少し逸らせることは、たいして難しくないので、こう考えるのは不合理ではない。そうは言っても、粒子がどうやって干渉縞をつくるのかを理解しようという私たちの努力を、まるで自然がわざと妨害しているかのようだ。

　では、最後の確認のために、検出器を一つスリット1の背後に置き、もう一つの検出器をスリット2の背後に置こう。この設定でもやはり、光子がどちらのスリットを通過したかを確認するときは決まって、干渉パターンは現れない。この実験からは、新しい事実も学べる。「スリット1とスリット2の背後にある二つのカウンターが両方同時に、カチッと鳴ることはない」という事実だ。このことから、一個の光子がどういうわけか二つに分裂して、一方がスリット1を通過するあいだ

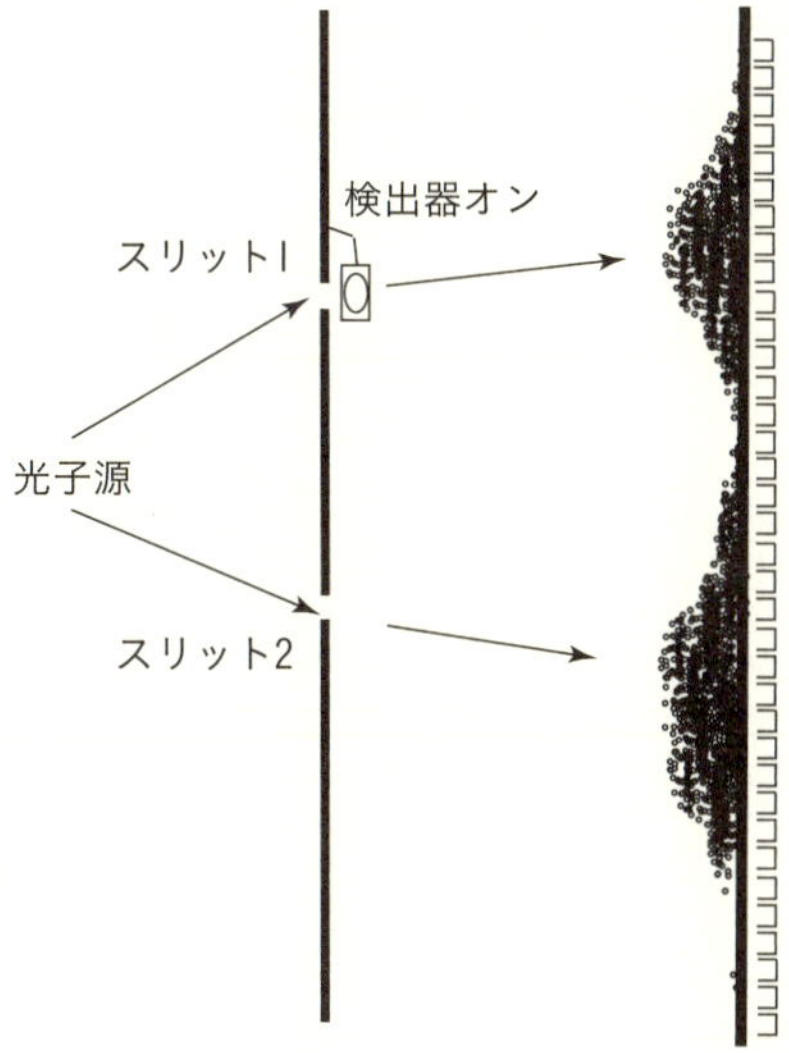

図19　では「細工」をして、光子たちをだましてみよう。スリット1に検出器を設置し、任意の光子がこのスリットを通過したかどうかを記録することにする。検出器を「オン」にして、先ほどと同じ実験を行う。すると、干渉パターンは現れず、光子たちはそれぞれのスリットの真向かいに積み重なっていくだけだ。

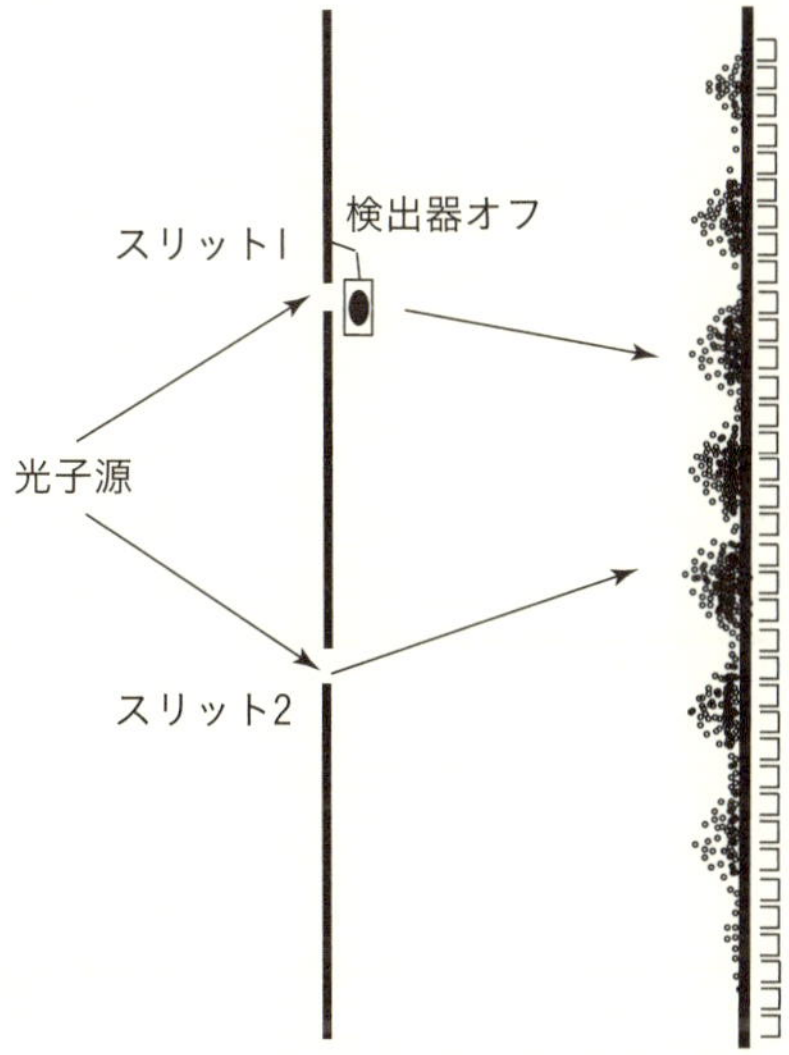

図20　細工の検出器を「オフ」にし、同じ実験を行う。この状態では、誰も、あるいは何も、光子がどちらのスリットを通過したかを見てはいない。すると、干渉パターンが再び現れる。どちらのスリットを光子が通過するかを見るという単純な行為が、干渉パターンを破壊し、図19の結果をもたらしていたのだ。誰も（あるいは何も）見ていないときには、干渉パターンが現れる。このことは、電子でも光子と同様に起こる（他の素粒子や、個々の原子でも起こる）。

に他方がスリット2を通過するのだという、ばかばかしい考え方は否定される。また、光子がスリット2が開いているかどうかを確認してから、何らかの方法で戻ってきてスリット1を通過するのだという、これまたばかばかしい考え方も否定される。それでも、どうにも気掛かりな結果が残った。着目した光子がどちらのスリットを通過したかを覗き見するだけで、干渉パターンは現れなくなってしまい、覗き見しなかったなら、干渉パターンはふたたび現れる。これが事実だということがわかったのだ。

いよいよ次が私たちにできる最後のチェックだ。光子がどちらのスリットを通過したかを測定、検出、あるいは覗き見るのが誰もしくは何であれ、そのことが実験を偏らせ、光子が検出スクリーン上のどの位置に現れるかに影響を及ぼしたりすることはないのだと確認しよう。これを実行するために、装置一式を別の部屋に移し、起こったことはディスクドライブだけに記録し、後から結果を読み出し最終データとする。こうすれば、実験を一種「二重盲検〔臨床試験の方法。医者にも患者にも治療内容を知らせず、心理的バイアスが生じないようにする〕」の状態にし、人間による観察が結果に影響を与えるのを避けることができる。

実験を何度も繰り返し、得られたデータをスリットの検出器のオン/オフ状態とつき合わせる。すると、こんな結果になる。検出器が「オン」で、光子がどちらのスリットを通過したかという記録が宇宙のどこかに存在する場合はいつも、干渉パターンは見られない。スリット検出器が「オフ」で、光子がどちらのスリットを通過したかという記録が存在しないときは必ず、波動と同じような干渉パターンが見られる。これは前よりもいっそう薄気味悪い結果ではないか――つつましやかで小さな光子は、誰か、もしくは何かから観察されているとき、そのことを察知するらしいのだ。どちらのスリットを通過するかを監視されているときは、光子は粒子のようにふるまって片方のスリットだけを通過する。しかし、誰も、そして何も監視していないときは、光子は波のようにふるまい、両方のスリットを通過したかのように干渉を起こす。やれやれ、私たち全員、ここらで濃いコーヒーでも飲んだほうがよさそうだ。

二重スリット実験は、光の粒子説と波動説との最終決戦のようだ。それは、衝撃的ともいえる光子のふるまいを明らかにし、さらに、私たち自身が光子のふるまいと「干渉」を起こす――つまり、私たちが観察しているかどうかで結果が違ってしまう――ということも暴露した。光子は実に不思議な存在だが、この後、同じ実験を電子でやってみると、話はなおさら奇妙になってくる――電子も光子と同じようにふるまうのだ！

ヤングの実験で私たちは、スリット1とスリット2から発生した二つの波が検出スクリーンに到達したときに、両者が完全に打ち消し合うところに暗い干渉縞が生じることを理解した。このように完全な打ち消し合いは、二つのスリットからの距離が、一方の波の山と他方の波の谷が同時に到達するような条件に合う場所で起こる。そして、私たちは一個の光子についても同じ実験を行って、同じ結果を得た。こうなると、ヤング博士と、彼の実験を再現した研究者たちが発見した光波は、確かに現実の存在だが、それと同時に、それらの波は実際、**光子**と呼ばれる粒子でもあると結論せざるを得ない。この逆もまた然り。光は確かにニュートンが考えたような粒子でできているが、これらの粒子（光子）は、実際に波のようにふるまうという結論に至る。そのどちらでもないし、その両方でもある。量子物理学はかくも精神を責め苛むのだ[14]。

鏡に映してはっきりと*

粒子としての光子は、文句なしに存在する。それは、検出器にカチッと音を立てさせる。衝突もする。黒体放射におけるさまざまな色の放射を説明する。光電効果とコンプトン効果も説明する。光子は確かに存在する！　しかし、光子には干渉を説明することはできないし、また、それ以外にも光子には説明できないことがある。

第1章でやった、ビクトリアズ・シークレットのショーウインドーを見つめる実験を思い出そう。今回はもう少し歩いて、メイシーズのデパートの前まで行ってみよう。大きなショーウインドーに春のファッションがディスプレイされており、店の照明と戸外の日光の両方に照らされている。美しい衣服を身にまとったマネキンが見える。そのショーウインドーに、たまたま鏡が一枚置かれていたとしよう。鏡にはあなたの姿が非常にくっきりと映っているが、ショーウインドーのガラスにも、もっとうっすらとではあるが、やはりあなたが映っている。

ここで、次のように考えてみよう。「あなたから反射した日光はショーウインドーのガラスを通過して鏡に当たり、反射してあなたの目に戻ってくる」と。しかし、光のごく一部はショーウインドーからも反射される。「それが、どうかしたんですか？」と、あなたは尋ねるかもしれない。どう考えても、これは妥当な説明だと思えるからだ。光が波なら、何ら問題はない。波の一部はガラスを通過し、残りは反射するというのはごく当たり前のことだ。そして、光が粒子の流れだとしても、その一部、たとえば九六パーセントの粒子はガラスを通過し、残りの四パーセントは反射して戻ってくるだろう。だが、光が光子の流れだとすると——つまり、まったく同一である光子がものすごくたくさん集まったものだとすると——、どれか一つの光子（バーニーと呼ぼう）は、通過するか反射するかをどうやって決めるのだろう？

こういう図式を思い描いてほしい。まったく同一の光子の大群が、ショーウインドーのガラスに向かって進んでいる。大部分の光子はガラスを通過するが、ごく稀に、光子が一個反射してこちら側に戻ってくることがある。ここで思い出していただきたいのは、光子は目に見えず、切断することもできず、それ以上小さくすることが不可能な粒子と考えられており、一個の光子の四パーセントとか、九六パーセントとかを見たことのある人など、誰もいないということだ。バーニーはまるまる一個の粒子として通過するか反射するかのどちらかだ。だがガラスはおそらく膨大な数の原子で構成されているだろうから、バーニーは、たとえば四パーセントの確率で、これらの原子のどれか一つに衝突して反射されるかもしれない。私たちの像が反射されて見えることは、光の波動としての現象と考えればわかりやすいが、光子として考えても、この現象の説明はつくようだ。だが、個々の光子が部分的に反射することは、光子の粒子としての性質からするとあり得ない。どうやら、粒子としての光子には、反射波する確率が四パーセント、通過する確率が九六パーセントあるということのようだ。アインシュタインは、早くも一九〇一年に、プランクが提唱した光の量子モデルが物理学に確率論的な要素を導入することになるだろうと予測していたが、アインシュタイン自身はそのことを快く思っていなかった。そして時が経つにつれて、彼はこれをますます嫌うようになったのである。

＊訳註：新約聖書コリントの信徒への手紙一、13章12節「わたしたちは、今は、鏡におぼろに映ったものを見ている」（新共同訳）のもじり。

セイウチとプラムプディング

一方、紫外破綻と光電効果という二つの大問題だけでは足りなかったかのように、二〇世紀前半、古典物理学に第三の重大な警鐘が鳴り響く。私たちはそれを、「プラムプディング模型《モデル》の破綻」と呼ぶことにしよう。

アーネスト・ラザフォード（一八七一〜一九三七年）は、大柄で荒々しい、セイウチのような風貌の男で、放射能に関する研究でノーベル賞を受賞し、一九一九年、イギリスはケンブリッジにある名高いキャベンディッシュ研究所の所長となった。(15) ニュージーランドの貧農一家の、男子七人、女子五人の一二人兄弟の次男として育ったラザフォードは、自立していく過程で、勤労倹約の習慣を身に付け、やがて、新しい技術を生み出すことに活路を見いだした。子どもの頃は、時計をいじくりまわしたり、父親の水車の模型をつくったりした。大学院生になる頃までには、電磁気の研究を始め、電波を検出する装置をつくり上げていた。グリエルモ・マルコーニが、かの有名な実験を始める前の話である。奨学金を得てキャベンディッシュ研究所に行くことが決まると、ラザフォードは自作の電波検知器をイギリスまでもって行った。装置はすぐに、半マイル離れたところからの信号を検出できるようになった。この成果はケンブリッジの多くの研究員に注目されたが、その一人に当時キャベンディッシュ研究所の所長だったJ・J・トムソンがいた。

エックス線が発見されると、トムソンはラザフォードに、これらの「線」が気体中での放電に及ぼす影響についての研究に加わらないかと誘った。このニュージーランド出身の若者は、祖国を恋しがっていたが、これは絶対に断れない話だった。この共同研究の成果として生まれたのが、イオン化についての名高い共著論文で、その骨子は、エックス線は物質と衝突すると、正負の電荷をもった粒子（すなわちイオン）を同数ずつ生み出すというものだった。のちにトムソンはこう述べた。「ラザフォード氏ほど熱心な、つまり、彼ほど独創的な研究をする能力に秀でた学生を指導したことは、これまでになかった」と。

一九〇九年、ラザフォードが指導する大学院生たちは、アルファ粒子と呼ばれるものを金の薄膜にぶつけ、これらアルファ粒子が、薄膜中に存在する重たい金原子によって進行方向を若干曲げられる様子を記録していた。やがて、まったく予測していなかったことが起こった。ほとんどのアルファ粒子は、金の薄膜を通り抜けて離れたところにある検出用スクリーンに至る途中で、ほんの少し方向が変わるだけだったが、八〇〇〇個に一個の割合で、アルファ粒子が跳ね返って発射源に向かって戻ってくることがあった。このことを、ラザフォードはのちにこう回想している。「口径一五インチ〔約四〇センチ〕の大砲を一枚のティッシュペーパーに向かって撃ったら、こちらに戻ってきて自分に命中してしまったようなものでした」。何が起こっていたのだろう？　原子のなかに、いったい何が存在していて、正の電荷をもった重たいアルファ粒子を発射源に向かって跳ね返らせていたのだろう？

J・J・トムソンの過去の研究から、原子は、負の電荷をもった極めて軽い電子によって満たされていることが知られていた。原子が安定して存在するためには、電子の負の電荷を相殺するために、同じ大きさの正の電荷が原子の内部に存在していなければならなかった。だが、この正の電荷が原子のどこに存在しているかは、まだ謎のままであった。ラザフォード以前には、原子の内部構造を何らかの形で描いてみせた者は誰もいなかった。

一九〇五年、J・J・トムソンは、原子全体を覆う球の内部に正の電荷が均一に分散しており、そのなかに電子が、パン生地のなかの干しブドウのごとく、ところどころに埋め込まれているというモデルを発表した。物理学のコミュニティは、これを**プラムプディング〔干しブドウ入り蒸しパン〕模型《モデル》**と名づけた。この模型からすれば、ラザフォードのアルファ粒子は、常に原子を真っ直ぐに通り抜けるはずだった——常に、である！　原子はシェービングクリームの大きな塊みたいなもので、アルファ粒子はライフルの弾丸のようなものだった。ライフルの弾丸は、シェービングクリームの塊を真っ直ぐ突き抜けていくはずだ。ライフルの弾がシェービングクリームの塊にぶつかって、進行方向が少し曲がったり、元の方向に跳ね返ってきたりするところを想像してみてほしい——実に妙ではないか。ラザフォードが観察したのは、そんな現象だったのである。

だが、ラザフォードが計算してみると、アルファ粒子が跳ね返ってくる可能性が出てくる場合が一つだけあった。それは、原子の質量と正電荷のすべてが、原子の中心部のごく小さな体積——すなわち**原子核**——に集中している場合だ。原子核の巨大な質量と大きな正電荷をもってすれば、その影響の範囲内にやってきた正の電荷を帯びたアルファ粒子を跳ね返すことができる。シェービングクリームの内部に、密度が高くて固いボールベアリングが存在していて、たまたまそれに弾丸が衝突すれば弾丸は跳ね返る。そんな状況とそっくりである。電子たちは、原子の中心にある高密度の正電荷の周囲を回っているのだった。こうして、J・J・トムソンが提案した、ふわふわのプディング生地のような原子のイメージは捨て去られることになった。原子はむしろ、超小型の惑星（電子）が、中心にある高密度の暗い恒星（原子核）の周囲を回り、電磁力で一体に保たれている小型の太陽系のようなものに近かったのである。

その後重ねられた実験からは、原子核には原子の質量の九九・九八パーセント以上が集中しているのに、原子核は極めて小さく、体積でいうと原子全体の一兆分の一であることが示された。ということは、原子はほとんどがからっぽの空間で、電子がそのなかに散らばって、猛スピードで動き回っているのである。なんてすごいんだ！　物質はほとんど空っぽの空間——空隙——で占められていて、あなたが今腰掛けている「堅固な」椅子も、大部分は無からできているのだから！　このことが発見されると、小さな太陽系のような原子の内部では、ニュートンとマクスウェルのすべての法則——たとえば $F = ma$——は、太陽とその惑星からなる巨視的な太陽系におけるのと変わらぬ堅牢さを保って成り立っているのだと考えられるようになった。古典物理学の法則がそのまま、他の場所と同じように、原子のなかでも成立しているのだと信じられたのだ。こうして誰もが夜ぐっすり眠れるようになった——だがそれも、ニールス・ボーアが登場するまでのことだった。

憂鬱症のデンマーク人

デンマーク出身の若き理論物理学者ニールス・ボーアは、キャベンディッシュ研究所で研究していた折、ラザフォードの講義に出席した。そこでラザフォードの主張する原子論にことのほか引き付けられたボーアは、一九一二年、当時はマンチェスター大学にいたその偉大な実験物理学者のもとで四か月にわたって研究できるように手はずを整えた[16]。

　腰を据えて新しいデータを検討し始めたボーアは、すぐにラザフォードの模型《モデル》に重大な問題があることに気づいた——なんと、その模型は大間違いだったのだ！　原子核の周りを円軌道に沿って周回している電子にマクスウェルの方程式を当てはめると、猛スピードで周回している電子たちは、もっているエネルギーのすべてを、一瞬のうちに電磁波として放射してしまうはずだということにボーアは気づいた。一秒の一京分の一（一〇の一六乗分の一秒）の時間で軌道はゼロにまで縮小してしまい、電子は原子核に急速に落下してしまう。そんなことになれば、原子は——したがってすべての物質も——不安定になってしまい、私たちが知っている物理的な世界はあり得なくなってしまう。マクスウェルの方程式は、古典論的な（ニュートン力学的な）原子にとって災いとなった。模型が間違っているか、由緒正しい古典物理学の諸法則が間違っているかのどちらかであった。

ボーアは、最も単純な原子を理解しようと懸命に取り組んだ——ラザフォードの原子模型でいうと、正に帯電した原子核の周囲を電子が一個周回している水素原子である。波動としてふるまっている粒子が、原子のなかで原子核の周囲を回る軌道に拘束されるのはどんな条件のときか。この点について、対立していた波動と粒子の描像、科学者のあいだに広まりつつあったプランク的な考えとアインシュタイン的な考えを検討し、ボーアは古典論とはまったく異なる（しかも突拍子もない！）描像を提案するに至った。ボーアの主張はこうだ。「原子に属する電子は特定の軌道しかとることができない。なぜなら、それらの軌道にあるときのみ、電子の運動がちょうど波動のようになるからだ」。これらの特別な軌道の一つに、エネルギー値が最低で、電子が原子核に最も近いところを周回する軌道がある。この軌道にある電子は、それ以上エネルギーを放出することはあり得ない。これが電子のとり得る最低のエネルギー状態なので、そこから移動できる、よりエネルギーの低い状態は存在しないからだ。この特別な軌道を**基底状態**と呼ぶ。

ボーアが説明しようとしていた重要な事実の一つが、本書でもすでに議論した、原子が光を放出したり吸収したりする現象に対応してスペクトル上に現れる離散的な線であった。さまざまな元素が自ら輝きだすほどまでに高温に熱せられたとき、それらを分光計で測定すると、薄暗く連続的に色が変化するスペクトルに重ねて、それぞれの元素が特徴的な明るい鮮やかな色の線を出しているのが観察されるということを思い出していただきたい。また、太陽のスペクトルには特定の位置に一連の細い暗線が現れていた。明るい線は放出に、暗い線は吸収に、それぞれ対応していたのだった。水素も他の元素と同様、高温になって発光する際、指紋に相当する一連のスペクトル線を放射する。ボーアはこの実験データを彼がつくったばかりの模型で説明しようとしたのである。

一九一三年に発表した三つの論文のなかでボーアは、彼がつくりあげた水素原子に関する大胆な量子理論を明確に論じた。水素原子には一連の「魔法の軌道」があって、それぞれが特定のエネルギーに対応している。一個の電子が、エネルギーの高い軌道（たとえばエネルギーがE_3とする）からエネルギーの低い軌道（たとえばE_2とする）へと「ジャンプする」とき、光を放射する。このとき放射される光子のエネルギー（$E = hf$）は、これら二つの軌道のエネルギーの差で与えられ、$E_3 - E_2 = hf$となる。何十億個もの水素原子でこれと同じことが同時に起こっているため、明るいスペクトル線が見えるのだ。ニュートン力学を一部継承しながらも、正しい答えにつながらないものは捨て去った新しい模型を使い、ボーアは発光する水素のすべてのスペクトル線の波長を見事に計算した。ボーアの方程式は、電子の電荷と質量という既知の値を使って、これらの値を計算することができたのである（電子の電荷と質量の他にこの方程式に登場するのは、2、π、そしてもちろん、量子力学のトレードマークhであった）。

このように、ボーアによる量子的描像においては、電子は原子のエネルギー状態（そのエネルギー値は厳密に決まっている）に対応する「魔法の軌道」と考えるほかないような特定の軌道にしか存在できない。原子のエネルギー状態は1、2、3、4……と番号がふられた**準位**のどれかにあって、それぞれのエネルギー値はE_1、E_2、E_3、E_4……などと定まっている。電子は「塊」すなわち量子としてしかエネルギーを吸収できない。電子がちょうどいい量のエネルギーを吸収すると、その電子はエネルギーがより高い準位へと——たとえばE_2からE_3へと——「飛び上る」ことができる。

そして、高いエネルギー準位にある電子は、光子すなわち光の量子を放出して自《おの》ずと、よりエネルギーが低い準位へと落ち込む――たとえば、E_3からE_2に戻るなど。これらの量子は、ボーア模型が水素に対して正確に予測するとおりの波長として（すなわちスペクトル内の特定の位置に）観察される。

原子の性質

ラザフォードとボーアのおかげで、米国原子力委員会は、電子がコペルニクス風の楕円軌道に沿って猛スピードで回っているクールな図をロゴとして使うことができるわけだ。今日多くの人々が、電子は本当にそんなふうに見えると思っているのではないだろうか。残念ながら、それは違う。なぜなら、ボーアはインスピレーションを得ていい線まで行ったのだが、完全に正しくはなかったからだ。ボーアが輝かしい成功を収めたと思ったのは、ちょっと早合点だった。ボーアは、水素原子――最も単純な原子――のいくつかの性質を説明することはできたが、電子を二つもつ、水素の次に単純なヘリウム原子を説明することはできなかったのである。一九二〇年代が近づいても、科学者たちはなおも、量子力学のための適切な理論を定式化することができずにいた。私たちが手にしたのは、「ボーアの前期量子論」と呼ばれる最初の一歩だったのである。

プランク、アインシュタイン、ラザフォード、ボーアら量子力学の創始者たちが革命を起こしたものの、それはまだ成就には至っていなかった。『オズの魔法使い』のドロシーたちのように、われわれ物理学者が「もうカンザスにいない」のは確かだった〔カンザスに住む主人公ドロシーは竜巻によってオズの国へ飛ばされる。これに気づいたドロシーが愛犬のトトに、「わたしたち、もうカンザスにはいないみたいよ」と言う」。なにしろ当時の物理学者は、量子跳躍（一つの魔法の軌道から別の軌道へと、その中間に存在することなしに、電子たちが行う摩訶不思議なジャンプ）や、波であったり粒子であったり、あるいは同時にその両方であったりする光子に取り組んでいたのだから。まだまだ解明せねばならないことがたくさんあった。

林のなかの黄昏から
草原の暁へと
象牙色の手足と茶色い目をした
私のファウヌスが駆け抜ける！

彼は歌いながら雑木林をスキップし、
彼の影は共に踊り、
私はどちらを追いかけるべきかわからない、
影なのか歌なのか！

おお、猟師よ、私のために彼を罠で捕らえてくれ！
おお、ナイチンゲールよ、私のために彼の歌を捕らえてくれ！
さもなければ、音楽と狂気の虜になって
私は彼を無益に追いかけてしまうから！
——オスカー・ワイルド「森で」[17]

第5章　ハイゼンベルクの不確定性原理

いよいよ、みなさんお待ちかねの瞬間がやってきた。ここでようやく量子力学そのものに突入し、とんでもなく不可思議で、奇怪なことだらけのこの領域をじっくり考えてみよう。それは、一九二五年、物理学最高の天才の一人、ヴォルフガング・パウリに物理をやめてしまおうかと真剣に思わせたほど、とんでもないものだ。パウリはそのころ同僚へ宛てた手紙に、「私にとって物理学はあまりに難しく、自分は映画の喜劇俳優か何かで、物理学のことなど聞いたことすらなかったなら、どんなによかったかと思う」と書いている。畏怖の念を感じてしまうほど素晴らしい物理学者のパウリが、もしも彼の世代のジェリー・ルイス〔アメリカの喜劇俳優〕になっていたなら、私たちは**パウリの排他原理**について聞いたことなどなかっただろうし、科学の歴史はまったく違う方向へと進んでいたかもしれない。[1] だが幸い、彼は耐え抜いた——みなさんにも耐え抜いてもらいたい。この旅は気弱な人には向かないが、大いにやりがいがあることがおわかりいただけるはずだ。

自然は離散的である

まず、ニールス・ボーアの量子論から話を始めよう。ラザフォードの実験結果を総括したものとして定式化したこの理論は、原子がプラムプディングのような構造ではなく、中心に密度の高い核があって、その周りを高速で電子が飛び回っているということを明らかにした。だが、先にも述べたとおり、ボーアがいちばん初めにつくった「前期量子論」は結局は生き延びることはできず、理論の天国へと昇っていった。量子論が精緻化されるにつれ、古典力学と暫定的な量子法則の奇妙な混合物だったボーアの前期量子論は、やがて捨て去られてしまったのである。とはいえボーアは世界に量子論的な原子という概念をもたらしたのであり、また、彼の理論が含んでいた新しい物理的枠組みは、ある素晴らしい実験の結果、支持を得るに至ったのだった。

古典物理学の法則のもとでは、電子は原子核の周囲を軌道に沿って周回することはできない。それは、こういうわけだ。軌道に置かれた電子は加速せねばならない――実際、すべての周回運動は加速運動である。なぜなら、周回運動する物体は常に運動の向きを変えており、その速度も常に変化していることになるからだ。そして、マクスウェルの電磁理論によれば、加速された電荷は電磁放射――すなわち光――の形でエネルギーを放射しなければならない。見積もってみると、電子のいいいいいいい軌道エネルギーはすべて、ほとんど瞬間的に放射によって失われ、電子は傷ついた鳥のように螺旋を描いて落ちていき、原子核に衝突することになってしまう。こうして、電子の軌道も原子そのものも崩壊してしまうだろう。このように崩壊してしまった原子は、化学の立場で見れば死んでおり、使い物にならない。電子のエネルギー、原子、そして原子核に関することはすべて、古典物理学の枠組みのなかではまったく理に適わないようだ。これらを表すために新しい枠組みが必要だった。それが量子論だ。

さらに、一九世紀後半の科学者たちは、原子は光を放射し、しかもその光は特定の色、言い換えればとびとびの「量子化された」特定の波長（振動数）に限られていることを知っていた。どうやら、原子には限られた特定の電子軌道しかなく、電子はこれらの軌道をぴょんぴょんと「ジャンプして」、それに応じて光を放出したり吸収したりしているらしかった。ケプラー的な軌道の描像なら、軌道は連続的に存在することができ（決してとびとびの特定の軌道だけに限られることはないので）、放射される光のスペクトルも連続的なものになったはずだ。ところが、原子の世界は「デジタル」で、ニュートン物理学の連続的に変化する世界とはまったく違っているようだった。

ボーアは最も単純な原子に注目した——すなわち、負の電荷をもつたった一個の電子が、重い原子核（一つの陽子）の周りを回っている水素である。彼は、プランクやアインシュタインが提唱した、量子論の新しい考え方をいろいろと試した。やがてボーアは、特定の波長（振動数）を運動量（エネルギー）に結びつけるプランクの考え方を電子に当てはめれば、離散的な特定の軌道が存在することを説明できるのではないかと思い至った。そしてついに、電子軌道を表す方程式を発見したのだ。ボーアの離散的な電子軌道は円軌道で、その円周はどれも特定の長さをもつ。さらにボーアは、この円周はプランク方程式から導き出された量子波長に常に一致していなければならないと主張した(2)。これら「魔法の軌道」のそれぞれが、特定のエネルギーに対応しており、その結果原子は一連の離散的なエネルギー準位をとることになるというわけだ。

ボーアは、最も小さな電子軌道、すなわち円周が最も短く、電子が原子核に最も近い軌道が存在することにただちに気づいた。電子がこの軌道に落ち込んだなら、その電子はそのあと原子核へと死のダイビングをしてしまうことはもはや絶対にない。この最も小さな軌道は**基底状態**と呼ばれ、エネルギーが最も低い状態で、電子はこれよりエネルギーの低い状態に入ることはできないので、原子は安定した状態に落ち着く。基底状態はすべての量子系に存在する。真空は全宇宙の基底状態である。

　これらの新しい考え方はたいへんうまくいった。実験で確認されていた放射パターンを特徴づける、さまざまな重要な数値が、この理論から導き出された。原子の内部にあるすべての電子は、物理学者が呼ぶところの**束縛状態**にある。エネルギーが加えられなければ、電子は今いる軌道で永遠に原子核を周回しつづける。電子を原子から引き離し、自由にするために加えてやらねばならないエネルギーの大きさは、**束縛エネルギー**と呼ばれる。この束縛エネルギーは、電子がどの軌道にいるかで決まる。通常、自由で拘束されていない速さゼロの電子のエネルギーをゼロと定義する（この定義は実のところ恣意的である。このエネルギーに好きな値を加えてやっても何ら差し支えないが、ゼロに定義しておくのが便利である）。したがって、束縛された電子の束縛エネルギーは常に負の数値となる。なぜなら、束縛状態は、エネルギーがゼロの自由な状態よりもエネルギーが低いからだ。同様に、ルンペンのごとき自由電子が原子の軌道に拘束されると、拘束プロセスのあいだに光が放射され、その放射のエネルギー量は、その電子が捕らえられた軌道の束縛エネルギー（の大きさ）に等しくなる。

　それぞれのボーア軌道の束縛エネルギーは、**電子ボルト**（**eV**）という単位で表される[3]。原子核に最も近い特別な軌道である基底状態の束縛エネルギーは、マイナス一三・六eVだ（水素原子の基底状態にある一個の電子をその原子から引き離すのに一三・六電子ボルトのエネルギーが必要だという意味である）。この一三・六eVという数値は、スウェーデンの物理学者ヨハネス・リュードベリ

にちなんで、**リュードベリ定数**と呼ばれることが多い。彼は一八八八年、（ヨハン・バルマーらと共に）水素やその他の原子のスペクトル線を表す方程式を発表した。このように、この特別な数値と、束縛エネルギーを予測した方程式は、ボーアが登場する何年も前からよく知られていたが、ボーアのおかげで、これがどういう現象なのかを論理的に説明する方程式が手に入ったのであった〔歴史的には、リュードベリ定数R_∞は、一九世紀末に原子の発光・吸収スペクトルを説明するために導入された定数で、のちに明らかになった水素原子の基底状態の束縛エネルギー$|E_1|=13.6\mathrm{eV}$とは、$|E_1|=chR_\infty$という関係にある。ここにcは光速、hはプランク定数である〕。

水素原子のなかにある電子の量子状態（ボーアの軌道と同じものを表す概念）は、一連の数$n=1,2,3\ldots\ldots$で象徴的に表すことができる。束縛エネルギーの絶対値が最も大きい準位——基底状態——は$n=1$に対応し、それよりも一つ上のエネルギー準位である第一励起状態は$n=2$となる。原子がとれるのはこれら一連の離散的な準位だけだということが、量子論の本質である。この整数nには、威厳ある名称がつけられている——**主量子数**というのがそれだ。それぞれの準位、あるいは同じことだが主量子数は、ある特定のエネルギー値（先ほどと同じeVという単位で表される）をもっており、E_1、E_2、E_3などという記号が付けられている（原註3を参照のこと）。

もう一つ思い出していただきたいのが、この過去のものとなってしまったが忘れ去られてはいない理論では、エネルギーが高い準位からエネルギーが低い準位へと電子がジャンプすることによって、原子は光子を放射するのだということだ。もちろんこうしたルールは、E_1エネルギー準位、すなわち$n=1$の電子には当てはまらない。なぜなら、この電子は基底状態にあり、それより下にはジャンプする準位はないからである。このような状態変化は**遷移**と呼ばれ、数学的手法を用いてその変化を予測することができる。たとえば、$n=3$の電子が$n=2$の準位へとジャンプし、続いてn

＝2からn＝1へとさらに下へジャンプするとする。どちらの遷移でも、電子は二つの状態でのエネルギーの差E_3-E_2もしくはE_2-E_1に等しいエネルギーをもった光子を一個放出するはずだ。原註3で紹介しているように、各エネルギー準位の結合エネルギーの値から、これらは10.5eV－9.2eV＝1.3eVと13.6eV－10.5eV＝3.1eVとなり、放射された光子のエネルギーとして観察されている値と一致している。光の粒子（光子）のエネルギーと波長（λ《ラムダ》で表す）はプランク方程式$E=hf=hc/\lambda$で結びつけられているので、物理学者は分光計を使って原子から放射された光子の波長を測定すれば、電子のエネルギーを計算することができる。しかし、この図式は単独の水素原子（一個の原子核の周りを一個の電子が回っている状態）が放射するスペクトル線に対しては見事に当てはまったが、水素の次に単純な原子、ヘリウムに対してはうまくいかず、袋小路にはまってしまった。

ボーアは、電子の運動状態はこれとはまったく異なる方法でも特定し得ることを示唆した。その方法とは、原子にエネルギーを吸収させることであった。先ほどから話題にしている離散的な原子状態というものが実際に存在するなら、エネルギーの吸収も連続的ではなく離散的に、エネルギーの塊として起こるはずだ。エネルギーは、それがE_1からE_2へ、あるいはE_2からE_3へという、エネルギーの低い準位から高い準位への上向きのジャンプの際のエネルギー差に一致する場合にのみ吸収される。この吸収についての予測を確かめる重要な実験は、一九一四年、ベルリン大学のジェームズ・フランクとグスタフ・ヘルツによって行われた。この実験は、第一次世界大戦前にドイツで行われた最後の重要な実験であったといえよう。彼らが得たデータは、ボーアによる放出過程の解析と完全に一致していたにもかかわらず、ドイツの実験家たちは、この偉大なデンマーク人の理論のことをずっとのちになるまで知らなかった。

フランク＝ヘルツの実験

フランクとヘルツによる実験を詳しく見る前に、それを古典力学で大雑把にたとえてみたものを頭のなかで思い描いてみよう。小さな鋼鉄のボールを斜面に転がすところを思い浮かべていただきたい。斜面を下り切ったところには、ゆるやかな上り坂があって、転がってきたボールは、坂を登るのに十分なエネルギーをもっていないと、その先にあるバケツのなかに落ちることはできない。さて、斜面のランダムな位置に何本か鋼鉄の釘を打ち付けて、斜面の表面をピンボールマシンのようにする。鋼鉄のボールは、斜面を下りながら釘にぶつかるが、ボールと釘の衝突は**弾性的**、つまり鋼鉄が鋼鉄にぶつかって跳ね返ってもエネルギーはいっさい失われないので、斜面のいちばん下の上り坂を登り切って、それからバケツに落ちるのに十分なエネルギーを保っている。しかし、鋼鉄の釘を粘着性のあるシリー・パティ〔伸ばしたり、ちぎったり、弾ませたりできる合成ゴム製の商品〕でつくった釘に変えると、パティがエネルギーを吸収するため衝突は**非弾性的**になって、鋼鉄のボールは、今度はかなりのエネルギーを失って、よたよたと斜面のいちばん下に到達し、小さな上り坂をうまく越えることができなくなるだろう。ここで、私たちは斜面の高さを調節して、斜面のいちばん下に到達した際にボールがもっているエネルギーの量を調整できると仮定しよう。

フランクとヘルツがやった実験はこれと同じようなもので、ただ鋼鉄のボールの代わりに、加熱したフィラメントから飛び出す電子を使った。これらの電子は、低圧の水銀ガスのなかを通過してワイヤースクリーンに引き付けられる。このガスが先ほどのたとえの金属釘に対応する。スクリーンには電子を加速させる正の電圧Vがかけられ、Vは〇《ゼロ》ボルトから三〇ボルトまで変化させることができ、これが斜面の役割を果たす——ボールが斜面を転げ落ちるときにエネルギーを得るのと同じように、電子はスクリーンからエネルギーを獲得するのである。電子は、水銀原子のあいだをしばらく跳び回ったあとスクリーンに到着すると、一ボルトの妨害電圧にぶつかる——これは、斜面のいちばん下にあった小さな上り坂に相当する。電子は、妨害電圧に打ち勝ったなら（上り坂を越えたなら）、スクリーンの先にある収集プレート（バケツ）に至り、そこで電流値Iが記録される。フランク゠ヘルツの実験では、加速電圧Vをゆっくり上げていったとき、Iがどう変化するかが測定された。Vが上がると、電子と水銀原子との衝突はますます激しくなった。

実験から得られた極めて重要なデータを、測定された電流Iを加速電圧Vに対してプロットしたグラフに示した（図21）。カギとなる考え方はこうだ。水銀原子との衝突で電子のエネルギーが失われ（つまり非弾性衝突）、しかもその衝突がスクリーンの近くで起こったなら、電子は妨害電圧を超えることができず、収集プレートに到達できない。だが、もしも衝突でエネルギーが失われない（つまり弾性衝突）なら、電子はエネルギー（Vによって決まる）を少しも失うことなくスクリーンを通過し、妨害電圧に打ち勝ってプレートに到達し、Iを上昇させるだろう。

Vを徐々に上げていくと、Vが妨害電圧を超えたときからIは増加することがわかる。このIの増加は、電子が水銀原子と盛んに衝突を繰り返しても、エネルギーは少しも失われていないことを示している。ところが、Vがちょうど四・九ボルトになると奇妙なことが起こる。このとき、Iが急激に下がるのだ。どうやら、電子が四・九電子ボルトのエネルギーに到達すると、水銀原子との衝突でエネルギーが失われるらしい。エネルギーを失った電子は、障壁を越えて収集プレートに到達することができなくなるのだ(4)。

ボーアの理論は、この結果をすべて説明することができた。つまりこういうことである——原子

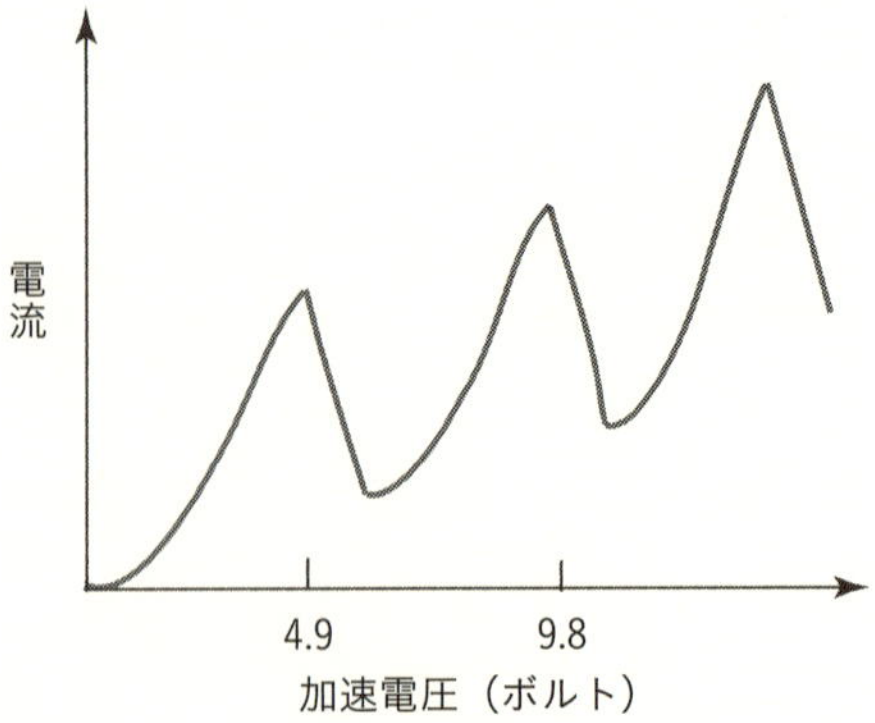

図21　フランク＝ヘルツの実験。水銀蒸気を封じ込めた容器にかける電圧（電流として流れる電子にエネルギーを与えるのが電圧である）を上げていくと、電流は徐々に増加し、やがて水銀原子を励起させるのに必要なエネルギー、たとえば4.9ボルトに達する。このとき、水銀原子は電流として運動している電子と衝突して、電子からエネルギーを吸収し、一つ上のエネルギー準位にジャンプするが、おかげで電流はその分低下する。その後、水銀原子が基底状態に戻る際に光が放出され、それを検出することも可能だ。電圧が9.8ボルトまで上がると、今度は1個の電子が2個の水銀原子を励起させることができるようになり、再び水銀の励起が多数起こって、その分電流が低下する。このフランク＝ヘルツ実験は、ボーアが自らの原子理論に基づいて行った予測を確かめるものであった。

は、まとまった量のエネルギーしか吸収できず、その量は原子内の電子のエネルギー準位によって決まるのだ。水銀の基底状態E_1と、その第一励起状態E_2とのエネルギー差は、四・九電子ボルトだ。この大きさのエネルギーをもった電子は、すべてのエネルギーを水銀原子に与え、エネルギーがゼロとなって跳ね返る。そのためこの電子は、妨害電圧を超えることができないし、収集プレートにも至らない。一方、エネルギーが四・六、四・七、あるいは四・八電子ボルトなどの電子はいい線まで行くが、惜しくもエネルギーを水銀原子に与えることはできない。こうした電子は、エネルギーを少しも水銀原子に与えることなく弾性的に跳ね返り、妨害電圧を乗り越えて、電流として測定される。電圧Vを四・九ボルトよりも上げると、電子はスクリーンから離れたところで臨界エネルギー四・九電子ボルトに達してしまい、非弾性衝突を起こして跳ね返り、エネルギーを失うが、それでも妨害電圧を超えるだけのエネルギーは保持しており、電流として検出される（収集される）。そのような次第で、電流はふたたび上昇に転じる。だが、九・八電子ボルトでは何が起こるだろう？　電子は、スクリーンに到達する前に二回非弾性衝突を起こして、二個の水銀原子をE_2の状態に励起し、自身はすべてのエネルギーを失ってしまうのである。

たいへん興味深い実験だが、これは果たしてボーアの仮説の確たる証拠なのだろうか？　どれだけ詳しく見てみよう。励起された水銀原子は、励起されたままではいられない。極めて短い時間が経過したあと、それらの水銀原子は**脱励起**する。すなわち基底状態にジャンプして戻り、この過程で光子を一個放出する。こうして放出された光子の波長は、先の二つの準位のエネルギーの差によって決まる。この場合のエネルギー差は、図21の曲線の最初のピークにあたる四・九電子ボルトだ。このエネルギーの光の波長は、$E = h \times c/\lambda$（hはプランク定数、cは光速）という関係から約二五〇〇Åと計算され、紫外線の領域となる。これは彼らの観察結果と一致した。こうして彼らは、電子との衝突で、電子のエネルギーをすべて奪って励起した水銀原子の脱励起を確認したのだった。

このように、原子のエネルギー準位は離散的だというのは事実である。自然は本質的に連続的だという古典物理学の教義は、今や捨て去られた。そのような教義を過去のものとしたこの実験は、**フランク＝ヘルツの実験**と呼ばれることになった。

恐怖の二〇年代

一九二〇年から二五年までの「恐怖の二〇年代」の前半に、世界の傑出した物理学者たちを襲ったパニックがどのようなものだったか、実感するのは難しい。自然は古典物理学が記述する合理的な計画に従っているのだと、四〇〇年にわたって信じられてきたあと、突然、科学者たちはこの中核となる信念を再検討するよう迫られたのだ。心地よい古い世界観を打ち砕いたのは、何よりもまず、量子世界にはどうにも不気味な二重性が存在するということだった。一方には、何度も繰り返されてきた、光が波であることを示す一連の実験があり、そのなかで光は、干渉や回折など波特有の現象を起こしていた。私たちもすでに、光が粒子からなるとすれば、二重スリット実験は絶対に説明できないということを、図を使って詳しく見てきた。

それと同時に、説得力にかけてはこれらの実験に劣らないデータが、光は粒子でできているのだと声を大にして主張していた。第4章ですでに見たように、黒体放射、光電効果、電子と光子の衝突に関するコンプトンの実験についての研究は、光にはそれ以上小さくすることのできない「粒子」としての性質があることを明らかにした。これら一連の実験から導き出される論理的な結論は、光は粒子の流れだということ以外になかった。これらの粒子の一つひとつが光速cで運動し、そしてどれもが何らかの運動量をもっていた。運動量は、物体の運動の重要な特徴だ。ハイウェイをパトロールする警官なら誰もが請合うとおりだ。ニュートン力学の定義では、速度と質量を掛けたものが運動量になるが、光子の場合は、エネルギーを光速cで割ったものとなる。運動量は大切な概念だ。なぜなら、衝突を起こすすべての物体の総運動量は保存されるからだ。つまり、総運動量は衝突の後も変わらず、衝突のプロセスを通して不変なのである。たとえば、二個のビリヤードの球が衝突するとき、衝突前の質量×速度の和と、衝突後の質量×速度の和はまったく同じはずだ[5]。コンプトンの実験は、光の量子が衝突するとき、自動車などの大きな物体と同様に、総運動量が保存されることを示したものだった。

さて、ここで少し時間をとって、粒子と波の違いをはっきりさせておこう。第一に、粒子は離散的であるという性質をもっている。コップに入った水と、コップに入った乾いた細かな砂があるとしよう。どちらも、こぼすことができるし、渦を巻かせることもできる。両者の性質は——あまり近づいて見なければ——よく似ている。しかし、水は連続的でなめらかに見えるのに、砂は数えることのできる、ばらばらの粒子からなっている。小さなひしゃくを使えば、水の場合いつも同じ量の体積のなめらかな水をすくうことができるが、砂の場合は一粒、二粒、三粒……と、数えられる砂粒をすくうことになる。量子論では、整数が重要になる——古代ギリシャの数学者、ピタゴラスを思い出させるではないか。粒子はどんなときにも、空間のなかできっちりと定まった位置に存在し、空間に広がる波とは違い、一本の軌道に沿って運動する。そして、エネルギーと運動量をもち、他の粒子と衝突するとき、これらを相手に与えることができる。定義からして、粒子であることは波であることとは違う。

話を元に戻そう。物理学者たちは、奇妙な獣に対面して困惑していた——それは、波でありかつ粒子でもあるもの、一部の人々が**波粒子**《ウエビクル》と呼んだものである。光は波でできていることはよく知られていたが、相次ぐ実験から、光子（光の量子）は衝突したり電子を小突き回したりすることのできる小さな塊であることが明らかになった。光子は物質に吸収されるけれども、完全に吸収されるか、まったく吸収されないかのいずれかだった。励起された原子は、光子を放出する。そのとき原子は、$E=hf$という光の振動数に応じて決まった値のエネルギーを失うが、そのエネルギーは放出された光子がもち去ったものだ。この状況は、物理学を学ぶ学生だったフランスの青年貴族、ルイ＝セザール＝ヴィクトル＝モーリス・ド・ブロイが見事な博士論文を書いたときに、新たな展開を見せる。(6)

身内の人間が、軍隊、外交、政治などではなく、物理学などという野暮ったい分野に進もうとしていると知って憤慨したド・ブロイの家族は、最初ルイの志望に反対した。公爵だった彼の祖父は、「科学など、その内容は老婦人のようなもので、老いぼれ男しか興味を抱かん」と嘲った。そんな事情で、若きド・ブロイは譲歩するしかなく、(しばらくのあいだ)海軍でキャリアを積み、余暇を利用して自邸にしつらえた自分の研究室で実験を行った。海軍では無線技術者として名を上げたが、祖父の公爵が亡くなると、海軍を退き、すべての時間を本当にやりたいことに捧げることを許された。

ド・ブロイは、アインシュタインが光電効果に対して抱えていた悩みについて、長らく熟考を重ねていた。それと並行して、光は光子という粒子であるというアインシュタインの証明と、その証明が、光は波の性質をもつというはるか昔に確立されていた理解と矛盾することについても深く考えていた。ある日、アインシュタインの論文を読み直していたド・ブロイは、すこぶる型破りな考えを思いついた――光の波が粒子の性質をもっているらしいというのなら、おそらくその逆も成り立つのではないか。つまり、粒子――すべての粒子――も波の性質を示すと推論したのだ。ド・ブロイ自身がボーアの原子の理論について述べた言葉はこうだ。「この事実は私に、電子もまた、ただ粒子であるばかりでなく、(波の性質である)振動数をもつはずだと示唆したのです[7]」。

こんな大胆なテーマを博士論文に選んだなら、ふつうは神学部かさもなければ僻地の短期大学に行かされるのがおちだが、これは一九二四年の話で、ド・ブロイには影響力のある応援団がいた。かの偉大なるアルベルト・アインシュタインが、ド・ブロイの着想に大いに関心を示したのだ(彼が「どうして自分がこれを思いつかなかったんだ!」と悔しがったかどうかはわからないけれども)。パリ大学の試験官たちは、自分たちにはド・ブロイの論文が理解できず、当惑するばかりだと認め、この博士候補者の論文を厳しく吟味してもらうためにアインシュタインに助けを求めた。論文を読んだアインシュタインは、その価値を認め、これを自らの量子論研究にとり入れたのだった。この物理学の大家は、パリ大学博士論文審査委員会に、「ド・ブロイは巨大なベールの一端をめくり上げたのです」と返事を書き送った。ド・ブロイは博士号を取得したのみならず、その後すぐ、この博士論文でノーベル賞を受賞した。彼のやったことの骨子はというと、ニュートン力学で表した電子の運動量（質量×速度）を、プランク方程式をとおして、正確な値の**電子波**の波長に結びつけたのだった。[8] だが、「電子波」とは何なのだろう？ 電子は粒子だ。波などどこにあるのだろう？ ド・ブロイは、電子という粒子の内部で起こっている「何か摩訶不思議な、内部の周期的プロセス」と述べただけで言葉を濁した。漠然とした言い方だが、彼はまさにその言葉どおりのことを意図していた。その言葉の曖昧さにもかかわらず、ド・ブロイは何かに気づいていたのであった。

その当時、つまり一九二七年、ニュージャージーにあるAT&Tの名高いベル研究所で、二人のアメリカ人物理学者（クリントン・デイヴィソンとレスター・ジャマー）が、真空管の特性を研究するために、さまざまな酸化物をコーティングした金属の表面に、電子の流れを照射していた。このような結晶化した表面に照射された電子線は、跳ね返って戻ってくる際に奇妙なパターンを生み出した。ある方向には、結晶からたくさんの電子が飛んできたが、方向によっては、電子はまったく飛んでこなかった。ベル研究所の物理学者たちはこの現象に首をひねっていたが、やがて彼らは、ド・ブロイが提唱した電子波という突拍子もない概念を知り、おかげで疑問は氷解した。実のところこの結晶薄膜は、トマス・ヤングの二重スリットを少し複雑にしただけのものだったのだ。ここで電子は、波が干渉によって示す通常の特性——ここでは回折と呼ばれるもの——を露《あらわ》にしていたのだった！　これらのパターンが確かにド・ブロイの物質波としてまっとうな意味をもつと認識されるには、電子波の波長が実際に、ド・ブロイが言ったとおりに電子の運動量と結びついていることが示されねばならなかった。結晶内では原子が一定の間隔で並んでいるが、これが、ヤングが二〇〇年ほど前に行った名高い二重スリット実験の「スリット」の役目を果たしていたのだった。この重要な**電子線回折**の実験は、ド・ブロイが提唱した運動量と波長の結びつきを検証するものとなった。電子は波のようにふるまう粒子で、しかもそのふるまいは容易に確認することができたのだった。

回折のテーマには、少し後で戻ろう。そのときもおなじみの二重スリット実験を行うが、使うのは光子ではなくて電子だ――そしてその結果は、これまで以上にショッキングなものとなる。それだけではない。電子が結晶のなかで波として起こす回折こそが、さまざまな物質を電気の良導体や絶縁体、半導体としてふるまわせているのだ。電子のこのような性質が、最終的にはトランジスタなどの電子部品をもたらした。しかし、その話を始める前に、量子革命のもう一人のヒーロー――スーパーヒーローといっていいだろう――を紹介しなければならない。

奇妙な数学

ヴェルナー・ハイゼンベルク（一九〇一～七六年）は、理論家のなかの理論家だった。電池がどんなふうにして働くのかなど皆目わからず、ミュンヘン大学の口頭試問で落とされそうになったが、のちに量子物理学と呼ばれるようになる分野にとっては幸運なことに、彼はかろうじて合格した。とはいえ、すべてが順風満帆というわけではなかった。たとえば第一次世界大戦中には、大学がしばしば休校に追い込まれるほど、食糧と燃料が不足することもあった。戦争が終わる前年の一九一八年の夏、一歩間違えれば餓死していたかもしれないほど衰弱していた若きヴェルナーは、同じギムナジウムの男子生徒たちと共にバイエルンの農場で収穫を手伝いながら、しばらくのあいだ独学せざるを得なかった。

一九二〇年代、ハイゼンベルクは二十代の非凡な青年で、ピアノの腕はプロ並み、ハイキングとスキーに熟練し、数学者から転向した物理学者であると同時に古典学者でもあった。高名な物理学者アルノルト・ゾンマーフェルトの教え子だったころに、やはり学生だったヴォルフガング・パウリと知り合った。パウリはその後、ハイゼンベルクの最も親しい共同研究者であると同時に最も厳しい批評家となる。一九二二年、ゾンマーフェルトは、当時ヨーロッパ最大の知性の中心地の一つ、ゲッティンゲンにハイゼンベルクを連れ出し、生まれたばかりの量子原子物理学に関するニールス・ボーアの一連の講演を受けさせた。このとき、青年ハイゼンベルクは少しも物怖じすることなく、大胆にも、この偉大な物理学者の発言を何度も批判し、彼が理論的に構築し、その理論の中核に据えた原子模型《モデル》に疑問を付した。ところがこのときの対決こそが、その後生涯つづく、互いに協力し尊敬しあう二人の関係の始まりとなったのだった。[9]

そのとき以来、ハイゼンベルクは量子のジレンマに深く引きずりこまれることになった。彼は一九二四年の一学期をコペンハーゲンで過ごし、放射の吸収や放出に関連する問題にボーアと共に取り組んだ。このとき彼は、パウリが言うところのボーアの「哲学的思考」に敬意を抱くようになった。[10] 惑星軌道のような、奇妙な電子軌道をもったボーア原子を視覚化するのに苦しんだが、やがてハイゼンベルクは、この描像には何か欠陥があるに違いないと考えはじめた。この描像について考えれば考えるほど、ほとんど円に近い美しい軌道というイメージは、たんに頭のなかで構築されただけのものにすぎないのではないか、そして無用の長物なのではないかとの疑いが強まった。ここから彼は、軌道を占有する電子という考え方そのものが、ニュートンの古典世界の遺物なのだという認識を深めていったのである。

若きヴェルナーは、ある冷厳な信条をもつに至った。古典物理学的思考に基づいたイメージはいっさい拒否する、という信条だ。つまり、小さな太陽系はお払い箱というわけである。彼はさらに、直接測定できない概念（たとえば軌道など）はすべて容赦なく捨て去らねばならないとした。

原子について測定できるものといえば、原子のなかで電子が**量子跳躍**し、ある軌道から別の軌道へと移るのに伴って、原子が吸収したり放出したりする光、スペクトル線であった。そんなわけでハイゼンベルクは、スペクトル線に注目した。スペクトル線こそ、ふつうには知ることのできない、電子の隠された動きを調べることのできる、目に見える手掛かりだった。一九二五年、花粉症に苦しむハイゼンベルクが北海に浮かぶヘルゴラント島にもって行ったのは、このはなはだ難しい問題だった。

彼の思考の指針となったのが、ボーアが提唱した**対応原理**だった。これは、量子論の法則は、記述される系が十分大きくなった場合には、古典物理学の法則にすんなりと移行する、という原理だ。だが、どれくらい大きくなれば古典論に一致するのだろう？　その答えは、「プランク定数hが、系を表す方程式のなかで無視できるほど小さな因子になるくらい大きく」だ（たとえば、宇宙に向かって打ち上げるロケットの方程式にはhは登場しない。なぜなら、ロケットエンジン、燃料、宇宙飛行士など、すべての構成要素が巨視的だからだ）。原子一個の質量は10^{-27}キログラムほどだが、かろうじて見えるほどの埃の粒は10^{-7}キログラム程度だろう。埃も小さいが、それでも原子よりも100,000,000,000,000,000,000倍も重いのだ！（こうやって1のあとに0を二〇個並べるよりも、前にも述べたように10^{20}と書いたほうが便利だと実感いただけるだろう）。このように、しがない埃の粒も完全に古典力学の領域に入り、そのふるまいがプランク定数の影響を受けることはない。古典物理学よりもより根本的な理論である量子論の法則は、原子の尺度の現象を説明する。しかし、原子が集合したはるかに大きい尺度での巨視的な現象に適用されると、量子論的な原子という細部は消えて、量子論的法則による説明もニュートンの法則やマクスウェルの方程式に近づいていく。対応原理の本質は、奇妙でなじみのない、生まれたばかりの量子論的概念は、対象が大きくなるにつれて、巨視的世界の古典論的概念に直接「対応」しなければならない、ということである（対応原理についてはここだけでなくあちこちで強調する）。

ハイゼンベルクは、ボーアの対応原理に導かれ、ニュートン的世界に対応する形で電子を記述するために、位置、速度、加速度など、なじみ深く、ある意味ありきたりな古典力学の概念を導入した。ところが、量子の領域と古典の領域を調和させるには、奇妙な新しい「代数」を物理学にとり入れる必要があることにハイゼンベルクは気づいた。

小学生はみな、a掛けるb（$a \times b$）のように二つの数を掛け合わせるとき、それはb掛けるa（$b \times a$）と同じである、すなわち$a \times b = b \times a$と習う。たとえば、$3 \times 4 = 4 \times 3 = 12$である。これが、**乗法の交換法則**だ。ところが、数学者の頭のなか、そして数学者が書いたもののなかには、純粋に数学的な系で、交換法則が成り立たない非可換なもの、すなわち$a \times b$は$b \times a$に等しくないものが古くから存在していた。そのようなものが自然界に存在することは、それほどわかりにくくはない（たとえば一冊の本を、異なる順序で二回転させると、その結果として得られた本の向きは一致せず、この二回の回転については交換法則が成り立っていない[11]（詳しくは図38参照）。

ハイゼンベルクは当時の純粋数学の教育は受けていなかったが、数学に精通した同僚たちは、彼が導入したのが、複素行列の代数としてよく知られているもの、すなわち**行列代数**〔線形代数とも呼ばれる〕であることにただちに気づいた。行列代数とは、数を並べた**行列**というものを掛け合わせたり足し合わせたりする手順を説明する代数で、六〇年前に提唱された風変わりな体系だった。これらをまとめあげたハイゼンベルクの新しい定式化は、量子物理学の何たるかについて、初めて具体的な提案をもたらした。彼は、原子の各エネルギー準位や、電子が一つの準位から別の準位へと遷移して光を放出する遷移のエネルギーについて、意味のある実数の値を得たのである。

しかも、新しい行列代数は、水素原子（原子核が陽子一個からなり、「軌道を周回」している電子が一個だけしかない原子）をはじめとする単純な系にあてはめたとき、素晴らしくうまくいった。解が実験結果と一致したのだ。だが、ここでまた別の深い洞察が、難解な行列代数の方程式から出現したのであった。

不確定性原理の誕生

ハイゼンベルクが行列代数の形に定式化した量子力学を検討していたマックス・ボルンは、位置に対応する行列 x と、運動量に対応する行列 p とのあいだに、ある**非可換性**が存在することに気づいた。$px - xp = -\hbar/i$ という関係だ。ここで、$\hbar$《エイチバー》はプランク定数を 2π で割ったもの〔換算プランク定数、またはディラック定数と呼ばれる〕、i は -1 の平方根である。

このとき明らかになった x（位置）と p（運動量）の非可換性の本質は、粒子について、位置（たとえば x 方向での位置）と運動量（こちらも x 方向の運動量としよう）は、同時に確定的な値として測定することはできないということにあった。言い換えれば、あなたが位置を正確に測定したなら、どういうわけか、あなたは必ず運動量を乱してしまう。そしてこのことは、位置と運動量を置き換えても成り立つ。それは、測定装置の問題でもなければ、実験が的外れだからでもなく、それが量子物理学の本質だからである。

行列力学の形式を数学的に書き換えて、$px - xp = -\hbar/i$という関係を直感的にもっとわかりやすい、一つの関係として言い表すことができた。これも、ハイゼンベルク、ボルンらのチームが成し遂げた成果だったわけだが、実のところこの関係は、それ以来哲学者たちを窮地に追い込んでしまっている。それはこんな関係だ。「粒子の位置の不確定性（Δx《デルタエックス》としよう）と、運動量の不確定性（Δp《デルタピー》）は、$\Delta x \Delta p \geqq \hbar/2$の関係にある（位置の不確定性に運動量の不確定性を掛けたものは常に、プランク定数をπの四倍で割ったものに等しいかそれより大きい）」。これは次のような意味だ。位置の測定値の不確定性Δxをできるだけ小さくすると、必ず運動量の不確定性Δpは任意に大きくなる。そして逆に、運動量の測定値の不確定性をできるだけ小さくすると、位置の不確定性は任意に大きくなる。要するに、粒子の位置は正確に測ることにして運動量を正確に知ることはあきらめるか、逆に運動量（速度）を正確に測ることにして位置の情報はあきらめるかのどちらかしかなく、位置と運動量の両方を同時に正確に知ることはできないということだ。

ここに、ボーアの原子がどうして崩壊しないか、つまり、ボーアの原子モデルにはニュートン物理学ではあり得ない基底状態というものが存在するのはなぜかを理解する糸口がある。原子が崩壊するということは、電子がどんどん落下して、原子核に落ち込んでしまうということだが、それは、電子の位置がそれまでにはなかったほど限定されて、位置の不確定性がゼロに近くなった、すなわち、$\Delta x = 0$となったことを意味する。しかし、ハイゼンベルクの不確定性原理によれば、これは、運動量の不確定性Δpが任意に大きくならねばならないということで、その結果エネルギーも任意に増加する[12]。したがって、電子が原子核の周囲である程度局所化されて、Δx がゼロでない値をもち、同時に、その場合許される運動量の不確定性 Δp を考えたときに、エネルギーが可能な最低の値になるような、バランスが実現する状態が存在するのである。

不確定性原理がどういうことから生じるかについての物理学的な説明は、このハイゼンベルクチームの成果を受けて、シュレーディンガーが次にやったことを見ると、よりわかりやすくなる。それは要するに、波動のもつ非量子論的な性質で、通信技師たちにはなじみ深いものだった。ここまでの不確定性にまつわる話のすべてが、実のところ私たちが扱っているのは、量子物理学のなかの、ある種の波動現象なのだということを示唆している。初めのうち、**ハイゼンベルクの行列力学**のみが、原子の世界を完全に理解する唯一の方法だと思われた。だが、ありがたいことに、一九二六年、世界中の物理学者たちが行列を扱うスキルを磨いていた最中に、もう一つの、もっと見た目に心地よい解が登場したのである。

これまでに記された最も美しい方程式

エルヴィン・シュレーディンガーと、彼がとった有名な休暇については、第1章で触れた。シュレーディンガーがこの休暇で取り組んだ最も重要なことは、量子論とは何かを決定的に明らかにした、ある方程式をつくり上げることだった（以下この方程式を**シュレーディンガー方程式**と呼ぶ）。

方程式一つにどうしてこんなに大騒ぎしているのか、首をひねる方もおられるかもしれない。そこでまず、ニュートンの**運動方程式** $F=ma$ について考えてみよう。この方程式は、野球のボールの運動をはじめ、力の影響を受けて運動しているすべての巨視的な物体の運動を支配している。その意味はこうだ。「力Fを加えられたとき、質量mの物体は、$F=ma$で決まる加速度aで加速する（時間とともに速度を変える）」。この方程式を解けば、任意の時間における野球のボールの位置と速度を求めることができる。そのためには、Fを突き止め、続いてそこから運動方程式によって得られた加速度aを使って、ある時間tにおける位置xと速度vを明らかにすればいいだけだ。位置、速度、加速度の関係は、ニュートンの微積分法で決定されているが、具体的に数値を求めるのは難しい場合もある（たとえば、それぞれの位置にとてもたくさんの粒子が存在しており、それらの解をすべて同時に求めなければならない場合など）。方程式そのものは至極単純に見えるが、その応用はかなり複雑になり、必ずしも簡潔な解が得られるとは限らない。

ニュートンは、重力（彼が万有引力の法則として定義したもの）と、彼の運動方程式を使えば、ケプラーが観測値を基に太陽系について特定した、惑星の美しい楕円軌道と、惑星の運動の法則とを導き出すことができると示して、世界をあっと言わせた。同じ方程式が、月の動き、木から落ちるリンゴ、太陽系の外へ飛び出そうとしている宇宙船を同様に記述する。しかし、四つ以上の粒子が重力のもとで運動しながら相互作用している場合、近似をするかコンピュータを使うか、少なくともいずれかに頼らなければ、この方程式を解析的に解くことはできない。そこがポイントだ——自然の核心にある、この簡潔な方程式は、私たちの世界がいかに複雑かをも反映している。シュレーディンガー方程式は、言ってみれば、$F=ma$の量子論バージョンなのだ。しかし、シュレーディンガー方程式の解は、ニュートンの方程式のような形では粒子の位置と速度を与えてはくれない。

一九二五年の一二月、シュレーディンガーは、従順な愛人を伴い、ド・ブロイが粒子と波動について書いた博士論文を携え、休暇に出かけた。当初ド・ブロイの考えに注目した人はほとんどいなかったが、シュレーディンガーはその状況を一変させてしまう。一九二六年三月までに、このチューリッヒ大学の四〇歳に近い無名の物理の教授は、当時の理論物理学者の標準からすれば年寄り扱いされる年齢ながら、ド・ブロイ波によって電子のふるまいを説明するたった一つの方程式を発表した（この方程式は、冷厳に抽象化された行列に比べはるかにイメージしやすく、物理学者たちから大いに歓迎された）。シュレーディンガー方程式の主役は、Ψ《プサイ》の記号で表される**波動関数**と呼ばれるものであった。波動関数は、シュレーディンガー方程式の解として得られるものである[13]。

物理学者たちは、量子論が広まるずっと前から、連続的な物質を媒質として存在する古典論的な波を記述することには慣れていた。たとえば、空気中の音波などである（空気も、おびただしい数の粒子からなっている）。ここでは、音の波を考えてみることにしよう。私たちはこれを、空気の圧力を表す数学的な量Ψで表現する。数学的には、$\Psi(x, t)$ は、任意の時間 t において、空間のなかの任意の点 x で、波の圧力の増加を特定する「関数」である。**進行波**は自然に生じる——実のところ進行波とは、空気（あるいは水、電場、磁場など）が乱されたとき、その運動を記述するものである。砕ける波や津波をはじめ、その他さまざまな形の水の波もすべて、その点は同じだ。これらはどれも、**微分方程式**というもので記述されている。微分方程式とは、いろいろなものが時間と空間のなかでどのように展開していくかを、微積分を使って、ある統一的な方法で決定する方程式だ。その一つに、**波動方程式**と呼ばれるものがある。これは、たとえばある音波の、任意の時間 t における、任意の位置 x での音圧など、何かの乱れを波動関数 $\Psi(x, t)$ として決定する。

シュレーディンガーは、ド・ブロイの論文を読んですぐさま一つの洞察を得た。そして、見ていると気が滅入りそうな行列を使ったハイゼンベルクの数学的形式を、波の乱れを記述するのに昔から使われてきた、物理学者にとってなじみ深い波動方程式とそっくりな形に書き換えることができるのに気づいた。したがって、少なくとも形式的には、量子論的な粒子を記述するのに、シュレーディンガーが**波動関数**と名づけた新しい数学関数を使うという、行列数学とは別の方法があるということになる。シュレーディンガーが到達した、このような解釈に基づいた量子論のツールを使えば、つまり、シュレーディンガー方程式を解けば、原理的にはほとんどすべての状況で粒子の波動関数を計算することができる。しかし、シュレーディンガーがこの成果を発表した時点では、量子論における波動関数とは何を意味するのか、まだ誰にもわかっていなかった。

　このような次第で、量子力学では、「粒子は、ある時間tに、ある位置xにある」とはもはや言えなくなってしまった。その代わりに、「粒子の運動状態は波動関数$\Psi(x, t)$である。すなわち、時間t、位置xにおける**量子振幅**Ψである」というのである。粒子の正確な位置を知ることはもうできない。波の振幅がわかっており、しかもその振幅が特定の位置xにおいて大きく、それ以外のところでは、どこでもほとんどゼロに近い場合にのみ、粒子は「その位置の近くに存在する」と言える。だが一般には、波動関数は空間全体に広がっており、原理的にも、厳密にどこに粒子が位置しているかを知ることは決してできない。覚えておいていただきたいのは、当時の量子論の発展段階では、シュレーディンガーも含め物理学者たちは、波動関数とは何なのかについて、まだほとんど何もわかっていなかったということである。

　ところが、事態は思いがけない展開を見せ、量子力学の驚くべき一面が明らかになる。ある粒子を記述している波動関数は、あらゆる波がそうであるように、空間と時間の連続関数だが、シュレーディンガーの波動関数は、通常の実数ではない数値も値としてとることがあるということをシュレーディンガーが発見したのだ。これは、空間と時間の任意の点において常に実数でなければならない水の波や電磁波とは、まったく異なる。たとえば水の波では、「波の谷から山までの高さは三メートル、すなわち波の振幅は一・五メートルで、小型船舶に対して注意報が出ています」などと言うことができる。あるいは、「沿岸部で、高さ一五メートルの津波の到達が予想されます。大津波です！　直ちに避難してください！」と警報を発することもある。これらの数値は、さまざまな測定器で実測でき、私たち全員がその意味を理解できる実数である。

ところが波動関数は、その振幅の値に**複素数**と呼ばれるものが含まれている。[14] 量子論的波動に対しては、たとえば、「空間のこの点では、量子波の振幅は$0.3+0.5i$である」ということになる。ここで$i=\sqrt{-1}$、つまり、iとは二乗したときに-1となる数である。「（実数）＋（実数）$\times i$」という形をした数は、複素数と呼ばれる。実のところ、シュレーディンガーの波動方程式そのものが、本質的なところから$i=\sqrt{-1}$を常に含んでおり、それゆえ波動関数も複素数にならねばならないのである。[15]

量子論への道を進んでいくと複素数が必要になるという、この意外な数学的展開は、避けることはできない。私たちが実験で測定できるのは、常に実数の値をとるものだけであることからすると、これは、私たちは量子力学的粒子の波動関数を直接測定することは決してできないことを強く示唆している。シュレーディンガーの立場では、電子は実際に、音波や水の波などと同じ、現実の波——物質波——だった。しかし、どうしてそんなことが起こり得るのだろう？　一個の粒子、たとえば電子は、きっちりと定まった位置に存在し、空間にわたって広がったりはしない。なのに、シュレーディンガーに言わせれば、それは波だなんて……。だが、たくさんの波を重ね合わせると、その総和を見たときに、空間の一か所で振幅がぐんと大きくなって、それ以外のところではほぼ完全に波が打ち消し合っているような状態をつくり出すことができる。このように波動は、工夫して重ね合わせると、空間的に非常に局所化されて、粒子と呼びたくなるようなものを表すことができる。たくさんの波を重ね合わせて、どこかに大きな塊ができるときはいつも、そこで粒子が生まれ出るはずだ。このような意味において粒子は、大海原で小さな波がたくさん重ね合わさって、ある一か所で、船を転覆させかねない巨大な波となる「キラーウェーブ」のようなものだとも言える。

フーリエ・スープ（または、「私たちカンザスに戻ってきたみたいね」）

波が解として出てくるシュレーディンガー方程式が特定の位置に存在する粒子を表せるという話は、もう少しよく調べてみる価値がある。波とは、何かが上がったり下がったり（あるいは増えたり減ったり）を交互に繰り返す擾乱である。波状の擾乱はふつう、長い距離にわたって空間のなかに広がっている。一方、粒子は本質的にどこかに局在している。広範囲に広がった波と、一か所に局在する粒子とが、どうして等しくなるのだろう？

フランスのジャン・バティスト・ジョゼフ・フーリエは、一八世紀後半から一九世紀初頭にかけて活躍した数学者で、多数の波を足し合わせ（重ね合わせ）て、正味の擾乱を空間の小さな領域に局所化することができる（つまり粒子によく似た状態にできる）、巧妙な方法を考案した。

たとえばここに、調和して響く倍音の関係にある何千もの音波があり、その波長はどれも異なっているとする。これらの波のすべてが、同じ一つの波動方程式の解になっているわけだ。このような膨大な数の波（それぞれ波長が異なる）を足し合わせた和もまた、同じ方程式の解である。どの波もロサンゼルスで生まれ、その波長に応じてゆらゆら振動しながら、カンザス市を通って進み、ニュージャージー州のホーボーケンの東側のどこかにまで届いているとしよう。ここで、次のようにお膳立てしてみる。どの波もカンザスのあるステーキ専門レストランの店内のどこかの位置に、ちょうどピークができているとしよう。どれも小さな音だが、たまたますべてがカンザス市のちょうどその地点で足し合わされる。仮にこのようにお膳立てできたとすれば、何千もの波のピークが重ね合わされて、ステーキレストランの屋根が吹き飛ぶような轟音が生じるはずだ（図22）。

フーリエ解析が教えてくれることは、必要なだけの広い範囲の波長にわたって、波長ごとに適切な量の波があったとすると、それらを重ね合わせれば、たとえばカンザス市の中心部など、空間のどこか特定の位置に、巨大な山をつくることができるということだ。このとき同時に、その位置から任意の方向にずれたところでは、いろいろな波の山と谷が同じ位置にきて、波がすべて打ち消し合うように計らうことができる。このように、これら一連の波は、一つひとつの波をとってみれば、どの波も、どこまでもいつまでも伝播するのに、足し合わされると、空間のなかのある小さな場所（カンザス市にあるお気に入りのレストラン）においてのみ意味のある値をとり、それ以外のところではゼロになる（私たちは、カンザス市街にものすごい「キラーウェーブ」の山をうまくつくったというわけだ）。そして、私たちが足し合わせた波が、すべて西から東へと水の波のように動いていたとしたら、波がすべて足し合わされてできた塊が存在している位置も、やはり西から東へと動く。だが、この運動するさまざまな波をすべて足し合わせるという数学的操作では、一つ興味深い影響が生じる。それは、結果としてでき上がった波を構成している、波長の異なるそれぞれの波は、若干異なる速度で運動する、ということだ。したがって、これらの波を細心の注意を払って組み合わせ、空間内のある位置に局所的に巨大ピークができるようにしても、この巨大ピークはすぐに崩れてしまうのだ。こうやってうまく空間の一か所につくった粒子を表すパルス波形は、最初はシャープだが、やがてパルスの幅は広がっていき、その結果、私たちが把握していた粒子の位置情報も次第に曖昧になってくる。粒子の塊は、いずれ消失しはじめるのである。

この話はすべて、シュレーディンガーの波動関数にも当てはまる。粒子を一個、時間$t=0$に、空間のある一点、たとえば$x=0$に置くとする。これは、湖に石を一個投げ込むのと似ている。空間と時間のその特定の点において、石が水を乱し、大きなしぶきがあがる。これは、足し合わされると、その特別な点（$x=0$で$t=0$）において$\Psi(x, t)$が大きな山になるような、多数の波のフーリエ和に対応する。しかし、しぶきはすぐに消えはじめ、そのうち、多数の波が外に向って広がっていくだけのように見える。「粒子」はどこへ行ってしまったのだろう？

シュレーディンガー方程式は、ボーアとハイゼンベルクが導き出した原子のエネルギー準位に関

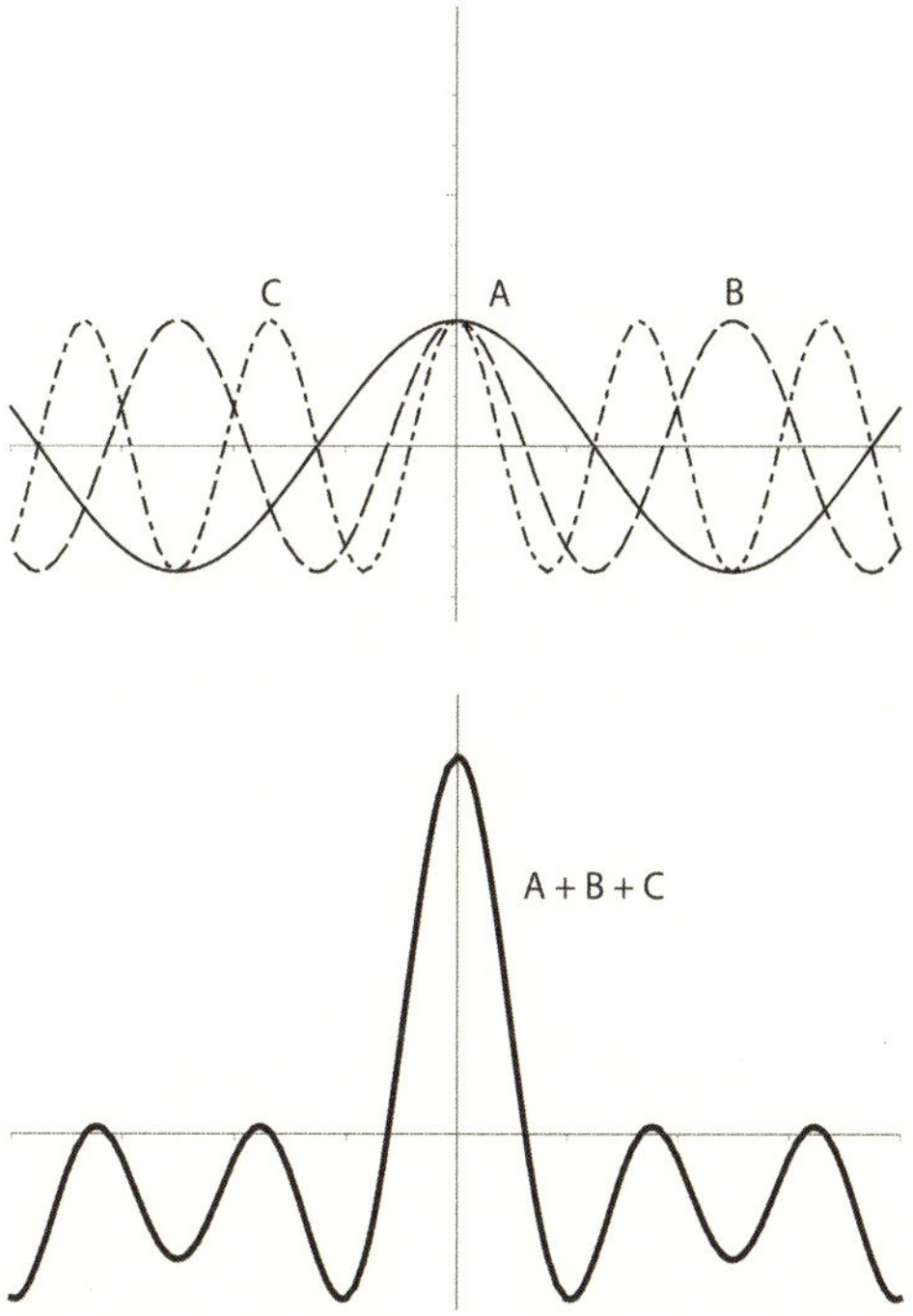

図22　通常の進行波、たとえばA＝cos(x)、B＝cos(2x)、C＝cos(3x)を足し合わせると、一つの大きな局所化されたピークをもつA＋B＋Cという波をつくることができる。特大ピークは、三つの波のすべてが同じ位相をもつところ、この場合は原点にできる。三つの波の位相がずれている部分では、合成波は小さくなる。シュレーディンガーは、このような波の足し算によって、局所化された「粒子」が説明できると考えた。しかし実際には、粒子は空間のあらゆる位置に存在していて、粒子に付随する波動関数の振幅（の2乗）が大きい位置により大きな確率で見いだされるだけなのだった。

する結果を再現したので、（行列よりはるかになじみ深い形式だったこともあり）発表されると即座に成功を収めたが、それ以外にも、原子のエネルギー準位の描像を改めて提供するという功績も残した。ボーアが軌道《オービット》と考えていたものは、今や曖昧さをもつ軌道的《オービタル》なもの$\Psi(x, t)$となった。電子は原子に拘束され、$\Psi(x, t)$は空間へと広がっていったりはしなかった。これらの拘束された電子は、弦楽器の振動モードのような波動関数をもっている。大切なのは、拘束力によって捕らえられ局所化されているどんな粒子も、弦楽器に生じる波のようにふるまうこと、そして、それぞれに対応するエネルギー準位をもっていて、それは弦を指で鳴らしたときの音のように、量子化され、許された離散的な値しかとらないということだ[16]。これは、原子のなかに拘束された電子でも、原子核内に拘束された陽子や中性子でも、同じである。一方、陽子や中性子の内部に拘束されたクォークの場合は、クォークの励起された運動状態に対応するエネルギー準位は、質量をもった新しい粒子のようにも見える。そして**弦理論**の弦は、相対論的に強化したギターの弦のようなものだと言える。弦理論の目標は、クォークそのもの（そして、自然界に存在する、その他すべての真に基本的な粒子）を、弦の量子論的振動として説明することだ。このように、素晴らしい音楽（つまり、量子論）は、練習さえすれば、古いギター（つまり、波動の形式）でも演奏できるのである。

シュレーディンガーがつくり上げた体系は、**波動力学**と名づけられた。マンハッタン計画の責任者だったJ・ロバート・オッペンハイマーはこれを、「人間が発見した、最も完璧で、最も正確で、最も美しい理論の一つ」と呼んだ[17]。ハイゼンベルクの行列力学とは違い、波動力学はずっとなじみ深い数学を使っていた（波動方程式は、当時のほとんどの物理学者にとって、微分方程式と同じくらいなじみ深いものだった）。シュレーディンガーは、自分は原子に関する理解と生まれたばかりの量子論とに健全さをもたらしたのだと思っていた。彼にとっては、粒子などは存在せず、重ね合わせによって、局在化された粒子のように見える波が存在するだけだった。

しかし、悲しいことに、これは量子世界の捉え方としてはあまり正しくはなかった。この頃の量子力学は、「群盲象を評す」という諺のごとく、未知の物体を目の見えない人たちが手で触れて調べているようなものだった。ハイゼンベルクが牙を、シュレーディンガーが鼻を記述していたけれども、象の全体像は、その個々の部分を合わせたものをはるかに越えたものだったのである。

確率の波

一つには、次のような問題がある。ある波動関数$\Psi(x, t)$が、足し合わせれば塊となる一組の波を表しているとしよう。この塊は、ある小さな空間に入り込み、ある速度で運動している電子だとする。この波動関数——複数の波のフーリエ和——が障壁と衝突するとき、その一部は反射し、別の一部は障壁を通過する。この点については、数学ははっきりしている。初めは一つの塊だった波動関数が二つの塊に分離し、一方が障壁で反射され、もう一方は障壁を通過するのだ。だが、塊とは電子のことだった。電子は決して二つに割れたりはしない！

電子は障壁で反射するか、それとも通過するか、どちらかだ。これは事実であり、実験で確かめることもできる。一個の電子の一〇パーセントが障壁を通過し、九〇パーセントが反射するなどということは、絶対に観察されない。

シュレーディンガーと同世代の物理学者マックス・ボルンは、一九二〇年代にはヴォルフガング・パウリ、ヴェルナー・ハイゼンベルクを助手として、ゲッティンゲン大学で研究をしていた。ボルンは、近似的に粒子の形をとる**物質波**という純朴な考え方は、シュレーディンガーの波動関数の解釈としては不適切であることに気づいた[18]。粒子は「デジタル」であり、一個の粒子がまるまる一個検出されるか、まったく検出されないかのいずれかだ。波は境界があやふやでうねっているので、粒子が物質波なら、一個の粒子の「部分」を検出することができるのではないかと考え、実際にそうしようとした者たちもいた――だが現実はそうはなっていなかった。この問題を解決しようとしたボルンは、波動関数の一つの物理学的解釈を考え出した。だが、彼のこの解釈は、それ以降の物理学を強化すると同時に、悩ませ続けることにもなった。ハイゼンベルクの不確定性原理に強い影響を受けていたボルンは、次のように提案をしたのだった。「波動関数の二乗（常に実数で、常に正の数）は、時間と空間の任意の点において、粒子を発見する確率である」[19]。式の形にすれば、次のようになる。

$$\Psi(x,t)^2 = \text{時間 } t \text{ に位置 } x \text{ で粒子を見いだす確率}$$

ボルンによるシュレーディンガー波動関数の解釈は、このように、粒子という概念と波という概念を密接不可分に一体化した。これはまた、見る人の考え方によって、恐ろしいことであったり、屈辱的であったりもする――物理学は今や、物理理論の基本的な要素として、確率を扱わねばならなくなったのだから。慣れ親しんできた位置や物体の運動という概念について、もはや厳密なことは何も言えなくなってしまった。物理法則そのものによる要請で、私たちは、物理実験の結果について、はるかに制約された情報を得るだけで満足せねばならなくなったのだ。

ボルンの言い回しを受け入れるなら、それはニュートンやアインシュタインが使った言葉とはまったく違い、時間 t における粒子の正確な位置 $x(t)$ について話すことはもはやできなくなるのだ。測定できるのは、絶対値の二乗のみである。私たちが得られる情報は、$\Psi(x,t)$ のなかに暗号化されて封じ込められているものだけになってしまった。$\Psi(x, t)$とは、時間tにおける位置xでの量子論的波動関数の値であり、測定できるのはその絶対値の二乗だけなのだ。

ちなみに、**量子力学**という言葉をつくったのはマックス・ボルンだ。[20] ボルンは、シュレーディンガー方程式と$\Psi(x, t)$が実際に何を記述しているのかをはっきりと捉えた——ド・ブロイも物質波を提案していることからして、粒子には、ある種の波動的なふるまいが関わっていることは間違いなさそうだった。そして事実、ベル研究所で電子についてそんなことが確認された（先述のディヴィソンとジャマーの研究。ボルンの確率解釈提案は、それに一年先立つ一九二六年）。波動関数$\Psi(x, t)$は、確率波（の平方根）を表していた。$\Psi(x, t)^2$が大きいところでは、電子を見いだす確率が高い。$\Psi(x, t)^2=0$のところでは、電子が現れることはない。波動関数$\Psi(x, t)$は振動することもあり、その場合、空間と時間の任意の点で任意の（複素数の）[21]値をとるが、「確率」のほうはゼロと一のあいだの正の値しかとれない。これらのことからボルンは、$\Psi(x, t)^2$を確率と解釈し、さらに、たとえば電子を任意の時間に空間内のどこかで見いだす全確率は常に一に等しくなければならないという注意書きをシュレーディンガー方程式に添えた。[22] 確率分布$\Psi(x, t)^2$は波のような性質をもち得るが、電子そのものは一個の確固たる粒子として実在するというわけである。すると、障壁問題（ビクトリアズ・シークレットのショーウインドーで持ち上がった問題）の解釈は、統計的解釈ということになる。シュレーディンガー方程式が、波の九〇パーセントは反射され、一〇パーセントが透過すると予測しているとすれば、一〇〇〇個の電子のうち、約九〇〇個が反射され、約一〇〇個が透過することになる。だが、一個の電子に対しては、どんなことが起こるだろう？　一個の電子の運命を知るには、サイコロを振らなければならない——この場合必要なのは、面が一〇あるサイコロの、九つの面に「反射」、残りの一面に「透過」と記したものだ。少なくとも、自然はこのようにふるまうように見える。つまり、「自然は実際にサイコロを振り」、その結果、量子レベルの実験の結果については、人間には確率を予想することしか許していないようである。

ボルンによるシュレーディンガー波動関数の解釈は実のところ、一九一一年のアインシュタインの論文にヒントを得たものだったのだが、一九二六年当時、ボルンの主張は知の世界のハルマゲドンにも匹敵する科学的・哲学的大事変であった。古いニュートンの絶対的確実性の世界の後に、粒子の位置、速度、エネルギーなど、人間が測定したり予測したりしたいと思うすべてのものに、「母なる自然」が確率だけしか与えてくれないということを、受け入れるのは容易ではなかった。シュレーディンガーにいたっては、それを断固として拒否し、そんな解釈をもたらした方程式をつくったことを深く後悔した。

やれやれ。これでやっと、すべてが明らかになった。だが、本当にそうだろうか？　お察しだと思うが、量子物理においては、物事はそう簡単には解明されない。思い出していただきたいのだが、このころ次々といろいろな実験が行われるたび、それぞれ矛盾する結果が出ていた。事態がようやく収拾して、量子力学が一つの体系としてまとまりを見せるに至ったのは、一九二五年から二七年にかけてのことで、これは、勇敢な量子世界の探検家の一団が、目を見張るような知のブレークスルーを立て続けにいくつも達成した結果もたらされた。エルヴィン・シュレーディンガー、ヴェルナー・ハイゼンベルク、マックス・ボルン、そして深慮のデンマーク人ニールス・ボーア、痛々しいほど内気なポール・ディラック、辛辣で頭に血がのぼりやすいヴォルフガング・パウリ、学識深い数学者パスクアル・ヨルダン、そして忘れてはならない、アインシュタイン、プランク、ド・ブロイら、まさに綺羅星のごとき物理学者たちの「探検」によるものである。

不確定性の勝利

ハイゼンベルクが広く一般にまで知られるようになったのは、燦然《さんぜん》と輝く**不確定性関係、**

$$\Delta x \Delta p \geqq \hbar/2$$

に象徴される不確定性原理のおかげであった。

この式はとりわけ、電子が点Aから点Bへ移動する際の経路が私たちには決してわからない理由を説明してくれる。まず、Δxについて考えよう。Δxは、電子の位置をx座標軸に沿って測定する際、真の値に近づこうと最善を尽くしても、どうしても消せずに最後まで残った「決められなさ＝不確定性」の大きさを表している。[23] Δpは、粒子を捉えようとするとき知らねばならないもう一つの量、すなわちx軸に沿った運動量pの不確定性である。

ハイゼンベルクが発見したのは、Δxを小さくできる測定（粒子の位置を極めて正確に知ることのできる測定）では常に、残念ながらΔpはそれに応じて大きくなり、運動量の不確定性は大きくなってしまうということだった。Δxをゼロにまで小さくできれば（位置の不確定性がまったくないようにできれば）、Δp（速度の不確定性と考えることもできる）は無限大にまで大きくなってしまう。なぜなら、ΔxとΔpの積が$\hbar/2$を超えるには、Δpが無限大でなければならないからだ。このように、これら二つの量――x軸に沿った位置の不確定性と、同じ軸に沿った運動量――は、永遠にこの不等式の関係で結ばれたままなのである。

ハイゼンベルクの発見は、不確定性原理というよりも、「不可知性原理」と呼んだほうがもっとしっくりきたかもしれない。というのもそれは、ある種のことは本質的に不可知だということを教えているからだ。この不等式全体の意味するところはこうだ。電子の位置についての知識と真値との差異としてあり得る最小値に、電子の運動量についての知識と真値との差異としてあり得る最小値を掛けると、プランク定数を2で割ったものと等しいか、それより大きくならねばならない（量子の領域を表すトレードマークhがまた登場したことに注意すること。このhは、有名なプランク方程式 $E=hf$ で最初に現れた。ついでながら、$\hbar = h/2\pi$ はいろいろな方程式によく登場するので、それ自体に記号が与えられた。物理学者たちは、ħを**プランク定数**と呼ぶことが多い〔換算プランク定数、ディラック定数と呼ばれることもある〕）。この式をもう一度要約しておくと、粒子の位置がより正確にわかると、その運動量はその分ますますわからなくなり、位置と運動量を入れ換えてもやはりそうだ、ということだ。ハイゼンベルクは私たちにこう告げる。いかによい装置を使おうとも、二つの不確定性の積は必ずプランク定数を超えてしまうように、母なる自然は微小世界を構成したのである、と（古典物理学の領域では、対象とする物体がhの何十億倍も大きいので、この厄介なhを無視することができ、野球のボール、惑星、ポルシェなどの経路は正確に測定することができる）。

一九〇五年、アインシュタインは、時間tは、三つの空間座標x、y、zとともに、四次元の**時空**（x, y, z, t）をなしていることを示した。そしてハイゼンベルクは、自然が曖昧なのは、位置と運動量という組み合わせについてのみならず、もう一つ、$\Delta E \Delta t \geq \hbar/2$ と表される関係でもそうだと気づいた。この不等式の意味は、量子の世界では、エネルギーと時間という二つの量もまた、同時に特定されることを拒否する、ということだ。ある粒子がいつ――たとえば、ある短い時間間隔のあいだに――通過したかが正確にわかっているとすると、その粒子のエネルギーは、それほど正確に知ることはできないし、このことは時間とエネルギーを入れ換えても言える。

ボルン、フーリエ、そしてシュレーディンガー

マックス・ボルンが提案した$\Psi(x, t)$の確率解釈には、ハイゼンベルクの不確定性原理が組み込まれている。最も単純な形のシュレーディンガー方程式を考えよう。これは、ある特定の速度で運動している一個の粒子、たとえば電子を記述するものだ。この方程式の解は、特定の波長で全空間に広がっている一つの波である（ここで、ルイ・ド・ブロイが、波長はプランク定数を運動量で割ったものと等しいと見いだしたことを思い出してほしい）。したがって私たちは、この電子の波長（または運動量。波長と運動量は一つの関係で結びついている）についてはすべてのことを知っているが、その位置については何も知らない。電子がx軸に沿って運動しているとすると、その位置はx軸上の負の無限遠から正の無限遠までの、任意の点に存在し得るわけである。これが量子科学だ。運動（運動量）が正確にわかっているなら、位置については何もわからない。

だが、位置がもっと正確にわかっている電子については、シュレーディンガー方程式は何を教えてくれるのだろう？　ここに数学者フーリエの素晴らしい洞察がある。少し前に本書で登場したカンザスの粒子のことを覚えておられるだろうか？　そのとき考察したように、局所的な乱れは、それぞれが異なる波長をもち、無限に広がった多数の波を足し合わせることによって数学的に表すことができる。これは純粋な数学なので、乱れは何であっても構わない。音のパルス（音波）、長いロープを移動するうねり、長い導線を伝わる電圧のパルス（電気的パルス）、海面に見られる激しい波の山――これらすべて、そして他にも多くのものが、フーリエ解析を利用してうまく表現できる。いずれの場合も、私たちが記述したいと思っている局所的な乱れの詳細な形状が、足し合わ

されるべき波の数と波長範囲を決定する。

フーリエは、乱れを表すパルスがより局所化されていれば、より広範囲の波長で波を足し合わさねばならないことを示した。現代に例を一つとれば、ハイファイ・オーディオ〔原音に忠実な高音質のオーディオ〕がわかりやすいだろう。ハイファイ・オーディオでは、極めて短い音のパルスを忠実に伝達するために、許容周波数の範囲が広くなければならない。なぜなら、短時間しか持続しない音のパルスを記述するには、広い範囲の波長が必要だからだ。では、これがシュレーディンガー方程式とどんな関係があるというのだろう？　マックス・ボルンが、シュレーディンガーの波動関数を確率波として解釈したことを思い出していただきたい。そしてもう一つ、電子の位置がわかっているなら、フーリエの数学を使って、それを**確率のパルス**と考えることができるということを押さえておいてほしい。

いよいよ、ここからが本番だ。電子の位置がわかっているなら、位置に関する不確定性は小さい。フーリエの手法を使えば、このシャープな確率パルスを記述するには、それだけ広範囲にわたるたくさんの波長が必要だとわかる。言い換えれば、フーリエが二〇〇年前に見いだした方程式が、ハイゼンベルクの不確定性原理を支えているわけだ。電子がどこにあるかがかなりよくわかっているとき、その運動量についてはほとんどわからないと、ハイゼンベルクは主張する。さらに、電子の位置はシャープな「確率のパルス」として記述できる。このようなとき、これを記述するにはたくさんの波長が必要だとフーリエは主張する。このことはとりも直さず、電子の運動量についての知識には大きな不確定性があるということだ。フーリエは一〇〇年以上も前に、まさにハイゼンベルクが記述していたものの数学的根拠を提供していたのである。

コペンハーゲン解釈

二〇〇〇年前半、イギリスで制作されたある戯曲の公演が、ブロードウェイで始まった。マイケル・フレインの『コペンハーゲン』である。登場人物はたったの三人、ニールス・ボーア、ボーアの妻マルガレーテ、ヴェルナー・ハイゼンベルクだ。この戯曲は、第二次世界大戦中、ドイツ占領下のデンマークにあったボーア邸をハイゼンベルクが訪問したという史実を描いている。当時ドイツで最高の科学者だったハイゼンベルクは、ナチスの戦時研究に関与していた。このときのボーアとハイゼンベルクの面会がどんなものだったのか、真実はわからないが、フレインはこれを政治と科学が絡む非常に面白いドラマに仕立て上げた。

原子爆弾の製造という企てに、ハイゼンベルクが実際どんな役割を果たしたのか、確かなことはわかっていない。一部の歴史家たちは、その製造を成功させるための現実的な試みのすべてを彼は意図的に妨げたと考えている。その一方で、彼は原子爆弾の技術面を理解することができなかったのだという歴史家たちもいる。面白いことに、ハイゼンベルクの役割は、新しい量子科学の基盤となった、彼の名高い不確定性関係と同じように、謎に包まれ、確定できないのである。

それにしても、不確定性原理で関連づけられる二つの量は、どうしてこのように決まっているのだろう？　粒子の位置をより正確に把握したら、それがどこへ向かっているのか（つまりその運動量）はよくわからなくなってしまう。また、エネルギーと時間についても同じような関係があるが、これはどうしてだろう？　ボーアは、一方についての知識が他方についての知識を制限してしまうこれらの量を、相補変数と名づけた。ちょうど、ペルシャ絨毯について、糸がどのように組み合わされているかという織りの技術の詳細と、全体としての美しいパターンとの両方を調べて研究しているのと似ている。織りの技術を分析するためには、絨毯にとことん近づいて細部に注目しなければならないが、おかげで全体としてのパターンは見失ってしまう。全体としてのパターンを見るためには、少し離れなければならないが、すると織り方の詳細は見えなくなる。

本書でもすでに触れたように、ハイゼンベルクもボーアと同じく、実験で検証できない主張はすべて拒否した。そのため、Δxについて考えるにあたって、電子の位置xが測定できるさまざまな装置を頭のなかで思い描いた。現実味のある実験を頭のなかで考えるこのような手法は**思考実験**と呼ばれ、理論物理学者が昔から現在まで脈々と使ってきたものである。思考実験では実際に手を汚すことはないが、どんな結果になるのか、理論的に明らかにしようとして徹夜することもある。

当時行われた思考実験の一つに、広く認められていた光学の原理に基づき、ガンマ線を光線のように使って対象物を観察することができる仮想的な顕微鏡、「ガンマ線顕微鏡」にまつわるものがある。ハイゼンベルクは高い精度（小さいΔx）がほしいと考え、そのためには波長の短い光が必要だとして、波長が最も短い電磁波であるガンマ線を思考実験に採用することにした。そうすれば、座標xの知識は極めて明確になる。しかし同時に、ガンマ線はエネルギーが高いので、電子を著しく攪乱し、その運動量pを大きく変えるうえ、どれくらい大きく変えるかは予測不可能だ。いくつもの例を検討してみたが、どの例でも、ド・ブロイが提案した波長と運動量の関係式をとおしてhが登場し、不確定性原理を支持する結果となってしまった――「位置の不確定性がとり得る最小の値と運動量の不確定性がとり得る最小の値との積は、hを二で割ったものよりも大きくなければならない」という結果である。

そのようなわけで、私たちは覚悟を決め、量子の世界は確率論的だという事実を受け入れなければばならない。古典物理学でも、おびただしい数の粒子を扱い、それらの位置と運動量を記録することができない場合には、確率を使って考える。しかしこの場合も、不確定性は微視的なレベルにおさまっており、巨視的なレベルでは無視できるため、未来の結果については事実上確実な予測が可能になる。おかげで、木星が来週土星に向かって突進するようなことはないと予測できるわけだ。だが量子力学では、不確定性は常に無視できない形で現れ、自然法則のなかに不可分に組み込まれている。

ボーアはこれをさらに一歩進めて、のちに量子力学の**コペンハーゲン解釈**と呼ばれるものを提唱した。彼は、電子の軌道を思い描いても無意味だと主張した。測定できないものは存在しないのである。霧箱の実験でこそ、シャープな電子の軌跡が記録されていたものの、実のところ、明確な経路を移動する粒子という概念そのものが、誤解を招く間違ったものなのだ。結局、ボーアが当初提案した、円形の原子軌道などというものは、存在しなかったのである。彼は最終的には、知ることができるのは確率だけだと断言するに至った。

これは衝撃的だ。人間の脳は量子の世界のありさまを理解するようにはそもそも設計されていないので、このいまいましい不確定性から抜け出す道を探したくなるのも当然だ。長年にわたって、何人もの偉大な物理学者が、ハイゼンベルクの不確定性原理が意味するところを否定しようと努力してきた。量子の世界がもつ確率的な性質を毛嫌いしたアインシュタインは、この「避けられない混乱」を回避しようと、独創的な思考実験を多数考案した。こうして彼が、この問題をめぐってボーアと戦わせた熱い議論は、量子論の歴史の素晴らしいエピソードとなっている——だが、ボーアには素晴らしいと感じられたとしても、アインシュタインにとってはそうではなかったかもしれない。だが、このあと見ていくように、老師アインシュタインの企てはすべて、不確定性は原子の領域にとって本質的であるという、決して打ち消すことのできない結論を否定しようとして、その周囲をぐるぐると回っていただけだった。

では、コペンハーゲン解釈は、二重スリット実験の謎について、私たちに何を教えてくれるのだろう？　言い換えれば、電子がどの経路を通るのかに関して、コペンハーゲン解釈はどんな説明をしてくれるのだろうか？　ややこしいことは何もない。コペンハーゲン解釈によれば、確率波が干渉して、その結果確率が大きくなるところに電子が現れるのである。

何年経ってもまだクレージー*

では、ハイゼンベルク、シュレーディンガー、ボーア、ボルン、その他の物理学者たちのあと、私たちはどこにたどり着いたのだろう？　今の私たちは、確率波と不確定性原理とを使って、物質は粒子であるという考え方を保つことができる。「ときには波で、ときには粒子」という危機は去ったのだ。電子も光子も粒子である。そのふるまいを記述するには確率波を使う。確率波どうしは干渉し合い、従順な粒子たちは、確率を表す波動関数に従って、現れるべきところに現れる。粒子たちがどうやってその位置に行ったのかは、問うてはならない。これがコペンハーゲン解釈だ。この成功の代償として、私たちは確率と量子論的奇妙さを受け入れざるを得ないのである。

自然（あるいは神）は原子以下の領域についてサイコロを振るのだという認識は、アインシュタイン、シュレーディンガー、ド・ブロイ、プランクらには、けっして受け入れられることはなかった。アインシュタインは、量子論は一時しのぎのものでしかなく、やがては決定論的な因果律である何らかの理論にとって代わられるはずだという考えに救いを見いだした。何年にもわたり彼は、不確定性原理は使わずにすますことができるのだと示そうと、巧妙な策をいくつも弄したが、その一つひとつをボーアが悠然と打ち砕いていった。

このような次第で、勝利と、実存をめぐる終わりのない不安がないまぜになったままで、本章を終えよう。量子力学は、一九二〇年代が終わるころには一人前に成長するが、新たな成果とさらなる精緻化で、一九四〇年代に入ってもなお熟成期は続くのである。

＊訳註：ポール・サイモンが一九七六年にグラミー賞を受賞した曲「Still Crazy After All These Years」のタイトルを借用している。日本での曲名は「時の流れに」。

第6章　世界を動かす量子科学

非現実的な理論と思う人もあるだろうが、ハイゼンベルクとシュレーディンガーが打ち立てた量子論は、実際に奇跡をいくつも起こした。ボーアが初期に提案した、ケプラーの惑星軌道を真似た水素原子の描像は、もはや過去のものとなった。代わって、シュレーディンガー波動関数に基づく、広がりをもち、境界があやふやな電子軌道《オービタル》という概念が登場した。シュレーディンガー方程式がさまざまな領域や、より複雑な原子系、そして原子よりも小さな系へと、ますます巧みに適用されるようになると、量子力学は強力なツールとなった。アメリカの物理学者ハインツ・パージェルが、次のように記したとおりだ。「量子論は、世界中の先進工業国において、何千人もの若き科学者たちの知的エネルギーを解放した。ある考えが、テクノロジーに対してこれほど大きなインパクトを与えたことはかつてなかったたし、量子論の実際的な意味は、今後もわれわれの文明の社会的、政治的な運命を形成しつづけることだろう(1)」。

しかし、科学理論やモデルに対して「これはちゃんと使える」と言うとき、厳密にはどのような意味なのだろう？　それはまず、その理論が、数学を使って自然に関する何らかの主張を行い、そしてその主張を、私たちが蓄積してきた経験と比較することができるということだ。そして主張と経験が一致すれば、その理論はいわば「後付け説明」モードで使える。つまり、以前から正しいと知ってはいたが、理解はしていなかった事柄を説明するのに使えるわけだ。

たとえば、ピサの斜塔から質量の異なる二つの物体を落とすとする。ガリレオの公開実験も、その後行われたすべての追試も、空気抵抗の効果に対するわずかな修正を除いて、同じ高さから落とされたなら、二つの物体は同じ時間で地面に到達すると示してきた。月面のように空気抵抗のないところでは、これは完全に正しい。アポロ一五号から月に降り立った宇宙飛行士が鳥の羽とカナヅチを同時に落とし、両者が同じ瞬間に月の土の上に落ちる様子がテレビ中継された際、その正しさが強烈な印象とともに、改めて示された。このような真空中での落下実験で検証できる、ガリレオのものより新しく深い理論がもう一つある。それは、物体に働く力の大きさは、その物体の質量と加速度の積に等しいという、ニュートンの運動の法則だ。そして、ニュートンに名声をもたらした法則と言えばもう一つ、万有引力の法則がある。この二つを結びつけると、落体の運動を予測することができ、同じ高さから二つの物体を落としたときに、それぞれが地面に到達するのにかかる時間も予測することができる。ニュートンの理論は、どちらも地面に同時に到達するという事実を見事に説明してくれる（空気抵抗の効果を無視すればではあるが）。

だが、優れた理論なら、これまでに前例のないことをやったときに、何が起こるかも予測できなければならない。一九六〇年に通信衛星エコーが打ち上げられたとき、ロケットエンジンの力と引力という最も重要な二つのパラメータと、それに加えて、風速をはじめとするその他の不可欠な因子についての補正を使って衛星の軌道を正確に予測するのに、ニュートンの理論が使われた。方程式がどれだけ正確な予測ができるかは、もちろん、決定的な因子のすべてを人間がどれだけコントロールできるかにかかっている。この予測するという役割に関しても、ニュートンの理論は素晴らしい威力を発揮し、私たちはそれを目撃してきた。ニュートンの理論は、それが当てはまる広い範囲の、速度と距離尺度（光速より遅い速度と原子より大きな尺度）において、世界を正しく「後付け」で説明し、また、世界を予測することのほうも同様に見事に行ったのである。

ニュートンは電子メールを送らない！

では、こう問いかけてみよう――「量子論は私たちが暮らしている世界を（「後付け」で）説明するだろうか？　また、これまで観察されたことのない新しい現象を予測するのに使ったり、新しい便利な装置をつくるのに利用したりできるだろうか？」。これらの問いに対する答えは、はっきりと「イエス」である。予測でも「後付け」による説明でも、量子論は数え切れないほど多くの検証によって確認され、大成功を収めてきた。量子論は、例の「量子のトレードマーク」――名高いプランクの、極めて小さな定数 h（または $\hbar$）――が方程式のなかで無視できなくなるときはいつも、ニュートン力学とマクスウェル電磁気学という先人たちの理論から外れてしまう。そのようなことが起こるのは、記述されている物体の質量、大きさ、時間尺度が、原子のレベルまで小さくなる場合である。だが、すべてのものは原子でできているので、人間とその測定装置の巨視的な世界のなかに、原子の現象がときおり姿を現しても、驚くにはあたらない。

本章では、この薄気味悪い理論をさらに詳しく調べていくので、量子論がいかに奇妙かということを実感していただけるはずだ。まず量子論が、元素周期表から、分子（化学者たちが**化合物**と呼ぶもので、何十億もの種類がある）を形成する原子どうしのあいだに働く力に至るまで、化学のすべてを説明する様子を見る。次に、量子物理が物質をとおして、私たちの生活のほとんどすべての側面に影響を及ぼしていることを確認する。神は宇宙を相手にサイコロ遊びをするのかもしれないが、私たちは、トランジスタ、トンネル・ダイオード、各種エックス線装置、シンクロトロン光源、放射性トレーサー、走査型トンネル顕微鏡、超伝導磁石、ポジトロン断層法、超流動液体、原発に原爆、MRI装置、マイクロチップ、レーザーなどをつくり出せるほど、量子の領域の制御に成功している。超伝導磁石やトンネル顕微鏡が身近にあるわけではないとしても、あなたもきっとトランジスタは数億個ほどもっているはずだ（携帯電話やパソコンのほか、さまざまな電気製品に、トランジスタが数百万個単位で集積化された集積回路が内蔵されている）。また、あなたの日々の暮らしには、量子物理が可能にしたあらゆるものが関わっている。私たちが純粋にニュートン的な宇宙に暮らしていたなら、いろいろな情報を見るのに使えるインターネットもなければ、ソフトウェア戦争もないだろうし、スティーブ・ジョブスやビル・ゲイツもいなかっただろう（あるいは、二人とも鉄道業で大成功していたかもしれない）。また、私たちが直面している現代的な問題の一部は存在しなかったかもしれないが、人類が今日抱える多数の問題を解決するツールを手にすることがなかったことも確かだろう。

物理学の外側に広がる科学のあらゆる分野にとっても、量子論がもつ意味は深い。量子の世界の全域を支配する、あの見事な方程式を私たちに与えてくれたエルヴィン・シュレーディンガーは、一九四四年に、『生命とは何か―物理的に見た生細胞』（岡小天、鎮目恭夫訳、岩波文庫）という、その後を予見するような本を書いた(2)。そのなかで彼は、遺伝情報がどのように働くかを推測している。若きジェームズ・ワトソンは、この素晴らしい本を読んで、ＤＮＡに対する興味をそそられたのだが、その後の話はみなさんもご存知のとおりだ。ワトソンはフランシス・クリックと共に、ＤＮＡ

分子の二重らせん構造を明らかにし、一九五〇年代の分子生物学革命と、それに続く今日の遺伝工学の新時代をスタートさせた。量子革命がなかったなら、分子生物学の基礎をなす――そもそも生命の基盤である――DNA分子はもちろん、他のどんな分子の構造も理解できなかっただろう。[3] もっと型破りでまだ思索の域を出ない分野の例を挙げると、果敢にも認知科学に取り組む大胆な理論物理学者たちは、精神、自我、意識の問題を説明するためには、従来の科学の枠組みを越えて、これらのものを扱える柔軟さと懐の深さをもつ、量子科学が不可欠だと述べている。[4]

量子力学は、今なおさまざまな化学プロセスを解明しつづけている。たとえば、一九九八年のノーベル化学賞は、ウォルター・コーンとジョン・ポープルという二人の物理学者に与えられたが、その受賞理由は、分子の形状や相互作用を決定する量子力学の方程式を解く、強力な計算手法を開発したことだった。化学、生物学、生化学はもちろん、宇宙物理学、原子核科学、暗号学、材料科学、電子工学なども、やはり量子革命がなかったなら、もっと貧弱なものになっていただろう。情報技術にしても、量子物理がなければ、書類収納棚を設計するための科学に終わっていたかもしれない。ヴェルナー・ハイゼンベルクの不確定性理論とマックス・ボルンの確率解釈がなかったら、この分野はいったいどうなっていただろう?

化学元素のパターンと性質にしても、量子論がなかったなら、決して完全に理解することはできなかっただろう。だが実は、すべての化学反応と化学構造を決定し、私たちの生活と生命そのものを生み出すこれら元素のパターンは、量子論誕生の半世紀前に登場した周期表にすでに組みこまれていた。

メンデレーエフと七並べをする

化学も物理学と同じく、量子論が登場するはるか以前に、れっきとした科学の一分野となっており、進化を続けていた。実際、ジョン・ドルトンが一八〇三年に原子の存在を提唱したのも、化学の研究をとおしてであったし、原子は本質的に電気的性質を備えていることが示されたのも、マイケル・ファラデーの電気化学研究によってであった。だが、原子についてはまったく理解されていなかった。量子物理が登場したおかげで、化学者は、原子の詳細な構造とふるまいに対する根本からの合理的な説明や、分子の形状や性質を理解し実際に予測するための理論を手にすることができた。こうしたことが可能になったのは、まさに量子論の確率論的な性質のおかげなのだ。

化学は近代技術の多くを支えているにもかかわらず、誰もが好きな科目ではない。最後に受けた高校の化学の試験で、H_2O はお湯で CO_2 は冷水だと書いた人もいるかもしれない。しかしそんな人でも、化学の背後にある理屈を本書で少しずつ学んでいけば、この分野にのめり込むにちがいない。私たち（著者）は、そう確信している。またそれと同時に、原子の内部を解き明かす試みが、人類史上最大の、科学捜査を駆使した推理物語の一つであることを実感してもらえるだろう。

今私たちが知っている形の化学が、あの有名な表から始まったのは間違いない。世界中の化学教室の壁を飾っている、元素周期表だ。周期表は化学の極めて重大な成果である。その発展の基盤にあったのは、驚くほど多くの研究を成し遂げたロシアの化学者、ドミトリ・イヴァノヴィチ・メンデレーエフ（一八三四〜一九〇七年）が発見した化学法則であった。メンデレーエフは帝政ロシアで化学者として成功を収めた。彼は並外れた学者で、本や論文などを四〇〇篇以上執筆し、肥料、チーズ製造（ある経済協同組合に協力した）、度量衡、ロシアの通商、造船など、広範な分野に貢献した。その一方で、急進的な学生運動を支持し、妻と離婚して若い画学生と再婚した。また、肖像画を見るに、年に一度しか散髪しなかったのではないかと思われる[5]。

メンデレーエフの周期表は、重くなっていく順序に原子を並べることを基本としている。本書で**元素**というと、特定の一個の原子、あるいは特定の一種類の原子しか含まない物質のことを指しているので注意してほしい。したがって、炭素元素の一塊と言ったとき、それはグラファイト（黒鉛）の塊かもしれないし、ダイヤモンドの塊かもしれない。どちらも炭素原子しか含まないが、その配置が異なることで違いが生まれる。グラファイトは黒く鉛筆の芯に使われる一方、ダイヤモンドは硬くて印象的な輝きがあり、硬い金属に穴を開けるのに利用されるほか、プロポーズした相手を感激させることができる。これとは対照的に、水は元素ではない。水は、水素と酸素という二つの元素が組み合わさったものだ。この水素と酸素は、電気的な力によって結びつけられているほか、シュレーディンガー方程式にも支配される。このような成り立ちをしている物質を**化合物**と呼ぶ。

ある元素の**原子量**とは、その元素の原子一個の質量のことである。どの原子も、特定の質量をもつ。酸素原子はどれも同じ質量をもっているし、窒素原子もみな同じ質量をもっているが、その値は違っており（窒素のほうが酸素より少し軽い）、他の元素とも異なる。質量が小さくたいへん軽い元素もあれば（最も軽いのは水素だ）、ウラニウムのように水素の数百倍も重い元素もある。原子の質量は、ある特殊な単位[6]で測るのが最も便利なのだが、その正確な値を知ることは私たちの今の目的にはそれほど重要ではない。ここでやろうとしているのは、原子を質量の順に並べたリストをつくることだ。メンデレーエフが見つけたのは、このリストのどこに位置しているかが、元素の化学的性質に明らかに関係していることだった。これが、化学の謎を解き明かすカギだったのである。

元素の面通し

ここで、犯罪の容疑者を左から右に並ばせた、警察の面通しの列を思い浮かべよう（図23）。左端には、一番ちびで体重が軽いちんぴらがいる。容疑者にはそれぞれ名前があるが、略称もつけられている――つまり、水素は「H」（hydrogen）、酸素は「O」（oxygen）、鉄は「Fe」（ferrum）、ヘリウムは「He」（Helium）などだ。だが、彼らをアルファベット順に並べるのではなく、左から右へ、体重が重くなる順に並べることにしよう。

左側の先頭にライト級の軽い元素が来て、次にウェルター級が並んで徐々に重いものへと移り、最後はヘビー級の重い元素がいちばん右に来て終わる。このように、原子量が大きくなっていく順番に「順序よく並べた列」をつくる。この列における各原子の位置を示す番号を**原子番号**と呼ぶが、それをZで表すことにしよう。

すると、一番ちびの容疑者、水素原子は、最も軽い元素で（原子量が最も小さい。ある単位で原子量A＝1と表される）[7]、列の最初に登場するので原子番号はZ＝1である。その次に軽いのがヘリウム原子で（原子量はおおよそA＝4で水素原子より四倍ほど重い）、列の二番目に登場するのでZ＝2である。その次がリチウム（原子量A＝7）でZ＝3である。そのまた次がZ＝4のベリリウム、というようにどんどんと続く。列に並んだ最も軽い元素をいくつか図23に示しているが、今日では、列に並ぶ元素の数はゆうに一〇〇を超えている。

原子番号Zは、原子を識別する最も重要な属性だ。Zは、ある容疑者が列のなかでどこにいるかを示している。「番号Z＝13の容疑者は誰だ？」と尋ねられれば、その答えは「アルミニウム」（あだ名は「Al」）だ。容疑者番号Z＝26は誰かと言えば、「鉄」（あだ名は「Fe」）だ。少し時間をかけて、いろいろな容疑者を捜し、誰がどんな原子番号かを確認していただきたい。その際、Zは原子量ではなく、軽い元素から重い元素へと並べられた列のなかで何番目にいるかという数字であることに注意すること。

Zは、原子物理学において最も重要だ。ここで少しあいだを飛ばして先の話をすると、Zは実のところ、原子核のまわりを周回している電子の個数なのだと、量子論は教えてくれる。だからたとえば、原子番号Z＝11のナトリウム（Na）の原子核のまわりには、一一個の電子が周回している。原子はすべて電気的に中性なので、原子核には、電子とは符号が逆、つまり正の電荷が存在し、その正の電荷の大きさは電子Z（原子番号）個分に等しくなければならない。したがってナトリウムでは、一一個の電子が量子論特有のあいまいな様子で軌道を周回しており、その奥深くでは、電子一一個分の正の電荷が、高密度・超小型の原子核の内部に潜んでいるのである（原子核は、アーネスト・ラザフォードが発見したことを思い出していただきたい）。この正電荷は、原子核の内部に存在する陽子からきているということを、今日私たちは知っている。つまり、原子番号Z＝11のナトリウムでは、一一個の電子が原子核を周回しており、原子核の奥深くには陽子が一一個あって、電荷のバランスが保たれている。ナトリウム原子は、すべての原子と同様、正味の電荷はゼロだ。Zには、これほどたくさんの情報が含まれている。だがメンデレーエフは、このように複雑な原子の内部構造をまったく知らなかったのに周期表に到達したのだから、かなり意外な感じがする。彼はこのような内部構造は少しも知らなかったが、有能な調査官と同じように、まずは元素の面通しの列をじっくり見るところから始めたのだった。

図 23　目撃者のフェンスターさんが、オリアドン刑事に付き添われて、容疑者の面通しの列（118 番目までいる）を確認する。容疑者は、右に行くほど体重が重くなるように並んでいる。だが Li と Na は、二人とも同じ星のスパンコールが付いたエルビス・プレスリー風のジャケットを着ていることに注意してほしい。隠れた共謀が行われている明白な証拠である。（イラスト イルゼ・ルンド）

続いてメンデレーエフは、原子番号Zが大きくなるにつれて、さまざまな化学反応に関与する元素のふるまいに注目すべきパターンが現れることを発見する。元素の化学的なふるまいは周期的である。つまり、ある原子から始めて、Zが増える方向に原子を順番にたどっていくと、はるかに重いのにもかかわらず、出発点の原子とほとんど同じようにふるまう原子に出合うのだ。この面通しの列のなかでは、容疑者たちの共謀が密かに行われていて、何名かの容疑者たちがほぼ完全に同じふるまいをするのである。新しい元素がいくつも発見され、面通しの列に加わるにつれ、この周期パターンがより正確に把握されるようになった。実際、原子たちが周期的なふるまいをすることを手掛かりに、元素の列を完成させるためには必要なのに欠けている「失われた」元素が、新たにいくつも発見された。最新の周期表を見て、どんな共謀が図られていたのか確認してみよう（メンデレーエフは多くの原子を知らなかったわけだが、私たちは彼のやり方を踏襲して、この共謀を確認してみることにする）[8]。

はじめに、ここで言う「化学的ふるまい」について考えてみよう。化学的ふるまいとか、化学的性質というものは、いったい何なのだろう？　誰もが知っているように、塩を水に溶かすのはたやすいが、油は水には溶けない。また、水は自分が燃えることもなく、たいていの火を消してしまうが、石炭の主成分である炭素（Z＝6）は、たいへん燃えやすい。さらに鉄（Z＝26）は錆びるが、実はこれはゆっくりと進む燃焼である。酸素（Z＝8）をなくしてしまうと、どの元素も燃えたり錆びたりしなくなるのは、燃焼も錆も、酸素が別の元素と結びつく化学結合である**酸化**だからだ。

このあと見るように、酸素とすぐに結びつく元素もあれば、なかなか結びつかない元素もある。このことは、エネルギーと密接な関わりがある（たとえば、酸素原子二個が炭素原子一個と結びつくと、二酸化炭素CO_2が生じるが、このとき一定量のエネルギーが放出される）。それと同時に、酸化を起こさせている炭素原子と酸素原子の化学的性質も関与している。私たちが吸い込む酸素は、体を構成するすべての細胞で酸化反応を起こし、それによって私たちを生きた状態に保ってくれている（ある意味、私たちは燃えているのである！）。しかし、窒素（Z＝7）を呼吸しても何の利益もない。酸素と窒素は、先ほど見た面通しの列のなかでは隣どうしなのに、性質はこれほど違っているのだ。いま挙げたのは、どれもなじみ深い基本的な化学的ふるまいである。しかしいったい何が、酸素という一つの元素に、他のものを酸化させるというこれほど重大な力を与え、その隣の窒素には与えないままにしているのだろう？

元素がもつ化学的性質というものをもう少し詳しく知るために、Z＝3の元素、リチウムについて考えよう。純粋なリチウムは、光沢のある柔らかな金属だが、空気中の水分に曝されるとただちに反応し、表面に水酸化リチウムの層が形成される。そのため、通常は油のなかに保存して空気中の湿気を遮り、表面が汚染されるのを防ぐ（ついでながら、リチウムは原子量が極めて小さいので密度が低く、水に浮かぶ）。さて、金属リチウムを一塊、水のなかに投げ込むと、激しく華々しい一連の化学反応が起こって、水素ガスと大量のエネルギーが放出され、その結果生じた水素が、水の上に存在する空気のなかで燃焼（あるいは爆発）する。この様子は、動画サイトに投稿されている、「リチウムと水の反応」や「ナトリウムと水の反応」といった多数の動画で見ることができる。(9)この反応を詳しく見ると、まず水（H_2O）が急激にリチウム（Li）と反応し、水酸化リチウム（LiOH）を形成すると同時に、水素ガス（H_2）を空気中に放出する。こうして生じた水素ガスが、水の表面で空気中の酸素（O_2）と急激な反応を起こして、激しい炎が生じる。みなさんは金属リチウムを水のなかに捨てたりしないように。

さてここで、メンデレーエフが気づいたパターン、つまり面通しの列に並んだ元素たちが行っている共謀がいったいどういうものかを説明しよう。元素の列をZ＝3のリチウムから数えて、Zが八つだけ大きくなるところまで進むと、Z＝3＋8＝11のナトリウム（Na）にたどり着く。ナトリウムも光沢のある金属で、空気に曝されるとみるみるうちに表面が灰白色になる（空気中の水と反応して水酸化ナトリウムNaOHの薄膜ができて表面を覆うからだ）。ナトリウムを水中に投げ込んだら、どんなことが起こるだろう？　すぐさま水素ガスが放出され、一連の激しい反応が起こり、たいていの場合、空気中で発火して、見ごたえ十分な爆発が起こる。ついさっきの、リチウムの話とそっくりではないか。ナトリウムはリチウムよりもはるかに重い元素だが、化学的には、両者は同じようにふるまう。どうしてそんなことが起こるのだろう？　リチウムとナトリウムは面通しの列のなかで八つも離れているが、両者は同じ一つのギャング団に属しているようだ。これは、共謀を疑ってみるべき状況である。この面通しの列に並んでいる容疑者たちのなかには、同じようなふるまいをしている者が何人もいるので、共謀が行われているのはどうやら間違いなさそうだ。

自然界で起こっている膨大な数の化学反応を考えるに、リチウムとナトリウムは非常によく似た反応を示していることは明らかだ。だが、両者の反応には微妙な違いもある。たとえば、反応速度が多少異なるが、これは、ナトリウム原子のほうがリチウム原子よりも重いことから予測されるとおりである。しかし、作成可能なリチウムを含む化合物（分子）のほぼすべてで、リチウムをナトリウムで置き換えるだけで、同じ形の化合物がちゃんと成立し、このことはリチウムとナトリウムを逆にしても言える。

さて、ナトリウムからさらに八つ分、面通しの列を進むと、今度はカリウム（K）にたどり着く。ここからの話は、みなさんももうお察しのことだろう。カリウムは、ナトリウムやリチウムと同じようにふるまうのである。実のところ、常温常圧では気体である水素も、これらの元素とよく似たふるまいをし、ナトリウムやリチウムの原子と入れ換わることで化合物を形成する。したがって、気体のH_2のHを一個Liと入れ換えることによって水素化リチウム（LiH）が形成され、同様に水素化ナトリウム（NaH）、水素化カリウム（KH）などが形成される。また、$H_2O=HOH$を、水酸化リチウム（LiOH）、水酸化ナトリウム（NaOH）、水酸化カリウム（KHO）などに変えることもできる。水素、リチウム、ナトリウム、そしてカリウムが同じギャング団に属していることは間違いない！

こうして犯罪歴をチェックして、容疑者たち（原子たち）のなかに際立って類似した者たちがいることを確認した（これは最初にメンデレーエフがやったのと同じことだ）。だが、それらの原子がどうしてそんなに似ているのかという理由に関しては、私たちはまだ理解していない。どうして8という魔法の数が存在するのだろう？　それに、こうした化学反応を、何がコントロールしているのだろう？

科学者たちはわけがわからなくなると、まずは物を分類し、次にそれに聞こえのいい名前をつける。そこで私たちも、列のなかに隠れているギャング団に特別な名前をつけよう。H、Li、Na、そしてKが属するギャング団を**アルカリ金属**と呼ぶ（そう、もちろん水素は金属ではない。だが、この一番ちびなやつが所属するギャング団はこういう名称なのだ）。メンデレーエフが一九世紀後半にとったスタイルを真似て、私たちも縦長の表をつくり、アルカリ金属の元素の名前を記入しよう（図24）。地域の警察当局も、ギャング団ごとにそんな表をつくっていることだろう。

これが、周期表の最初の縦列となる。ここには、よく似た化学的性質をもった原子たちからなる一つのギャング団のメンバーが、原子量が小さい順に挙げられている。これは、先に述べた警察の面通しの列に含まれているが、アルカリ金属と呼ばれるギャング団のメンバーが記された特別なリストである。

さらにカリウムを越えて面通しの列をZが大きくなる方へと進んでいくと、パターンは驚くほど変わる。次のアルカリ金属（他のアルカリ金属元素と似た化学的ふるまいをする元素）に出合うためには、Z＝37のルビジウム（Rb）まで進まねばならない。Z＝19のカリウムからは、18ステップ（18＝8＋10）も離れているのだ（ルビジウムが自分もアルカリ金属ギャング団に属することをようやく白状したのは、化学的にいろいろと調べ上げた揚げ句のことだった）。そこからさらに18ステップ進むと、セシウム（Cs）にたどり着く。そして、セシウムから32ステップ（32＝8＋10＋14）進むと、最後のアルカリ金属、フランシウム（Fr）に至る。これらの重元素たちも、やはりアルカリ金属ギャング団に所属している。水素からフランシウムまでのアルカリ金属元素が、周期表の最初の縦列を構成している。だが、どうして魔法の数が8から18に変わり、さらには32に変わってしまったのだろう？　いったい何が起こっているのだろう？　そして、この縦列はどうしてフランシウムで終わっているのだろう？

この最後の問いは、原子の全体としての安定性——そのほとんどは、重さの大部分が集中している原子核の安定性で決まる——に関わっている。原子がフランシウムのように重くなると、その原子核はたいへん不安定になるため、放射性をもつようになる。最も重い原子たちの場合、原子核は極めて不安定になり、これらの原子は実験室のなかではほんの一瞬しか存在できない（こうなると、もはや化学ではなく、原子核物理学の領域である）。フランシウムは、それより重いウランなどの原子の放射性崩壊による以外に地球上で生み出されることはなく、生まれてもすぐに自らの放射性によって瞬く間に崩壊してしまう。地球全体に存在しているフランシウムの総量は、常に三〇グラムほどにすぎないと推測されており、自然に存在する最も稀な元素の一つである。だが、それでもその化学的性質を決定するには十分で、アルカリ金属であることがわかった。こうして私たちは今、元素周期表の最初の縦列を完成させ（図24）、メンデレーエフが最初に見た共謀、すなわち化学的性質の周期性のパターンを目の当たりにした。なんと奇妙なパターンだろう！　それにしても、いったい何が起こっているのだろうか？　心配はいらない——このあと量子論がすべて説明してくれる。

量子物理学は、すべての化学元素が、元素周期表の縦列として現れるいろいろなギャング団のいずれかに属している理由を説明できる。ヘリウム（He）について考えてみよう。ヘリウムは、何が相手であれ化学的に反応することがないため、メンデレーエフの時代には知られていなかった。それはZ＝2の極めて軽い元素で、自然の状態では気体としてしか存在しない。O_2やN_2よりも軽いため、大気のなかを上昇し、やがて地球から宇宙へと逃れてしまう。燃焼しないので、飛行船で重宝される。太陽などの恒星は、主に水素とヘリウムでできている。ヘリウムを吸い込んでから喋ると、ドナルドダックのような声になるのは、ヘリウムが軽いからだ。ヘリウムは化学的には何とも反応しないので、健康な大人がそんな余興をしても何の害にもならない（しかし、水素を使ってこんなことをするのはお勧めしない。少なくとも火のついたタバコを吸っているあいだは厳禁だ。爆発してしまう。それもおそらく肺のなかで）。化学的に反応しない、すなわち何とも化合物を形成しないという性質から、ヘリウムは**化学的に不活性である**と言う。

　さて、今回もまた、ヘリウムから八つ原子量の大きい元素へと移動すると、ネオン（Ne）に至る。ネオンも常温常圧では気体としてしか存在せず、また化学的に不活性である。ネオンからさらに8ステップ進むと、やはり不活性なアルゴン（Ar）である。魔法の数はやっぱり8だ。ところが、次の不活性ガス、クリプトン（Kr）に至るには18ステップ進まねばならず、そしてその次の不活性ガス、キセノン（Xe）に至るためにはさらに18ステップ進む必要がある。そして、みなさんもお気づきのとおり、重い放射性の気体で、地下から家屋の地下室に侵入し、人間が吸い込むと癌を生じかねないラドン（Rn）にたどり着くにはさらに32ステップ進まねばならない。これらの元素も共謀し

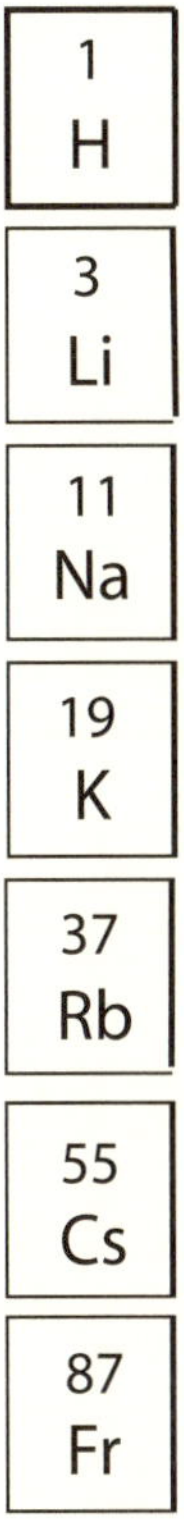

図 24　アルカリ金属は、同じ化学的性質をもつ原子（または元素）からなる一つの属をなしている。

ており、化学的に似通ったふるまいをするメンバーからなる別のギャング団を形成している。これらの元素を、アルカリ金属とは別の縦列として周期表に並べ、この列を**希ガス**と名づけることにしよう。これらの元素は、化学的に不活性で岩石中に存在する原子と結合することができないので、気体で存在するしかない。ラドンは、放射性崩壊（主には、トリウム、Thという元素の放射性崩壊）の副産物として地下深くで形成され、徐々に地表に向かって拡散し、私たちの家の地下室にまで侵入するのである[10]。

このような作業を繰り返すことによって、警察の面通しの列を、さまざまなギャング団のメンバーの縦長のリストを横に並べて一つの表にすることができる。これは一つの分類体系だ。どんな科学においても、まずはじめに対象物をその性質によって分類しなければならないので、分類体系づくりは最優先の仕事である。その対象物が、鳥、昆虫、タンパク質分子、恒星、銀河、素粒子、何であろうと同じだ。自然界で発見したすべての原子を、それらの原子の多種多様な性質のなかに見られる類似性を基準に分類すれば、元素の周期律表が得られるのである（図25）。

それぞれの縦列のなかには、化学的性質が似通った原子たちが現れる。たとえば、反応性が高い猛毒性の気体で、水に溶けると強酸性を示す元素は、**ハロゲン**という縦列をつくる。ハロゲン族に含まれるのは、フッ素（F）、塩素（Cl）、臭素（Br）、ヨウ素（I）、アスタチン（At）だ。**アルカリ土類金属**という縦列には、反応性が高いという点ではアルカリ金属に似た（しかし水に接してもそれほど爆発性は示さない）金属が並ぶ。ベリリウム（Be）、マグネシウム（Mg）、カルシウム（Ca）、ストロンチウム（Sr）、バリウム（Ba）、ラジウム（Ra）がそのメンバーだ。そして、ヘリウム（He）、ネオン（Ne）、アルゴン（Ar）、クリプトン（Kr）、キセノン（Xe）、ラドン（Rn）からなる、希ガスの列がある。このように、他にいくつも縦列がある。

1 H																	2 He
3 Li	4 Be											5 B	6 C	7 N	8 O	9 F	10 Ne
11 Na	12 Mg											13 Al	14 Si	15 P	16 S	17 Cl	18 Ar
19 K	20 Ca	21 Sc	22 Ti	23 V	24 Cr	25 Mn	26 Fe	27 Co	28 Ni	29 Cu	30 Zn	31 Ga	32 Ge	33 As	34 Se	35 Br	36 Kr
37 Rb	38 Sr	39 Y	40 Zr	41 Nb	42 Mo	43 Tc	44 Ru	45 Rh	46 Pd	47 Ag	48 Cd	49 In	50 Sn	51 Sb	52 Te	53 I	54 Xe
55 Cs	56 Ba		72 Hf	73 Ta	74 W	75 Re	76 Os	77 Ir	78 Pt	79 Au	80 Hg	81 Ti	82 Pb	83 Bi	84 Po	85 At	86 Rn
87 Fr	88 Ra		104 Rf	105 Db	106 Sg	107 Bh	108 Hs	109 Mt	110 Ds	111 Rg	112 UUb	113 Uut	114 Uuq	115 Uup	116 Uuh	117 Uus	118 Uuo

57 La	58 Ce	59 Pr	60 Nd	61 Pm	62 Sm	63 Eu	64 Gd	65 Tb	66 Dy	67 Ho	68 Er	69 Tm	70 Yb	71 Lu
89 Ac	90 Th	91 Pa	92 U	93 Np	94 Pu	95 Am	96 Cm	97 Bk	98 Cf	99 Es	100 Fm	101 Md	102 No	103 Lr

図 25　元素周期表。周期性のあるその構造は、量子論によって説明される（図 27 説明文を参照）。重い原子の原子核は不安定であり、ウラン（Z＝92）以上の元素は人工的につくられたもので、なかには原子核の寿命が極めて短いものもあることに注意。

アルカリ土類金属に属する元素が本当に似た性質をもっていることを手早く確認しておこう。ミルクのなかにごくふつうに含まれているカルシウムは、私たちの骨にすぐに吸収され（代謝され）、骨格の主成分になる。カルシウムの代謝量が少ないと、骨が脆くなる骨粗鬆症などの病気になってしまう。元素周期表を見ると、放射性が高く危険な元素（これも原子核物理の領域の話だが）であるストロンチウム（Sr）は、カルシウムと同じ縦列のなかで一つ下に位置しており、したがって化学的性質はカルシウムと似ている。このため、核爆発の副産物で放射性降下物に多く含まれるストロンチウムは、私たちの骨にただちに吸収され、化学的にはカルシウムと区別がつかない。いったん吸収されると、ストロンチウムは骨の内部で長年にわたって放射性崩壊を続けるため、骨の中心部の骨髄で血液をつくり出す細胞が徐々に死滅し、白血病に至る。そして、この列をもう一段下にいったところにはバリウムがある。話の流れからすると、カルシウムをバリウムで置き換えた、バリウム・ミルクセーキなるものがつくれそうだが、そんなものを好きになる人がいるかどうかは、はなはだ疑問である。

元素周期表からは、膨大な量の情報を引き出すことができる。したがって、ここで周期表を手掛かりに、私たちが暮らしている世界について思いめぐらせ、この世界がこれらの原子の性質のおかげでどのように形づくられているかを、少し時間をかけて思案してみるのは大事なことだ。周期表に表れた化学的性質の周期性は、化学反応を理解するうえで第一級の指針となる。それが私たちの代謝において重要な役割を果たし、もしも類似の性質をもった他の元素がすり替わってその役割を演じたなら、体に害が及ぶ危険性があるのはいま見たばかりである。周期表を構成している他の元素の性質は、優れた化学の本を紐解けば容易に知ることができるが、そのパターンは化学のルールから外れることはないので安心していただきたい。たいていの場合、X、Aという原子でできた分子XAが存在したとすると、Xと同じ元素周期表の縦列に登場する別の元素Yを使って、YAという分子をつくることが可能である。なぜなら、XとYは化学的性質が同じだからだ。

では自然のなかで、このように驚異的な繰り返しパターン(周期的パターン)を生じさせているものは何なのだろう? どんな内部構造があって、ほとんどまったく同じ化学的性質を、8、18、32ステップ離れた元素たちが繰り返しもつのだろう? 化学者は、化学元素がもつ実に多種多様な性質を記述する経験則をすでにいくつも確立していたが、一九世紀の時点では実際に何が起こっているのかわかる人など誰もいなかった。周期表は、化学元素の構造を理解するための一つの手掛りだった——いま振り返ってみると、実に大きな手掛かりであった。

原子のつくり方

ある原子の化学的性質は、その最も外側の電子に支配されている。これらの電子は、ある原子とその隣の原子のあいだを自由に行き来でき、二つ以上の原子を結びつけて、分子の形成へと導くのだ。このことには、量子論が誕生する前から、漠然とした形ではあったが多くの科学者が気づきはじめていた。ラザフォードやボーアらのおかげで水素原子がより詳細に理解されるようになり、さらにシュレーディンガー方程式も登場すると、物理学者たちは、基本的には物理学のなかにあると言っていい、化学の源を理解する取り組みに全力で乗り出すことができるようになった。

量子論は、元素周期表に見られる化学的パターンを見事に説明する。このパターンを明らかにする取り組みの過程で、量子論の奥深い様相が新たに次々と浮かび上がってきた。たとえば、シュレーディンガー方程式は、原子核を周回する電子の運動を記述するのに使えそうだった。シュレーデインガーは、自分の方程式の解のなかでも特に、電子が原子核に結びついて、原子を形成している、**束縛状態**を記述するものに注目した。束縛状態は物理学全体で見ても非常に重要であり、本書でも先にボーアからハイゼンベルクに至るまでの科学者たちの取り組みで見たように、その性質は量子論の新しい法則を理解するカギとなっていた。

束縛状態をイメージするには、長い分子に捕まった電子という、ごく単純な例を考えればわかりやすい。長い分子に捕まった電子の波動関数は、ギターなどの弦楽器の弦をはじいたときの運動とまったく同じ形をしている。実際、ギターの弦の振動を考えることによって、束縛された電子の量子エネルギー準位を容易に理解することができる。

では、ギターをもってこよう（他の弦楽器でもいい）。

ギターの弦をはじくと、弦は振動し、美しい音を出す。このとき、弦のちょうど中央をはじくと、弦の**最低振動モード**が励起される（尖ったピックを使うとより高次のモードも同時に励起されやすいので親指ではじくほうがいい）。このモードは、長い直線分子に束縛された電子の最低の量子エネルギー準位に対応する。この状態は、物理系では系の**最低モード**、あるいは**基底状態**にあたり、エネルギー準位としては最低である。そして、はじかれたギターの弦のいちばん低い音に対応する。この波の形を図26に示す。

ギターの弦の振動の**第二モード**は、最低モードのちょうど半分の波長である。辛抱強くやってみると、ギターの弦に第二モードを実際に励起させることができる。弦の中央に指を一本固定しておき、弦の長さの四分の一ぐらいのところで弦をはじき、中央に置いた指を素早く離せばいい。中央に指を固定させるのは、弦をはじいたときにその中央が動かないようにするためだ。図26を見ればわかるように、弦の中央が動かないということが第二モードの特徴である。このように、波の運動が常にゼロである特別な点は、波動関数の**節**《ふし》と呼ばれている。第二モードは、最低モードよりも一オクターブ高い、天使のように美しく心地よい、少しハープを思わせるような音だ。波長は最低モードより短いので、量子レベルの粒子の第二モードは、最低モードよりも運動量が大きく、したがってエネルギーも大きい[11]。

その次に高い、ギターの弦の振動の第三モードは、ちょうど一波長半の波からなっている。ギターでこの振動を起こすには、ナット寄りの、弦の長さの三分の一の場所を指で押さえて固定し、弦の中央をはじき、素早く指を離せばいい。このとき、かすかな第五音〔弦がC〔ドの音〕に調整されているなら、次のオクターブのG〔ソ〕〕が優美に聞こえるはずだ。これは量子論では、より波長が短く、したがって運動量がより大きく、エネルギーもその分大きい電子の波動関数に対応する。

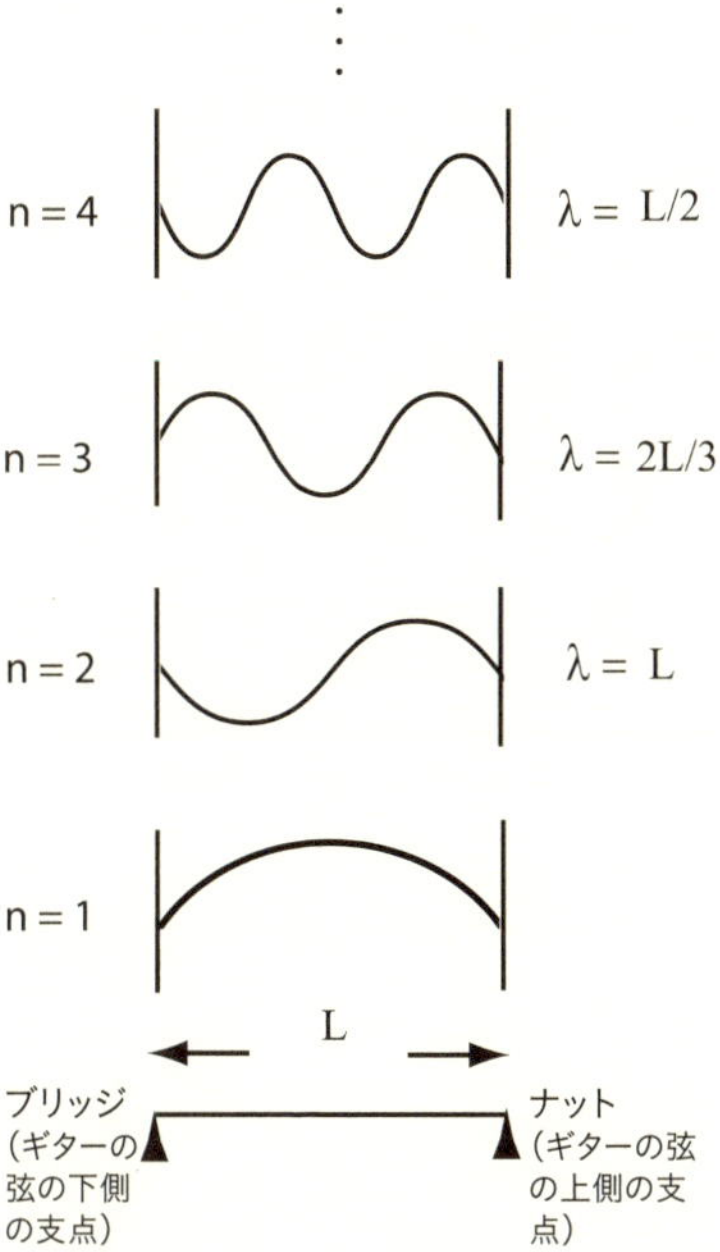

図 26　ギターの弦などの楽器で生じる波は、電子の状態を表す波動関数と同じである（ベータ・カロテンの分子など、一次元の「井戸型ポテンシャル」で近似できる場合）。最低の振動モード $n=1$ は、電子の基底状態に相当する。励起モードは $n=2, 3, 4,$ …などで、電子は、状態間のエネルギー差に相当するエネルギーをもった光子を放出したり吸収したりすることによってモード間を移動することができる。どのモードも、スピンが「上向き」の電子 1 個と、スピンが「下向き」の電子 1 個の、合計 2 個の電子が入ることができる。

まさにこのようにふるまう現実の物理系が存在する。たとえば、ニンジンのオレンジ色の色素であるベータ・カロテンのような、長い有機分子（炭素を含む分子のこと）では、いくつかの炭素原子の外側の軌道にある電子が、もともと所属していた原子から自由になって、分子の全長にわたって動き回り、まるで電子が長い溝にはまったかのような状況になっている。このような分子の長さは原子直径の何十倍にもなるが、幅は原子直径とほぼ同じである。この場合、電子の波動関数は、ギターの弦のモードと極めてよく似た形になる。この分子内で一つの量子状態（モード）から別のモードへと電子が遷移する際に放出される光子は、このときの二つのエネルギー準位のエネルギー差に対応する離散的なエネルギーをもっている。

ところで電子は、基底状態においても決して静止してはいない。その電子は有限の波長をもつので、運動量とエネルギーもある有限の値となる。この基底状態における運動は**ゼロ点振動**と呼ばれ、すべての量子系で見られる。水素原子のなかで最低のエネルギー準位にある電子も、運動しているのである。静止してはいないが、それより低いエネルギー準位に移動することはできない。これが、すべての原子が安定である理由だ。これは、量子力学によって初めて与えられる説明である。

原子軌道

シュレーディンガーは、数学力を駆使して自らの方程式を強引に解き、最も単純な原子である水素の電子の運動モードについて、一連の解を得た。それらの解は、楽器の弦と同じような振動モードで、それぞれのモードは、一つの波動関数Ψ《プサイ》に対応している。前章で見たように、Ψの二乗$Ψ^2$はある位置で粒子を見いだす確率であり、ここでは電子を見いだす確率の分布で、それは雲のように広がっている。そしてどのモードも、ボーアが「前期量子論」で見事に予測した値と一致するエネルギーをもっている。

原子核の電気力に引き付けられて原子に束縛されている電子を記述する、特別な波動関数であるこれらのモードは、**軌道**《オービタル》と呼ばれている（「原子軌道」、あるいは「電子軌道」とも呼ばれる）。同じエネルギー準位にある電子の軌道の形は、すべての原子でほぼ同じである。一個の原子のなかに存在する電子は、それぞれ特定の軌道のなかで運動している。軌道の形、つまり分布（Ψ^2）は、任意の瞬間に電子がどこに発見され得るかを教えてくれる。ただしみなさんお気づきのように、教えてくれるのはその確率だけである。

水素原子の軌道を図27に示す。いちばん上が最低のモード、すなわち基底状態の軌道で、これは**1s**軌道と呼ばれる。「s」は「spherical（球）」に由来すると思う人もいるかもしれないが、実のところ分光学用語の「sharp（シャープ）」を表している。[12]「1」という数は**主量子数**と呼ばれる。1s軌道は完全に球状で、この状態にある電子は、ボーア半径と呼ばれる距離だけ核から離れた位置で確率が最大になる。ボーア半径は、ボーアの原子モデルで、基底状態にある水素原子の半径として定義されるものだ。したがってここでも、ボーアがいかに卓越していたかが見てとれる。

しかし電子は、他の軌道に存在することもある。基底状態よりは高いが、それでも二番目にエネルギーが低い軌道が、2s軌道と2p軌道だ。2s軌道は1s軌道と同じく球形だが、中心から広がる波のようなパターンをもっており、節面（ギターの例の節。ここでは球面になっている）で電子雲が内側と外側の二つに分かれている。節面で電子を見いだす確率はゼロだが、その内側でも外側でも、電子を見いだす確率はそこそこある。2p軌道に電子があることだってある（「p」も分光学用語の「principal（主要な）」に由来する）。s軌道の電子は原子核の周りで鼓動しているように見えるが、

2p軌道の電子は、原子核の周りを8の字に旋回しているように見える。2p軌道は$2p_x$、$2p_y$、$2p_z$の三つが存在する。三つの空間軸（x, y, z）に沿って投影すると、どれもダンベル型をしている。2p軌道は三つともエネルギーは同じであり（ちなみに2s軌道もエネルギーは同じである）、これらの軌道はふつう、混じり合った量子状態となっている。原子を回転させるだけで、電子はある2p軌道から別の2p軌道へと移動してしまう。

このように水素原子は、まったく励起されていない基底状態においては、一個の電子が1s軌道で原子核を周回している。この電子は、もっと高いエネルギー準位、たとえば1sの次にエネルギーの高い「2p」や、その上の「3d」などの軌道に飛び上がらせることができる。これには、ちょうどいい大きさのエネルギーをもった光子を原子に照射してやればいい。そうすれば電子がこのエネルギーを吸収し、飛び上がるのに必要なエネルギーを獲得するからだ。この高いモードにしばし留まったあと、電子は先ほど吸収したのとちょうど同じ大きさのエネルギーを放出して基底状態に戻る。この際放出されるエネルギーが多くの実験で確認され、量子論が発展していったのはこれまでの章で見たとおりである。水素原子の原子核を周回している電子のシュレーディンガー方程式を解くことは、ニュートンが取り組んだ太陽を周回する一つの惑星はいかに運動するかという問題を解くことと、たいへんよく似ている。これは**二体問題**と呼ばれるもので、複雑な因子があまりなく、どんな場合もかなり簡単な数学で対応できる。原子核と電子、あるいは太陽と惑星のあいだに働く力に注意を払えばそれでいいわけだ。恒星系にもっとたくさん惑星が存在する場合（太陽系に木星、土星、金星、火星などが存在するように）、数学は急激に難しくなり、厳密な解は存在しなくなる。多数の電子をもつ原子についても同じことが言える。

では、二個以上の電子をもつ原子の場合はどうすればいいのだろう？　まず、電子どうしのあい

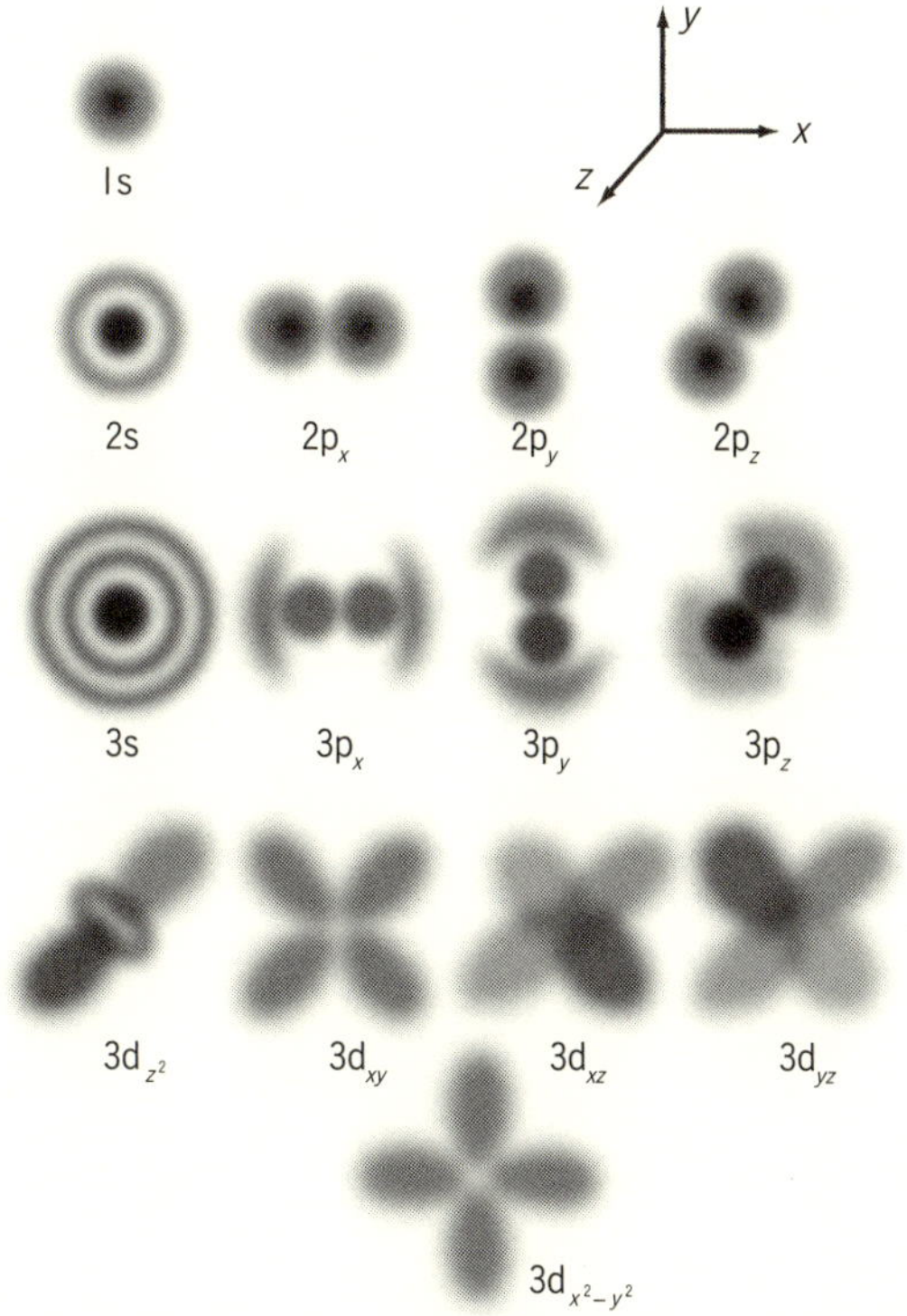

図 27　原子軌道。安定な水素原子では、電子は基底状態 1s に入っている。ヘリウムでは、逆向きのスピンをもつ 2 個の電子が 1s に入っている。周期表の第二周期（図 25）では、2s、$2p_x$、$2p_y$、$2p_z$ 軌道が最高 2 個までの電子（一方はスピン上向き、もう一方はスピン下向き）によって順々に占有されていく。このことは、8 元素で 1 周期になっていることを説明づける。周期表の第三周期では、3s、$3p_x$、$3p_y$、$3p_z$ 軌道が占有されていき、やはり 8 元素で 1 周期である。第四周期では、4s、$4p_x$、$4p_y$、$4p_z$ 軌道と、さらに 5 つの 3d 軌道が占有されていくので、8+10=18 個の元素で 1 周期である。第五周期は 5s、$5p_x$、$5p_y$、$5p_z$ 軌道と、さらに 5 つの 4d 軌道が占有されていくので、やはり 8+10=18 個で 1 周期である。第六周期では、原子番号 57 から 71 まではランタノイドとなり、そこでは 4f 状態が占有されていく。第七周期では、原子番号 89 から 103 までがアクチノイドとなって、ここでは 5f 軌道が占有されていく。原子軌道のエネルギーが高くなるほど、軌道は複雑になり、電子の量子混合状態の度合いも大きくなる。

だに働く電気力を無視し、電子と原子核のあいだの力だけに注目する。ヘリウムはZ＝2なので、原子核の電荷も二であり、したがって二個の電子をもっているはずだ。この二個の電子は、どちらも基底状態の1s軌道を運動しているだろう。実際、この推測はヘリウムのスペクトルとも一致する。しかし、だとすると、私たちは一つの謎に直面する。ヘリウムは化学的に不活性だが、水素は極めて反応性が高いというように、どうしてヘリウムは化学的に水素とこれほどまでに違っているのか——電子が二倍なのだから、ヘリウムは水素の二倍の反応性を示してもいいではないか？　そうではなくて、化学的には死んだようにおとなしいのはどうしてだろう？

ヘリウムの次はリチウム（Z＝3）だ。リチウムでは、三個の電子全部が同時に1s軌道に入っているのだろうか？　確かにリチウムは、水素に似たふるまいをする。しかしヘリウムは、水素にもリチウムにも似ていない。では、そのまた次のベリリウム（Z＝4）についてはどうだろう？　1s軌道に電子が四個入っているのに、化学的性質はまた違うのだろうか？　もしもすべての原子で、Z個の電子が全部1s軌道のなかで原子核を周回しているのなら、メンデレーエフの周期表に見られる奇妙な周期性は、どう説明すればいいのだろう？

どの原子でもZ個の電子がすべて基底状態の軌道に入っており、1s波動関数で記述されるとしたら、化学を説明することはできない。もしもそんなことになっていたなら、どの原子も化学的性質は基本的に同じになり、先ほど周期表で確認した事実とは完全に食い違ってしまう。それに、すべての電子が一つの軌道に入っているのなら、原子どうしの摩訶不思議な共謀を暴くなかで見つけた魔法の数、8も18も存在しないはずである。何か、もっと面白くてとっぴなことが起こっているのである。

パウリ、舞台上手より登場

どの系も自らをうまく調整して、可能な限り最も低いエネルギー状態をとろうとする。ここでは、原子の外側に電子が配置されて、エネルギーが最低の状態に落ち着く様子を説明していくが、このとき、パウリが発見した重要なルールが働いて、先ほど述べたように、Z個の電子がすべて基底状態に入るようなことは起こらない。原子の場合は、電子がとり得る軌道（許された運動状態）はシュレーディンガー方程式に表されるような量子力学的ルールから求められ、こうした軌道はどれも独自のエネルギー準位をもつ。これから見ていくように、原子を理解する取り組みで最後に達成されたパウリのブレークスルーも、驚異的で素晴らしいものだった。それは、「どの軌道にも、電子は二個までしか入ることができない」というルールの発見だ。もしもこのルールがなかったなら、私たちの世界のさまざまな物事は、まったく違っていただろう。

ここで偉大な天才、ヴォルフガング・パウリが登場する。パウリは伝説的な物理学者だった。気が短く、二〇世紀物理学の良心と呼ばれ、ときどき手紙に「神の怒り」と署名し、同僚たちから恐れられていた。そんな彼について、これから見ていくことにする（第5章の原註1参照）。

パウリは一九二五年、**排他原理**を提案し、1s軌道が電子で混み合う状況を回避した。この原理は、「二個の原子のなかで、二個の電子が同じ量子状態を同時にとることはない」と規定するもので、重い原子のなかで電子軌道がどのように満たされていくかを説明する。ついでに言えば、私たちが壁を通り抜けたりすることがないのも排他原理で説明できる。いったいどういうことだろう？　端的に言えば、それはあなたの体の電子が、壁の電子と同じ状態をとることを許されていないからだ。

両者は、あたかも広大な何もない空間で隔てられているかのように、絶対に同じ状態をとることはできないのである。

ヴォルフガング・パウリ教授は、背が低く小太りで、独創性と批判精神にあふれていた。十代にして、相対性理論の見事な解説記事を、大胆にも物理学者に向けて書くほどの才能をもち、その皮肉な機知は同僚を喜ばせたり恐れさせたりした。彼が口にした数々の忘れがたい名文句は、今なお物理学者のあいだで語り草になっている。たとえば、「ああ、君はそんなに若いのに、もう一生無名と決まっているんだ」や、「その論文は……間違ってすらいない」「君の最初の方程式は間違っている。しかも、二つ目の方程式は、そこから導かれてはいない」「君が考えるのがのろいことは別に腹立たしくもないが、自分が考えるより早く君が論文を発表することだけはどうにも我慢ならない」などだ。こんな言葉を浴びせられるのは、実に屈辱的な経験だっただろう。

ジョージ・ガモフの著書『現代の物理学―量子論物語』（中村誠太郎訳、河出書房新社）に収録された、パウリについての作者不詳のこんな詩がある。

同僚と議論するとき
彼の全身が振動する
主張を弁護するとき
この振動は決してやまない
目もくらむ理論を明らかにする
噛んだ爪のなかから
――作者不詳(13)

排他原理はパウリの偉業の一つである。排他原理は、元素周期表がなぜそのようになっているのかを説明し、化学に根拠を与えている。その主張するところは単純明快だ――「ある原子のなかで、二個の電子がまったく同じ量子状態に存在することはできない」。つまり、「禁止《フェアボーテン》！」だ。この単純なルールのおかげで私たちは、周期表に載っている元素の構造と、その化学的性質を理解することができるのである。

先ほどの元素を周期表にまとめていく作業は、パウリが明らかにした二つのルールに従っている。すなわち、(1)すべての電子は異なる量子状態になければならない（排他原理）、(2)電子はエネルギーが可能な限り最低値となるように配置される、の二つだ。ちなみに二つ目のルールは、重力のもとで物体が落下する理由も説明する。それは、物体のもつエネルギーは一四階にあるときよりも地面にあるときのほうが小さいからである。だが、ヘリウムをつくるためには、1s軌道に二個の電子を入れなければならない。これは、それぞれの量子状態には一個の電子しか入れないというパウリの排他原理に反しないだろうか？　実のところ、パウリのもう一つの（そして、おそらく最大の）貢献、**電子スピン**の概念を使えば、この点も明確になる（補遺で電子スピンについてさらに議論しているので参照されたい）。

電子はスピンする。つまり、電子は回転する小さな独楽《こま》にも似た、自転のようなパラメータをもっている。電子はこの自転を永久に続け、決して止まらない。だが、どの電子もとり得るスピンの量子状態が二つあり、それぞれを**上向き**、**下向き**と呼ぶ。おかげで、二個の電子が同じ一つの軌道を運動することが可能になるわけだ。電子のスピンを利用すれば、パウリの「二個の電子が同じ量子状態に存在することはできない」という宣言を守ることができる。つまり、二個の電子を同じ1s

子がこの状態に入ることはできないのである。

軌道に入れるのだが、そのとき、一方の電子は上向きスピン、もう一方の電子は下向きスピンの状態にするのである。こうしておけば、スピンが違っているわけだから、量子状態は同じではなくなる。しかし、こうしてしまうと、1s軌道にこれ以上電子を入れることはもはやできない。第三の電子がこの状態に入ることはできないのである。

これでヘリウム原子の説明がつく。ヘリウムでは、1s軌道に一対の電子が入っており、この軌道は完全に満員になっている。他の電子がヘリウムの1s軌道に入る余地はない。一対の電子は、カーペットに潜んでぬくぬくとしているダニのカップルのように快適なのだ。その結果、ヘリウムは他の原子と化学的に反応しない――つまり、不活性なのである！　一方、水素は、1s軌道に電子が一個しかなく、スピンが反対向きの電子がもう一個入ってくるのを歓迎する（この後すぐに触れるが、他の原子に属しているもう一個の電子がやってきてこの軌道を満員にすることが、水素が別の原子と化学結合するメカニズムなのである）[14]。化学用語で、1s軌道に電子が一個しかない水素は**非閉殻**、それに対してスピンが逆向きの二個の電子が1s軌道に入っているヘリウムは**閉殻**構造にあると言う（「殻」とは電子軌道の集合を指す名称で、1s軌道をK殻、2sと2p軌道を合わせたものをL殻、3s、3p、3d軌道を合わせたものをM殻などと、名称が決まっている。この後の説明に出てくるように、殻が電子で満員になっていると閉殻、満員になっていないと非閉殻と言う。化学者たちがよく使う用語である）。このため、水素とヘリウムでは、その化学的ふるまいが昼と夜ほど違っている。

さあ、これで私たちにも、電子が三個あるリチウムについて検討できるだけの知識が備わった。三個の電子をどこに入れればいいだろう？　そのうちの二個の電子はヘリウム同様、スピンが異なり、1s軌道に入って軌道を満たす。これで1s軌道は満員なので、三つ目の電子は次に最もエネルギーの低い軌道に入るしかない――その選択肢は、図27に示したように、2s、$2p_x$、$2p_y$、$2p_z$の四つだ。

リチウムの化学的性質は、この最後の電子だけで決まる。なぜなら、1sはもう満員で、この軌道自体は不活性になっているからだ。リチウムの場合、2s軌道は三つの2p軌道よりもわずかにエネルギーが低く、そのため三つ目の電子は2s軌道に入る。このように、水素では1s軌道に、リチウムでは2s軌道に電子が一個だけ存在するため、この二つの元素の基本的な化学的性質は同じになるわけである。私たちは、元素周期表の暗号を解きつつある。

ここから2s、2p軌道を埋めていけばどんどん重い原子をつくることができる。リチウムの次に来るベリリウムをつくるには、新たな電子を2s軌道の残りの空席に入れればいい。そして、その次のホウ素をつくるには、新たな電子を三つの2p軌道のどれか一つに入れればいいわけだ（この電子は、2s軌道にいる電子から少し斥力を受ける）。2pはダンベル型の波動関数で、三つともエネルギーは同じで、電子は実際にはこれら三つが量子論的に混合した状態にあると考えられる。2s、2p軌道のそれぞれに、電子は二個まで入ることができる。スピンが上向きのものと下向きのもの、一つずつだ。したがって、2s、2p軌道に電子をどんどん加えていくだけで、次々に重い原子をつくることができる。こうしてつくった原子はいずれも、電子がもつ負の電荷の合計と、原子核がもつ正の電荷とのあいだで完全にバランスがとれている。ベリリウム（Z＝4）、ホウ素（Z＝5）、炭素（Z＝6）、窒素（Z＝7）、酸素（Z＝8）、フッ素（Z＝9）、ネオン（Z＝10）のすべてで、電子の数が増えていくだけで同じことが成り立つ。ネオンは、周期表ではヘリウムの8ステップ先にあり、2s、2p軌道のすべてに電子が二個ずつ入って――一方は上向きスピン、もう一方は下向きスピン――満員になっている。ヘリウムが、スピンが上下逆向きの二つの電子で完全に満たされた1s軌道をもっているのと同じく、ネオンは内側に完全に満たされた1s軌道を、その外側にやはり完全に満たされた2s、$2p_x$、$2p_y$、$2p_z$軌道をもっている。私たちは、メンデレーエフが発見した元素の周期性と魔法の数8の源を突き止めたというわけだ。

つまり、水素とリチウムが化学的に同じなのは、水素原子が1s軌道に電子を一個もち、リチウムが2s軌道にやはり電子を一個もっているからだ。ヘリウムとネオンが化学的に同じなのは、ヘリウムでは二個の電子で1s軌道が完全に満たされており、ネオンでは内側の1s軌道と、その外側の2s、$2p_x$、$2p_y$、$2p_z$軌道のすべてが、完全に満たされているからである。電子殻が完全に満たされていない元素は、化学的に活性となる。最初に容疑者の面通しの列で気づいた、元素の化学的性質に表われている共謀の謎――これを最初に発見したのはメンデレーエフだった――が、これでほぼ完璧に理解できた。

次の元素は、原子核に電子一一個分の正電荷をもったナトリウム（Z＝11）だ。一一個の電子はそれぞれどこに入るのだろう？　ネオンでは、1s、2s、2p軌道が一〇個の電子ですべて満員になっている。では、ナトリウムで新たに加わった一個の電子は、2s、2pよりさらにエネルギーが大きい3s軌道に入れることにしよう……おや！　外側のs軌道に電子が一個というこの形は水素やリチウムと同じだ。ナトリウムとリチウムと水素は、どれも外側のs軌道に、ペアになっていない電子が一個入った形をしているので、化学的な性質が同じはずである。次のマグネシウム原子では、新たに加わる一個の電子は、先ほどのナトリウムの新参者電子と同じ3s軌道に逆向きのスピンで入る。さらにどんどんと進むには、3s、3p状態を先ほどの2s、2p状態と同じように埋めていけばよく、こうして8ステップ進むと、三つ目の電子殻は完全に満員となり、不活性気体のアルゴンになる。ネオンやヘリウムと同じく、アルゴンでも、1s、2s、2p、3s、3pのすべての軌道が、それぞれスピンが上向きと下向きの二個の電子で埋まり、満員になっている。このように、周期表の第三周期〔Na～Ar〕の原子をつくる作業では、第二周期〔Li～Ne〕でやったことを完全に真似て、s、p軌道をまったく同じように満たしていったのである。

ところが、第四周期〔K～Kr〕に入ると話が変わってくる。最初は第二、第三周期と同様、4s軌道（この軌道は図27には示されていない）から始めるが、その次は3d軌道（図27）に電子が配置される。これらの軌道は、シュレーディンガー方程式の、より高エネルギーの解である。準位が高いこれらの軌道に電子が配置されていく様子には、電子の数が非常に多くなってきたことが大いに反映している。電子どうしは電気力で相互作用を行っているのだが、この効果はこれまで完全に無視してきた。この効果は、同じような惑星が多数存在し、それぞれが互いに極めて近い軌道を周回している恒星系についてのニュートンの方程式を解こうとする作業で扱うものに似ているかもしれない。これらの効果をすべて考慮に入れることは、たいへん複雑で、私たちの今の議論の範囲を超えているが、それでもこのやり方はうまくいくと言っておけば、ここでは十分だろう。3dのエネルギー準位には五つの異なる配置の軌道が存在し、完全に満員になるまでに一〇個の電子を収容できることがわかる。これが、周期のパターンが「8」から「8＋10」に変わった理由である。日常のありきたりのことの物理学的基礎、つまり化学の基礎、したがって生物学のすべてを統べるものが、今ここに明瞭になった。メンデレーエフの謎は解けたのである。

分　子

いよいよ、もっと大きなものをつくる準備が整った。ここからは、分子を組み立てていこう。パウリの排他原理、シュレーディンガー方程式、すべてのものはエネルギーが最小になるような配置に落ち着くという法則が、分子がどのように形づくられるかも教えてくれる。

分子とは、二個以上の原子が結びついて、複雑な結合状態をつくっているものだ。このことを、元素（原子）が結合しあって**化合物**（分子）を形成すると言う。分子という新しい実体を形成する際、原子の外側の電子が結びつく（完全に満たされた電子殻に入っている内側の電子は何もしない）。だがそのとき、これまで見てきたのとはまったく違うことが起こっている。今回もまた、考えられるなかで最も単純な物理系から調べていこう。

二つの水素原子が水素分子H_2を形成することは私たちも知っている。二つの水素原子をどんどん近づけると、それぞれの原子の1s軌道は徐々に融合して、二つの原子核（水素の場合、原子核は陽子一個からなる）の周りをめぐる新しい軌道を形成する。このとき、二つの原子核は同じ正電荷をもっているため互いに反発し合い、ある程度以上は近づけない。こうして新たにできあがった分子としての配置は、二つの水素原子核（すなわち二個の陽子）に付随する電子波動関数の束縛状態を求めるためにつくられた、新しい一組のシュレーディンガー方程式の解になっている。こうして得られる新しい基底状態の軌道は、σ《シグマ》結合と呼ばれ、ある意味1s軌道とよく似ている（図28）。電子雲のなかの小さな二つの黒い点が、原子核である。これよりもエネルギーの高いπ《パイ》結合も存在する。こちらは、2p軌道に似ていると言える。σ結合は、もともとの1s軌道と同様、電子を二個までしか入れることができず、しかもスピンが上向きと下向きで逆になっている場合だけである。パウリの排他原理がここでも成り立っているわけだ。

σ結合する二つの電子の運動――すなわち、σ結合の形や分子内での二個の原子核の位置など――はすべて、総エネルギーが最小になるように決められる。最も単純な分子H_2は、このように説明することができる（ちなみにこれは、水素が常温常圧で気体として存在するときの形である）。二個の電子からなるσ結合とπ結合は、**共有結合**と呼ばれる。σ結合では、もともとあった二つの

1s軌道が対称的に融合し、二個の電子は二個の原子間で協同的に共有される。二個の原子が徐々に接近していくとき、外側の電子たちがそれぞれちょうど都合のいい軌道にいて、原子どうしが結びついて分子となる様子を思い描くことができるだろう。このように分子の形成は、電子を共有することによって、結合前よりも軌道がよりいっそう満たされた状態になるように進むことがわかる。

他にもっと極端な形の化学結合が存在する。これは、アルカリ金属や水素の、外側のs軌道に電子が一個しか入っていない原子と、塩素などのハロゲン元素の原子とのあいだで形成される。ハロゲンは、不活性になるには外側の電子殻の電子が一個だけ足りない。そのため両者が近づくと、電子が一個やりとりされて、図28に示されるような極めて非対称的な波動関数が形成される。食塩、つまり塩化ナトリウム（NaCl）を例とすると、このとき、アルカリ金属（ナトリウム、Na）から電子が提供されるのだが、この電子はナトリウム原子から完全に離れてしまい、ハロゲン（塩素、Cl）の電子に仲間入りしてしまう。見捨てられたナトリウム原子は一価の正電荷を帯び、塩素のほうは電子を一個獲得して一価の負電荷を帯びるので、ナトリウムと塩素は電気力によってゆるやかに結びつく（このように、電子を失って正電荷をもつようになったか、あるいは他から電子をもらって負電荷をもつようになった原子をイオンと呼ぶ）。つまり、活発な外側の電子がもともと属していた原子を見捨てて別の原子に加わるが、これらの二個の原子は電荷の符号が逆なために結びついて一体化するわけだ。このような結合を**イオン結合**という。塩化ナトリウムと言えばごくありきたりの食卓塩だが、これはイオン結合によって一体に保たれている。イオン結合は共有結合よりも結合エネルギーが小さく、その形成の際には、共有結合のときよりも放出されるエネルギーが小さいのがふつうである。したがって、結合を分離するために与えねばならないエネルギーも小さく、塩は水に簡単に溶けて、ナトリウム原子と塩素原子はそれぞれイオンの状態で分かれ、離ればなれになる。電池は、このようにイオンが自由に運動できることを利用して成り立っている。また、神経細胞が伝達して、感覚や思考をもたらす信号は、**イオンポンプ**という仕組みがあってこそ流れる。神経細胞の膜に埋め込まれたイオンポンプは、膜を通過させて、細胞にカリウムイオンを取り込み、ナトリウムイオンを排出する。これは、イオンポンプをつくるタンパク質分子およびその他の分子の軌道のあいだで、電子が複雑に行き来することで制御されている。生命は、イオン結合と共有結合の微妙なバランスの上に成り立っているのである。

Z＝6の炭素原子を考えてみよう。炭素原子は、K殻（1s軌道）に電子が二個、L殻（2s、$2p_x$、$2p_y$、$2p_z$軌道）に電子が四個存在している。外側のL殻には、まだまだゆとりがあって、近くの原子からさらに四個電子を「借りて」収容することができる。電子を四個借りたなら、すべての軌道がスピンが上向きと下向きの一対の電子で満たされた状態になるわけである。この特徴のおかげで、炭素は多才な原子として大活躍し（多才原子ナンバーワンではないとしても）、他のさまざまな原子と情熱的に結びつき、高い結合エネルギーで共有結合をする。たとえば、一個の炭素原子は四個の水素原子と共に、一つの分子を容易に形成する。炭素の四個の外殻電子はすべて、水素の一個の電子とペアをつくって共有結合のσ軌道に入り、その結果、四面体の形をした分子ができあがる。この極めて基本的な分子CH_4は、有機化学（炭素の化学）の基礎となる分子であり、**メタン**と呼ばれている。メタンガスのなかには、膨大な量の化学エネルギーが蓄えられており、酸化（急激な燃焼）によって解放されるのを待っている。

このメタンから水素原子を一個取り除くとCH_3という分子になるが、これは**メチルラジカル**または**メチル基**と呼ばれる。メチル基はペアをなしていない電子が一個あって、ペアとなって共有結合をつくる相手を強く求めている。そのため、メチルラジカルを二個くっつけて、C_2H_6という分

図 28　最も単純な分子軌道。H_2 分子などに見られる σ 結合は共有結合で、二つの 1s 軌道が融合して生じる。π 結合では 2p 軌道が融合する。共有結合は、電子がもともと属していた原子に完全に拘束された状態で形成される。一方、NaCl などのイオン結合の場合は、片方の原子（Na）の最外殻電子が、もう一方の原子（Cl）の最外殻を完成させるために、そちらの原子に飛び移ってしまう。こうなると、事実上 Na 原子は正電荷をもったイオンとなり、負電荷をもった Cl イオンに電気的に引き付けられて結合が成立する。

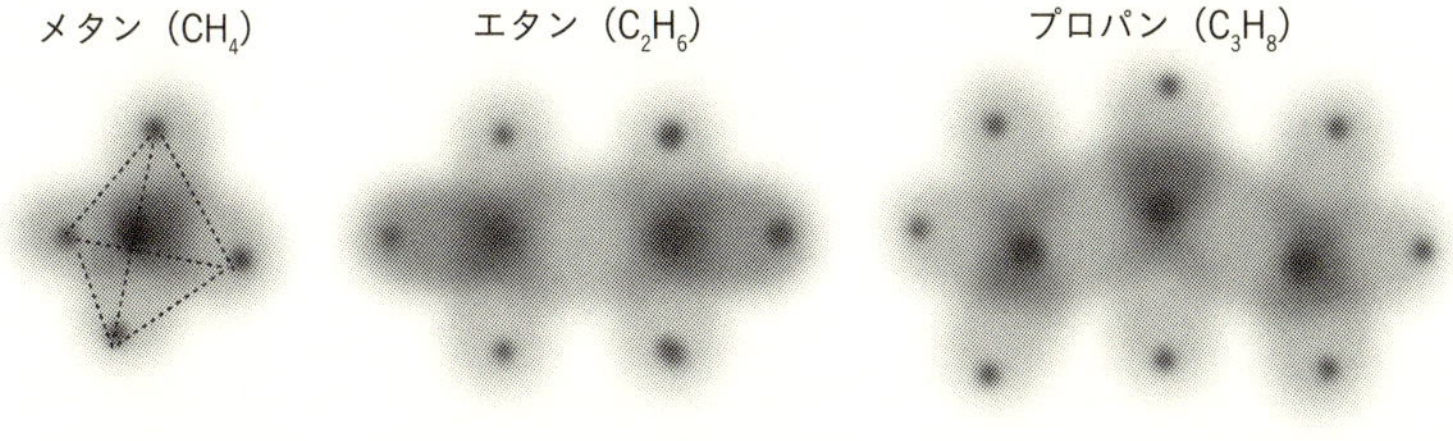

図 29　化学で活躍する量子力学。最も単純な構造をもつ炭化水素の属、脂肪族炭化水素（鎖式飽和炭化水素、アルカンとも呼ばれる）に属する最も小さい分子三つ、メタン、エタン、プロパンを示す（この属の分子には、炭素原子が増えていくにつれて、さらにブタン、ペンタン、ヘキサン、ヘプタン、オクタン、ノナン、デカンなどがある）。

子を簡単につくることができる。これが**エタン**と呼ばれる面白い構造をした分子だ（図29）。さて、エタンから水素をどれか一つ取り除き（すると**エチル基**になる）、これをもう一個のメチル基にくっつけるとプロパンができあがる。このプロセスを繰り返せば、ブタン、ペンタン、ヘキサン、ヘプタン、オクタンなど長い分子を次々とつくることができる。これが**脂肪族炭化水素**と呼ばれる、**高分子**のグループをつくる一つの方法だ。一〇〇個ほどの原子があれば、ほぼ無限の種類の分子をつくることができる。実際その多くが便利に使われている。

先ほど、メタンが関与する化学反応として、急速な酸化、すなわち**燃焼**のことに触れた。化学式で表せば$CH_4+2O_2 \rightarrow CO_2+2H_2O$だが、言葉で表現するとこうなる。「一個のメタン分子が二個の酸素分子と出合い、ちょっとしたエネルギーをもらった（光子一個など）ことをきっかけに、急速に燃焼を起こして二酸化炭素の分子一個と水の分子二個となる」。この反応は、大量のエネルギーを解放し、すべての炭素燃料の燃焼の基礎となっている。どんな炭化水素も燃焼すると、副産物として二酸化炭素ができることを覚えておいてほしい。

ここまでのまとめ

周期表の最初の縦列は、みなさんもうおなじみのアルカリ金属だが、この列のすべての元素で、最外殻のs軌道に、ペアをなしていない電子が一個あることを学んだ。水素（H）、リチウム（Li）、ナトリウム（Na）などの化学的な活動とは、他の原子と電子を共有する（共有結合）か、あるいは最外殻の電子を捨て去り、他の原子を構成する電子として与える（イオン結合）か、いずれかのふるまいをして分子を形成することであった。そのようなわけで二つの水素原子が出合ったなら、それぞれの原子が電子を一個ずつ提供して一つの満員の共有結合軌道（σ結合）を形成し、一体となってH_2になる。できあがったH_2は、二個のH原子がばらばらに存在するよりもエネルギーが低い。

一方、塩素（Cl）のようなハロゲンは、あと一個電子があれば最外殻を完全に満たすことができる。塩素がナトリウムに出合うと、まるで一目惚れのように、あまり強くつながれていないナトリウムの最外殻の電子を塩素が奪い取り、最外殻を満員にする。こうしてその分、負の電荷を帯びた塩素は、電子をくれたナトリウムとゆるく結びついた状態（イオン結合）を保つ。すると、塩化ナトリウム（NaCl）ができる。あの、誰もが親しんでいる塩《しお》だ。

また、二個のヘリウム原子は結合したりしないということも、私たちはよくよく知っている。実際、相手が何であれ、ヘリウムを反応させることは極めて困難だ。どうしてだろう？　それは、ヘリウムは電子殻が完全に満たされており、そのため「冷淡」で化学的に反応しないからである。分子の形成は、「殻を満たす」あるいは「殻を完成させる」過程だ。なぜなら、隣の原子の電子を使ってでも殻を満たしたほうが、ほとんどの場合、よりエネルギーが低く安定な系ができるからだ。隣の電子を借りるなら、当然のことながら、その過程で隣の原子を束縛することになる。二個の水素原子は、それぞれの1s軌道に由来する二個の電子がσ結合の軌道を満たすように結合する。そうして、水素分子ができあがる！　酸素原子は、殻を満たすには電子が二個足りないので、水素を二個引きつけ、うがいをするときや毎日の入浴で使う水を生み出す。もうおわかりだろう。みなさんも、もう化学者の仲間入りだ。

化学結合と聞いただけで、高校の化学の授業を思い出す人が多いだろう。高校時代と言えば、歓喜と失望の入り交じる、何ものにも代え難い青春時代であり、量子論を学ぶひまなどまったくなかっただろう。幸いみなさんは今、青春の悩みに気を散らされることなく量子論について考えることができる。

化学反応は、結合された系のエネルギーを最小にするように進む。そして量子論では、エネルギーは量子化されており、電子は最低のエネルギー準位を占めるように落ち着く。だが排他原理は、エネルギーが最低の状態を目指す過程よりも優先され、その結果、「電子は常に、他の電子がいるところに重なったり侵害したりすることのない、最低のエネルギー準位に自らを置く」というルールが生まれるのである。

パウリの新しい力

二個の電子がまったく同じ量子状態に入ることが固く禁じられているということから、任意の二個の電子が接近しすぎることが固く禁じられる。仮に、上向きスピンの電子二個を無理やり同じ位置に重ねて置いたとしたら、それは自然の意志に反して二個の電子を同じ量子状態（空間内の同じ場所）に強制的に入れてしまうことになる。パウリのルールは、この無理やり重ねようとする行為への抵抗という効果となって現れ、実質的に二個の電子を接近させない一種の反発力のように働く（この反発力は、符号が同じ二つの電荷のあいだに働く電気的反発力とは別物である。電気的反発力は電場から生じる）。パウリの排他原理によって生じるこのような見かけの力は、**交換相互作用**と呼ばれ、化学の領域をはるかに越えた広い範囲に影響を及ぼしている。

パウリは、交換相互作用は量子論の確率論的性格から来る逃れられない結果だと気づいた。その存在の証明は見事で、一読以上の価値がある（スピンについての補遺にこの証明を示しているが、少し高度な数学の知識が必要である）。さらに言うと、パウリの排他原理は、「宇宙に存在するすべての電子は、厳密に等しい。ただよく似ているというのではなく、本当にまったく同じである」という事実の結果として生まれたのであった。

ボールベアリング、羊、最高裁判所判事などからなる私たちの複雑なマクロ世界では、これほど厳密に二つの物が同一であることはない。工場から出荷されたばかりのボールベアリングについて考えてみよう。ベアリング内の球はみなそっくりに見えるが、本当に完全に同じだろうか？　顕微鏡で調べたら、かすかな擦り傷や窪みが見つかるだろう。これらの傷を拡大したら、それぞれの球はまったく違って見えるはずだ。四個の球の重さを正確に測定したら、たとえば、二・三二九七、二・三二九五、二・三二九九、二・三二九六グラムと、ごくわずかだが違いがあることがわかるかもしれない。二頭のクローン羊や人間の一卵性双生児の兄弟も、複雑な分子の組み合わせからなっていることを反映する大きな違いが、あるレベルで調べたならば必ず見られるはずだ。だが、電子ではこのようなことはあり得ないのである。

すべての電子で、その固有の性質がまったく同じなのである。これは何を意味するのだろう？一個の原子のなかで、任意の二個の電子の位置を入れ換えても、もとと同じ原子のままだ。実験的にも、理論的にも、電子が入れ換わったことを確認することはできない。これは、**交換対称性**の一例である。しかし、原子内の電子の波動関数は、このように任意の二個の電子を交換したとき、二個の電子の位置が入れ換わっただけで全体としての状況はまったく同一なのにもかかわらず、関数としてはもとのものの−1倍となっている。これは電子にとって、二個の電子が同時に同じ状態にある確率はゼロだということを意味する。なぜなら、スピンの向きが同じ二個の電子が空間のなかの同じ場所にあるとすると、これらの電子を入れ換えた場合には、波動関数はもともとのものが−1倍されたものとなり、しかもそれがもとの波動関数と等しくなければならないが、そんな関数はゼロ以外にないからだ（このことについては、補遺で数学的にもっと詳しく説明する）〔二個の電子を交換するとき、電子二個の波動関数には$\Psi(x_1, x_2) = -\Psi(x_2, x_1)$の関係がある。$x_1$と$x_2$はまったく区別できないので、これを$x_1 = x_2 = x$とすると、先の式は$\Psi(x, x) = -\Psi(x, x)$となり、ここから$2\Psi(x, x) = 0$、すなわち$\Psi(x, x) = 0$となる〕。

この交換相互作用による「力」は、極めて強い反発力だ。しかし、電気力や重力のような実際の力ではない――どんな「場」にも関係づけられていないのである。交換相互作用は、二個の電子が同時に同じ場所に存在する確率がゼロであることの結果として生まれるものだ。ある状況が起こる確率が高いとき、まるで何らかの引き付け合う「力」が存在していて、その状況を起こしているかのように見える。逆に確率が低ければ、あたかも何らかの反発させるような力が、その状況を起こさないようにしているのだと思える。このような、交換相互作用と呼ばれる力は一種の「錯覚」にすぎないが、その効果は直感的によくわかるものである〔空間には物理的な場（電磁場や重力場など）が存在し、それが変動することで力が伝わっていく。しかし交換相互作用は、このような場によっては記述されない、見かけ上の力である〕。

さて、パウリの排他原理の場合は、まったく同じ二個の電子の波動関数が同一の量子状態にある確率はゼロである。つまり、究極の反発力に対応するわけだ。まるでものすごく強い反発力が存在するかのように、そのような状況は排除されている。物質とはその約九九パーセントまでが空っぽの空間であるにもかかわらず、私たちは壁を通り抜けたり、手をテーブルに貫通させたりすることはできない。その理由が今、見えてきた。あなたの体の電子が壁の原子を貫通することはできないのは、これらの電子がパウリの排他原理――二個の電子が近づきすぎることを禁じるルール――に支配されているからである。

化学反応の詳細や、そこから生じる複雑な分子など、化学の細部には魅力的な事柄がまだまだたくさんある。なかには、比較的簡単にシュレーディンガー方程式で直接解析できるものもあるが、多くは厳密な計算をするにはあまりに複雑すぎるため、化学の分野には課題が山ほど残っている。量子物理学は化学の基盤を提供する。現代物理学で今ホットな話題の一つになっているのが、複雑性が極限まで高まったときに何が起こるかだ。複雑系を記述するにはどうすればいいのか、そして単純な統計モデルはどこまで使えるのか？　量子物理学は、たとえ原理的なところのみだとしても、そんな疑問をすべて説明してくれるに違いない。だが、細部には難しさが潜んでいるのも間違いないだろう。

第7章　論争――アインシュタインvs.ボーア……そしてベル

私たちは難しかった前章を乗り切り、そしてついに、ヴォルフガング・パウリのおかげで、化学が（したがって生物学が）存在する理由を理解し、また、大理石でできた台所の調理台は、原子レベルで見れば内部の空間はほとんど空っぽなのに、手を突いてもずぶずぶと沈んでいったりしない理由も理解することができた。ここでは、ニールス・ボーアとアルベルト・アインシュタインが交わした大論争を振り返り、量子のいっそう深い謎に取り組むことにしよう。きっとみなさんも、その面白さにのめり込むはずだ。まずは寓話を一つ。

昔むかし、議論好きな頑固者が四人いた。四人とも徒歩旅行愛好家となった。MITで共に学んだ彼らは、のちになって全員が相前後して引退すると、徒歩旅行を再開し、生涯にわたって議論を続けた。彼らは、議論の決着は多数決でつけるほかなくても、全員が友情を続けられると確信していた。だが不思議なことに、万物の理論、量子テクノロジー、次の大型粒子加速器をどこにつくるかなどをめぐる熱い議論のいずれにおいても、多数決は常に三対一になった。

いつもアルベルトが、少数派意見を頑固に主張しつづけ、はみだし者になったのだ。さて、彼らがイエローストーン国立公園をハイキングしていたときのことだ。またもやアルベルトが孤立した。彼は、数学論理は常に完璧であり、数学の定理はどれも十分努力すれば証明または反証が可能だ、と主張して譲らなかった。

熱弁をふるって説明したにもかかわらず、今度も多数決でやはり彼が三対一の少数派となってしまった。しかし、今回は強い確信があった彼は、これまでにない行動に出た。全能で慈悲深い女神に訴えることにしたのだ。天を見上げ、厳かにこう語りかけた。「おお、女神よ、お願いです。私が正しいことをあなたはご存知でしょう！ 彼らに何かしるしをお示しください」。そのとたん、一点の雲もなかった空がにわかに掻き曇り、灰紫の雲が四人の新哲学者たちの上に垂れ込めてきた。

「見ろ、女神からのしるしだ。私が正しいんだよ！」とアルベルト。

「何をばかな！ 雲は自然現象だ。めずらしいことじゃない」とヴェルナーが応じる。

突然、雲が渦を巻きはじめ、徒歩旅行者たちの頭上で急速に回転を始めた。

「これも、しるしだ。私が正しいんだ！ 女神はそれをご存知で、そうだと伝えておられるのだ」と、アルベルトが興奮して叫ぶ。「あのねえ」とニールス。「私はデンマークで、こういう回転する雲はしょっちゅう見たよ。上部大気乱流だよ」。マックスは、うなずいてこれに同意を示した。「まったく、ごく普通のことだよ」。

アルベルトはしつこく女神にせがんだ。「もっとはっきりとしたしるしをお願いします！」

次の瞬間、耳をつんざくような雷鳴が徒歩旅行者たちを揺さぶり、凄みのある女性の声が高みから轟《とどろ》いて、「彼が正しい!!!」と告げた。

ヴェルナー、ニールス、そしてマックスは度肝を抜かれ、激しい身振り手振りを交え、ときおり頷きながら三人で話し合った。やがて、決意の伺える表情でニールスはアルベルトのほうを向き、こう言った。「よろしい。こういうこともあるだろう。われわれはこう納得した。女神も一票を投ぜられたんだ……だから、今回は三対二だ」。

理想を述べれば、科学的な創造性とは、直感が示す方向への前進と、それに対する揺るがぬ証拠を求める要請との絶え間ない葛藤である。量子科学は自然界のあらゆる領域でうまく機能することがわかっている。また、量子論の応用が経済的な利益をもたらしてもいることも見てきた。さらに、微視的世界——量子の世界——は、奇妙で……不思議で……突飛だということも学んだ。一六世紀に始まって一九〇〇年代まで続いた科学は、量子科学とはまったく違っていた。量子科学の登場で、真の革命が本当に起こったのだった。

ときおり科学者は、自分たちが発見したことを一般市民に伝えるために、他に手立てがなくて比喩を使うことがある。本書でも何度もそうしてきた。これらの比喩は、私たちが見てきたような摩訶不思議な事柄を説明しようという、かなり破れかぶれな気持ちでつくられるものだが、少なくとも「理に適った」方法でつくられてはいる。そしてそのような比喩には、日常では直接経験することなどまったくできない領域のことがちゃんと把握できるように、私たちの思考を調整してくれる働きまである。確かに私たちには、量子の世界を記述するような言葉はまったくない。私たちの言語は、それとは別の仕事を遂行するために進化した。たとえばザイジックスという惑星があって、そこの住人が地球を観察していたとする。彼らは、人間の大群衆のふるまいに関するデータしかもっていないはずだ。大規模パレード、ワールドシリーズ、スーパーボウル、自動車レース、競馬、大晦日の夜のタイムズスクエアに集まった群衆、行進する軍隊、政府庁舎を攻撃しては警察の行動に慌てふためいて逃げ惑う暴徒（もちろん、発展途上国での話だが）などに気がつくだろう。ザイジックス人たちは、このようなデータ一〇〇年分を基にした、人間の集団行動に関する多岐にわたる一覧表をもっているかもしれないが、個々の人間の能力や、行動の動機についてはまったく何も知らないだろう。合理的思考、音楽や美術への愛、セックス、独創的な洞察、ユーモア、これらのものに人間がどんな能力をもち、どんな動機からその行為をするのかについては、何の知識もないはずだ。集団としての行動のなかでは、これらの個々の特性は平均化されてしまって、まったく見えなくなっているだろう。

つまり、これらの細かい事柄は微視的世界にある。ノミのまぶたに生えている毛には一〇億個だか一兆個だかの原子が含まれていることを思い起こせば、巨視的な物体――人間の経験に登場するすべての物――に慣れ親しんだ私たちが、量子の世界を支配する自然法則に対して、どうにも違和感を覚えるのも納得できよう。巨視的な自然は、個々の量子論的物体の性質をぼかしてしまう――とはいえ、このあと見ていくように、完全にぼかしてしまうわけではない。そんなわけで、私たちには二つの世界がある。ニュートンとマクスウェルによって美しく描かれた古典的世界と、量子論的世界だ。もちろん、究極的には世界は一つしかなく、それは量子論的世界だ。将来、量子論は量子論的現象をすべてうまく説明できるようになり、さらに古典論によってうまく説明されていた事柄も、量子論からちゃんと説明できるようになるに違いない。そのとき、ニュートンとマクスウェルの方程式は、量子科学の方程式の近似として導き出されるだろう。では、今一度ここで、量子科学でもとりわけ摩訶不思議で直感に反する事柄を少しおさらいすることにしよう。

四つの摩訶不思議

(1) **一つ目の不思議**　これは、放射能のような現象がよく知られるようになって持ち上がったものだ。私たちが大好きな素粒子の一つ、ミューオン（ミュー粒子）について考えてみよう〔レーダーマンは、ミューオンも関与する崩壊過程でミューニュートリノの存在を確認したことでノーベル賞を受賞している〕。ミューオンは、電子の二〇〇倍を超える質量をもつ荷電粒子で、電子と同じ大きさの電荷をもち、電子と同様、大きさはないようだ（つまり、半径ゼロの点粒子であるとされる）。スピンをもつという点も電子と同じだ。実のところミューオンは、最初に発見されたときには、どうにも説明のつかない、ちょっと重たい電子のそっくりさんであり、I・I・ラビをして、「こんなもの誰が注文したんだ?!」と、のちに有名になるコメントをつぶやかせた[1]。しかし、ミューオンは電子と違って不安定だ。放射性をもち、崩壊して約二ミリ秒しか存在しない。もっと厳密に言えば、ミューオンの**半減期**、すなわち平均寿命は二・二ミリ秒である（二・二ミリ秒後、最初あったミューオンの半分だけが残っているという意味である）。だが、どれか特定のミューオンが正確にいつ崩壊するかを予測することはできない（仮にミューオンに、ヒルダ、ムー、ベニート、ジュリアなどの名前をつけたとしても、ムーがいつ崩壊するかはわからない）。そのような出来事は、非決定論的でランダムであり、まるでサイコロを二個振ったときに、ときたま一のぞろ目が出るようなものである。私たちは、古典的な決定論的メカニズムを放棄し、代わりに確率を基礎物理学の土台に据えねばならない。

(2)二つ目の不思議　第3章で見た部分反射という不思議だ。光は波であり、水の波とまったく同じように、伝播、反射、回折、干渉することが知られていたが、プランクとアインシュタインが光の**量子**を発見した。量子は粒子だが、波のようなふるまいもしている。ここで、一個の光の量子、つまり一個の**光子**が、ビクトリアズ・シークレットのショーウインドーのガラスに向かって進んでいくとする。一個の光子は、ガラスを通り抜けてお洒落に着飾ったマネキンを照らすか、あるいは反射して通りからマネキンを見ている男をぼんやりとガラスに映すか、そのどちらかだ。この現象を記述するには、光子の一部がガラスを通して反対側に透過され、残りの部分は反射されるような波動関数を使わねばならない。波はすべてそのようにふるまう。だが、粒子は離散的なものだ——粒子は、完全に通り抜けるか、完全に反射されるかのどちらかだ。そのため、波動関数からは、光子が反射されるか透過するかについて確率しか得られない。これを踏まえて、たとえば太陽から来てガラスに向かっている光$\Psi_{太陽}$を考えてみよう。$\Psi_{太陽}$はガラスに当たり、波の性質に従って反射されたり透過したりする。これを$\Psi_{透過}+\Psi_{反射}$と表そう。量子が反射される確率は$(\Psi_{反射})^2$で、ガラスを透過する確率は$(\Psi_{透過})^2$だ。これらの値は小数であり、一個の粒子が全体として透過するのか反射するのか、その確率しか与えない。

(3)三つ目の不思議　次は、先に二重スリット実験と名づけたものだ。この実験を行ったトマス・ヤングは、ニュートンの光の粒子説《コーパスル》は誤りで、光が波であることを示した。だが、電子、ミューオン、クォーク、W粒子などもすべて、光子と同じように波として記述される。したがって、トマス・ヤングが光について行った実験は、これらの粒子すべてに当てはまる。

電子にしても、スリットが二つ開いたスクリーンに向けて一つの電子源から放射してやれば、ヤングの実験を行うことができる。一個の電子はスリットを通過し、最終的にはその先に置かれた検出スクリーンで検出される。フォトセルの代わりに電子検出器を使い、たとえば一時間のあいだに一個の電子が放射されるようにすれば、電子は一度に一個ずつしかスクリーンのスリットを通過しないことがわかる（したがって、一個の電子が別の電子と**干渉**することもない）。第4章で見たように、この実験を何度も繰り返し、個々の電子が検出スクリーンに当たった位置のデータをすべて重ね合わせると、波のような干渉パターンが現れる。個々の電子は通り抜けられるスリットが二つあることまで知っているようだが、私たちにはそれぞれの電子が二つのスリットのうちどちらを通ったかはわからない。この、どちらを通ったか決められないという曖昧さが、多数の電子の実験を積み重ねた末に、干渉パターンとして現われるのだ。片方のスリットを閉じると、干渉パターンは完全に変わって失われてしまう。電子がどちらのスリットを通ったかを記録する小さな検出器を設置しただけでも、パターンは別物になってしまう。干渉パターンが得られるのは、個々の電子が二つのスリットのどちらを通ったか、観察者がまったく知らないときだけなのである（ここでちょっと立ち止まって、この話が奇妙だと感じられるかどうか自問してほしい。もしそうでないなら、もう一度読み返したほうがいい）。

　電子源では、どの電子も波動の数学に従う**量子波**（波動関数）をもっており、これが二つのスリットを通過し、波として干渉する。その結果、検出スクリーンでの波動関数は、スリットが二つとも開いている場合、二つの成分の和$\Psi_{\text{スリット1}}+\Psi_{\text{スリット2}}$となる。$\Psi_{\text{スリット1}}$はスリット1を通過する電子の波動関数で、$\Psi_{\text{スリット2}}$はスリット2を通過する電子の波動関数である。検出スクリーン上の点Pで電子を検出する確率は、この波動関数を数学的に二乗したものとなる。高校一年の代数学を少し使えば、波動関数の二乗は次のようになることがわかる。

$$\Psi^2_{\text{スリット1}}+\Psi^2_{\text{スリット2}}+2\Psi_{\text{スリット1}}\Psi_{\text{スリット2}}$$

これは確かに、私たちが検出スクリーンで観察したパターンを説明する。この実験をおびただしい数の電子に対して繰り返した後に検出スクリーンに現れるのは、図17のものと同様の特徴的な干渉パターンである。多数の電子が到達する領域（到達する確率が極大の領域）と、電子がほとんど到達しない領域（到達する確率が極小の領域）とが、交互にスクリーン上に現れる。このとき私たちが見ているのは、右の方程式の**干渉項**$2\Psi_{\text{スリット1}}\Psi_{\text{スリット2}}$の効果だ。確率の式の残りの二つの部分$\Psi^2_{\text{スリット1}}$と$\Psi^2_{\text{スリット2}}$は、常に正の数になり退屈で面白みがない。この二項が与える効果は、干渉がまったくなかった際に観察される。たとえば、スリット1だけを開いて五万回この実験を行ったとすると、図18のような結果となる。これは、電子が検出スクリーンの上に$\Psi^2_{\text{スリット1}}$で表される形に重なって現れただけの、干渉パターンではない単純な分布である（スリット2だけを開いて実験したときには、同様に$\Psi^2_{\text{スリット2}}$で表される形の分布が結果として得られる）。干渉パターンのピークとゼロが繰り返される縞模様は、$2\Psi_{\text{スリット1}}\Psi_{\text{スリット2}}$の項に由来する。$2\Psi_{\text{スリット1}}\Psi_{\text{スリット2}}$は正の値とは限らず、検出スクリーン上を正と負のあいだで変動する。これによって、検出スクリーン上の明・暗・明・暗の縞模様が生まれるのだ。これが、一個の電子（一個の粒子）がスリットを通過する際に干渉を起こすという、量子論の薄気味悪さの本質である。このことは、一個の独立した粒子の量子状態はいずれかの一つの状態にあるのではなく、分裂症的な混合状態$\Psi_{\text{スリット1}}+\Psi_{\text{スリット2}}$になっているという考え方を裏づけるものである。

⑷四つ目の不思議　これだけでもたくさんだという気がするのに、他にもあれこれ、粒子の薄気味悪い性質を扱わねばならない。たとえば、**スピン**という量子論的性質がある。スピンの最も奇妙な特徴は、電子は**分数のスピン**をもつということだろう。私たちは、「この電子はスピンが$-\frac{1}{2}$だ」と言う。これは、この電子は大きさ$\hbar/2$の**角運動量**をもつという意味だ（補遺参照）。さらに、電子は常に私たちが選んだ任意の測定方向で、$+\hbar/2$または$-\hbar/2$のスピンをもつ（これを科学者用語で**上向き**または**下向き**のスピンと言う）(2)。スピンのいちばん寒気がする特徴は、空間のなかで電子を回転させると、すなわち電子の波動関数$\Psi_{電子}$をぐるりと三六〇度回転させると、量子論的波動関数は$-\Psi_{電子}$、つまり自分自身を-1倍したものとして戻ってくるという点であろう（補遺のなかで、まるまる一つの節をこの解説に充てている）。これまでに私たちが見たことのある古典論的なもので、こんなことが起こったためしはない。

　たとえば、マーチングバンドのリーダーや、フットボールのハーフタイムショーでチアリーダーがもっているバトンを考えてみよう。バトンはどちらかの方向を指している。チアリーダーがバトンを三六〇度回転させると、バトンは最初とまったく同じ状態に戻る。ところが、電子の波動関数ではそうはならないのだ。電子が三六〇度回転されると、もともとの形が-1倍された形になる。私たちはもはやカンザスにはいない――いや、もしかしたらこれは、たんなる数学的な表現でこうなっているだけではないのか。私たちに測定できるのは、確率――波動関数を数学的に二乗したもの――だけだ。だとしたら、波動関数にマイナスが付いているかどうかなんて、どうやったら調べられるというのだろう？　マイナスの符号は、現実世界《リアリティ》とどんな関係があるのだろう？　自分の研究に没頭しきった哲学者たちが、公的資金を使って瞑想にふけっているだけではないのだろうか？

「ちがう！《ナイン》」（と、パウリ）。一回転したらマイナスの符号が付くという事実の意味するところはこうだ。まったく同じ二個の電子（すべての電子はまったく同じだ）の総合的な量子状態は、これら二個の電子を入れ換えたとき、波動関数の符号が反転するように――つまり$\Psi(x, y) = -\Psi(y, x)$に――なっていなければならない、ということだ（補遺参照）。ここからパウリの排他原理、すなわち**交換相互作用**が直接導きだされる。したがって、これが原子内の電子が軌道を満たしていく順番を決定し、周期表と化学のすべて（水素は化学的に活性、ヘリウムは化学的に不活性など）がここからもたらされる。この単純な事実が、安定な物質の存在や、物質が電気を通す性質、中性子星の存在、反物質の存在、そしてアメリカのGDP一四兆ドルの約半分を説明する。一方、光子のような粒子（スピンが1）の場合、そのペアを入れ換えるときには$\Psi(x, y) = +\Psi(y, x)$という関係が成り立ち、ここにレーザー、超伝導体、超流導体のほか、列挙しきれないものの由来がある。これら素晴らしいものすべてが、量子世界というシュールで奇妙な宇宙から来ている。つまり、光子や電子が同種粒子の入れ換えの際（光子どうし、または電子どうし、どちらの場合も、二個の粒子は区別できない）に見せる、「不思議の国のアリス」めいた摩訶不思議な性質から来ているのである。

いったい、どうしてこんなに奇妙なんだ?

前節(1)のミューオンの話に戻ろう。ミューオンは、電子より二〇〇倍も重い素粒子で、一〇〇万分の二秒で一個の電子と別種の素粒子である数個のニュートリノへと崩壊する。こんな風変わりなミューオンだが、いつかシカゴのフェルミ研究所に、ミューオンを加速できる加速器ができてほしいものだ。

ミューオンの放射性崩壊は、量子論的な確率によって根本から支配されている。どうやらニュートン力学の古典的決定論は、道端でゴミ収集車を待っているようだ。ああ、しかし。古典的決定論の性質、すなわち古典物理学の物理的プロセスがもつ厳密に予測できるという性質。これほど美しいものを、誰もがみな捨ててしまおうと思ったわけではなかった。古典的決定論の考え方を救おうとしてなされた多くの努力の一つが、**隠れた変数**の概念を使った理論の構築だった。

ミューオンの内部に、隠れた時限爆弾のようなものがあると考えてほしい。小さなねじ巻き式目覚まし時計が一個と、小さなダイナマイトでできた仕掛けで、ランダムにミューオンを爆発させる。もちろんこの仕掛けは、ニュートン力学に基づいているが、現在の顕微鏡技術では最高の検出装置を使ったとしても、私たちの目には見えないほど小さなものである。だがそれでも、この仕掛けによって爆発（ミューオンの放射性崩壊）を説明できる。小さな時計の針が一二時を指すと、「ぱっ！」とミューオンは消えてしまうとしよう。ミューオンは主には、ミューオン以外の粒子の衝突によって誕生する。そのとき、ミューオンの内部時計がすべて一種ランダムに（おそらく、ミューオン生成プロセスの隠れたメカニズムに従って）セットされるとすれば、観察されているランダムとしか見えないミューオンの崩壊を、説明することができるだろう。隠れた変数とは、このような小さな仕掛けに付けられた名称で、量子確率のようなナンセンスなものを使わずに済むように量子論を修正しようとする、あらゆる試みにとって重要なものとなり得る。しかし、これから本章で見るように、八〇年にわたる議論のなかで、この取り組みは成功していない。おおかたの科学者は、量子論の奇妙な論理を受け入れているのである。

重ね合わせ状態の系譜

多数のランダムな電子からなるビームのなかでは、電子たちは可能なあらゆるスピンの向きをとっており、私たちが選んだ空間の任意の方向において、スピンが上向きの電子を一個見つける確率と、スピンが下向きの電子を一個見つける確率は常に同じである。スピンが上向きか下向きかは、ある形の不均一磁場を生じる強力な電磁石のなかに電子を通過させることによって決定できる（シュテルン＝ゲルラッハ実験を参照のこと）[3]。磁石で方向を曲げられたあと、スクリーン上で検出された電子たちは、二つのスポットだけに集中して現れる。上向きに方向を曲げられた上向きスピンの電子が集まる領域と、下向きに方向を曲げられた下向きスピンの電子が集まる領域である。このシュテルン＝ゲルラッハ磁石を四五度回転させると、やはり二つにスポットが現れるが、今度は回転前とくらべて四五度傾いた線の上下に分かれている。この測定は、任意に選んだ磁石の方向に対して、上向きスピンか下向きスピンかという特定の条件を電子に強制してしまうようだ。だが、与えられた電子に何が起こるかを私たちに教えてくれるのは、確率以外ない。

これをはじめとするさまざまな例から、量子科学の研究者は、原子レベルの粒子は測定されるまでその量子論的変数についての明確な値をもつ必要はないと考えるようになった。ボルンの研究グループの一員だったパスクアル・ヨルダンは、測定行為は粒子を乱すのみならず、実のところ、粒子がとり得る多様な異なる可能性の一つを、粒子に強制してしまうという説を提案し、こう述べた。「われわれ自身が測定の結果を生み出してしまっているのだ」[4]。ハイゼンベルクも独自に、量子の領域は事実の世界というよりむしろ、確率の世界でできていると主張した。このことはすべて、量子論的波動関数に要約され、そしてそれは、与えられた粒子について言えることはすべて記述している。波動関数から、その粒子が特定の場所に見つかる確率を得ることができる。正統的な「コペンハーゲン解釈」（ボーアの解釈）によれば、その粒子は実際にさまざまな状態で、さまざまな場所に存在している。それは、重ね合わさった一つの量子状態であり、観察される可能性のそれぞれに、観察される確率がある。すべての可能性を考え、それぞれがもつ確率を足し合わせたら、その総和は一〇〇パーセントになるだろう。その粒子がどこかに存在する確率は、一〇〇パーセントなのだから！

　したがって測定という行為は、任意の時間に、ある系を一つの確定的な状態と位置へと強制的に導く。これを物理学者たちは、最初の重ね合わさった波動関数は一つの明確な状態へと**収束する**という。例として、ビクトリアズ・シークレットのショーウインドーで反射もしくは透過する一個の光子について、もう一度考えてみよう。いま学んだことを使うと、この光子は重ね合わせの状態$\Psi_{\text{透過}}+\Psi_{\text{反射}}$にあると表現できる。この光子を検出して、それが反射されたとわかったとすると、私たちは光子の状態を乱してしまい、波動関数が収束して新しい$\Psi_{\text{反射}}$という状態になってしまったということだ。この収束後の波動関数のように、原理的に可能な最大限まで系の状態が定まっている状態を**純粋状態**と言う。私たちは、測定という行為をとおして波動関数を再構成し、重ね合わせ状態の曖昧さを解消したのである。

　これに対して、批判者たちが声を上げた（今なお盛んに批判している人もいる）。批判者たちは、「観察者」の定義がまずく、観察者（彼／彼女／それ）が自然のプロセスに立ち入りすぎていると指摘した。コペンハーゲン流の解釈では、何らかの観察者（彼／彼女／それ）によって観察されるまで、電子は明確に定義された実在をもっていると考える必要はないとする立場が（かろうじて）許されているのだが、この解釈と古典論的世界との違いは――少なくとも古典論的現実性《リアリティ》を信じている人にとっては――耐え難いほどだ。こうした状況のなか、一九三五年、アルベルト・アインシュタインは、量子科学に対して仕掛けられたものでも最も注目すべき攻撃に打って出る。これについては、少し後で詳しく見ることにする。
　さしあたっては、実際にうまく使える量子力学が私たちにはあり、さもなければ理解できなかったはずの諸現象を予測したり説明したりできるということを、心に留めてほしい。ハイゼンベルクが主張したように、量子論は測定可能なすべてのことを教えてくれる一貫性のある数学的手順を提供する。では、何が問題だというのだろう？　アインシュタインは、確率解釈、不確定性関係を嫌った。そしてとりわけ、電子が電子銃からスクリーンまでの明確に定義された軌跡をたどるという主張が原理的にすらできないといった類いの考え方に、我慢ならなかった。電子は分裂症で、ぐちゃぐちゃの重ね合わせ状態にあり、どういうわけか一つの行き先に向かって二つの独立した経路を通っていくという考えは、理に適わないというのだ。これに対して、ボーアはこう弁護した。「どうしても測定できないのなら、一つの明確な経路をとると仮定しても意味がない」と。一方で、波動と粒子の二重性を忌み嫌った者もいた。ハイゼンベルクは、次のような意味のことを主張した。「それらはすべて粒子だ。シュレーディンガーの波動方程式は、たんなる計算手段にすぎない。この方程式に登場する波動を、それが記述している粒子と混同してはならない。要するにわれわれは、人間の思考や意識にとって前例のない新しいものを扱っているのだ……粒子でも波動でもないが、同時にその両方であるもの――われわれは『量子状態』を扱っているのだ[5]」。自然は、自らに関する深くて基本的な何かを露《あらわ》にしたのだ。それは、二〇世紀になる前は、誰一人想像だにしなかったものだ。

ホレイショー　おお、不思議、一体これは！

ハムレット　だからさ、珍客はせいぜい大事にしようではないか。ホレイショー、この天地のあいだには、人知の思いも及ばぬことが幾らもあるのだ。
――ウィリアム・シェイクスピア『ハムレット』[6]（福田恆存訳、新潮文庫）

量子論は、成功に次ぐ成功を収めていった――最初は原子科学の分野で、続いて一九二五年から五〇年にかけての原子核科学と固体物理学の分野で。それと並行して量子論の解釈は、量子論がもつ意味の全容が見えてくるなかで、二つのまったく異なる考え方に分かれて固まっていった。ボーア率いる量子論推進派は、ヴェルナー・ハイゼンベルク、ヴォルフガング・パウリ、マックス・ボルンらが中心となり、コペンハーゲンを本拠とするか、あるいはそこに滞在したことのある科学者の二人に一人がこの立場を支持していた。これに対抗するのが、アインシュタインやシュレーディンガーが率いる、量子力学を疑う者や信じない者たちで、ド・ブロイやプランクなど、やはり量子力学の創始者たちが支持していた[7]。

量子論の成功を疑う者は一人もおらず、それはあまりに大成功だったので、物理学者のなかには、化学と生物学は、いちばん深いレベルで見れば、それぞれ物理学の一分野でしかないと豪語する者まで現れはじめた。問題は、中核にある確率論的解釈だ。これは、原子のレベルにおいてさえも、物体は観察されようがされまいが、きっちり定義された実在する性質をもって存在していなければならないという、「古典的領域」の考え方からはかけ離れていた。

量子論の本質をめぐる闘いとして描かれることも多いボーア-アインシュタイン論争は、一九二五年ごろから始まり、その後三〇年以上たって二人が亡くなるまで鎮まることがなかった。新世代の物理学者たちが闘いを引き継ぎ、今なお激しい議論が続いている。しかし、現役の物理学者のほとんどは、確率論的な波動関数の方程式であるシュレーディンガー方程式を、あらゆる種類の問題に何の不満もなく適用しながら、マイペースで研究を進めている。

レオン・レーダーマンから一言：ここで私は、量子力学を使って苦労して働き、日々の糧を得ている市民の一人として、自分の経験を述べておきたい。一般的に、われわれ実験家が実際にシュレーディンガー方程式を使って何かを計算する機会はそれほどない。というのもわれわれは、電子回路を製作し、シンチレーションカウンターを設計し、どこかの加速器を使わせてもらえるよう委員会を説得するのにあまりに忙しすぎるからだ。しかし、私が所属していたフェルミ研究所のグループは一九七七年、研究の流れのなかで、それまで観察されたことのなかった物体を発見したことから、またとない機会を得ることができた。スクリーンに現れるこの新しい物体は、正の電荷をもつものと負の電荷をもつもの——どちらも陽子の五倍の質量をもつ——が一つずつ組み合わさってできた「原子」のようなものとしか、われわれの推測では解釈できなかった（この物体は、**ウプシロン中間子**、あるいはギリシャ文字を使ってΥ中間子と名づけられた）。一九七〇年代の知的雰囲気の濃厚な空気を吸っていたわれわれは、これらの未確認物体は、新しいクォークと、その反クォークとが結びついた、新しい拘束状態であると考えた。

当時、**アップ**と**ダウン**、**チャーム**と**ストレンジ**という二世代のクォークの存在が確認されており、もっと重いクォークの世代が存在するのではないかという噂が囁かれ、文献でも論じられていた。われわれが特定した新しいクォークは、**ボトム**と名づけられた（すぐに**トップ**というパートナーがあてがわれたが、トップが発見されるのはようやくこの二五年後のことである！）。トップのことを、「ビューティ」クォーク、あるいはたんに「b‐クォーク」と呼ぶこともある。b‐クォークの性質を知るためには、「b‐クォーク」と「反b‐クォーク」のペアが拘束された状態であるウプシロンのなかで、両者がどのようにふるまうかを調べねばならなかった。そのためには、シュレーディンガー方程式を解く必要があった（しかし、b-クォークと反b-クォークのあいだに働く力の詳細はまだ確かめられておらず、新しく提案された**グルーオン**という力が両者を結びつけているのだろうと考えられていた）。われわれの美しいデータに納得しない懐疑的な人たちは、ウプシロンのことを「ウープス、レオン（おやまあ、レオン君）」と呼んで揶揄したが、最終的にはウプシロンが存在することが確かめられた。われわれは、世界中の理論物理学者たち、つまり、簡単に計算できる新しい手法をいつも必死で探している人たちを相手に競争していた（シュレーディンガー方程式は、理論家たちなら、赤子の手をひねるのと同じぐらい簡単に解ける）。われわれは、妥当と見なせる答えに最初に到達したのだが、まもなく、たいへん勢いのある理論家たちに追い越され、大きく水をあけられてしまった。だが、ウプシロンのふるまいを予測しようとして量子物理学を使ってわれわれがやってきたことは正しいのだろうかと、じっくり考えるのをやめたことはない……もちろんそれは正しかった！

隠れたものたち

さかのぼって一九三〇年代、クォークに出くわしてもそれが何かわかる者などいなかったころ、ボーアによる量子論の解釈がどうにも気に入らなかったアインシュタインは、ニュートンやマクスウェルの常識的で古典的な古き良き物理学に量子論を近づけようと、一連の試みに打って出た。一九三五年、ボリス・ポドルスキーとネイサン・ローゼンという二人の若手理論物理学者の助けを得て、アインシュタインは行動を起こした。(8) 先に触れたとおり彼は、確率が支配する量子の世界のロジックと、現実感のあるまっとうな性質をもった実在する物体の古典論的世界のロジックを劇的に衝突させ、どちらが正しいかという論争にきっぱりと決着をつけるための思考実験を提案したのであった。

この思考実験は、提案者らの名前の頭文字を取って**EPRパラドックス**と呼ばれているが、その目的は、量子科学は不完全だと示すことにあった。より完全に近い理論が存在し、いつの日かそれが発見されることをEPRは望んだのだった。

理論が「完全」だとか「不完全」だというのは、どういう意味だろう?「より完全な理論」として期待されるものの一つに、先に触れた「隠れた変数」を含む理論がある。隠れた変数とは、その名のとおり、出来事の結果に影響を及ぼすが隠れている変数で(たとえば、放射性粒子の内部に存在し粒子を崩壊させる、小さな時限爆弾のようなもの)、よりいっそう深いレベルで現れることもあるし、現れないこともある。実のところこれは、日常生活でよく経験することだ。硬貨を一枚投げたとすると、その結果は硬貨が上を向くか下を向くかのいずれかで、それらの確率は同じである。これまでの歴史のなかで、この実験はおそらく一〇兆回は繰り返されてきたと思われる。硬貨が発明されてから続いているだろうことは疑いがなく、少なくともブルートゥスがカエサルを殺害すべきかどうかを判断するために硬貨を一枚投げて以来、ずっと続いているのは確かだ。硬貨を投げたときの結果は予測できないという点については、私たち全員が同意する――それは、ランダム過程の結果だからだ。だが、本当にこれはランダム過程なのだろうか? ここに、隠れた変数がいくつか関わってくる。

そのような変数の一つが、硬貨をひっくり返す力だ。この力のうち、どれだけが硬貨を放り上げるのに使われ、どれだけが直径を軸として硬貨を回転させるのに使われるのだろう? 他にも、硬貨の重さと大きさ、硬貨を押したり引いたりする微妙な気流、ついにテーブルに落ちるときにテーブル表面と接する角度、テーブル表面の硬さ(硬いスレートでできたテーブルなのか、フェルトで覆っているのか？）といった変数がある。要するに、硬貨を投げることに影響を及ぼしている隠れた変数が、ものすごくたくさんあるわけである。

では、毎回硬貨を正確に同じやり方で投げられる機械をつくったとしよう。毎回同一の硬貨を投げることにし、硬貨を気流から守り（真空にした容器のなかに入れるなどして）、さらに、硬貨は常にテーブル表面の中央付近に落ち、その部分での硬貨の跳ね返り方を支配する弾性のパラメータは毎回厳密に同じになっているとする。これらの装置一式に、約一万七九六三ドル四七セントを費やして、いよいよ実験の準備が整った。それでは始めよう。硬貨は毎回表が上向きになる。五〇〇回投げてみる。五〇〇回とも表だ。私たちは、こそこそと身を隠していた変数をすべて管理制御の下に置くことに何とか成功した。これでこれらの変数は、もはや隠れてなどいなければ、変数でもなくなった。私たちは偶然を打ち負かしたのだ！　こうして、決定論が支配する世界となった！ニュートン的決定論は、硬貨、矢、大砲の砲弾、野球のボール、そして惑星にあてはまる。不完全不完全な理論によって記述されたときには、硬貨投げはランダムに見えたが、それはたくさんの隠れた変数の結果にすぎず、またそれらの隠れた変数は、原理上は外にさらけ出すことが可能で、最終的にはコントロールが可能なのだ〔通常コイントスは、表裏五分五分の確率という前提で行われるが、本書のこの例では、表が出ることを優位にする強力な未知の変数が存在しており、もともとは未知であったが、実は人間に制御が可能なこうした変数をすべて管理下に置いた結果、表ばかりが出る結果となったという例〕。

では私たちの日常生活で、他にどんなところでランダムさが働いているだろう？　保険数理表は、人々（あるいは馬や犬）の寿命を大雑把に予測するものだが、種の寿命に関する理論は間違いなく不完全だ。というのも、病気に対する遺伝的傾向、環境の質、栄養、隕石にぶつかる可能性など、複雑な隠れた変数がまだたくさん残っているからだ。いつの日か、おばあちゃんや従兄《いとこ》のボブがあとどれくらい生きられるかをめぐる不確実性を大幅に減らすことができるようになるのかもしれない。

これまでに物理学は、隠れた変数の理論で多少の成功を収めている。**理想気体**（**完全気体**と呼ばれることもある）の法則について考えてみよう。これは、容器に閉じ込められた低圧気体の、圧力、温度、体積の関係を記述する法則だ。温度を上げると、圧力が増す。体積を増加させると、圧力が下がる。これらのことはすべて、$PV=NRT$（圧力×体積＝気体分子の個数×定数R×温度）のような方程式によって簡潔に記述されている。しかし現実には、ここには無数の「隠れた変数」がある――気体は無数の分子からできている。これを踏まえたうえで、一個の分子の平均エネルギーとして温度を、そして高速で飛び交う分子たちが容器の壁のうち、ある面積に衝突することによって生じる衝撃の平均として圧力を、統計的に定義することができる。さらに、容器内の分子の総数をNと定義できる。こうして、もともとは「気体状態にある媒質」に関する不完全な記述でしかなかった気体の法則を、「隠れた」分子という存在と、その平均運動によって、完全かつ正確に説明することができるだろう。これと同じように考えて、一九〇五年にアインシュタインは、水の入った瓶のなかに微粒子を分散させた懸濁液のなかで、微粒子が行うジグザグ運動を説明した（いわゆる**ブラウン運動**）。この微粒子の「ランダムウォーク」現象は、微粒子をとり巻く水分子が次々とぶつかって衝撃を与えるという隠れたプロセスを、アインシュタインがとり上げて露《あらわ》にするまでは、説明のつかない謎だったのだ。

したがってアインシュタインが、量子物理学の理論は実は不完全なのだと思ったのも無理もないことだったのだろう。量子論が確率論的に見えてしまうのは、実は、まだ見つけられていない隠れた内部の複雑な事柄がすべて平均化されてしまっている結果なのだと、彼が考えたのも極めて自然なことだったのかもしれない。この隠された複雑な事柄を暴き出すことができると仮定しよう。だとすれば、次に、その事柄全部に決定論的なニュートン物理学を適用し、根底に存在している古典論的な現実性《リアリティ》をとり戻すことができるだろう。たとえば、光子がそもそも最初からある隠れたメカニズムをもっていて、それによって反射と透過のどちらを好むかが決まっているとしよう。すると、ビクトリアズ・シークレットのショーウインドーにぶつかったときに光子たちがランダムなふるまいをするのは、見かけ上のことにすぎないことになる。そのメカニズムがわかっていたなら、光が反射するか透過するか、はっきりと予測することができるはずだ。

急いでお断りしておこう――そんなメカニズムが実際に発見されたことはないので、ご安心を。アインシュタインのような物理学者たちは、予測不可能なランダムさという性質が、基本的で本質的なものとしてこの世界を支配しているという考え方に哲学的嫌悪感を抱き、ニュートン的決定論が復活することを望んだ。もしも、私たちがすべての変数を知っていて、それらをコントロールできたなら、もともと決まっていた結果が出るような実験を準備することができる。これが古典論的決定論の大前提だ。

これとは対照的に、ボーアやハイゼンベルクの解釈による量子論では、内部変数など存在せず、ランダムさと、不確定性原理が記述する非決定性は自然の本質的かつ基本的な性質で、それが微視的世界に現れているとする。どんな実験であれ、その結果を正確に決定することは不可能なら、さまざまな出来事がこの先どのように展開するかを予測することも不可能だ――決定論は、自然の哲学としては間違っているというわけだ。

問題は、隠れた変数が存在するのかどうかを果たして私たちが知り得るのか、という点である。それを考えるために、まずはアインシュタインらの挑戦がどのようなものだったかを見てみよう。

ＥＰＲの挑戦――量子もつれ

　アインシュタイン、ポドルスキー、ローゼンは、自分たちが何をすべきかを重々承知していた。量子論の不完全さを暴露する。これが彼らの仕事であった。そのためにはまず当然ながら、ある理論が完全であるとはどういう意味かについて明確な定義が必要だった。ＥＰＲによれば、完全な理論は物理的現実性《リアリティ》のすべてを含んでいなければならない。しかし、量子論は本質的に「曖昧」で、たとえば物体は「重ね合わせ」の状態になり得るが、そこに含まれるいくつもの可能性のうち、実際にはどの状態にあるのかは決まっていない。したがって彼らは、「現実性《リアリティ》」というものを注意深く定義せねばならなかった。そこでＥＰＲは、次のような理に適った条件を決めた。「ある系をいかなる形でも乱すことなく、その系のある物理量の値を確実に（すなわち、確率一で）予測できるなら、この物理量に対応する物理的現実性《リアリティ》の要素が存在する」というものだ。

　量子論のように役に立つ理論に異議を唱えようとするなら、自分たちの側が前提としていることを注意深くすべて列挙するのが筋というものだ。そのためＥＰＲは、これに続いて第二の前提を挙げた。それが**局所性の原理**だ。二つの系が、限られた時間内に両者のあいだでコミュニケーションすることが不可能なほど遠く離れている場合（すなわち、両者のあいだでコミュニケーションするためには、自然の制限速度である光速よりもはるかに速く信号が伝達されなければならない場合）、一方の系で行ったどんな測定も、遠く離れた二つ目の系に変化をもたらすことはできない、ということだ。

　ＥＰＲは、これは、常識的でうまい論理展開だ。ＥＰＲは、一つの粒子源から遠く離れた二つの検出器まで、二個の粒子を送ったらどうなるかを論じた。一方の検出器において一方の粒子の性質を測定しても、そのことでもう一方の検出器におけるもう一方の粒子の測定結果が影響を受けることはまったくない。もしも影響を受けるとしたら、局所性原理が破られたことになってしまう。

実はここで、きっちり把握しておかねばならないキーポイントが一つある。私たちには、遠く離れた惑星アルクトゥルス4に住む一人の友人がいるとしよう。今回の「源」はこの友人で、赤と青の二個のビリヤードの球をもっている。彼は、球の一つを私たちに送り、同時にもう一つをリゲル3に住む共通の友人に送ると約束した。私たちが届いた荷物を開くと、なかには赤い球があったとする。このとき私たちは、共通の友人は青い球を受け取ったのだと即座にわかる。これは、局所性の原理を破っていないだろうか？　もちろん破ってなどいない。私たちは、リゲル3の結果に影響などいっさい及ぼしていないのだから。古典力学的状態は、重ね合わせ状態になることは決してないので、私たちが受け取った荷物の中身を見ることによって、変化するものなど何もない。源である私たちの友人は誰が何色の球を受け取ったかを知っており、私たちは荷物のなかにアルクトゥルス4の友人が発送時に決めたとおりの色の球が間違いなく入っていることを知っている。

だが量子論となると、話はもっと奇妙になる。量子論では、量子もつれの状態が可能である。この状態では、源にいる送り主は自分が何を送ったのかを知り得ないため、私たちには赤い球を受け取るという確率と、それと相補的な青い球を受け取るという確率の両方があることになる。これらの確率のうち、源でコントロールできないのはどちらだろう？　ボーアとハイゼンベルクによれば、どちらの色の球がどちらに行くかは、宇宙全体を満たす波動関数によって決定され、それが測定されるまでは、どちらなのかはわからない。いったん測定されてしまうと、波動関数は収束し、二つの明確な可能性のどちらかに決まる。したがって、私たちが受け取った荷物を開いて、青い球を見つけたとすると（その確率は開ける瞬間まで五〇パーセントだ）、私たちは、遠方の惑星リゲル3の球が赤になる確率を一〇〇パーセントにしてしまうことになる。私たちが荷物を開かなかったとすると、リゲル3で赤もしくは青の球を受け取る確率はどちらも五〇パーセントのままだ。観察者である私たちが干渉をして、無限の遠方にある何かを瞬時に変えてしまったようである。

　続いてEPRは、このことは局所性原理を破っていると示す思考実験を提案した。これは、ある装置の真ん中で静止している一個の放射性粒子が質量の等しい二個の粒子へと崩壊し、その二個の粒子が同じ速度で東西に別れて飛んでいく、という思考実験である。粒子源の粒子はスピンがゼロなので、それが崩壊するときは、崩壊してできた二個の粒子のスピンの総和がゼロになっていなければならない。EPRは、もともとあった粒子はスピン½の粒子二個に崩壊すると仮定した。これら二つの粒子は、背中あわせに一方は東に、他方は西に向かって飛び去っていく。そのうち片方は上向きスピンで（「上向き」というのは、私たちがzと呼ぶ、運動の方向に垂直な方向に沿って測った向き）、もう片方の粒子は下向きスピンである（「下向き」というのは、さっきと同じzの方向で測った向き）。このバランスで、粒子崩壊後もスピンの和がゼロとなり、スピン角運動量が保存される。角運動量は、本書で論じているのとはまた別の深い理由によって、物理学の全領域で保存される（そしてこのことは、量子論でも正しいことが知られている）。

　しかし、これらの粒子の量子状態は量子もつれの状態にあり、上向きスピンの粒子が東に、下向きスピンの粒子が西に向かう確率が五〇パーセントで、下向きスピンの粒子が東、上向きスピンの粒子が西へ向う確率が五〇パーセントである。これは、二項からなる量子もつれ状態にある波動関数として、次のような形に書き表すことができる。

$$\Psi_{東}^{上向き}\Psi_{西}^{下向き}-\Psi_{東}^{下向き}\Psi_{西}^{上向き}$$

もしも、私たちが西側のシカゴにいて、上向きスピンの粒子を受け取ったなら、東側の北京に向かった粒子は下向きスピンのはずだ（反対に、シカゴの粒子が下向きスピンなら、北京の粒子は上向きスピン）。だが粒子源は、これら二通りのうち、どちらの組み合わせが送られたのかを知らない。わかっているのはただ、私たちに重ね合わさった量子状態が送られた、ということだけだ。

コペンハーゲン解釈によれば、二つの粒子の片方、たとえばシカゴに送られたほうを私たちが今測定すると、スピンは「上向き」か「下向き」かのどちらかであり、それぞれの確率は五〇パーセントだ。測定してスピンが上向きだったとすると、波動関数は宇宙全体で収束し、次のような形になる（マイナスの符号は、ここでは問題ではない）。

$$\Psi_{東}^{下向き}\Psi_{西}^{上向き}$$

逆に、シカゴで下向きスピンと測定されたとすると、やはり波動関数は宇宙全体で収束し、次のようになる。

$$\Psi_{東}^{上向き}\Psi_{西}^{下向き}$$

つまり私たちは、シカゴでスピンを測定することによって、波動関数に北京にまで及ぶ変化を——瞬時に——起こしたわけだ！　実際、同じ実験をもっと大きなスケールで行って、アルクトゥルス4にある源から送った電子を地球で検出する場合でも、リゲル3の波動関数を瞬時に変化させることになる。これは、ＥＰＲが要請した局所性原理を明らかに破っている（図30）。

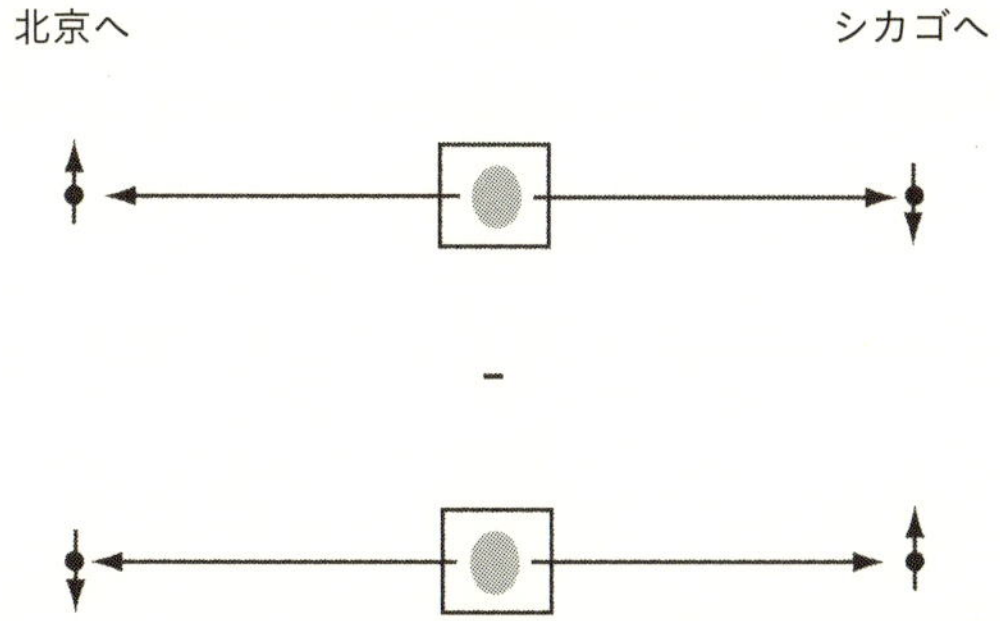

図 30　アインシュタイン=ポドルスキー=ローゼンは、放射性物質の崩壊で一対の電子が誕生したときに生じる、次のようなもつれ合った重ね合わせ状態を考えた。[スピン上向き電子が北京に、スピン下向き電子がシカゴに] − [スピン下向き電子が北京に、スピン上向き電子がシカゴに]（ここで、−の記号はあまり意味はない。+でもかまわない）。シカゴでスピン上向きの電子が検出されると、状態は宇宙全体で即座に次の状態へと収束する。[スピン下向き電子が北京に、スピン上向き電子がシカゴに]。アインシュタインは、これは、信号が一瞬で宇宙全体に伝わることを意味すると解釈し、したがって量子論には欠陥があると考えた。

一つの孤立した粒子のスピンを測定しただけで、私たちは、今では遠方に行ってしまったもう一方の粒子に触れることなく、そのスピンに影響を及ぼしたようだ。第二の粒子の性質は、測定することも、第二の粒子の所へ行くこともなしに、私たちが決定してしまったことになる。だが量子論は、離れたところにある粒子について、それを直接測定することなしに、何らかの知識を私たちが得ることは絶対にないとする。ならば、量子論は不完全である。このようにEPRは結論づけた。（次の二つのことを思い出してほしい。ボーアと同僚らは、量子論では測定されることなしに粒子が現実の確固とした物理的性質をもつことはいっさい許されないという考え方を受け入れていたこと、そして、観察しなければ「現実性《リアリティ》」はないというこの点こそが、アインシュタインを悩ませていた問題の一つであったことの二点だ）。

今の議論を、もう少し厳密な物理学の言葉に置き換えて見てみよう。静止しているスピン角運動量ゼロの放射性粒子が崩壊して、二つの粒子、AとBになるとする。スピン角運動量と運動量の保存則から、反対の向きに飛んで離れていく粒子AとBは、スピンと運動量が逆向きでなければならない。だが量子力学は、Aがどんなスピンをもつかについて、何の要求もしない。実のところ、測定されるまでスピンは決定されていないままで構わないのである。何光年も離れたところに行ってしまった粒子Aのスピンを正確に測定すると、Aは明確なスピン状態をもっていることが判明し、そして角運動量保存の法則によって、BはAとは反対向きの明確なスピンをもっていなければならないことになる。Aを測定することが、何光年も離れた粒子Bのスピンを決定してしまう。しかし、Bから何光年も離れたAを測定することが、瞬時にBに影響を及ぼせるなんて、どんなにしたってありえない。

アインシュタインは一種の背理法を使い、Aを測定し乱した結果生じる性質をBが獲得するには、私たちが何らかの手段でBにメッセージを送ることができる場合だけであることを示した（こんなメッセージだ。「私たちはAを測定しています。スピンは上向きです。Bはスピンが下向きだと確認できないと困ります」）。AとBは遠く離れているので（思考実験ではメガパーセク〔一メガパーセクは三二六万光年〕離れていても構わない）、このメッセージは、光速をはるかに上回るスピード、超光速で送らねばならない。こう示したうえでアインシュタインは、このような「薄気味悪い遠隔作用」をきっぱりと否定し、「物理学者としての私の直感が、これに拒絶反応を示す」と言った。[9]簡単に言うと、EPRはこう結論した。Bの性質はAを測定することによって変化したりはしない（この考え方を**局所性**と言う）、そのためBは測定の前にすでに明確な性質をもっているはずだ、と。量子力学では、粒子が測定される前にもっている運動量や電荷などの性質は曖昧でも構わないし、またAを測定することでBの性質も知り得る。こうしたことからアインシュタインは、量子力学は不完全だ、もっと深いところに隠れた変数が存在しているに違いない、と結論した。

さて（とEPRは続ける）今度は、粒子AとBの位置と運動量を測定する場合を考えよう。彼らは、「ある系をいかなる形でも乱すことなく、その系のある物理量の値を確実に（確率一で）予測できるなら、この物理量に対応する物理的現実性《リアリティ》の要素が存在する」という基準をつくっていたことを思い出してほしい。AとBは、静止していた一個の粒子の崩壊で誕生したので、量子論の数学的構造から、Aの位置を正確に測定すれば、その瞬間にBの正確な位置がわかる。Aを測定することがBに影響を及ぼすことがあってはならないので（局所性の原理）、Bは、私たちがAを測定する前から、位置についてはこのように測定されるとおりの属性をもっていなければならない。以上のことから、系を乱すことなくBの位置を確実に予測することができるので、Bの位置という物理量は実在することになる。同じ理屈から、Bの運動量も実在することが導き出される。したがって、Bは正確な位置と正確な運動量とを同時にもっていることになる。すぐおわかりになると思うが、これはハイゼンベルクの不確定性原理――粒子は位置と運動量について、正確な値を同時にもつことはできないという原理――に反している。みなさんにはこの議論の行方がおわかりだろうか？EPRが結論づけたように不確定性条件を体現する量子力学が不完全か、Aの測定がBに影響を及ぼしたかのどちらかだ、ということになる。後者なら、非局所的な擾乱が存在することになるが、それはEPRにとってはあり得なかった。

ハイゼンベルクの不確定性原理は、ある粒子の位置を測定しようとしたなら、その粒子の運動量を乱さざるを得ないとしていることを思い出していただきたい。位置をより正確に測定すればするほど、それだけ運動量はより大きく乱されてしまう（その逆も成り立つ）。これは、不確定性原理の説明として十分だ。ハイゼンベルクは、位置と運動量の両方を無制限に正確に知ることはできないと教えている。先に述べたとおり、コペンハーゲンのボーア学派は、「知ることができない性質については、粒子がそのような性質をもっていると考えても意味がない」という立場である。

これに対して、アインシュタインはこのように論じるだろう。「よろしい、粒子の位置と運動量を同時に正確に知ることは決してできないという点は認めよう。だが、粒子は明確に定まった位置と運動量を同時にもっていると考えて何が悪いのかね？」。ＥＰＲは、擾乱をもたらす要因をなくし、Ｂに触れることなくその運動量を知ることができると示すことによって、量子物理学に挑戦状をたたきつけたのである！

ＥＰＲの論文は、ボーアに「青天の霹靂《へきれき》のような」衝撃を与えたと言われている。誰が言ったか知らないが、ボーアがこのことを検討し、同僚らと議論しているあいだは、位置と速度を司る法則に確証がなくなって、コペンハーゲンの交通はすべて止まったという話すらあるほどだ。だが、彼が答えを見いだしたとき、この問題は「自明」な事柄となった。

ボーアがＥＰＲに言ったこと

ＥＰＲの突きつけた矛盾点を解くカギは、同じ現象で誕生したあとに離れていく二個の粒子ＡとＢは、「量子もつれ状態にある」、すなわち、その性質が「古典論では説明できないような相関をもった状態にある」という点にある。ＡとＢは、運動量、位置、スピンなどについて曖昧な値しかもたないが、それらの値がどうであれ、両者のこれらの性質は量子もつれ状態にある。私たちがＡの速度（運動量）を正確に測定したとすると、Ｂの速度もわかる（Ａと速度は同じで向きが反対）。Ａの位置を測定したなら、それがいつであってもＢの位置もわかる。Ａのスピンを測定したなら、

Bのスピンもわかる。測定を行うと、それまではA、B両者の性質について、あらゆる可能性を許していた波動関数を変えてしまうことになる。だが、両者が量子もつれ状態にあるおかげで、地球上にある私たちの実験室でAについて調べたなら、何光年も離れたリゲル3に存在するBについても、突いたり、観察したり、そのほか対象を乱す行為をいっさいせずに、すべてがわかってしまう。何メガパーセクも離れているにもかかわらず、私たちは、Bのもっている無数の可能性を瞬間的に一つに収束させてしまったのである。

このことは、ハイゼンベルクの不確定性原理に、どんな意味においても反していない。なぜなら、Aの運動量を測定してしまったなら、私たちはその位置座標をでたらめに乱してしまうからだ。問題は、測定することができないにもかかわらず、Bは運動量と位置の両方の正確な値をもっていなければならないという主張にある。では、ボーアは最終的にどのように結論したのだろう？ 彼の反応はどのようなものだったのか？

何週間もこれに取り組みつづけた末、ボーアは最終的に、「まったく問題ない」と結論づけた。ボーアの議論はこうである。（Aの測定を介して）Bの速度を予測できるということは、Bがその速度をもっているということではない。Bを測定するまで、それが何らかの速度をもっていると仮定すること自体、無意味なのだ。同様に、位置の測定を行うまで、Bは位置をもたない。ボーアと、のちに彼に同意したパウリやその他の量子論支持者たちに言わせると、こういうことだ。「おお、かわいそうなアインシュタイン！ 彼は、すべての物体は古典論的な性質をもっていなければならないという、古典論的強迫観念からまだ解放されていないんだ」。実際には、測定して乱さない限り、Bがどんな性質をもっているかを知ることはできない。知ることができないのなら、それは存在しないも同然だ。針の頭の上で何人の天使がダンスできるかを測定することができないのだから、天使など存在しないのも同然だというのと同じである。実質的には、何も局所性原理を乱してはいない——だがこれを利用して、忘れていた記念日のカードを瞬時にリゲル3に送ることはできない。

あるときボーアは、アインシュタインとの議論のなかで、量子革命を相対性理論と比較した。相対性理論はアインシュタインが起こした革命であり、その理論なかで空間と時間は奇妙な新しい性質を獲得した。しかし、たいていの物理学者は、量子論的な世界観のほうが相対性理論よりもはるかに過激だという点で意見が一致した。相対性理論では、時間が主観的であるというのにだ。

ボーアは繰り返しこう述べた。「二個の粒子が微視的世界でいったん量子もつれ状態に入ったなら、たとえその後何光年も離れたとしても、両者は量子もつれ状態のままだ」。Aを測定すると、AとBの両方が属している一つの量子状態に影響が及ぶ。だからBのスピンは、たとえBが遠い彼方に離れていても、Aのスピンを測定したなら、それで決まってしまうのである。だがこれこそ、アインシュタインが文句をつけた点だ。そして、ボーアはこれに対して明確に答えたわけではなかった。EPRが指摘したこの問題点は、その三〇年後に登場するジョン・ベルが到達した深い洞察によって、ボーアによる以上にはっきりと説明される。だが、さしあたってのキーワードは**非局所性**、つまりアインシュタインがいみじくも名づけた「薄気味悪い遠隔作用」である。

ニュートン的な古典物理学では、「Aが上向きでBが下向き」という状態と「Aが下向きでBが上向き」という状態は、まったく別のものだ。どちらの状態になるかは、遠方の惑星アルクトゥルス4にいる友人が決め、その友人は私たちにそれを小包にして送ってくる。小包を最初に見る人は、原理的にはだれでもその内容を知ることができる。各オプションはそれぞれまったく独立しており、小包を開くという行為は、たんにどの粒子がどの向きのスピンをもつかを明らかにするだけだ。だが量子力学の立場では、AとBを記述する波動関数において、その二つのオプションは量子もつれ状態にあり、一方の粒子が測定されれば、すべての空間にわたって波動関数が瞬時に変化する。それだけのことである。だがしかし、観測可能などんな信号も、光より速くは伝達され得ない——これは自然の掟だ。

こんなふうに権威主義的に主張すれば、新人大学院生を黙らせることはできるにしても、それで私たちの悩める心を本当に静めることができるのだろうか？　ボーアの「反論」にアインシュタインたちが満足しなかったことは間違いない。論敵どうし、要するに話がまったく噛み合っていなかったのだ。アインシュタインは、電子や陽子など、物理的実体には明確に定義された性質が伴っているという古典的な現実性《リアリティ》を信じていた。独立した実体という古典論的な考え方を拒絶したボーアにとっては、アインシュタインによる不完全さの「証明」はナンセンスだった。ボーアにしてみれば、アインシュタインの認識するところの「理に適っている」という状態こそが間違っていたのだ。アインシュタインは、著者らの同僚の一人〔アブラハム・パイス〕に、こう詰め寄ったことがある。「君は、月があの位置に存在するのは、君が月を見るときだけだと、本気で考えているのかね？」と。これと同じ問いを電子について尋ねられたなら、答えるのはそれほど簡単ではないだろう。考え得る最善の答えは量子状態とその確率である。「スピンは上向きか、下向きか、どちらだろう？」高温のタングステン・ワイヤーから飛んでくる、顕微鏡では見えないサイズの電子にとって、結果は五分五分の確率であり、誰も測定していないのなら、ある電子のスピンがどこか特定の方向を向いていると論じることは意味がない。だから、質問すること自体が間違いだ。月は電子よりはるかに大きいのだ。

もっと深い理論？

歴史的に見ると、物理学において二つの相容れない理論が登場したときはいつも、どちらが正しいか決着をつける実験が探し求められてきた。だが、ボーア - アインシュタイン論争では、それは容易なことではなかった。アインシュタインは指摘した。量子物理学の数々の成功のうち、これらの基本概念のおかげでなされたものなど一つもなく、したがってシュレーディンガー方程式と量子物理学の成功のすべてを導き出せるような、より深い理論――「もっと理に適っていて、これほど薄気味悪くないもの」――を探し求めねばならない、と。アインシュタインの陣営は、粒子には未発見の物理的現実性《リアリティ》の要素があって、それは確率の背後に隠れているのだと信じており、量子力学はすべてを語ってはいないと考えていた。

ボーアの主張では、そうしたより深い理論など存在せず、量子論は完全だった。もしも量子論が薄気味悪いというのなら、それが自然の本当の姿なのである。ボーアと彼を支持する急進的革命家の一群は、波動関数が表す一組の確率によって粒子が記述されるという考えと、粒子の物理的性質を完全に記述するのに必要なのはそれだけだという考えに、すっかり満足していた。粒子がいったん測定されたなら、粒子がもついくつかの可能性はそれぞれの確率に従って確実性へと変化する。ボーアのグループは、ＥＰＲの主張にも、彼らが巧妙なやり方で遠方から性質を決定し、粒子を乱すことを避けたことにも、参りましたとは言わなかった（少なくとも公には）。同じ粒子源から生まれた粒子ＡとＢのペアではスピン、位置、運動量が相関しているため、Ａの性質を測定することによってＢに関するすべてを知ることができる。アインシュタインにとって、このＢに関する（いわば、また聞きの）知識は、彼が信じ主張した類いの物理的現実性《リアリティ》を示すものだった。だが、ボーアの捉え方は違った。ボーアにとっては、測定されていない段階で、スピン、運動量、位置などの性質を粒子に帰属させることは、「古典論的」な考え方だった。測定によってある結果が得られるだろうと予測することは、電子が実際にその性質をもっているということを意味しない。直接測定されてないのなら、これらの性質が電子に帰属するとみなしてはならない。ボーアは、そう強く感じていた。

レオンから一言：私がどう考えているのか、みなさんが気になっているかもしれないので、ここで私の愚見を述べたい。私の実験物理学者魂は、次の二つの見解を区別できるデータとはどんなものか、知りたがっている。

アインシュタインの見解　測定できないことには同意するが、それでも電子はあるスピン、ある運動量をもっている。

ボーアの見解　測定できないのなら、あるスピンまたは運動量を電子に帰属させることは無意味だ。

この二つの立場を区別することは（私にとっては）無意味で、意味論に拘泥しすぎた結果にすぎない。電子Bは、アインシュタインが主張するように、独立した物理的現実性《リアリティ》の諸要素をもっているのだろうか？　それとも、ボーアがいうように、Bは測定によってのみ、特定の一つの値を強制的にもたされるのだろうか？　私が属する素粒子物理学の分野では、研究者はいつも衝突実験を行うことによって粒子の性質を推定している。典型的な実験では、陽子を加速し、それを第二の粒子に衝突させて、五〇個ほどの新しい粒子を発生させ、四方八方に飛び散らせる。電荷を帯びた粒子の経路は検出器で記録できるが、中性子のように電気的に中性の粒子は、しばらく後でそれが別の衝突を起こしたところで検出される。鉛のなかを一億数千キロ進んでも検出されないニュートリノは、まったく無傷で検出器を通り抜けてしまう。そこでわれわれは、外に向かって逃げていくすべての荷電粒子の運動量を測定し、その和を、入射されて衝突を起こす粒子がもっていた運動量から差し引く。その結果、結構な量の運動量が残ったなら、電気的に中性の粒子が、かなりの量の運動量をもち去ったのだと結論する。中性の粒子全体がもち去ったこの運動量から、中性子がもち去ったと特定できる分を差し引いてやると、ニュートリノについてもかなりのことがわかる。この手法においてわれわれは、運動量を推測して、それを大いに役立てているわけで、したがってアインシュタインの見解のほうが素粒子物理学者の日常の実感に近い。

二〇世紀の二人の偉大な理論物理学者が袂を分かったのには、もっと深い相違があったのだろうが、この問題がきっかけで、アインシュタインが晩年に物理学の主流から追われ、科学者のあいだで孤立してしまったように見えるのは実に残念だ。コペンハーゲン解釈によって、ボーアが量子力学の究極の権威者となった。量子力学は見事な成功を収め、ふつうの物理学者や化学者に日常的に活用されていた。一方、アインシュタインは懐疑論者として、たいていの人々が追求する時間も知性ももち合せないような問題を挙げつづけた。これはあまりよい状況ではなかった。アインシュタインの問いに、居心地の悪い思いをした科学者もいたし、量子力学を疑うことで、物理学者としてのキャリアが脅かされるように思った者も少なくなかった。

もちろん、まだ謎は残されている――量子論のせいで痛めつけられた直感に追い討ちをかけるような謎が。測定装置そのものをめぐる問題もその一つだ。測定装置にしたって、原子やその他の薄気味悪い世界の住人たちでできているのではないのか？　だとすれば、どの尺度になれば、私たちの世界でおなじみの古典論的現実性《リアリティ》が現れてくるのか？　原子一〇〇個で？　それとも一〇〇万個で？　巨視的レベルに達したら、量子法則は破綻するのだろうか？　シュレーディンガーの哀れな猫を殺すのは誰、あるいは何なのだろう？　波動関数を宇宙全体で収束させる観察者とは誰、あるいは何なのだろう？

私たちはみな、ニュートン物理学を学んできた。長きにわたる科学の営みによって野球のボール、衛星、惑星、橋、超高層ビルといった、私たちの日常の世界を構築する基本法則が明らかにされていくのを見た。そして、こうした法則がマクスウェルの方程式によって拡張され、太陽系や広大な宇宙にも適用されたことも学んだ。ところが、今やこのすべてが、日常的な現実性《リアリティ》など意にも介さない原子の世界の上に成り立っているというのだ。もちろん、理論家は私たちの日常的な現実性を復活させる新たな手立てをあれこれ試しつづけており、彼らの努力から、多宇宙、隠れた変数、非局所的実在《リアリティ》などの研究が生まれてきている。

ジョン・ベル

やがて、一種の解決と言えそうなものが、欧州原子核研究機構（ＣＥＲＮ）に所属する理論物理学者の姿を借りてやってきた。その物理学者——ジョン・ベルという名の物静かなアイルランド人——のことは、私レオンがよく知っている。

私は、一九五八年から、スイスのジュネーブにあるＣＥＲＮで実験を行っていた。立派な設備、素晴らしい食事、それに遠出することなく楽しめるスキーは、イリノイ州バタビアで経験できるあらゆることをはるかに超えている。ケルト民族特有の燃えるような赤い髪と射るような青い瞳をした、この若き物理学者に私が出会ったのは、この研究所でのことだった。互いに面白い話を披露しあったりしたが、やがて私は、彼が量子物理学の基本問題に取り組んでいることを知った——ここでの彼の仕事は、粒子加速器の設計だったのだが。このように彼が抽象的な事柄に興味を抱いていたことは、活気に満ちていながら厳格さも備えているヨーロッパの研究所にはあまりそぐわなかったかもしれないが、ベルは夢想に耽っていたのではなかった。彼は鋭い観察眼と、確率や統計の難解な特性について専門知識をもち、専門性の高い、実験関連の計算と理論的な計算をこなす能力があった。

ＣＥＲＮは一九五〇年代前半に設立されたが、その立役者の一人が、私のコロンビア大学時代の師、イシドール・アイザック・ラビだった。ラビは戦後の物理学とアメリカの科学政策における実力者だった（アイゼンハワー大統領に、アメリカの大統領には科学顧問が必要だと提言したのも彼だった）。ラビは、素粒子物理学でアメリカに対抗するには、ヨーロッパのすべての国が協力する必要があると主張した。活発な競争が行われ、ＣＥＲＮは最先端の研究を行おうとの意欲十分だった。アメリカ人たちが客員研究員として受け入れられていたことが、当時の素粒子物理学の競争的な協力関係を如実に物語っている。

やがて一九六四年、ジョン・ベルは、量子物理学の隠れた変数は存在するか否かという問題を解決する実験手法を見いだした。より具体的には、局所的な隠れた変数によって強化された、古典論的で決定論的な記述が、量子論と等価なのか、という問題を解決しようとしたのだ。彼が発見したのは次のようなことだった——ＥＰＲ思考実験のように二つの粒子を背中合わせに放出するときは、ある統計的な相関関係が生じ、その相関関係は、原理的に測定することも、また、粒子は実体のある固有の（古典的な）性質をもつはずだというアインシュタインの考えを検証することもできる。これを具体的な実験にするやり方は何通りもあって、そのすべてを**ベルの定理**という名称の下に括ることができる。

ベルの定理、登場す

ベルの定理は、隠れた変数によって決定論を復活させ、古典論的現実性《リアリティ》というアインシュタインの信念を支えようとする、すべての試みを検証するものだった。ベルは、一組の「不等式」を考案した。つまり、「XはかならずYより大きいかYに等しい」という式で、これは、古典論的な系では明らかに正しく、薄気味悪い遠隔作用と共に量子もつれ状態が存在する場合にのみ破綻する。「ベルの不等式」が提唱された一九六〇年代には、これを検証する実験を実際に行うのは極めて困難だったので思考実験どまりだった。しかし一九七〇年代後半、技術の改良によって、実際にいくつかの実験が行われるようになった。

その結果得られた答えは、短くも明白だった。粒子は明確に定義された古典論的諸性質をもっているとする理論は、すべて間違っている。これがその答えだ。逆に、量子論が予測するとおりの状況では、ベルの不等式は破綻した。こうして量子科学の正しさが劇的に示され、古典論の考え方は完全に否定された。粒子は、確率密度に対応する波動関数によって確かに記述されるのだ。その波動関数は、途方もなく長い距離を越えて相関することが可能で、空間全体にわたって収束せねばならず、しかも究極の制限速度である光速を超えることは決してない。ベルの定理はたいへんなブレークスルーで、量子論が深遠であると同時に直感に反するものだということをはっきりと示し、量子論の本質についての私たちの理解を深めた。とびきり興味深い量子的実在の世界を前に、人々は驚嘆の念をいっそう深めたのだった。

ここで、ベルの定理を説明しておかねばなるまい。ただ、それは少し骨の折れる仕事なので、飛ばしていただいても構わない。本節では、スピンの概念の発展に続くものとしてベルの定理が論じられるので、量子論の数学的側面に集中的に取り組む必要がある。出てくる数学はそれほど難しくないが、多少の忍耐が要求される。とはいえ、ここでは（ほとんど）すべての議論を文章で書き下しているので、ご心配なく。それでは、始めよう。

アインシュタインは、ＥＰＲ思考実験で量子論は不完全だと結論づけた。彼は、新しいものは何も提案しなかったが、明確に定義された性質をもつ粒子からなる古典論的現実性に基づいた完全な理論がいつかは出現するはずだという、自分の信念を述べたのであった。この新しい理論が何であったとしても、それは次の二つの基本原理に適合していなければならなかった。⑴現実性：粒子は存在し、明確な物理的性質をもつ。⑵局所性：二つの系が、ある妥当な時間と距離を隔てて存在するとき、一方の系についての測定は、第二の系に何ら現実の変化を引き起こすことはない。ＥＰＲが二つ目の原理を必要としたのは、Ｘを測定してＹの性質がわかるのは、ＸとＹ両方の物理的性質が測定前から明確に定まっており、かつ局所性が成り立っている場合だけだと考えたからだ。Ｘを測定するとＹの性質が変化してしまうのでは、ＥＰＲの主張は成り立たない。もちろん直感的には、「薄気味悪い遠隔作用」よりも局所性のほうが受け入れやすい。しかし、アインシュタインが望んだ新しい完全な理論は、ちゃんと量子力学を内包しているはずだ。なぜなら、量子力学はうまく機能しているのだから。

こうした完全な理論を目指す試みのなかから、隠れた変数という考え方が生まれた。隠れた変数とは、粒子がもつ未知の性質を表現したもので、これがあることによって、量子科学の検証実験と合致する、確率で表される結果が得られる。たとえば、すべての放射性粒子は、その粒子がいつ崩壊するかを正確に決定する隠れた時計をもっているとしよう。するとこれは、根本的に決定論的な系だということになる。しかし、このような粒子が多数集まった集合体については、粒子の観察された平均寿命しか計算できず、ある粒子がいつ崩壊するかについては、確率以上のものは得られない。

EPRの議論を検討したジョン・ベルは、理論物理学者のデイヴィッド・ボームと、その後のアインシュタインの議論との両方から影響を受けて、ある実験を思いついた。その実験では、次の二つを区別することができた。(1)古典物理学を用いて量子力学を模倣しようとするすべての理論と、(2)不確定性を本質的な性質としてもち、測定をしない限り位置や運動量などの性質が存在することはないとする、真の量子力学だ。

ベルが提案した実験の設定は、EPRのそれと似ていた。図30に示すように、二個の電子が一つの電子源から放出され反対の向きに飛んでいき、二台の検出器1と2に入る。電子源から放射される前、これら二個の電子は「量子もつれ」状態にあったとする。たとえば、両者のスピンを足し合わせるとゼロになるなどの状態だ（このゼロという仮定は話を単純にするためのもので、スピンの和はいくらであっても構わない。だが、この議論で必要な量子もつれ状態は、二個の粒子の正味のスピンの合計が、ある明確な値になっているものでなければならない）。しかし、個々の粒子のスピンに関しては、どんな値でなければならないということはまったくない。このことは、次のようにも言い換えられる。一方の電子は、（たとえば）運動の方向に対して垂直な直線を軸として、スピンが「上向き」であり得る。その場合、もう一つの電子は必然的に、同じ軸に関して「下向き」のスピンとなる。

ここでは、特別な検出器を使う。この検出器は、ある三つの軸に沿ってスピンの向きを測定することができるようになっている。付属のダイヤルで三つの軸のうちの一つを選ぶと、選んだ軸での電子のスピンの向きが測定できる（図31）。この三つの方向は、位置Aが$\theta = 0$度（垂直）、位置Bが$\theta = 10$度、位置Cが$\theta = 20$度だとする（θは垂直方向に対する傾き）。たとえば、検出器1は位置A、検出器2は位置Bというように、はじめ検出器はいずれかの方向に設定されている。この状態で、一〇〇万回の放射性崩壊について実験を行い、検出器1と検出器2のそれぞれで、スピンの向きを測定する。そして、検出器1を位置B、検出器2を位置Cなどというように変更していき、可能なすべての組み合わせの設定で同様に一〇〇万回の崩壊について実験し、毎回両方の検出器でスピンの向きを測定する。そして、各設定での結果を比較する。これより単純な実験があろうか？

もともとジョン・ベルは、局所性原理に従うすべての「隠れた変数理論」のうちの任意の一つに自然が従うとした場合に期待されることについて、ある「常識的な」予測を導き出すことに成功していた。たとえば、検出器1と2のあいだを信号が行き来することはいっさいなく、検出器1で検出される粒子に関することはすべて検出器1に入った粒子によって定まり、遠くにある何らかの物体によって決まることはない、などだ。彼が出発点として選んだこれら「古典論」に関する仮定は、どれもわかりやすく不快感を与えないものだったので、量子論のあれこれのパラドックスになじみの薄い人でも、ほとんど誰もが、それらの仮定が常に正しいことに大金を賭けようという気になるだろう。だが、量子論による予測は、これら常識的な予測を明々白々に破っているのである。

読者のみなさんも感じておられると思うが、ベルの定理は難解で、量子力学の歴史を論じる際にもあまり深く解説されないことが多い。しかし私レオンは、みなさんが本章の難しさに立ち向かわれると確信している。ちょうど何年も前、私の母が夜間のコミュニティ・カレッジで一般物理学講座を受講したときのように。彼女は高校を卒業していなかったが、高齢となった当時もことのほか

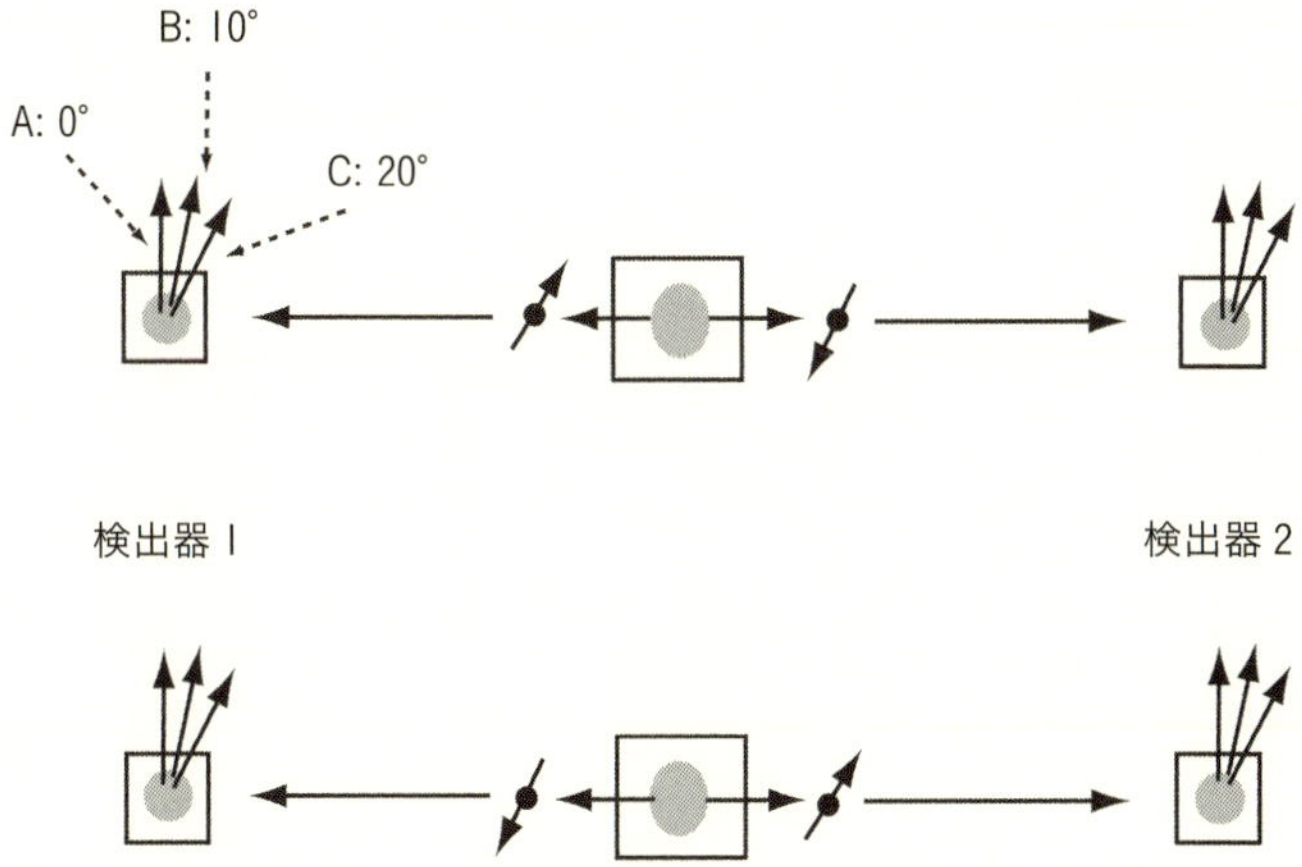

図 31　ベルの実験。傾き 0 度、10 度、20 度の軸に沿って電子スピンを観察できる検出器を使って、もつれ合った重ね合わせ状態を測定する。常識的（古典論的）な理屈では、検出器の設定を変えながらこの実験を何度も繰り返すと、［検出器 1 でスピン上向きで、検出器 2 で 10 度の方向でスピン上向きになる回数］に、［検出器 1 で 10 度の方向でスピン上向きで、検出器 2 で 20 度の方向でスピン上向きになる回数］を足したものは、［検出器 1 でスピン上向きで、検出器 2 で 20 度の方向でスピン上向きになる回数］に等しいか、より大きくなければならないことになる。実際にこの実験を行ってみると、この理屈は成立していないことが明らかになる。しかし、実験結果は量子論とは一致する。このように、ベルは量子論が古典論的な「常識的」な理屈を破っていることを確かめる方法を確立し、それが実際に確認されたのである。この効果は、もつれ合った重ね合わせ状態だけから生じている。

健康で、実際二つの難問でやすやすと満点をとっていた。ある日、講師が母を呼びとめ、「ニューヨーク・タイムズ紙で、ノーベル賞をとった物理学者のレオン・レーダーマンのことを読んだんですが。あなたは、彼と親戚なのですか?」と尋ねた。

「レオンは私の息子です」と母は誇らしげに答えた。

「へえ。だからあなたはそんなに物理学がお得意なんですね!」。

「いいえ、違います。だから彼はそんなに優秀なんですよ」。

ベルの思考実験を言葉にする(少し式も……)

ベルが一九六五年に行った思考実験について考えてみよう。ジョン・ベル自身、いつの日か思考ではなくて実際に行われるだろうと信じていた実験だ(そしてそれは、一九七〇年代後半に実現することになった)[10]。だが、まずはあなたの家の近くの水族館に行って熱帯魚を見ることにしよう。

私たちは、数種類の魚の大群が入っている水槽を眺めている。するとすぐに、どの魚も赤か青の二色のどちらかであることに気づく。論理の観点から言えば、これは**二値**の状態にある。つまり、魚は「青」であるか「青でない」かのどちらかで、「青でない」は「赤」と、「赤でない」は「青」と同じことだ(スピンが「上向き」と「下向き」であるのと似ている)。やがて、どの魚も青か赤であるほかに、大きいか小さいかのいずれかであることもわかる。さらにもうしばらくすると、どの魚も斑点があるかないかのいずれかだ、ということも見えてくる。したがって、どの魚も、「赤か青か」「大きいか小さいか」「斑点があるかないか」という、三つの二値属性をもっている。「大きな魚」の逆は「大きくない魚」すなわち「小さな魚」であり、「斑点のある魚」の逆は「斑点のない魚」である。

さてここで、一見単純そうだが、実は不思議でちょっと驚かされる「定理」を紹介しよう。次の文章は、これら三つの属性をもつ魚が、何匹であれ飼育されているあらゆる水族館について真である。(11)

小さな赤い魚の数に斑点のある大きな魚の数を足したものは常に、斑点のある赤い魚の数に等しいか、それより大きい。

この文章を何度か読み返していただきたい。少しわかりにくいが、本当のところは至極単純だ。クラスメートや友だちに教えてあげたり、ちょっとした余興として披露したりもできるだろう。

ここで、「N（XだがYではない）」という表記を導入しよう。「Xという属性をもつが、Yという属性はもたないグループに属するものの数」という意味である。これを使うと、先ほど言葉で表した内容は、記号を使って次のように表される。

N（AだがBではない）＋N（BだがCではない）≧N（AだがCではない）

これを言葉で表現すると、「属性Aをもつが B はもたないものの数に、属性Bをもつが C はもたないものの数を足すと、属性Aをもつが C はもたないものの数に一致するか、それより大きい」となる。

では、ジョン・ベルに倣って、この古典論的世界で成り立っている論理的な文章を、私たちの量子力学の実験に「物理的に理に適ったやり方」で当てはめよう。今回もまた、図31のように、何らかの粒子の放射性崩壊（粒子源）で、まったく同じだが運動量とスピンが逆向きである粒子が二個生まれて放射されるという状況を考える。放射される二個の粒子は正反対の向きに飛んでいき、その粒子のスピンの和はゼロである。そして、これは量子もつれ状態にある。角運動量が保存されるので、検出器1で検出された粒子がスピン上向きだったとすると、検出器2に入った粒子はスピン下向きである、といったことがわかる。

粒子源から飛んでいくこれら二つの状態が、古典物理学でのように「量子もつれ状態ではない」とすると、それらの状態は、［検出器1 - 上向き、検出器2 - 下向き］か［検出器2 - 上向き、検出器1 - 下向き］かのいずれかである。古典物理学でもやはり角運動量の保存により、スピン角運動量の総和はゼロである。だが、これを量子論で扱う場合には、この状態は量子もつれ状態になっており、次の形で表される。

［検出器1 - 上向き、検出器2 - 下向き］ − ［検出器2 - 上向き、検出器1 - 下向き］

（マイナスの符号は、量子もつれ状態を表わす。また、二つの粒子のスピン角運動量の和をゼロと仮定している。このような仮定は絶対に必要なわけではないが、最も簡単な仮定である）。

ここで、私たちの検出器がどんな働きをするのか思い出そう。垂直方向から三通りに傾いた方向を一つ選択し、その方向に対するスピンの向きを測定できるのだった。その垂直方向からの傾きを示す角度θは、位置Aで$\theta = 0$度（垂直）、位置Bで$\theta = 10$度、位置Cで$\theta = 20$度である。したがって、片方の検出器において、設定を三通りに変えてスピン測定を行った場合、得られる可能性のある結果は、論理的に言って次のようになる。

「A」＝上向きスピン（θ＝0方向で）
「Aではない」＝下向きスピン（θ＝0方向で）
「B」＝上向きスピン（θ＝10方向で）
「Bではない」＝下向きスピン（θ＝10方向で）
「C」＝上向きスピン（θ＝20方向で）
「Cではない」＝下向きスピン（θ＝20方向で）

ここで、「B」とは、位置Bで測定したときにスピンが上向き、「Bではない」とは、位置Bでスピンが下向きを意味する。

たとえば、検出器1を位置A（θ＝0）に、検出器2も位置Aに設定したとしよう。そして実験を行う。多数の事象について集めたデータを確認してみると、次のような結果が得られたとしよう。

検出器1（A）：＋1＋1−1＋1−1−1−1＋1＋1−1−1−1＋1−1…
検出器2（A）：−1−1＋1−1＋1＋1＋1−1−1−1＋1＋1−1＋1…

＋1は検出器で上向きスピンと測定されたこと、−1は下向きスピンと測定されたことを表す。どちらの検出器も位置A（垂直方向にスピンを測定する）に設定されていることで、完全な相関が成り立っていることに注意してほしい。つまり、検出器1でスピンが上向きの「＋1」だったなら、検出器2ではスピンが下向きの「−1」である。これはまさに、私たちが慣れ親しんでいるスピン角運動量の保存である。両方の検出器が位置B（θ＝10）に、あるいは、両方が位置C（θ＝20）に設定されている場合も、結果はこれと同じになるはずだ。この結果は、量子もつれ状態であってもなくても成り立つ。
だがここで、検出器1を位置Aに、検出器2を位置Bに設定して、再び実験を行うことにする。今回は先ほどとは少し違い、次のような結果になる。

検出器1（A）：＋1－1＋1＋1－1＋1－1－1＋1－1＋1＋1－1
検出器2（B）：－1＋1－1＋1＋1＋1＋1－1－1－1＋1＋1－1－1

相関が、前のときほど完璧ではないことに注目してほしい。検出器1で上向きスピンとなるのと同時に、検出器2でも上向きスピンになることがときどきある。こんなことが起こるのは、垂直方向に純粋にスピン上向きである状態は、一〇度傾いた別の軸に沿って純粋にスピン上向きの状態ではないからだ。

一〇〇万の放射性崩壊に対してこの実験を行い、位置A（$\theta=0$）に設定した検出器1でスピンが上向きと確認され、同時に、位置B（$\theta=10$）に設定された検出器2でスピン上向きと確認された回数を数えよう。角運動量保存の法則により、検出器2でスピン上向きということは、検出器1でスピン下向きということと同じであるという点に注意すること。したがって、この場合私たちが実際に測定しているのは、検出器1だけに関して言えば、N（AだがBではない）である。さて、一〇〇万回の崩壊に対して、たとえば次のような測定結果が得られる。

N（AだがBではない）＝N（1：$\theta=0$で上向きスピン、2：$\theta=10$で上向きスピン）
＝101回

では次に、また放射性崩壊の実験を一〇〇万回繰り返し、検出器1で位置B（$\theta=10$）、検出器

2で位置C（θ＝20）に設定して、それぞれで同時にスピンが上向きとなった回数を測定しよう。この測定の結果を、やはり検出器1に関してまとめると、次のように表記できる。

N（BだがCではない）＝N（1：θ＝10で上向きスピン、2：θ＝20で上向きスピン）
＝84回

さらにまた同じ実験を一〇〇万回繰り返し、検出器1で位置A（θ＝0）、検出器2で位置C（θ＝20）の設定で、両方で同時にスピンの向きを測定し、次のような結果が得られたとしよう。

N（AだがCではない）＝N（1：θ＝0で上向きスピン、2：θ＝20で上向きスピン）
＝372回

この節の冒頭で述べた、単純な論理的仮説（「ベルの不等式」）は、次のようになる。

N（AだがBではない）＋N（BだがCではない）≧N（AだがCではない）

N（1：θ＝0で上向きスピン、2：θ＝10で上向きスピン）＋
N（1：θ＝10で上向きスピン、2：θ＝20で上向きスピン）
≧N（1：θ＝0で上向きスピン、2：θ＝20で上向きスピン）

だが、実験は私たちに何を教えているだろう？　量子論は、この単純な論理的仮説を尊重しているだろうか？

私たちが実験で得た数値を代入すると、$101+84=185 \geqq 372$　となる。これは、ベルの不等式が成り立っていないということだ。有限回数の該当する事象に対する統計誤差を加味すると、

187±25回

の食い違いがあることになる。

　これは、ベルの不等式は高い統計的優位性（約「4σ《シグマ》」）で破綻していることを意味する。* この統計専門用語は、ある結果の信頼性を表す有用な尺度で、さらに多くの放射性崩壊を測定することで、結果の信頼性をさらに上げることができる。つまり、量子論が正しく、ベルの不等式は破れているのだ。**

　私たちは何を学んだのだろう？　量子論は、先ほどの古典論的水族館に見られる単純な論理に従わない。量子もつれこそ、この不等式が破られる原因なのである。だが、ベルの不等式は破られたとしても、量子論は何が観察されるかを正確に予測する。

　ベルの定理が発表されたのは一九六四年で、ＥＰＲ論文の三〇年近く後のことであった。この期間をとおして、賢者のなかの賢者たちがＥＰＲパラドックスを休むことなく議論しつづけたが、誰もベルのような見方があることに気づかなかった。アインシュタインも、量子力学に挑戦する手段として、このようなものを思いつけたなら、さぞかし嬉しかっただろうと思われる。もちろんベルは、アインシュタインが書いたものすべてを再検討することができたし、またその後マックス・ボルンや量子力学の別の定式化を行った一人であるデイヴィッド・ボームが発表したものも、すべて調べることができたのは確かだ。

　最初の論文が発表された直後の一〇年間で、ベルの定理の形を多少変えたさまざまなバージョン

が発表された。そして一九七九年ごろ、量子論にまつわる各種の実験が盛んに行われる時期に突入した。当時の実験により、量子論の妥当性と、量子もつれが確かに存在することが確認された。量子論が数々の成功を収めてきたことからすれば、何も不思議はない。それでも、古典論の単純な論理が攻撃を受けているという事実はショッキングだった。多くの物理学者（と哲学者！）にとって、その結果は非局所的な効果が実際に存在することを示していた。検出器1での測定が、瞬時に検出器2に変化をもたらすように見えたのだ。これは、古典論に基づく現実性《リアリティ》の予測とはまったく違っていたが、少なくとも量子論とは矛盾しなかった。だが、それに留まらず、量子論の計算を行ってみると、それは観察される結果と一致していた。ベルは、古典論的な隠れた変数理論はどれも、原理的に量子論的なふるまいを説明することはできないと証明したのである。

関連するさまざまな議論によってベルの定理は拡張され、決定論に支配される古典論的な系を保

＊訳註：σは統計学で使われる標準偏差。測定値などのばらつきの大きさを表すのに、ばらつきが標準偏差の何倍以内かを、1σ、2σ、3σなどの指標で表す。ここで触れられている統計的有意性を表す場合は、これとは少し異なる使い方である。ここでは、隠れた変数理論と、量子論のどちらが正しいかが議論されている。この場合の4σとは、隠れた変数理論が正しければ、「起こらない確率が4σ（九九・九九三パーセント）＝起こる確率が〇・〇〇七パーセント」であるようなことが起こってしまったということを指している。一〇〇万回実験を行った結果、ベルの不等式とのずれが一八七（〇・〇一八七パーセント）だった、つまりベルの不等式が正しければ起こる確率が〇・〇一八七パーセントしかないことが起こってしまったので、ベルの不等式は4σで表されるほどの相当な確からしさで破綻しているということ。

＊＊訳註：この実験は、次のようにまとめられる。量子もつれのある状態では、二つの電子のスピンの向きを測定する際、測定の軸が同じでない場合に、測定された二つのスピンの向きのあいだには、二つの軸がなす角度に応じた相関がある。一方、局所性を前提とする隠れた変数理論では、二つの電子のスピン状態は、完全には相関しないとしか言えない。ベルの不等式は、このように確たる相関がない三つの二値パラメータのあいだに一般的に成り立つ。本書のこの部分では、そのような実験例を具体的な数値を参考例として挙げて説明している。

ちながら、量子論の確率論的性質を説明できる可能性のある（局所的な）隠れた変数は、すべて排除された。追跡実験では、検出器1と2のあいだで薄気味悪い「コミュニケーション」が行われるのは、測定装置がただ設置されているだけの場合ではなくて、対象物が実際に測定されるときだけであることが確認された。

この非局所的な瞬時のコミュニケーションは、特殊相対性理論を破ってはいない。特殊相対性理論は、光速を超えるスピードで情報が伝達されることを禁じているが、検出器1と2のあいだでの薄気味悪いコミュニケーションは、検出器2のところにいる観察者が使えるような情報を伝達してはいない。こうしてベルの不等式の実験は、量子科学と相対性理論が平和に共存することを保証する。

このような展開をボーアが見ていたなら、きっと喜んだことだろう。つまるところ、二つの系はいったん相互作用をしたら、その後は「一つの量子もつれ状態にある系」として永遠に結びつきを保つというのが彼の考えだったのだ。たとえAとBがとてつもなく離れていたとしても、両者が別々の存在だと考えるのは間違いだと、彼は主張していた。ベルはボーアの正しさを証明したようである。

非局所性と隠れた変数

まさに独創性あふれる物理学者だったベルは、量子論による予測と、「古典的決定論」を再インストールしようとするさまざまな理論による予測とを区別する、決定的な実験を初めて考案した（先にも述べたが、後者に属する試みの多くは、隠れた変数を使い、その隠れた変数について平均する場合にのみ確率論的に見えるような理論であった）。

ベルがもたらした真のブレークスルーは、アインシュタインが最も憂慮したある要素に関するものだった。その要素とは、ＥＰＲ論文でたたかれた薄気味悪い遠隔作用である。もしも粒子ＡとＢが結びついていて、Ａについてのどんな測定もＢの軌跡に影響を及ぼすなら、それはアインシュタイン（そして私たちのほぼ全員）が最も不快に感じるような形でＥＰＲパラドックスを説明することになる。ベルは、量子論と一致するようにつくられた隠れた変数理論は、すべて非局所的でなければならないのではないかと気づき、のちにそれを証明した。そして彼は、量子論と、局所性理論に従って量子論の結果をシミュレートするすべての隠れた変数理論とを区別できるような、現実的で実施可能な実験を考案したのである。ベルの定理は、物体ａについての測定は、物体ｂについての測定に、実際にある種の瞬間的な影響を及ぼすということを立証することによって、ＥＰＲパラドックスを説明した。ベルの定理は、このショッキングな解釈を、ｂに関する私たちの知識だけが変化するという、もっと普通の解釈と区別する。これは、波動関数の意味を変えた。ベルの定理の結果として、系は実際の物理現象として収束を起こす波動関数によって完全に定義されるということが、実験によって確認されたのである。

仮に、電子を一個、箱のなかに入れたあとで、新たに壁を一枚この箱に差し込み、箱を二つに分割したとしよう。次に、分割してできた二つの部分を完全に切り離す。ただし、どちらに電子が入っているかはわからない。箱の一方を月面基地に送り、もう一方はニュージャージーに置いたままにしておく。波動関数から求められる確率は、電子が月面にある確率も、ニュージャージーにある確率も、共に五〇パーセントである。そこでニュージャージーの箱を開くと、電子が入っていたとする。この瞬間、波動関数は一〇〇パーセントの確率へと収束する――すなわち、電子はニュージャージーにあるという確率が絶対になる。私たちは、月面の箱に少しも触れることなく、そちらの状況を「電子はない」というものに変えてしまったのである。この遠隔作用すなわち非局所性こそ、ベルが実験によって立証しようとしていたことだ（もちろん、その実験に月面基地は登場しないが）。問題は、波動関数は実在性のある物理的数量なのか、という点だ。もしも（アインシュタインが信じていたように）実在性のある物理的数量なら、非局所性は自然の本質だということになる。

ジョン・ベルは一九九〇年に亡くなったが、その名声が物理学のコミュニティを越えて広まった後もなお、変わらぬ謙虚な人柄で、虫食いの穴だらけのセーターをよく着ていた。[12] 非局所性という摩訶不思議な原理のために、ベル（とその定理）は超自然的な思想をもつニューエイジの流れに乗った人々に広く知れわたった。というのも彼らは、ベルの定理はすべてのものが相互に結びついていることの証拠であると結論し、「フォースと共にあらんことを」〔映画『スター・ウォーズ』の名セリフ〕という都会人が好んで使っていたフレーズに根拠を与えるものと考えたからだ。ベル自身には、そういう確信はなかった。彼が唯一確信していたのは、自分の定理は「何が起こっているのか、私たちには本当のところはわからない」ことを意味している、ということだった。彼は一度、アイオワ州のマハシリ国際大学で楽しい週末を過ごしたことがあった。そのとき、招待してくれた人たちに対して、極めて丁重にではあったが、自分の行った計算は必ずしも神と関連があるわけではないと断ったという。

結局、ここはどういう世界なんだ？

この章では、量子物理学の最も不可思議な一面について集中的に見てきた。量子物理は、私たちが微小世界と呼ぶ新しい惑星の科学だ。もしもこの新たな惑星が異なる物理法則に従うのだとしたら、それはあまりにショッキングだ。なぜならそれは、すべての科学技術に対して私たちがもつ理解と支配が損なわれることを意味するのだから。私たち（少なくとも一部の者）は、科学技術のおかげで裕福になり、力を手にすることができたのだ。しかし、それ以上にしっくりこないのは、この風変わりな自然法則が、野球のボールや惑星などの巨視的なレベルになると、がちがちに決定論的なニュートンの法則にその座を譲らねばならないという点だ。

私たちが知っているすべての力——重力、電気力、強い力、弱い力——は、局所的な力だ。力を及ぼし合っている物体が離れれば離れるほど、その力は弱くなる。また、これらの力が伝わる速度が光速を超えることは絶対にない。そこにベルが登場したことによって、瞬時に伝わり、距離が増大しても少しも弱まらない、非局所的な新しい力を考慮しないわけにないかなくなった。ベルは、このような力は存在しないという仮定を出発点にし、一連の論理的な段階を経由して、自らの仮定が実験と矛盾するという発見に至る。

ベルの定理によって私たちは、遠距離で働く非局所的な作用という日常感覚を逸脱したものを、しぶしぶ受け入れなければならないのだろうか？　まったく、私たちは哲学上の窮地に立たされている。世界が日常的な経験といかに違っているかという認識が深まっていけば、私たちの思考に微妙な変化が生まれるのは間違いない。この八〇年にわたる量子科学の応用の歴史は、かつて古典論の時代を築いたニュートンとマクスウェルの物理学がもたらした広範な成功の再現と呼べるほどの成果を残している。そして私たちは今たしかに、より深いレベルに到達したと言えるだろう。というのも、量子論はあらゆる科学の根底をなし、近似としての古典物理学も提供するものだからだ。原子、原子核、クォークやレプトンなどの小さい粒子のふるまい、分子や固体の構造、宇宙が誕生したときの爆発（量子宇宙論）、生命体を定義する巨大分子、活況を呈するバイオテクノロジー、そしておそらく人間の意識の働きまでをも、量子論は見事に説明する。これらすべては量子論の賜物なのである。それでもなお、哲学的、概念的な問題が私たちを悩ませ、大きな期待に不穏な影を落としている。

私レオンの個人的な考えだが、これら大いなる不思議と不安のなかから、何か言葉では言い表せないような美しいものが出現するに違いない。こういう状況では、いつもそんなことが起こってきたし、今回もそうなるはずだ（私はそう考える）。芸術家たちは、イマジネーションというカラクリをとおして、彼ら自身による美を生み出す。科学の美は、自然の優美さを捉えることにある。都会の光から遠く離れて冬の夜空に感動するために、あるいは（私が今そうしながらこれを書いているように）アイダホ州側からティートン山脈を眺めて畏怖の念に打たれるために、量子論は必要ない。今年は例年になく暑くて降水量が少なかった。だが、野のオダマキ、ヒエンソウ、ヤナギラン、ルピナスがこれほど豊かに自然のパレットを彩ったことはなかったし、ベリー類の果実がこれほど肉厚で甘くなったことはなかった。自然の見せるこうした表情を私たちはみな認識できる。しかし、量子科学が支配する世界の見えざる秩序を垣間見ることができた者は、あまりに少ない。だが、その謎に満ちた世界は、私たちに命じる。最後の謎を征服せよと。あるいは、無限の眺望の隠された領域へ向かえと。

幸い、われわれ物理学者は粘り強い人種だ。ジョン・ベルの不思議の国について思いめぐらせたあと、鎮静剤の処方が必要だった者は、われわれのなかにはほとんどいないのである。

第8章　現代量子物理学

これまでの章で私たちは、いろいろなものをつなぎ合わせて量子論をつくり上げた二〇世紀の天才たちの奮闘のあとをたどった。この旅のなかでは、量子論のさまざまな基本概念がどのように展開していったかを見てきた。それは、ガリレオやニュートンがつくり出し、その後三〇〇年にわたって使われてきた物理学に親しんでいる人々には、あまりに斬新すぎて直感に反するものだった。量子論を目の前にした物理学者のなかには、**コペンハーゲン解釈**の妥当性や限界など、基本的な問題にどうしても納得できない者もいた（それらの基本問題に疑問を呈しつづけている者は今なおいる）。だが、たいていの科学者は、原子と原子以下の粒子の世界を理解する新しいツールが手に入ったことに気づき、前へと進んだ。彼らは、たとえそれが自分の日常感覚に合わなかったとしても、この新しい物理学をあっさりと受け入れ、物理学の新しい分野をつくり出し、それらの分野が今日に至るまで続いている。

これらの物理分野は、この宇宙で暮らす私たちのライフスタイル、実在についての理解、そしてとりわけ私たちの能力を様変わりさせた。あなたやあなたの家族が、今度病院でＭＲＩスキャナのなかに横たわり（そうならないように願っているが）、装置がヒューーッ、カチャカチャ、ピピピピッ、ブーンと得体の知れない音をしきりに奏でるなか、操作室のモニター画面に内臓の画像が表示されるとき、あなたは、超伝導体、核スピン、半導体、量子電磁力学、量子物性学、化学などの応用量子力学の世界にどっぷりと浸かっているのだ。ＭＲＩスキャンを受けるということは、文字どおりＥＰＲ実験の一部になるということだ。また、担当の名医の発注した装置がＰＥＴスキャンだったなら、あなたやあなたの家族は反物質を照射されているのだ！

コペンハーゲン解釈以降の発展は、確立された量子論のルールを使って、以前は手の出しようのなかったような環境に新たに取り組み、そんな環境における多数の具体的な問題を解決するという方向で進んだ。科学者は、物質のふるまいをコントロールしているものに注目するようになった。物質はどのようにして相を変えるのか？　たとえば、加熱されたり冷却されたりするのに伴い、物質はどのようにして、固体から液体そして気体へと変化したり、磁化されたり消磁されたりするのか？　物質の電気的性質を決めるのは何か？　つまり、絶縁体もあれば電流をよく流す導体もあるのはどうしてなのか？　これらの問いのほとんどが、**凝縮系物理学**（日本では物性物理学と呼ばれる分野）の領域に含まれ、その多くは、昔ながらのシュレーディンガー方程式を使えば答えられる――これまでに、より新しくて洗練された数学的手法が開発されてきてはいるのだが。こういった新しい数学ツールや概念ツールからこそ、トランジスタやレーザーなどの先進的な新装置が誕生したのであり、私たちが今日生息しているデジタル情報技術の世界が出現したのである。

量子エレクトロニクスや凝縮系物理学によって発展または実現可能となった産業経済は数兆ドル規模に達するが、その大部分はアインシュタインの特殊相対性理論には依存しておらず、「非相対論的」である。要するに、光速よりはるかに遅い速度での応用なのである。シュレーディンガー方程式は非相対論的で、電子や原子が光速よりも遅い速度で運動している世界で、十分正確な近似が得られる。光速より遅い速度と仮定するのは、化学的に活性な原子の外殻電子や、化学結合を担う電子、物質内で動き回っている電子に対する妥当な近似だ[1]。

だが、難問はまだたくさん残っている。たとえばこんな問題だ。原子核を一体に保っているものは何か？　自然を形づくる基本要素である素粒子とは何か？　どうすれば相対性理論を量子論のなかに組み込むことができるのか？　こういう問題を考えるとき、私たちは、遅い速度で運動する系を超えた別の世界に足を踏み入れることになる。そして、そんな超高速の世界が物質の内部に実際に存在する。原子核では、核分裂や核融合といった核反応で見られるように、質量がエネルギーに変化し得るが、そんな世界に取り組むには、光速に近い速度における量子物理を理解しなければならなくなる。このとき私たちは、アインシュタインの特殊相対性理論の真っただなかに入っていく。そして、それがどう働いているかを理解できたなら、次はもっと複雑で奥深い一般相対性理論（つまり重力）に進むことができる。また、これに加えて、第二次世界大戦の直後にようやく解決された、最も根本的な問題もある。それは、相対論的な電子と光の相互作用の詳細を完全に記述するにはどうすればいいか、という問題である。

量子力学と相対性理論を融合する

アインシュタインの特殊相対性理論は、物理学における相対運動を、光速に近い相対速度まで含め、正しく定式化したものである。それは、物理法則の対称性に関する基本的な主張であり[2]、すべての粒子の動力学の理解に大きな影響を及ぼしている。アインシュタインはエネルギーと運動の基本的な関係を導き出したが、これはニュートンが導出したエネルギーと運動の関係とはまったく違っている。こうしてがらりと刷新された考え方に立つことによって、量子論によるさまざまな記述を相対論的な形に書き換えることが可能になったのである[3]。

ここで当然、みなさんの頭のなかには、「特殊相対性理論が量子論と融合したらどうなるだろう?」という疑問が持ち上がるだろう。何か途方もないことが起きる、というのがその答えである。

$E=mc^2$

有名な方程式$E=mc^2$は、私たちの誰もが目にしている。Tシャツにプリントされていたり、『トワイライト・ゾーン』〔アメリカで一九六〇年代前半に放映されたSFテレビドラマシリーズ〕などのテレビ番組のオープニングや、企業のロゴ、商品、ザ・ニューヨーカー誌に載っている無数の漫画などに登場する。$E=mc^2$は、今日私たちの文化のなかで、「頭が切れる」ことを表す世界共通のサインになっている。

しかし、テレビのコメンテーターたちが、この方程式の意味を正しく説明しているのを耳にすることはめったにない。ふつうは、「質量はエネルギーと等価だという意味です」などと説明される。だが、それは大間違いだ! 実際には、質量とエネルギーは、まったく異なる別々のものだ。たとえば、光子は質量をもたないが、エネルギーをもつことは可能で、実際もっている。

実のところ、この方程式の説明には「但し書き」がつくのである。言葉に書き表すと、「質量mをもつ粒子は、静止しているとき、$E=mc^2$で与えられるエネルギーEをもつ」となる。つまり原理的に、一個の重い粒子は、複数の軽い粒子におのずと変化(**崩壊**)することが可能で、その過程で、崩壊前後の総質量の差にこの式をあてはめて計算される量のエネルギーを放出することができるのだ。(4) これが、核分裂で大量のエネルギーが放出される理由である。核分裂とは、たとえばウラン235（^{235}U）の分裂のように、不安定な重い原子核がおのずと「ばらばらに飛び散って」より軽い複数の原子核になる現象のことだ。同様に、重水素のように軽い原子核は、**核融合**と呼ばれるプロセスで融合してヘリウムとなり、その際にエネルギーを放出する。こんなことが起こるのは、ヘリウム原子核の質量が二個の重水素原子核の質量の和よりも小さいからだ。したがって、二個の重水素原子核がギュッと一体化されてヘリウムになるとき、エネルギーが放出されるのである。アインシュタインの相対性理論が登場するまでは、この「質量‐エネルギー変換プロセス」はまったく理解できなかった。こういったプロセスのおかげで、太陽は輝き、地上に生命があふれ、その美しさを詩で称えることもできるのだ。

だが実は、物体が運動しているときは事情が異なり、名高い $E=mc^2$ は変形する。(5) アインシュタインはこのことを承知しており、完全な形の方程式を提供してくれた（原註3参照）。

以上を踏まえ要約すると、アインシュタインが本当に言ったのは、静止状態にある粒子（運動量がゼロの粒子）に対しては、$E=mc^2$ ではなく、

$$E^2=m^2c^4$$

だということだったのだ。

こんな区別なんてばかばかしいと思われるかもしれない。しかし、この後すぐ見るように、この違いは大きい。粒子のエネルギーを得るには、この方程式の両辺の**平方根**をとらねばならない。すると確かに、$E=mc^2$ という答えが出てくる。だが、答えはこれだけではない！

「どの数も、平方根を二つもっている」という、単純な数学的事実を心に刻んでおいてほしい。たとえば、4という数は、$\sqrt{4}=2$と$\sqrt{4}=-2$という二つの平方根をもっている。後者は「マイナス2」だ。つまり、$2\times2=4$だということは誰もが知っているが、$(-2)\times(-2)=4$であることも、やはり誰もが知っているとおりだ（二つの負の数を掛け合わせると正の数になる）。正の数には、正の平方根のほかに、もう一つ負の平方根もある。したがって私たちは、二つの解、$E=mc^2$と$E=-mc^2$の両方をちゃんと理解し、忘れないようにしなければならない。

ここで難問が持ち上がる。アインシュタインの方程式から得られるエネルギーが、正の数でなければならないということは、どうやってわかるのだろう？　どちらの平方根が答えなのだろう？　自然は、このことをどうやって知るのだろう？

最初、人々はそれほどこのことを気にかけてはいなかった。愚かで「無意味な」疑問だと思われた。カクテルパーティでこんな話が出れば、世慣れた人たちは、「あたりまえじゃないか――すべてのものは、エネルギーはゼロかプラスなんだよ！　エネルギーがマイナスの粒子なんて、ばかばかしい！　そんなこと考えるだけでも、ちょっと野暮なんじゃない？」と、軽くあしらった。科学者たちは、原子や分子、それに巨視的な塊になっている物質などの内部で、ゆっくり運動している電子にしか当てはまらないシュレーディンガー方程式を使ってあれこれの問題に取り組むのにかまけていた。運動する粒子の運動エネルギーが常に正の値である、非相対論的なシュレーディンガー方程式では、問題は生じなかったのだ。常識からすれば、総エネルギー、とりわけ静止している重い粒子のエネルギーmc^2は、常に正でなければならないという気がする。そのため、特殊相対論が登場した当初、物理学者たちは、負の平方根については、その可能性を論じることすら頑なに拒否し、そんなものは物理的には意味はなく「何ら実際の粒子を記述するものではない」と安易に考えていた。

しかし、そんな負のエネルギーをもつ粒子（アインシュタインの式で負の平方根をとる粒子）が存在すると仮定してみよう。そのような粒子は、負の静止エネルギー－mc^2をもつはずだ。これらの粒子が運動していたなら、もともと負だったそのエネルギーは、さらに大きな負の値になるだろう。言い換えれば、負のエネルギーをもつ粒子の運動量が増加したなら、そのエネルギーはますます大きな負の値になる、つまりエネルギーを失うことになるのである[6]。他の粒子との衝突によって、あるいは光子を放出することによって、それらの粒子はエネルギーをさらに失っていくが、そのせいで速度はどんどん上がり、光速に近づいていく。そのエネルギーはますます大きな負の値になり、とどまることなく、やがて負の無限大に至るだろう。そのような粒子は、負の無限大のエネルギーという奈落の底まで行ってしまう。この変わり者粒子は、常にエネルギーを放出しながら、どんどんと負のエネルギーの奈落に向かって落ちていき、やがて宇宙全体が、こうした負の無限大のエネルギーをもった変わり者の粒子で満たされてしまうだろう[7]。

平方根の世紀

「平方根をとる」ことの意味を見極めようとする努力が、二〇世紀の物理学を推し進める力のすべての源泉であったことは、もっと注目されてもいいかもしれない。逆の見方をすれば、量子物理学とは、「確率の平方根の理論」を構築することだったのだと捉えられる。そして、その結果生まれたのが、二乗すれば、ある時間にある場所である粒子を見いだす確率となる、シュレーディンガーの波動関数だった。

ふつうの数の平方根をとると、**虚数**や**複素数**が出てくるといった、奇妙なことが起こる。実際、量子論形成期では平方根に関連する奇妙なことがたくさん起こった。私たちも当時を振り返った際に、悪名高きマイナス一の平方根$i=\sqrt{-1}$が登場するのを目撃した。量子論は、本質的に平方根に基づいているため、必然的にiを含んでおり、これを回避することは不可能だ。だが、それだけではなかった。「量子もつれ」や「重ね合わせの状態」など、他にも奇妙なことにいろいろと出合った。これらもまた、確率の平方根に基づいた理論をつくった結果生じた、「日常感覚に反するケース」である。どういうことかというと、確率を計算するにあたっては、まず各状態の平方根（つまり、波動関数）を足し合わせて（あるいは、その差をとって）、それから和（または差）を二乗するので、どうしても項の打ち消し合いが起こり、ヤングの実験で見られるような干渉の現象が起こるのである。自然がもっているこのような側面が私たちに奇妙に感じられるのは、ギリシャなどの古代文明の人々が$i=\sqrt{-1}$のことを知ったなら、完全に直感に反すると感じたであろうと思われるのと多分同じだ。古代ギリシャ人は、無理数でさえも、それが登場した当初は、とても受け入れられないと感じていたのである。ピタゴラスは、$\sqrt{2}$は無理数で、二つの整数の比としては表せないことを証明した弟子を溺死させたと伝えられる。古代ギリシャ人は、ユークリッドの時代になるまでには、なんとか無理数を受け入れていたが、少なくとも私たちが知る限りでは、虚数を発見するには至らなかった（第5章の原註14の「複素数よもやま話」を参照）。

平方根の数学から生まれた二〇世紀物理学の驚くべき結果にはもう一つ、電子スピンの概念がある。これは、スピノルという数学的形式によって記述される（スピンに関する補遺を参照）。スピノルは、ベクトルの平方根だ。ベクトルは空間のなかに存在する矢のようなもので、方向と長さをもっていることを思い出してほしい（この長さは、たとえば、ある物体の速度などを表すことができる)。空間のなかで方向をもっている何かの平方根とは、非常に奇妙な概念で、奇妙な意味あいがある。スピノルを三六〇度回転させると、もともとの形にマイナス符号を付けたものになって戻ってくる。このことから、数学的に言って、スピンが½の、まったく同じ二個の電子の位置を入れ換えると、この二つの粒子を含む状態の波動関数は、符号が変化しなければならない。$\Psi(x, y) = -\Psi(y, x)$ である。「スピンが½の、まったく同じ二個の粒子(「スピンが½」とは、その粒子のスピン角運動量が「スピノル」によって記述されるということ)は、まったく同じ状態に同時に入ることはできない。仮に入ったとすれば、波動関数はゼロになる」というパウリの排他原理は、実はこのことから生じているのである。思い出していただきたい。二個の電子は、片方のスピンが上向きで、もう一方のスピンが下向きの場合、同じ運動状態(たとえば同じ軌道)に入ることができたが、それでその状態はもう満員で、次の電子は別の軌道に行かねばならなかった。スピンが上向きの二個の電子を、同じ軌道に入れることは絶対にできない。このように、スピンが½の粒子のあいだには、事実上**交換斥力**が働く——なぜなら、同じ量子状態に入れられることに抵抗するからだ。この同じ状態というのは、二個の粒子が時空間の同じ場所にあるという状態も含まれる。パウリの排他原理は、元素周期表をほぼ全面的に支配しているのだが、それは、電子はベクトルの平方根(またの名をスピノルともいう)によって記述されるという、それ自体びっくりするような事実の驚くべき帰結なのである。

ところで、アインシュタインが定式化したエネルギーと運動量のあいだの新しい関係に伴って二〇世紀に登場した、もう一つの平方根が存在する。物理学者たちは当初、光子や中間子のような素粒子のエネルギーを研究する際に、エネルギーが負の状態が出てきても、それを単純に無視してしまうことに何の疑問も感じていなかった。中間子はスピンをもたず、光子はスピンが−1であるが、どちらもエネルギーは常に正だ。だが続いて、アインシュタインの特殊相対性理論と矛盾しない、スピン½の粒子（スピノル）の理論を構築しようとしたとき、物理学者たちは負のエネルギー準位に直面することになる。二〇世紀物理学で最も尊敬されている人物たちが登場するのは、こうした状況でのことだった。

ポール・ディラック

ポール・ディラックは、量子論に関わった物理学者のなかで最も抜きん出た人物の一人だ。一つには、量子物理学に関する著書、『量子力学』を書いたことが挙げられる。量子力学の権威ある参考書となった名著である[(8)]。この本は、ボーア＝ハイゼンベルク学派が築き上げた量子力学という物理分野を、完璧に正統的に扱っている。シュレーディンガー波動関数による描像と、ハイゼンベルクの行列による定式化の相互関係にも触れている（このディラックの本は、量子論をさらに深く学びたいというすべての人にお薦めする。ただし、学部学生レベルの物理学を十分理解している必要がある）。

ディラックが量子物理学に対して行った独創的な貢献は、二〇世紀最高の物理の成果に数えられる。とりわけ彼は、**磁荷**、すなわち**磁気単極子**の理論的な可能性を検討した。それは、磁場を生み出す点状の源である。マクスウェルの電磁力学理論には磁気単極子は存在せず、磁場は運動する電荷によって生み出されるだけだった。ディラックは、磁気単極子の磁荷と電子の電荷は独立したものではなく、量子論によって逆数の関係で結ばれていることを発見した。ディラックの磁気単極子に関する研究は、当時生まれたばかりだった数学分野である位相幾何学を量子物理学と結びつけた。

ディラックの磁気単極子は、数学そのものにも大きな影響を及ぼし、のちに弦理論で使用される考え方や概念を多くの点で先取りしていた。わけても、二〇世紀に行われた基礎物理学の最も根本的な発見の一つと言っていいものがディラックの手によってなされたのは、彼が（スピノルによって記述された）電子をアインシュタインの特殊相対性理論と融合させたときであった。

一九二六年、若きポール・ディラックは、シュレーディンガー方程式を超え、アインシュタインの特殊相対論と矛盾しない、スピン½の電子に関する新しい方程式をつくろうと模索していた。そのためには、スピノル――ベクトルの平方根――が必要であり、また電子は質量をもっていなければならなかった。しかも、この方程式を相対性理論に適合させるためには、通常の非相対論的な電子がもっているスピノルを二倍にする必要があった（つまり、どの電子もスピノルを二つもたねばならなかった）。

基本的には、スピノルとは一対の（複素）数であり、一方の数はスピンが上向きである可能性に対応し、もう一方の数はスピンが下向きの可能性に対応している。これまでと同様に、これらの数を二乗すると、スピンが上向き、あるいはスピンが下向きの確率が得られる。このように記述した電子が相対性理論と矛盾しないためには、四つの複素数が必要であることにディラックは気づいた。こうしてできた新しい方程式は、お察しのとおり、**ディラック方程式**と呼ばれている。

問題は、ディラック方程式は、その全体が平方根をとるという操作でできたようなものだったという点だ。従来、非相対論的な電子を記述するのに使われてきた形式では、二つのスピノル成分があり、各スピノルは、スピンが上向きの電子と、スピンが下向きの電子に対応しており、どちらもエネルギーは正である。つまり、$E^2 = m^2c^4$ の正の平方根、すなわち $E = +mc^2$ になっている。しかし、相対性理論からの要請で新たに加わった二つのスピノル成分は負の平方根をとり、エネルギーは$E=-mc^2$と負になる〔ディラック方程式は、相対論の質量とエネルギーに関する方程式を量子化した「クライン＝ゴードン方程式」の平方根をとった形になっているため、必然的に正と負のエネルギー両方が出てきてしまう〕。これにはディラックもどうしようもなかった。相対性理論が要求する対称性のおかげで、強制的に課せられたのである。それは、運動を相対論的に正確に記述するためにはどうしても必要なことだった。ディラックは悩み苦しんだ。

　実際、負のエネルギーの問題は、特殊相対性理論の本質に関わっており、無視するわけには断じていかなかった。ディラックが電子の量子論を構築しようと努力すればするほど、この問題はますます深刻になっていった。（エネルギーの）平方根に付いているマイナスの符号を些細なことだと無視してやり過ごすことは絶対にできない。相対性理論を加味した量子論では、電子は正と負、両方のエネルギー値をとれるようだ。エネルギーが負の電子は、「電子に許された、もう一つの量子状態」であると言うこともできるが、そう言ったとしても問題が解決したわけではない。なぜならそれは、最も単純である水素原子も含めて、すべてのふつうの物質は、安定ではあり得ないことを意味するからだ。エネルギーがmc^2という正の値である電子は、光子を多数放出することによって、合計$2mc^2$の大きさのエネルギーを放出し、エネルギーが$-mc^2$という負の値である電子になることが可能で、その後さらに、エネルギーが負の無限大にまで及ぶ、底なしの淵へと落ち込んでいくことになる（粒子の運動量が増加するにつれ、負のエネルギーの絶対値はどんどん大きくなる）[9]。負のエネルギー準位が本当に存在するなら、宇宙全体は安定ではあり得ない。ディラック方程式で新たに不可欠なものとして浮上した、負のエネルギー準位にある電子は、今や最大の頭痛の種となった。

　だがディラックはまもなく、負のエネルギーの深淵という問題を解決する素晴らしいアイデアを思いついた。本書でもすでに見たように、パウリの排他原理は、「二個の電子が同時にまったく同じ運動の量子状態に入ることはできない」とする。言い換えれば、ある電子が、ある運動とスピンの状態――原子の軌道のような運動の量子状態――を占領すると、その状態は満員になるのである。それ以上の電子は、その状態には入れない（もちろん、一つの運動の量子状態には、スピンが上向きと下向きの、二個の電子が入ることができる）。ディラックは、「真空そのものがもっている、エネルギーが負の準位はすべて電子に占有されており、真空は電子によって完全に満たされている」と考えた。つまり、宇宙全体のすべての負のエネルギー準位が、それぞれスピンが上向きの電子一個と下向きの電子一個が入った状態で、満員になっているのである。その結果、原子などのなかにある、正のエネルギーをもっている電子は、光子を放出して、負のエネルギー準位へと落ち込むことはできなくなる。なぜなら、パウリの排他原理によって、そのようにふるまうことは完全に禁じられてしまうからだ。この考えでは、真空は事実上、一個の巨大な不活性原子――巨大なアルゴン原子やラドン原子――とでも呼べそうなものになる。なぜなら、どんな運動量に対しても、可能な負のエネルギー準位はすべて満員になっているからだ。

　真空はすべての負のエネルギー準位がすでに電子で満員になっているというディラックの考え方によって、負のエネルギーの危機は完全に解決したかに見えた。負のエネルギーをもつ電子で満たされた真空というのは、本当に奇妙な考え方だが、負のエネルギーの深淵に落ち込まないように、世界を安定化させてくれるように思われた。

　このように捉えられた真空は、**ディラックの海**と呼ばれる。ディラックの海は、空っぽなのではなく、完全に満たされた「大海」である。完全に満たされた負のエネルギー準位が無限に下へと続いている様子をたとえて大海と呼んでいるわけだ（図32）。最初にこのアイデアを思いついたとき、ディラックはこれが話のすべてだと思っていた。だが、やがて……。

ディラックの海で釣りをする

まもなくディラックは、話はこれで終わりではなかったことに気づく。この真空は、理論的に「励起」させることができると思い当たったのだ。これは、まるで漁師が深海魚を釣り上げるように、負のエネルギーをもつ電子を真空から引き上げることが物理学者にはできるということを意味する。ところで、高エネルギーのガンマ線が真空中でエネルギーが負の電子と衝突しても、ふつうは何も起こらない。ガンマ線が一本、エネルギーが負の電子に照射されても、その電子が真空から飛び出してくるわけではない。というのも、このようなプロセスでは、保存されねばならないすべての量（すなわち、運動量、エネルギー、角運動量）が、保存されないからだ。ところが、この衝突に粒子がもう一つ関与すると、この電子はディラックの海から飛び出して正のエネルギー準位をとることができる（たとえば、近くにある重たい原子核などが関与した場合、この粒子がちょっと後方へ跳ね返ることで、衝突に関わったすべての粒子の、運動量、エネルギー、角運動量の総和が保存される。これを**三体衝突**と呼ぶ）。すると、ガンマ線は、一個の電子を負のエネルギー準位からたたき出して正のエネルギー準位に入らせることができ、これが物理学者たちの検出器で捉えられるというわけだ。

しかしディラックは、ここであることに気づいた。この衝突では、真空に「空孔」が一つ残ることになるのだ。この空孔は、「エネルギーが負の電子が一個なくなった」ことを意味する。だが、これは、「電気的に負に帯電した電子が一個なくなった」ことを意味するものでもあり、したがっ

図 32　ディラックの海。相対性理論が量子論と結びつけられたときに存在が許される負のエネルギー準位が、すべて満たされている。真空は、巨大な不活性原子（たとえばネオンなど）のようなものと考えられる。したがって、正のエネルギーをもった電子は安定で、空いている負のエネルギー準位に落ち込むことはない。

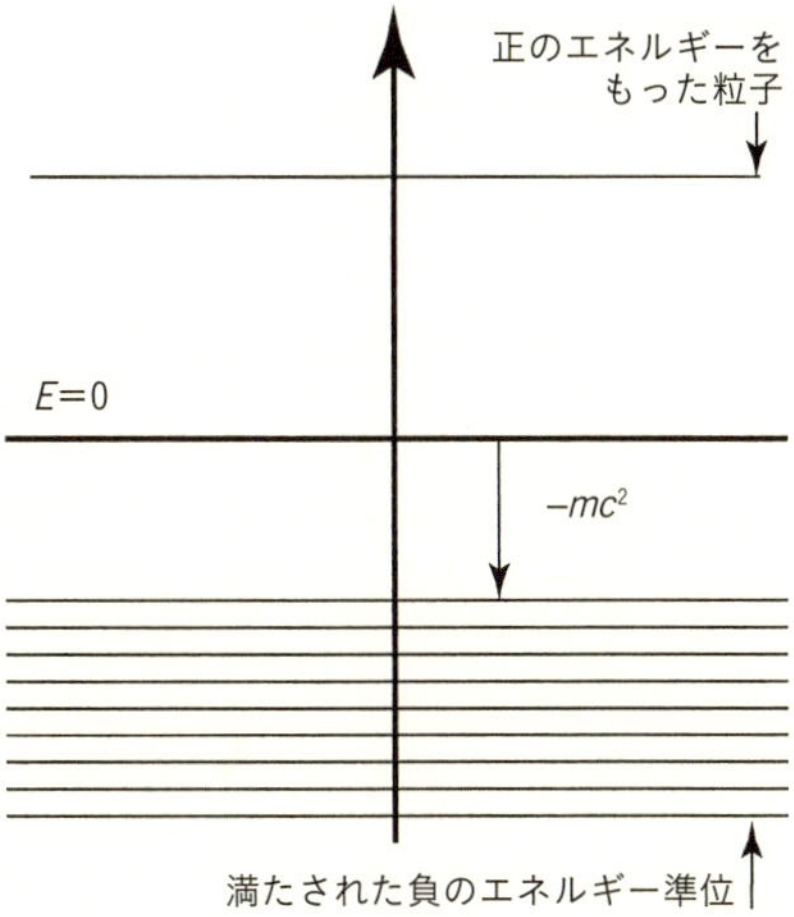

図 33　ディラックの海を考えると、光子が近くの原子に衝突するときに、負のエネルギーをもった電子が真空から放出される可能性があると予測できる。このとき真空に残された空孔は、負のエネルギーをもつ負に帯電した電子が不在になったことを意味するので、正のエネルギーをもつ正に帯電した、電子と同じ質量の粒子として現れる。ディラックはこのようにして陽電子と、電子 - 陽電子対生成を予測した。陽電子は数年後カール・アンダーソンの実験によって発見された。

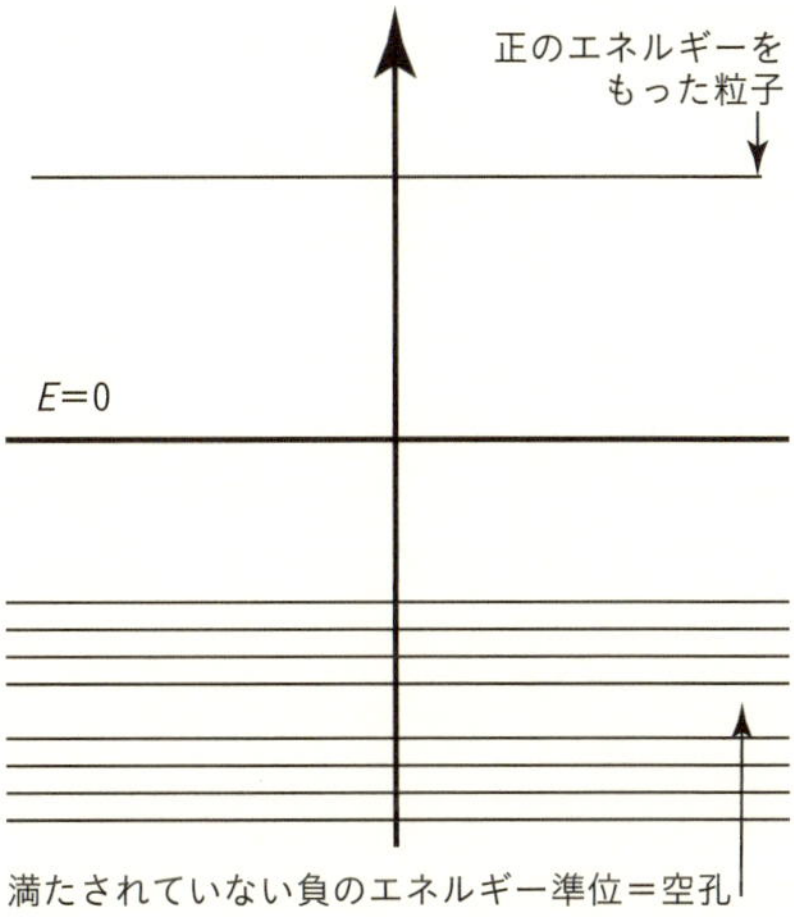

てこの空孔は、「正に帯電した一個の粒子」と見なすこともできる（図33）。

　こうしてディラックは、まったく新しく、まったく摩訶不思議としか言いようのないものの存在を予測した。それが**反粒子**だ。反粒子は、エネルギーが負の粒子が不在になることでできた、真空にあいた「穴」である（したがって正のエネルギーをもつ）。自然界のすべての粒子は対応する反粒子をもっていて、たとえば、電子の反粒子は**陽電子**と呼ばれる。陽電子は、正のエネルギーをもつ、正に帯電した粒子であり、正に帯電しているという以外の点では電子とまったく区別がつかない。とはいうものの、陽電子は、負のエネルギー準位がすべて満たされた真空にあいた、たんなる一個の穴なのである。特殊相対性理論は、静止状態の真空の穴は $E=+mc^2$ のエネルギーをもっていなければならないとする。ここで m は、電子の質量そのものである。ディラックによってその存在が予測された陽電子は、量子論と特殊相対性理論の両方が正しければ必ず存在しなければならない。実はディラックは、陽電子には相当悩まされていた。というのも、当時の物理学者たちのあいだでは、「ミニマリズム」の考え方が流行っていたからだ。ミニマリズムとは、余計な事柄を持ち出さず、必要最小限の要素だけで物事を説明しようとする態度だ。ディラックは、自分が新たに思いついた陽電子が当初は「余計な事柄」のように思われて気に食わず、これを当時すでに発見されていた陽子であると、なんとかうまく説明できるのではないかと期待していた。だが陽子は、確かに電子と同じ大きさの正電荷をもってはいたが、水素原子の原子核となる、はるかに重い粒子だった。残念なことに、陽子は電子の二〇〇〇倍も重く、そして相対性理論の対称性は、陽電子――負のエネルギー準位の電子が不在になったことで真空に残された穴――は絶対に電子と同じ質量でなければならないと要求していたのである。

　陽電子は、その後一九三三年にカール・アンダーソンが行った実験によって発見された。陽電子は、**宇宙線**（宇宙から飛んでくる高エネルギー粒子線）によって生み出される[10]。宇宙線が、真空を満たしている負のエネルギーをもった電子のうちの一個と衝突すると、この電子はエネルギーを得て正のエネルギーをもつ電子となり、そばにある重い原子の外殻の準位に入る。真空にはこの電子が抜けたあとに空孔が残り、それが陽電子として観察される。こうして電子と陽電子の対が生成される。対生成された陽電子と電子は、**霧箱**のなかで観察される。霧箱というのは初期の粒子検出器で、たとえば窒素やアルゴンなどのガスで満たされている。ちなみにこのガスは、水蒸気かアルコール蒸気で飽和状態になった空気でも構わない。帯電した粒子が一個、この霧箱のなかを通過すると、その軌跡に沿って小さな蒸気の粒子が生成されて残り、これが成長して目に見える大きさになって写真撮影される。通常、入射してきた宇宙線の粒子は金属薄膜を通過し、その過程で負に帯電した電子を真空中からたたき出して、あとに正に帯電した空孔（陽電子）を生成する。霧箱に強い磁場をかけると、粒子はその電荷に応じて湾曲した曲線を描いて運動するので、その曲率から逆に電荷の大きさがわかる。アンダーソンは、ディラックが陽電子の存在を予測した数年後に、霧箱のなかで、互いに反対の向きに湾曲した二本の軌跡として、電子と陽電子の対を観察したのであった。陽電子の質量を測定することも可能で、実際に、電子と同じ質量であることが確認された。特殊相対性理論が要求するとおりである。

陽電子（反電子ともいう）が確認されたあと、正に帯電した陽子の反粒子として、負に帯電した粒子、反陽子が観察された（一九五五年、セグレとチェンバレンにより発見された）。今日では、知られているすべての素粒子（クォーク、荷電レプトン、ニュートリノなど）は、対となる反粒子をもっていることが確認されている。その後一九九五年に、陽電子と反陽子でできた反水素なる物質が生成されたことが確認された。このように、反粒子によって構成された物質を反物質と言う。

反物質の発見は、理論と実験によって成し遂げられた、人類史上最も素晴らしい成果の一つである。反物質がその対にあたる物質と衝突すると、エネルギーが正の粒子が真空にあいた空孔に戻るので、物質もろとも**消滅**してしまう。このとき、ふつうはエネルギーと運動量を保存するために、ガンマ線が放出される。この対消滅では、膨大な量のエネルギーが生み出される（静止状態では、電子-陽電子対消滅で、二つの粒子の静止質量エネルギーのすべてが直接ガンマ線に変換されて、$E=2mc^2$ のエネルギーが放出されることもあり得る）。物質と反物質の対消滅では、粒子はディラックの海に残していった空孔に戻り、生成されたエネルギーは他の低エネルギー粒子に与えられる。

極めて高温だった最初期の宇宙では、粒子と反粒子がきっちりと同じ数で大量に存在していた。この完璧な対称性が持続していたなら、物質も反物質もすべて対消滅して光子になってしまっており、私たちも存在していなかったことだろう。だが、どういう理由だかは今もってわからないが、宇宙には反物質は残されていない一方で、私たちは存在している――つまり現在では、物質は存在するが、反物質は存在していない。最初期の宇宙で、何らかの理由により物質と反物質の数に小さな非対称性が生じた。宇宙が冷えるにつれ、ほとんどの物質は反物質と対消滅した。その結果、ほんの少しだけ反物質よりもたくさん存在していた物質が残って、今日それが宇宙のなかの（私たちも含む）すべての目に見える物質を形成している。物質と反物質のあいだにこのような非対称性が生じた正確なメカニズムは、まだ解明されていない。その答えはおそらく、未発見の新しい物理学のなかにあるのだろう[11]。

陽電子をはじめとする反粒子は、粒子加速器で人工的につくり出すことができる。反物質は、有用な「商品」で、早くも利益を上げている。たとえば陽電子は、特定の原子核の放射性崩壊によって自然に生じ、医学用撮像技術の一種であるポジトロン断層法（ＰＥＴ）で使用されている。純粋な基礎研究の一つの副産物であるこの技術だけで、かなりの金額に相当する利益が生まれていると推定されており、それは今日の素粒子物理学全体を支えるために必要なコストをはるかにしのいでいるという。将来、合成反物質というものができて、それがワープ航法が可能な宇宙船エンジンをもたらすかどうかはわからない。だが、合成反物質が他の形で応用される可能性はあるだろう。そんな「応用」の一つが、荒唐無稽で科学的には正確さを欠いた映画のなかでではあるが、バチカンを爆破するためにCERNから反物質が盗まれるという話として登場した（ダン・ブラウン原作『天使と悪魔』のこと）。反物質の実際的でよい使い道が何なのかは、私たちにはまだわからない。しかし、いつの日か政府がそれに課税するときが来ることだけは間違いないだろう。

どの粒子にも、対応する反粒子が存在する。陽子に対しては反陽子、中性子に対しては反中性子、トップ・クォークに対しては反トップ・クォーク、という具合だ。フェルミ研究所のテバトロンやCERNの大型ハドロン衝突型加速器（LHC）でトップ・クォークをつくるとき、それはトップ＋反トップという対として生成される。このとき科学者たちは、文字通り「釣り」に行って、真空の深みから負のエネルギーをもったトップ・クォークを釣り上げるのである。このとき、トップ・クォークの穴（反トップ・クォーク）が残されて、クォーク・反クォーク対が生成されたことを検出器で確かめる。

素粒子物理学者は、ディラックの海という大海で魚を釣る漁師だ。彼らは今、ディラックの海の深海部分でまったく新しい種類の魚を探しており、その目的のために、彼らはスイスのジュネーブに巨大な釣竿――LHC――をつくった。さて、いったいどんな魚が見つかるだろう?

月が沈んだあと、青白い潮の満ち干のなかに

おまえは隠れるけれども、
のちの世の人々は知ることとだろう
私が網を打ったことと、
その銀の網目の上に、
おまえが何度も飛び上がって、
自分は冷たく不親切だったとの思いに、
たくさんの厳しい言葉で自分を責める様子を。
――ウィリアム・バトラー・イェイツ「魚」[12]（一八九八年）

ディラックの海の困ったエネルギー

優れたアイデアは、往々にして困難な問題から生まれる。ディラックが「ディラックの海」を思いついたのも、負のエネルギーの奈落という問題を解決するのが目的だったが、次にそれが反物質という新しい概念をもたらした。ところが今度は、ディラックの海そのものが物理学の大問題となった。ディラックの海は、重力と両立しなければならないうえ、量子論とも矛盾してはならない。そこで、少し立ち止まって、この点について考えてみよう。

重力は、質量、エネルギー、運動量をもっているものすべてが生み出す普遍的な力である。この三つの属性は、広大なディラックの海を満たしている（エネルギーが負の）電子のそれぞれに備わっている。実際、ディラックの海には、負のエネルギーが無限の量で存在しているらしい。そのため、この海に存在している個々の粒子の負のエネルギーを足しはじめると、その和はすぐに手に負えないほど大きな負の数となる。任意のエネルギー準位（この値を$-\Lambda$《ラムダ》とする）でこの足し算をやめると、単位体積あたりの総エネルギー、すなわち**真空エネルギー密度**は約$\rho=-\Lambda^4/\hbar^3c^3$となる（このエネルギー密度は、ディラックの海の単位体積あたりの真空エネルギーの量である）。これは、極めて大きな（負の）数である。たとえば、Λの値として、陽子の質量に相当するエネルギー準位を選ぶと、ふつうの水の一兆倍の一〇〇万倍（10^{18}倍）も大きなエネルギー密度となる。そのようなエネルギー密度は、今日の宇宙ではどこにも見つからない。

　このような足し算は、負の整数をすべて足し合わせるようなもので暴走してしまう。そこで、たとえば次の計算をやってみることにしよう。

$$-1-2-3-4-5-6-7-8-9-10-11=-66$$

　先に$-\Lambda$で制限したのと同様に計算を−11でやめたため、−66という結果が得られた。こんなふうにΛという制約を設けて、真空エネルギー密度の値が暴走るのを防いでいる[13]。

　ここまでやったことを言葉でまとめると、「最初の一一個の負の整数を足し合わせると、−66という結果が得られる」となる。これをどんどん続けて、たとえば最初から一〇〇個目までの負の整数を足し合わせると、−5050という結果になる。一〇〇〇個目までなら、−500500だ。さらに大きなマイナスの値まで足し算をつづけていくと、エネルギーもますます大きなマイナスの値となる。数学者はこの足し算に名前をつけており、彼らの用語では、これを「**数列**の和をとる」と言う。そして、このように和がどんどん大きくなっていく状態を「この数列は**発散する**」と言う。

　量子論で、電子や光子の、何か特定の性質などを計算するとき、結果が発散してしまうことがときおりある。たいていの計算では理に適った結果が出る——事実、実験と矛盾しない答えが得られることが多い――とはいえ、数学的にはナンセンスとしか言いようのない結果になる計算がいくつか存在する。いま見たように、量子論で真空のエネルギー密度を計算するとき、数列は発散してしまう。足し算をやめるエネルギー準位をどこかに決めて、そこでやめてしまわない限り、真空のエネルギー密度として得られる値はマイナスの無限大となってしまう。だが、それはナンセンス以外の何ものでもない。真空がそんなエネルギー密度をもっていたとすると、私たちの宇宙は針の先端のような無限小の点につぶれてしまい、あなたも私も、私たちのすべての文化も、押しつぶされて無になってしまうだろう。真空のエネルギー密度が負の無限大に発散するなどという、ナンセンスな結果が出てくるなんて、私たちの量子論には、何か根本的な誤りがあるか、少なくとも何か根本的なことが抜け落ちていると思えてくる。

とはいえ、量子論は依然として極めて有効に機能している。量子論は、反物質が存在するという、正しくかつドラマチックな予測を出しているのだ！　さらに、**量子電磁力学**――量子論的な電子と量子論的な光子の相互作用に関する理論――は、電子と光子に関わるほとんどすべてのプロセスに対し、厳密なまでに正しい予測を与える。たとえば、電子は電荷をもち、自転しているため、小さな磁石となっている。私たちは、一個の電子の周りの磁場を、一兆分の一の正確さで計算することができるのである。この分野では、理論と実験は驚くほど一致している。このようなうっとうしい無限大が出てくるのは限られた場面だけであり、それ以外では、量子論は正しい予測を行い、極めてうまくいっているので、物理学者は量子論を手放す気はない。課題となるのは、これらの無限大は私たちに何を告げているのか、そしてこれらの無限大を解決するにはどうすればいいかを理解することである。

ディラックの海の真空エネルギーが負の無限大になることには、今日なお一つの難問が残っている。問題なのは、真空エネルギー密度が重力をとおして宇宙全体に影響を及ぼすことだ。宇宙の「大きさ」とそれが膨張する様子は、宇宙に含まれるすべての内容物のエネルギー、質量、そして運動量によって決まる。そして真空もまた、宇宙の内容物の一つだ。宇宙の膨張速度の観測値からは、宇宙の真空エネルギー密度は小さい値であるはずだと推定され、またその値は負ではなく正のはずだ。この極めて小さな値を**宇宙定数**と言い、先ほどからやっている私たちの計算で言うと、足し算を中止する値（カットオフ値）に相当する。宇宙定数は、約〇・〇一電子ボルトという、極めて小さな値で、Λとも呼ばれる。

だが、Λはどうやって計算されるのだろう？　私たちの量子論は、Λが何であるかを教えてはくれないし、ましてや何から手をつければいいかなんて量子論からはわからないだろう。そこで、（ただのあてずっぽうだが）Λは電子の質量ぐらいのものだとすると――これは、量子電磁力学が自然を有効に記述する領域の値である――、Λは約一〇〇万電子ボルトと推測できる。ところが、そうすると、真空エネルギー密度は観測値の10^{32}倍も大きく、しかも負の値となってしまう。これでは、理論と観察がまったく噛み合わない。

実のところこの問題は、宇宙定数の厳密な値が実際にはいくらなのかには何の関係もない。私たちが知っておかねばならないのは、宇宙定数は私たちが「計算した」値よりもずっと小さいということだけだ。物理学者たちは常日頃、量子電磁力学（あるいは量子電磁力学を包含し、すべての力と素粒子を説明する標準モデルのようなもの）は、**プランク尺度**と呼ばれる量子重力の尺度まで有効であるはずだと言っている。プランク尺度とは、ニュートンの重力定数、プランク定数、光速を組み合わせて得られるエネルギーの尺度だ。これは量子重力の働くエネルギーの尺度であると考えられており、そこでは空間と時間が、弦でできた一種の量子の泡や量子スパゲティになると信じられている。プランク尺度は、$\Lambda \fallingdotseq 10^{19}$ギガ電子ボルトに対応する。プランク尺度をカットオフ値として使えば、観測値よりも10^{120}倍も大きな宇宙定数が予測される。これは、「すべての物理学における最大の間違い」と、しばしば呼ばれる！　予測される真空エネルギー密度と、観測された宇宙定数がこれほど食い違うことは、電子と光子の量子論を重力と結びつける際に、何か誤りが生じていることを意味する。それはいったい何だろう？

　私たちが真空エネルギーの計算で考慮に入れなかったものの一つが、光子の効果だ。光子は、スピンが整数のボソン（ボース粒子）で、パウリの排他原理には従わない（スピンに関する補遺を参照）。ならば、ボソンはディラックの海には住んでいないと思いたくなるかもしれないが、実はボソンにも反粒子はある。だが、ボソン（スピンが整数）とフェルミオン（スピンが半整数）の最大の違いは、もっと厄介でわかりにくい。その違いとは、ボソンが負のエネルギー準位をもたないことである。[14] ボソンのエネルギーは、常に正だ。さらに、ボソンの量子論からも、真空は無限大の真空エネルギー密度をもっていることになるが、この場合は正の無限大になる。こうなる理由は、基本的には、量子論がボソンが完全に静止した状態にあることを禁じていることにある。ボソンは常に「ぴくぴくと痙攣する」ように振動していなければならない。それゆえ、その基底状態（すなわち真空）にあるときも、ボソンはゼロではない正のエネルギーをもっている。

　このように、光子は正の真空エネルギーをもち、電子は負の真空エネルギーをもつ。電子の真空エネルギーと光子の真空エネルギーを計算する際には、ディラックの海の電子がもつ負のエネルギーと光子がもつ正のエネルギーの両方を考慮しなければならない。だが、両者を合わせても、答えはなおも負であり、しかも依然として無限大なのである。こんなわけで、私たちはまだ大きな問題を抱えている。だがもし、ディラックの海のなかに、光子に似た魚がたくさんいたなら、電子の負のエネルギーを打ち消すことができるのだろうか?

超対称性

ミューオン、ニュートリノ、タウ粒子、クォークといったフェルミオン、そしてグルーオン、W粒子、Z粒子、それからヒッグス粒子を含むボソン〔二〇一二年七月CERNが、ヒッグス粒子と見られる新粒子を4・9σの統計的有意性で発見したと発表。翌年三月、最新データからこれがヒッグス粒子であることがほぼ確実になったと発表された〕。これら母なる自然の「粒子の動物園」に暮らす面々を加味していくと、真空エネルギーの計算はますますひどくなるばかりだ。フェルミオン(フェルミ粒子)の場合は負の、ボソンの場合は正の真空エネルギーをもたらし、それぞれ無限大に発散する。ここに足りないのは、よりよい計算方法ではなくて、宇宙の真空エネルギー密度の求め方を教えてくれる新しい物理学の原理だ――だが、そんなものは今日に至るまで登場していない。

しかし、ある驚くべき対称性を、ある「玩具」量子論〔玩具理論《トイセオリー》とは、複雑な理論を単純化しモデルをつくり、そのなかの重要な要素のみを調べられるようにしたもの〕に導入すると、宇宙定数が計算できるようになり、しかも理に適った結果が導き出される。すなわち、宇宙定数がゼロになるのだ! この理論のなかでは、フェルミオンをボソンへと、そしてその逆にボソンをフェルミオンへと直接結びつけることができる。これは、近代以前にはルイス・キャロルにしか想像できなかったであろう、仮想的な次元をもう一つ導入することで可能となる。この新しい次元そのものがフェルミオンのようにふるまう。つまり、パウリの排他原理と似た「排除」を行って、一歩より先は、この次元に入ることを禁じるのである。

この新しい次元には、一歩踏み入れたならそれでおしまいである（二つの状態に電子を一個入れれば、二つ目の電子を同じ状態に入れることはできないのと極めてよく似ている）。だがボソンは、この一歩を踏み入れると、フェルミオンに変化する。逆にフェルミオンがそうすると、こちらはボソンになる。そんなわけで量子電磁力学において、もしこんな奇妙な次元が存在して、私たちが『鏡の国のアリス』のようにその次元に一歩踏み込んだとすると、電子は**セレクトロン**と呼ばれる一種のボソンに変わる。光子は、このような一歩を踏み入れることで、**フォティーノ**と呼ばれるフェルミオンに変化する。

この奇妙な新しい空間次元は、現在数学的に考案されている最中の、**超対称性**と呼ばれる新しい種類の物理的対称性に対応するものだ[15]。超対称性では、どのフェルミオンもボソンのパートナー粒子をもっており、その逆もまた成り立っている。理論に登場する粒子の種類が二倍に増えるわけだ。ある粒子とその超対称性パートナーとの関係は、粒子とその反粒子との関係に似ている。これがもたらす偉大な効果は、みなさんも気づかれたかもしれないが、真空エネルギーを計算するとき、ボソンによる正の真空エネルギーが、フェルミオンによる負の真空（ディラックの海）エネルギーによって、ちょうど打ち消されるということなのだ。これで、宇宙定数はゼロに等しくなる。

ならば、超対称性は現実世界で真空エネルギーの問題を解決することができるのだろうか？　おそらくできると思われるが、どのように解決できるのかはまだ明らかになっていない。問題は二つある。一つには、私たちはまだ電子の超対称パートナーであるセレクトロンを確認していない[16]。それにもう一つ、自然界で観測を行うと、宇宙定数は小さな正の値だという証拠が見られるが、超対称性が厳密に成り立っているなら、宇宙定数はゼロ以外ではありえない。だが、どんな対称性も「破れる」可能性がある（たとえば、粘土でつくった完璧な球も、拳《こぶし》で押し潰すなどすれば対称性は破れる）。しかし、物理学者が対称性を好む気持ちはなかなか強く、私たちが最も愛し慈しんでいる理論には、強力な数学的対称性が組み込まれていることが多い。そのため、たいていの物理学者は、超対称性は本当に自然界に存在しているのだが、何らかの強力なメカニズム（粘土の球に振り下ろされた拳のようなもの）が超対称性を「破って」おり、ＬＨＣなどの新しい粒子加速器を使って超高エネルギーを達成しない限り、超対称性を見いだすことはできないだろうと考えている。超対称性が破れているなら、電子と光子の超対称性パートナー、セレクトロンとフォティーノは極めて重い粒子であるはずで、Λ_{SUSY}（ＳＵＳＹは超対称性の略）という十分高いエネルギーでの実験によって生み出されない限り、観察されることはないだろう。

残念なことに、超対称性が破れているとなれば、私たちは真空エネルギーの問題に再び直面することになる。この図式のなかでは、真空エネルギーは超対称性の破れのスケールによって決定され、$\Lambda^4_{SUSY}/\hbar^3c^3$ となることがわかる。このスケールが、フェルミ研究所のテバトロンやＣＥＲＮのＬＨＣのエネルギースケール――一～一〇兆電子ボルト――に近いとしても、真空エネルギー（すなわち宇宙定数）はまだ10^{56}倍も大きすぎる。10^{120}に比べれば大幅な改善だが、それでもまだ問題である。このようなわけで超対称性は、少なくともその最も直接的な応用においては、真空エネルギーという大問題を解決する助けにはならない。ならば、いったい何が助けてくれるのだろう？

ホログラフィー

ディラックの海にいる魚を数える私たちの作業で、何かが間違っているのだろうか？　数えすぎているのだろうか？　私たちの数え方では、最終的には極めて小さな魚、すなわち極めて波長が短い、負のエネルギーの電子まで数えることになる。そのため、いまだ確定していないカットオフエネルギー〔計算をやめるエネルギー〕の絶対値を大きくとると、原子核よりもはるかに小さな、極小の距離尺度に対応するエネルギーまで数えることになってしまう。しかし、もしかしたら、こんなに小さな状態など、そもそも存在しないのではないだろうか？

この一〇年のあいだに、ある革命的な新しい考え方が登場した。「科学者たちはディラックの海の魚を数えすぎている。なぜなら、魚たちは三次元空間の海を満たしてはいないからだ――実は世界は一つのホログラムなのだ！」というのだ。これがホログラフィック原理だ。ホログラムとは、空間全体をそれよりも次元が小さい空間に投影したものだ。たとえば、三次元空間全体を二次元の紙に投影するようなものである。三次元空間で起こっていることのすべては、二次元の世界で紙の上で起こっていることによって完全に記述できることになっている。したがって三次元空間は、私たちが数えたような形で、魚で満たされているわけではない。要するに、これらの負のエネルギーの準位は、すべて錯覚にすぎないというのだ。ホログラフィック原理に基づく理論では、空間は魚によって非常に希薄な形で満たされている。実際には、魚そのものは二次元の物体なのだ。その結果、真空エネルギーは大幅に小さくなり、観察されているごく小さな宇宙定数を説明することだってできそうだ。「できそうだ」というのは、これがまだ現在進行中の研究だからだ。厳密なホログラフィック理論はまだ存在しない。

ホログラムからアイデアを借用したような、この新しい考え方は、弦理論におけるいくつかの発見から導き出されたもので、これらの発見によって、ある空間と、その境界にあたるそれより小さな次元の空間とのあいだに、明確なホログラフィーの関係が存在し得ることがわかったのだった（そのような発見のうち、最も厳密で独創的なものが、マルダセナによる **AdS/CFT 対応**と呼ばれる理論だ)[17]。頭のなかの想像にすぎないのか、深い真実なのかはともかく、このホログラフィーを用いた新しい考え方には次章でまた戻るが、これが全体としてもつ意味というのは、一種の「夢の論理」と言ってよかろう。

ファインマンの経路積分

自らが自らの反粒子になっている粒子もいくつか存在する。このような粒子を**自己共役粒子**と呼ぶ。たとえば、光子は自己共役粒子だ。また、π^+中間子にはπ^-中間子という反粒子が存在するが、π^0中間子は自己共役で、自らの反粒子である。だがちょっと待って。中間子は常にエネルギーが正だと言わなかったっけ？　ならば、どうして中間子に反粒子が存在するのだろう？　中間子がディラックの海に開いた穴でなかったなら？

反物質は、ボソンにもフェルミオンにも当てはまる普遍的な現象だ。ディラックの海は、極めて具体的で、フェルミオンを理解するうえでとても役に立つが、これを捉えるまったく新しく、しかもより普遍的な方法を見いだしたのは、リチャード・ファインマンだった。ファインマンの考え方は、EPRパラドックスをはじめ、私たちが量子物理のいたるところで出合う難しい謎の多くを解決するうえで役に立っている。ファインマンはプリンストン大学で、ディラックの考え方のいくつかを足場として博士論文を書き、そのなかで量子論をまったく新しく、驚くほど便利な形に再定式化した。ファインマンの革新性の真価が十分わかるように、まずはニュートンによる粒子の概念と、シュレーディンガーの波動関数についておさらいをしよう。

ニュートンは、粒子を記述するには、時間（t）において、空間のどの位置（x）にあるかを明示しなければならないと言った。これは、一つの軌跡、すなわち$x(t)$と表される数学的な関数である。粒子が実際にとる軌跡は、ニュートンの運動方程式を解くことによって決定される。だが、シュレーディンガーと彼の同僚たちは、これとはまったく異なる形で量子物理を定式化した。彼らは、粒子は明確に定まった特定の経路など進まず、その粒子を任意の時間tに、xの位置で見いだす**量子振幅**を与える波動関数$\Psi(x, t)$によって記述されるのだとした。この振幅の二乗が、その粒子が時間tに位置xで見つかる確率である。

ここでファインマンが登場する。ファインマンは、最終的にはシュレーディンガーが正しいが、まずはもっと基礎的なレベルまで降りて、ある初期時間t_0に、ある初期位置x_0から放出された一個の粒子が、どういうふうにしてその後シュレーディンガーの波動関数$\Psi(x, t)$で表されるようになるのかを問いかけてみようと言った。ファインマンは、この問いに次のように答えた。「波動関数は、時間tに位置xにたどり着くためにとることのできるすべての経路の和にすぎない」。これが彼の答えである。ならば、私たちはいったい何の和をとっているのだろう？　各経路には、**位相**と呼ばれる数学的な因子が付随している。位相は、たとえば時間t_0に位置x_0を出発して、時間tに位置xに到着する任意の経路の関数である。ファインマンは、この位相を計算する方法を与えてくれている。可能な経路の数はふつう無限で、しかも各経路について位相因子を足し合わせねばならない。しかし、これを実行するための洗練された数学的手法が存在する。気力が失せるほど難しそうに思えるかもしれないが、このアプローチは実際に多くの場合たいへん扱いやすく、量子物理学において時空全体で何が起こっているのか、より明確な描像を提供してくれるのである[18]。

実のところ、ファインマンの「すべての経路の和」は、ヤングの実験から直接導き出すことができる。名高い二重スリット実験では、和をとるべき経路は二つしかない。

(1)電子が一個、粒子源から放出され、スリット1を通過してから検出スクリーンの点xに到着する（到着時の位相はF_1である。この位相を計算で得る方法はファインマンが提供してくれている）。

(2)電子が一個、粒子源から放出され、スリット2を通過してから検出スクリーンの点xに到着する（到着時の位相はF_2である）。

このことからファインマンは、この電子を検出スクリーンの任意の点で見いだす確率に対応する振幅は、単純に$F_1 + F_2$だという。これはシュレーディンガーの波動関数だ。確率は、この量を二乗するだけで得られ、$(F_1 + F_2)^2$となる。そして、結果として得られる確率分布を図示してみると、もうおなじみの干渉パターンが得られる（図17）。この干渉パターンは、実験で得られる結果と完全に一致している。このような結果が得られるのも、一個の粒子が空間と時間のなかで運動する際に、とり得るすべての経路（この場合は二つの経路だけだが）を、自然が「探ってみて」、そんなすべての経路について振幅を足し合わせるからだ。これを私たちが二乗して確率を得ようとすると、振幅どうしが干渉し合うのである。

ファインマンの「すべての経路の和」からすぐにわかるのは、一方のスリット、たとえばスリット2を閉じてしまうと、電子がとれる経路は一つだけになってしまい、したがって振幅はF_1になるということだ。この場合、干渉パターンは完全に消えてしまう（図18）。

また、ファインマンの「すべての経路の和」は**経路積分**とも呼ばれ、EPR実験、ならびにベルの実験で調べられた量子もつれを解明してくれる（少なくとも、一部の人々にとっては）。EPR

実験では、放射性粒子が崩壊して、スピンが上向きと下向きの二つの粒子になったあとは、時空のなかで考慮すべき「経路」は二つになる。一方の経路（Aと呼ぶことにする）は、スピンが上向きの粒子を離れたところにある検出器1まで運び、スピンが下向きの粒子を遠方の検出器2へと運ぶ。もう一方の経路（Bと呼ぶことにする）は、スピンが下向きの粒子を検出器1へ、スピン上向きの粒子を検出器2へと運ぶ。どちらの経路にもそれぞれに応じた**量子位相**、または同じことだが**量子振幅**が付随している。振幅の合計を得るために、二つの経路の振幅を足し合わせる。A＋Bである。これが検出の時点で、「量子もつれの状態」をもたらすのだ。この話の新しさは、次のような解釈の違いにある。つまり、検出器1のところで測定を行うとき、私たちは、波動関数を収束させるのではなく、この系が時空全体のなかで二つの経路のどちらを選んだかをたんに知るだけなのである。検出器1でスピンが上向きだったなら、二個の粒子は第一の経路Aをとったことがわかるし、検出器1で測定してスピンが下向きだったなら、宇宙は経路Bをとったことがわかる。それだけのことだ。すると、空間全体で波動関数が瞬時に変化するというような、おかしなことはまったく起こっていないように思える。というのも、検出器1である結果が得られたとき、検出器2では何が起こるかという情報（「相関」と言ってもいい）が現実となった経路に含まれているからだ。これは、少し前に検討した、青と赤のビリヤードの球のどちらかを地球にいる私たちに、もう一方をリゲル3にいる友人に送る話よりも、ずいぶんすっきりしている。

自然が、何やら摩訶不思議な方法で可能なすべての経路を探り、それらを足し合わせた総計として経路どうしが干渉し合った状態しか与えないというのだから、やはり量子論は鳥肌が立つほどすごい。しかし、経路によって時空を記述することで、EPRがあれほど毛嫌いした、物が光速を超えるスピードで移動しているという薄気味悪い状況はなくなったように思える。では、この「すべ

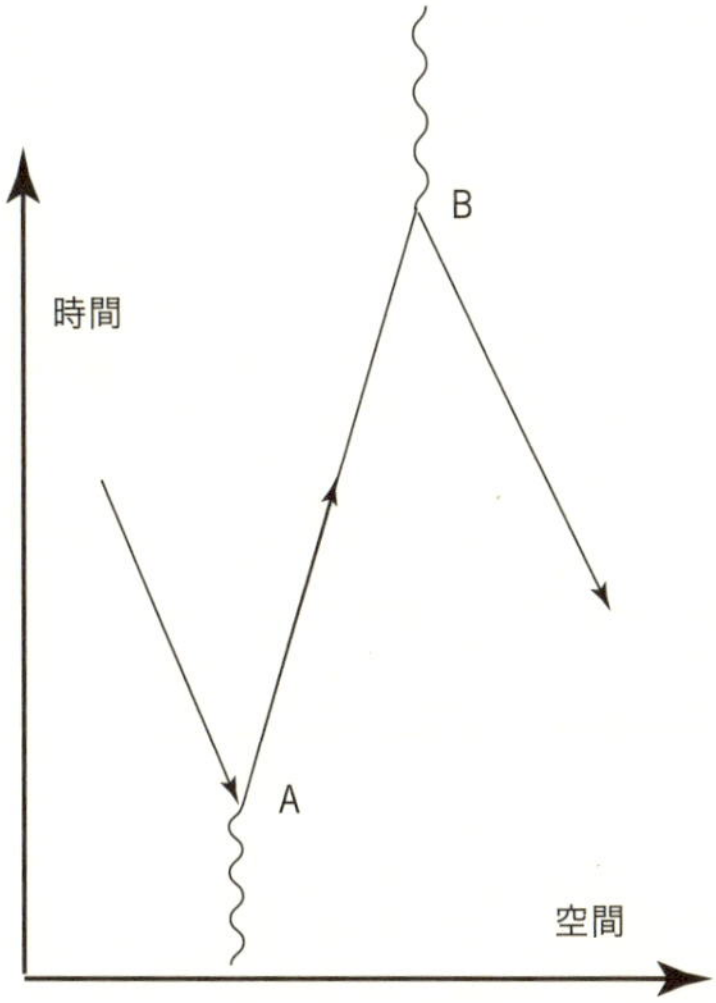

図 34　ファインマン図で表した、反物質の生成と消滅。1 個の光子が事象 A で、未来からやってきた負のエネルギーをもった電子（正のエネルギーをもった陽電子と同じこと）と衝突するとき、この電子（陽電子）は向きを変えて、未来に向かう電子となる。私たちがこれを観察すると、光子が一対の電子と陽電子を生み出しているように見える。遠い未来において、この電子は光子を 1 個放出し、向きを変えて、負のエネルギーをもった電子（正のエネルギーをもった陽電子と同じこと）として過去に向かって進む。これは私たちには、電子（物質）が陽電子（反物質）と共に消滅するように見える。

ての経路の和」という考え方から、反物質はどのように理解できるだろう？

ファインマンは、エネルギーが正の粒子は、時間を順方向に進む経路に沿って運動していると解釈した。そして、エネルギーが負の粒子は、時間を逆方向に進んでいると解釈したのである。

図34は、電子と陽電子の生成を描いている。この図では、一個の光子が時空のなかの点Aで電子・陽電子対を生成している。だが、経路積分の考え方で捉えると、エネルギーが正の電子は時間を順方向に進んでいるが、その反粒子（つまり陽電子）は未来からやってきて点Aに到着していることになる！　そして、そのしばらく先の未来である時空のなかの点Bでは、電子が陽電子と衝突し、消滅して光子に戻っている。だが、経路積分の立場で見れば、時間を順方向に進んでいるエネルギーが正の電子は、点Bで向きを変えて、時間を逆方向に進むエネルギーが負の粒子（陽電子）に変化しているのである！

ファインマンはこのアイデアに夢中になり、博士論文の指導教官だった八歳年上のジョン・アーチボルト・ホイーラーに真夜中に電話をかけ、全宇宙に電子は一個しか存在しないのだと伝えたという逸話がある。ファインマンによれば、このたった一個の電子が、時間を順方向に進み、光子を一個放出して方向転換し、エネルギーが負の粒子（反粒子）として過去に戻ってくる。宇宙の果てにいる異星人がこれを見ていたなら、一個の電子が一個の陽電子と対消滅しているように見えるだろう。その後、このエネルギーが負の粒子は宇宙の起源まで遡り、そこで一個の光子と衝突し（異星人からは、電子‐陽電子対生成のように見えるだろう）、再び方向転換してエネルギーが正の電子として未来に戻ってくる。と、このようなプロセスを延々と繰り返すというわけである。

反物質を、時間を遡る物質と考えると、こんな一見めちゃくちゃな状況になってしまうのには、もっと深い理由がある。物理的な信号が「因果関係に則っている」状態になるのは、時間を順方向に進んでいる粒子たちの量子経路と、逆方向に進んでいるエネルギーが負の粒子たちの経路のバランスがとれているからなのである。つまり、このことが光速よりも速く移動することを禁じているのである。したがって、時空の構造全体――因果律と相対性――は、量子物理における反物質の存在と織り合わされているのだ。そしてそのすべてに、ボソンとフェルミオンの両方が関わっているはずだ。もしも、ある粒子とその反粒子の、質量、スピン、電荷の大きさなどの性質が少しでも違っていることが発見されたなら、その場合、経路積分の計算からは、信号は原理的に光速を超えたスピードで伝達することが可能だと予測される。しかし、そのような性質の異なる粒子‐反粒子が存在するという証拠は、まったくない。

ここで当然、「未来から私たちのほうへやってくるこれらの粒子は、私たちが未来を覗き、未来を予測することを可能にしてくれるだろうか？」という疑問が浮かび上がってくる。物理学者たちは、そんなことはない、と答える。なぜなら、反物質が存在するだけで、因果関係が厳密に成り立っているからだ。光を超えるスピードで伝わる信号の経路をすべて足し合わせると、その和はゼロになるので、信号が光速を超えるスピードで伝わることはない。これは、反物質が存在し、しかも、粒子とその反粒子は厳密に正反対の性質をもっていることの結果である。

凝縮系物理学

量子論は、私たちの周りにあるさまざまな物質に、極めて有用で意義深い応用の道を見いだしてきた。物質の状態とは何なのか、それらの状態はどのようにふるまうかといった疑問や、物質のさまざまな相や、物質の磁性や電気伝導性などの捉えがたい性質を私たちが理解できるようになったのも、実は量子論に負うところが大きいのである。この分野においても量子論は、元素周期表のときと同じくらいの大きな成果を挙げている。なんといっても量子論は、私たちが慣れ親しんでいる物質の構造を説明し、新しいテクノロジーの創生を可能にしているのだ。また、量子論のおかげで**量子エレクトロニクス**という新しい分野が誕生し、一〇〇年前には想像することさえ不可能だった形で、私たちの日常生活を変えている。それは革命的でさえある。こうしたスケールの大きな話題のなかで、一つの重要な分野に着目しよう。それは、物質のなかを流れる電流を取り扱う分野だ。

伝導帯

固体を形成するとき、原子たちは押し付けられて、互いにごく近くまで寄ったところに落ち着く。

このとき各原子では、電子で満たされた最もエネルギーの高い電子軌道の波動関数は、徐々に混じり合っていく（その一方で、満員になったエネルギーの低い軌道は、固体が形成されることによる影響は基本的には受けない）。最もエネルギーが高い軌道にいる電子は、一つの原子から別の原子へと飛び移りはじめる。そうなると、そうした軌道はアイデンティティをなくしてしまい、本来属していた原子の周辺に局所化された状態ではなくなる。というのも、電子はその物質全体を動き回るようになるからだ。このようにして、無数の原子の最もエネルギーの高い軌道は融合して、そうした電子の拡張された運動状態の集合体となる。これを**価電子帯**と呼ぶ。

ここに、ある結晶性物質があるとしよう。結晶にはさまざまに異なる形があり、それぞれの結晶は結晶格子によって定義される。存在し得る格子とその性質は、物理学者によって分類されている[19]。結晶のなかを自由に動き回りはじめた電子は、価電子帯のなかで波長が非常に長い波動関数をもっている。動き回っている電子たちは、パウリの原理に従って、これらの運動状態を占有していく。許される量子論的運動状態のそれぞれには、スピンが上向きと下向きの電子が一個ずつ、合計二個の電子までしか入れない。波長が極めて長い状態というのは、電子が自由空間を運動しているのとほとんど変わらず、結晶格子からの干渉もない。これらの状態はエネルギーが最も低く、最初に満員になっていく。動き回っている電子たちは次々と状態を満たしていき、やがて量子波長が原子間の距離に近づいてくる。

だが、電磁相互作用によって、動き回っている電子は格子を構成している原子から散乱される。そのとき、結晶格子は、おびただしい数のスリットがある大規模なヤングの干渉実験装置のように働く。なぜなら、格子の散乱中心がスリットに相当し、それぞれの原子にスリットが一個あることになるからだ。このように、電子の運動には途方もない量の量子論的干渉が関与している[20]。干渉が起こるのは、電子の量子論的波長が原子間の距離と同じくらいになっている場合だ。電子の波長がこのような特定の長さに近づくと、破壊的干渉が起こってその運動状態は排除される。

この破壊的干渉のおかげで、固体内の電子のエネルギー準位は**バンド構造**をもつようになる。つまり、エネルギー準位は、動き回る電子たち（価電子と呼ばれる）が入る最もエネルギーが低いバンド（先ほど来、話している価電子帯）と、それよりもエネルギーが高く電子が入り得るエネルギーバンド（**伝導帯**）とに分離し、そのあいだに**バンドギャップ**と呼ばれるエネルギーギャップが形成される。バンドギャップには電子は存在できない。物質の電気伝導度は、バンド構造に大きく依存する。こうして物質は、電気をいかに通すかという点で、大きく三つにタイプが分かれるのである。

(1)**絶縁体**　ある物質の価電子帯が電子で完全に満たされており、その上にある、電子で満たされていない伝導帯とのあいだに大きなエネルギーギャップが存在するとき、その物質は電気絶縁体となる。このような物質は電気を通さない（ガラスやプラスチックなど）。ハロゲンやイオン性分子、希ガスなど、原子殻がほぼ満たされている物質が絶縁体になることが多い。このような状況では、価電子帯の電子たちが動き回る余地はほとんどないので、電流は流れない。つまり、動くためには、電子は大きなエネルギーギャップを飛び越えて伝導帯に入らねばならないのだが、そのために必要なエネルギーが大きすぎるわけだ。[21]

(2)**導体**　価電子帯が完全には満たされていない場合、電子は容易に新しい運動状態に入ることができる。このような物質は、電流をよく通す。つまり、電子たちはやすやすと動き回ることができ、電流をうまく運べる。原子軌道から離れて動き回れる電子がたくさんある場合に、伝導体となることが多い。アルカリ金属や重い金属の原子に見られるように、最もエネルギーの高い電子殻が電子で満たされていない原子は、この電子殻にある電子を提供して、金属結合という化学結合をつくる傾向が大きく、優れた電気伝導体になる。さらに、伝導帯にある自由電子が光を反射することが、導体である金属に光沢をもたせている。伝導帯が次第に満たされていくと、物質は徐々に電流を通しにくくなり、絶縁体の伝導に近づく。

(3)**半導体**　価電子帯がほぼ完全に満たされているとき、あるいは伝導帯にある電子が比較的少ないとき、物質はあまりよく電流を流すことができない。しかしエネルギーギャップが、約三電子ボルト以下と、あまり大きくないなら、電子を伝導帯に上がらせることはそれほど難しくない。エネルギーバンドがこのような構造になっているとき、その物質は半導体となる。実のところ、電流をあまりよく通さないという性質が、半導体を素晴らしい物質にしている。半導体の伝導性をいろいろとコントロールして、「電子スイッチ」をつくることができる。

半導体物質になるのは、ケイ素（砂に多く含まれる元素）などの結晶性固体であることが多い。半導体の伝導性——電流を流す能力——は、他の元素を「不純物」として加えることによって劇的に変化させることができる。この行為を**ドーピング**と呼ぶ。伝導帯に電子がわずかに存在するタイプの半導体を**n型半導体**と言う。n型半導体をつくるには、ふつう、もともとの物質のなかに、伝導帯に入る電子を増やしてくれるような原子を微量に混入させる〔n型半導体をつくるために混入させる物質をドナーと呼ぶ〕。これらの電子は、原子による拘束が弱く、ふつうはバンドギャップの上端近くに**ドナー準位**と呼ばれる準位を形成する。この準位の電子は容易に伝導帯に飛び上がるので、伝導帯の電子が増えるというわけだ。これとは対照的に、価電子帯がほぼ満たされているが、少しだけ空きがあるようなタイプの半導体を**p型半導体**と呼び、これは価電子帯の電子を減少させる性質のあるドーピング原子を加えることによってつくられる〔p型半導体をつくるために混入させる物質をアクセプタと呼ぶ。アクセプタの原子はバンドギャップの下端付近にアクセプタ準位と呼ばれる空の準位を形成し、価電子帯からアクセプタ準位へ価電子が励起される〕。

典型的なp型物質では、価電子帯にあるべき電子が欠けた孔が多数存在している。これはディラックの海で出合った陽電子のような「空孔」である。このように、p型半導体の空孔は、正に帯電した粒子のようにふるまい、電流を運ぶことができる。したがって、p型半導体は、いわば実験室のなかにつくられた小さなディラックの海なのだ。だが、半導体の空孔の運動には多数の電子の運動が関わっているため、空孔は一個の電子よりもはるかに重い粒子のようにふるまい、電子そのものに比べると電流を流す担い手としての効率は悪い。

ダイオードとトランジスタ

半導体を使ってつくることができる最も単純な素子の例がダイオードだ。ダイオードは、一つの向きには電流をよく流すが、その逆の向きに流そうとすると絶縁体のようにふるまう。p型半導体にn型半導体を接触させて、**pn接合**をつくると、ダイオードになる。ダイオードのn型物質に負、p型物質に正の電圧をかけると、n型物質の伝導帯にある電子は、この接合を容易に飛び越えて、p型物質の価電子帯に入り、そこにあった正に帯電した「正孔」と結びついて消滅する。これは、p型物質側からn型物質側へと電流が流れる現象として現れる。ディラックの海の粒子-反粒子対消滅に似ているが、ダイオードでは電流が一方向にしか流れないことに注意してほしい。

電流を逆向きに流そうとすると、それは難しいことがわかる。というのも、逆向きに流すのはn型物質の伝導帯にある電子たちを接合部から引っ張り出し遠ざけてしまうが、その代わりになる電子をp型物質から供給してもらうこともできないからだ。そのようなわけで、半導体を使えば、あまり大きな電圧をかけないのなら（無理やり大電流を流すと、半導体はすぐに破損してしまう）、電流が一方向だけに流れる状況を容易につくることができる。ダイオードは、多くの電子デバイスの電流設計で大きな役割を果たしている。

一九四七年、ベル研究所のウィリアム・ショックレーが率いるグループで研究していたジョン・バーディーンとウィリアム・ブラッテンが、世界で初めてトランジスタを製作した。「点接触型トランジスタ」と呼ばれるタイプのものだ。ダイオードを拡張し、半導体物質の接合部を二つにした素子である。入力側（エミッタ）と、「ベース」と呼ばれる中央部の物質とのあいだの電圧を変化させることで、素子を流れる電流を制御することができる。この電圧の変化でさらに伝導帯を変化させることができ、エミッタと第三の物質「コレクタ」とのあいだに電流が流れるのを、許可したり禁止したりすることが可能だ。トランジスタは、人間が発明した、おそらく最も重要な素子で、この業績が評価されて、バーディーン、ブラッテン、ショックレーの三人は、一九五六年にノーベル賞を受賞した。[22]

儲かる応用

これがいったい何の役に立つのだろう？　波動関数を計算するためのさまざまなルールをもたらすパワフルな式、シュレーディンガー方程式は、純粋な思考の産物として頭のなかで生まれたもので、それで巨大な機械装置を動かしたり、国家経済を活性化させたりできるなどと想像した者はほとんどいなかった。ところが、金属、絶縁体、そして半導体(利益に繋がる見込みが最も高い!)にこの方程式を適用すると、スイッチや制御要素をあれこれ発明し、一枚のチップの上に一〇〇万個のトランジスタを集積させることができるようになった。このような集積回路が組み合わされて強力なコンピュータや素子となり、素粒子加速器、自動車組立工場、ビデオゲームなどの、もっと大きな装置のコントロールや、悪天候でも飛行機が安全に着陸できるような管制を可能にしている。

量子革命がもたらした素晴らしい変化にはもう一つ、レーザーが至るところで使えるようになったことが挙げられる。スーパーマーケットのレジ、眼科手術、金属切断、測量に利用されているほか、原子や分子の構造をいっそう詳しく研究するためのツールとしても使われている。レーザーは、いわば洗練された懐中電灯で、波長が厳密にそろった光だけを放射する。

シュレーディンガー、ハイゼンベルク、パウリ、それに他の多くの科学者たちの洞察によってもたらされた「テクノロジーによる奇跡」の話は、紙数がいくらあっても尽きることはないが、ここではそのうちの二つ三つを紹介しよう。最初は、走査型トンネル顕微鏡だ。

トンネル効果は、典型的な量子効果だ。テーブルの上に内側がなめらかなお椀が一つ置いてあり、そのなかに表面がなめらかに研磨された金属の球が一個入っているとしよう。摩擦力が存在しない理想的な場合、古典論では、玉はお椀の内側を転がり落ちては反対側で元の高さまでのぼり、またそこから転がり落ちるという運動を永遠に繰り返し、お椀の外に出ることはない。ニュートン的な描像ではこうなる。この現象を量子論での場面に書き換えると、電子が一個箱のなかに閉じ込められていて、箱の壁には十分高い負の電圧がかかっていて、その反発力のために電子は壁を越えることができないという状況になるだろう。すると電子は、壁に近づいては跳ね返され、反対側の壁に近づくとまたこちらでも跳ね返されて、行ったり来たりを永遠に繰り返すのだろうか？　それが違うのだ！　薄気味悪い量子の世界では、やがて電子は壁の外に出てくるのである。

これがどんなに不気味に感じられるか、おわかりいただけるだろうか？　古典論に置き換えると、金属の球が、まるで脱出術で一世を風靡した奇術師ハリー・フーディニーのように、閉じ込められていたお椀から抜け出して、テーブルの上に落ちたような話なのだ。実は、シュレーディンガー方程式を適用すれば、電子が壁と衝突する際に壁を通り抜けてしまう確率が、小さいながらも存在することになるのである。「電子はどこからそんなエネルギーをとってくるのだろう？」と聞きたくなるが、これは的外れな質問だ。シュレーディンガー方程式は、壁を通過する軌跡を述べているのではないのだから。この方程式は、粒子が壁の内側に存在する確率と、外側に存在する確率を与えているだけなのだ。ニュートン的な考え方の人には気味の悪い話だろうが、トンネル効果は実際の応用を生み出している。一九四〇年代、原子核物理学でこれまで説明されていなかったさまざまな現象を、トンネル効果で説明しようとする取り組みが盛んに行われるようになった。原子核の一部が、原子核を一体のものとして保っている壁を通り抜けて、原子核がばらばらになるという現象が実際に起こる。これが**核分裂**で、原子炉の基礎である。

この奇妙な効果を利用した素子で広く実用されているのが、ジョセフソン接合だ。これを発明した頭脳明晰な変わり者、ブライアン・ジョセフソンにちなんでこう呼ばれている。ジョセフソン接合は、絶対零度に近い低温で超伝導状態になっているときに、量子論的な奇妙な性質を発揮して機能する。「超高速、超低温、超伝導の量子トンネルデジタル電子素子」と呼んだ人もあった。カート・ヴォネガットが小説で描いた空想の産物かという気がするが、実際に存在し、電流を一秒間に何兆回ものスピードで切り替えることができる。高速コンピュータが急成長している時代、切り替え速度の速さが勝敗のカギを握る。どうしてかというと、コンピュータの計算は0と1だけによる二進法のビットで行われるからだ。入出力が十進法で行われる際には、そこで二進法と十進法とのあいだでの変換が行われるが、コンピュータ内部での計算は0と1だけで行われ、1（オン）と0（オフ）との切り替えが基本となるのである。そして、これが一番得意なのがジョセフソン接合スイッチだ。

トンネル現象は、この他にもさまざまな科学のブレークスルーをもたらした。トンネル現象を顕微鏡に応用することで、人類は一個一個の原子を「見る」ことができるようになった。たとえば、すべての生き物を定義する遺伝情報が保存されているDNAの暗号をつくる原子たちが、撚り合わされて二重になった、圧倒されるような姿を観察することが可能になった。一九八二年に発明された走査型トンネル顕微鏡は、（おなじみの光学顕微鏡のように）ランプの光や（電子顕微鏡のように）電子ビームの確率波で対象を観察するのではない。トンネル顕微鏡の中心となっているのは、次のようなステップだ。極めて鋭く尖らせた探針を、測定したい対象物表面と接近させて直線状に動かす［このように、線の情報を得ることを走査《スキャン》という］。これを繰り返して測定したい範囲全域を走査する。その際、探針と対象物表面の間隔を常に一インチの一〇〇万分の一ほどに保つ（そのためには注意深いキャリブレーションが必要だ）。この間隔は量子トンネル効果が起こるのに十分小さく、観察対象の電流が探針との隙間を飛び越え、それが探針に使われている高感度の結晶で検出される。原子が一個突き出しているなどのせいで間隔が急激に変化すると、そこを流れる電流が変化し、それが探針に感知されてソフトウェアによって原子の凹凸画像に変換される。レコードの溝をなぞりながら、その溝の形からモーツァルトの素晴らしい音楽を読みとるレコード針（そんなものがあったこと覚えておられるかな？）と少し似ている。

走査型トンネル顕微鏡は、個々の原子をつまみあげて別の場所に置くこともできることから、何かの機能をもった分子を、模型飛行機でもつくるかのように人工的に組み立てられる可能性も出てきている。耐久性が非常に高い新素材やウイルスを破壊する薬品などが、人工分子から生み出されるかもしれない。スイスにあるＩＢＭの研究所で走査型トンネル顕微鏡を発明したゲルト・ビーニッヒとハインリヒ・ローラーは、一九八六年にノーベル賞を受賞し、彼らの夢から生まれた技術は、数十億ドル規模の産業へと成長した。

近い将来実現しそうな新技術が、さらに二つある。ナノテクノロジーと量子コンピュータだ。どちらも革命的だ。ナノテクノロジーとは「途方もなく小さなテクノロジー」ということだが、機械工学でつくられる、モーターやセンサ、マニピュレータなどを、原子や分子の尺度にまで小型化する技術だ。『ガリバー旅行記』に出てくるリリパット人のような小人を、分子のスケールでつくれたらどうだろう？　どこかの工場を百万分の一に縮小したなら、そこで行われている製造過程を百万倍加速させられる場合もあるだろう。サービスや製造を量子の技術で小型化すれば、原子という最も基本的な形で原材料を使うことが可能になり、環境に悪影響を及ぼさざるを得ない工場を、コンパクトで効率的なハイテク装置に置き替えることができるかもしれない。

一方、量子力学的なロジックを使った量子コンピュータは、「非常に強力な情報処理システム」を生み出すことが可能で、「普通のデジタルコンピュータとの差は、火力エネルギーと原子力エネルギーほどの開きがあろう(23)」。

第9章　重力と量子論——弦理論

アインシュタインは特殊相対性理論を発見した。その過程で彼は、空間と時間のあいだにある**対称性**を正しく捉えた。特殊相対性理論以前は、空間と時間の対称性とは、**並進対称性**（ある物理的な系を空間または時間のなかで任意の位置に移すときの対称性）と**回転対称性**（ある物理的な系の向きを任意の向きに変えるときの対称性）だと考えられていた。名高い数学者エミー・ネーターの研究から、これらの対称性は物理学の基本的な原理に結びついていることが明らかになった。つまり、こういうことだ。系の位置を時間のなかで変えたときに対称性が存在するなら——すなわち、時間が経過しても物理法則が不変ならば——エネルギー保存の法則が成り立つ。孤立した物理系の総エネルギーは決して変わらない。同様に、ある相互作用に関与したすべての粒子の総エネルギーは、その相互作用の結果生じたすべての粒子の総エネルギーに等しい。さらに、空間における並進対称性からは運動量の保存が、回転対称性からは角運動量の保存が導き出される。空間と時間における回転と並進において、物理法則に関する対称性が有効に成り立っていることを否定するような発見は、今日なおなされていない[1]。アインシュタインは、特殊相対性理論を発見したことによって、運動の対称性の正しい形を明らかにしたのであった。

アインシュタインの理論が登場する以前、古典物理学においても、ある形の**相対性原理**が知られていた。「ガリレオの相対性原理」と呼ばれるものだ。相対性原理は、ガリレオのものであれ、アインシュタインのものであれ、「任意の慣性運動をしているすべての観察者にとって、物理学は同じである」ということを意味する。[2] 光速に近いスピードで飛んでいる宇宙船で移動しているあいだに、どんな実験を行おうとも（たとえばお湯で卵をゆでるなど。ただし、温度、圧力、加えられた熱などの環境条件は、すべて地球のキッチンでの条件とまったく同じと仮定している）、それは地球におけるのと同じ長さの時間がかかる。**静止している系**にあてはまる物理法則はすべて、**運動している系**にも同じくあてはまる。

しかし、ガリレオの相対性原理は、一つ誤った原則を主張していた。それは「時間は絶対である」という主張だ。すなわち、「宇宙のいたるところに存在するすべての観察者に対して、普遍的な時計が一個あれば、それですべての物理学を記述するに十分である」というのである。さらに、二つの系が相対的に運動を行っても、時間の知覚や測定はまったく変わらないという。このようなガリレオの相対性原理から導き出され、「常識的」には極めて妥当と思われるのが、「cというスピードをもつ光線を、あなたがvというスピードで追いかけるなら、あなたからは、光は本来よりも少し遅い$c-v$というスピードで進んでいるように見える」という予測だ。ならば、あなたは光の信号に追いつき、追い越すことができるはずだ。

アルバート・A・マイケルソンとE・W・モーリーは、地球が公転軌道を運動しながら太陽の周りを回っていくのに伴って、光の速度が変化するのを捉えようとして、極めて高度な実験を行った（一八八七年というその時代からすれば、高度な実験であった）。実験の結果は、ショッキングで奇妙と感じるか、さもなければ当惑させられるようなものとなった。「光の速度は常に一定であり、決して変化しない」というのがその結果である。どんな猛スピードで光を追いかけようとも、あなたは光の信号を追い越すことはできないのだ！　ハイウェイをパトロールする警官は、光速で逃げていくスピード違反者を捕まえるどころか、そのあいだの距離を縮めることすらできない。実のところ、ハイウェイパトロールの警官には、光の速度より速く移動することはできないのだ。マイケルソンとモーリーによるこの発見によって、二〇世紀の物理学のもう一つの大革命、アルベルト・アインシュタインが主役となる「相対性原理革命」が起こるためのお膳立てが整ったのであった。

アインシュタインのおかげで、物理学における考え方は劇的に変化した。時間は絶対的であるという見方は捨て去られ、それに代わって「光速はすべての観察者にとって同じである」、言い換えれば、光の速度は絶対に変化しないという、新しい原理が導入されたのだ。三〇〇年間にわたり君臨してきた、ガリレオの相対性原理、つまり時間の絶対性は、こうして放棄された。光速は不変であるという新しい仮定に基づいて構築された特殊相対性理論は、運動に関する物理に、従来のものとは本質的に異なる新たな影響をいくつも与えた。たとえば、「運動する物体では、運動の方向に長さが縮み、時間がゆっくりと進む」などの効果があることがわかったのだ。光速に近い速度でケンタウルス座α星まで旅していたあなたの双子のお兄さんが帰ってきたとき、お兄さんにしてみればたった二週間しか旅していなかったのに、あなたのほうは八歳も歳をとっていることになるのである！

対称性原理として見た相対性理論は、ふつうヘンドリック・A・ローレンツにちなんで**ローレンツ不変性**と呼ばれる。ローレンツは、アインシュタインの特殊相対性理論以前に、物理的な物体は宇宙を満たしているエーテルという媒質に引きずられているので、その長さは運動の方向に縮み、時計の進みは遅くなるという説を提唱していた。このような力学的な見解に立ったローレンツは、互いに相対運動をする観察者たちが観察した空間と時間の本質的な関係をつかむに至った。しかし、この背後にあるすべての理屈を整理し、最も深い結果を導き出したのはアインシュタインだった。アインシュタインは、電磁気学のマクスウェル方程式というスポンジを絞ってローレンツ対称性を導き出したのだが、その際に「パラメータ c ——光速——は、すべての観察者にとって同じである」という、彼の最も重要で決定的な原理を使ったのであった。つまり特殊相対性原理では、ガリレオの相対性原理に見られる対称性、つまり「時間の絶対性」が「光速の絶対性」に置き替えられたのである。さらにアインシュタインの相対性からは、「光速を超える速さで伝わる信号は存在しない」という、**因果律**の原理も導き出される。

このような経緯で誕生した特殊相対性理論は、電磁力学のすべての法則に完全に適合する。しかしアインシュタインはさらに進んで、このことからすると、ニュートンの重力理論に置き替わる新しい重力理論が必要であることに即座に気づいたのであった。

一般相対性理論

ニュートンの偉大な洞察の一つが、**万有引力の法則**だ。ニュートンによれば、質量 M の物体に、もう一つの質量 m の物体から及ぼされる引力の大きさは、次の方程式によって与えられる。

$$F = G_N mM/R^2$$

ここで、R は二つの物体を隔てる距離である。これは、物理学で**逆二乗則**と呼ばれるものの一例だ。逆二乗則というのは、距離の二乗に反比例して、離れれば離れるほど小さくなる力を表す法則のことで、たとえば二つの電荷のあいだに働く電気力もこれに当たる。万有引力の法則には、G_Nという**基本定数**が登場する。これは、ニュートンの**万有引力定数**と呼ばれている（下付き文字Nはニュートンの頭文字である）。G_Nは、二つの質量のあいだに働く力の大きさが実際と合うようにするための比例定数である。万有引力は、自然界で知られている最も弱い力だ。これを実感するには、四リットルの牛乳を持ち上げてみればいい。この状態であなたの腕が感じている力は、約四キログラムだ。これは、原油を満載した二隻のオイルタンカーが互いに一六キロメートルほど離れたところにあるときに、二隻のあいだに働く引力にほぼ等しい。

ニュートンの万有引力の法則が、特殊相対性理論と両立することはあり得ない。一つには、万有引力の法則は、引力は二つの物体のあいだを瞬時に伝わると主張するからだ。ニュートンの理論は、ゆっくり運動する粒子や系、すなわち「非相対論的な」粒子や系しか記述できず、それを直接、特殊相対性理論に適用するのは簡単ではない。結局は、空間と時間の構造について、ショッキングなほどまったく新しい洞察が必要だった。この洞察によって、いくつか思いがけない真実が明らかになり、それらは今日なお、現代理論物理学の核心部分において発展を続けている。

先に述べたように、速度が遅い古典論的な運動の範囲では、特殊相対性理論と矛盾せずに、ニュートンの万有引力の法則に一致するような、単純な重力理論をつくり上げるのは容易なことではない。たとえば、「重力を担う光子」のような素粒子を新たに仮定することは最も簡単に考えつく解決策の一つだが、このような素粒子に基づいた理論では、等しい大きさの質量どうしのあいだに斥力（すなわち**反重力**）が生じることになる。反重力は観察されたことがないので、これでは実験と矛盾してしまう。重力は、任意の二つの質量のあいだでは常に「引力」だ。ニュートンの万有引力の法則では、方程式に登場するのはあくまでも質量だけであり、実際、そこに登場する「質量」は、彼の名高い運動方程式 $F=ma$ に出てくる「質量 m」とまったく同じものだ。これは「重力と慣性力の等価原理」と呼ばれており、この等価原理こそが、アインシュタインを正しい方向へと導き、彼が新しい重力理論を生み出すうえでカギとなったのである。

アインシュタインが、非量子論的だが重力に関する完全な理論を書き上げるまでに、一九〇五年に特殊相対性理論を構築してから約一二年かかった（偉大な数学者ダフィット・ヒルベルトの大きな貢献を得ても、これほどの年月を要した）。これが、一般相対性理論であり、人類の知性の最高傑作の一つである。一般相対性理論は、特殊相対性理論を拡張した、はるかに普遍的で大きな理論だ。

一般相対性理論の核心部において重力は、時空の湾曲、すなわち**曲率**であると解釈される。粒子は湾曲した空間のなかでとり得る、直線経路に最も近い経路に沿って「自由落下」する。そのような経路とは、二点間を結ぶ最も距離の短い経路で、湾曲した空間の**測地線**と呼ばれている。たとえば子午線は、私たちが地球と呼んでいる球の表面という、湾曲した空間における測地線の例である（球面上の測地線は、球の中心を通る平面と球面とが交わってできる、大円と呼ばれる円の弧）。飛行機は、測地線に沿って進みながら地球を飛び回る。というのも、二つの空港を結ぶ最短距離が測地線だからだ（緯線は測地線ではない。ニューヨーク発パリ行きの国際線の飛行機が緯線上を飛ばないのはこのためだ）。球の表面の二点間の測地線を知るには、紐または糸を一本、球面上の一点から別の一点（たとえばシカゴから東京）へと伸ばしてやればいい。距離が短ければ（シカゴからデモイン〔アイオワ州の州都〕のように）、糸はほぼ直線に見えるが、距離が長くなると（シカゴから東京、もしくはデンマークなどのように）、球の表面に沿って湾曲した、測地線らしい姿に見えてくる。

このように一般相対性理論は、時空の幾何学の曲率、すなわち曲がりや湾曲として重力を説明する。物質が存在するとき、その質量とエネルギーによって時空に湾曲が生じる。アインシュタインは、空間の曲率を記述するための難解な数学を独学で学び、そのうえでようやく新しい重力方程式にたどりついた。時空の曲率と物質との関係を表す「アインシュタインの一般相対性理論の方程式」は、次のようにまとめることができる。

$$曲率 = G_N \times (質量+エネルギー)$$

ここでも、ニュートンの万有引力の式で使われていた重力定数G_Nが登場している。だがこれは、ニュートンが想像もしなかったであろう深い概念を定式化している。

一般相対性理論では、時空の曲率（先の方程式の左辺）は物質（右辺）によって定まり、重力に引っぱられて運動する物体は単純に、この湾曲した時空のなかを測地線に沿って「自由落下」しているにすぎない。地球の周りを軌道に沿って回っているスペースシャトルは、地球の存在によって湾曲した時空のなかを、ただ自由落下しているのであって、その結果が軌道を周回する運動となっているのである。アインシュタインによれば、自由落下している状態は、何も存在せず湾曲していない時空のなかにぽつりと存在している状態と、まったく区別がつかない。つまり、自由落下は無重力状態をもたらす。アインシュタインの方程式が予測する太陽の周りの時空の湾曲は、太陽の質量によってもたらされるものだ。惑星は、湾曲した時空のなかで測地線に沿って運動しているが、それは湾曲した時空のなかで自由落下しているのと同じである。この曲率をもった時空のなかの測地線が、惑星の楕円軌道として現れているのである（ニュートン力学によって導きだされた軌道に対し、相対論は小さな修正を加わえているが、そうした修正は厳密に計算され、また測定で確認されてもいる）。軌道を周回している惑星は、一見すると太陽からの引力を受けて運動しているように思えるが、実は太陽がもたらした湾曲した時空のなかで自由落下しているだけなのである。測地線に沿う自由落下をもたらしている時空の湾曲は、純粋に幾何学的な概念であることに注意してほしい。そこには、ニュートンの方程式$F=ma$におけるような、運動する物体の**慣性質量**mはまったく登場しない。

したがって、運動する粒子の軌道の方程式においては、その粒子の質量は完全に打ち消されていなければならない——そして実際にそうなっている。「すべての物体は、その質量には無関係に、重力に従った同じ運動をする」という、いわゆる**等価原理**（ガリレオが昔やった実験を思い出してほしい。重い物体も軽い物体も、同じ速度でピサの斜塔から地面まで落ちるのだった）は、一般相対性理論ではおのずと出てくる。一般相対性理論のもう一つの驚くべき帰結で、ニュートンの理論では予測されていなかったのが、光——質量をもたない光子でできている——もまた測地線に沿って運動しなければならないということだ。したがって、光も重力の影響を受けるのである。一般相対性理論の登場後まもなく、「遠方の恒星からやってきて、太陽をかすめて地球上にある望遠鏡に入る光線は、太陽の重力によって曲げられるであろう」という一般相対性理論による予測が実測によって確認され、この理論の正しさがドラマチックに証明されたのだった〔イギリスの天文学者アーサー・エディントンが一九一九年の日食を観測し確認した。原註3も参照のこと〕。

ニュートンの重力理論（万有引力の法則）は結局、光速に比べてはるかに遅い速度という領域にアインシュタインの理論を近似したものにすぎない。一般相対性理論は、ニュートン力学による予測からはずれてしまい、どうしても説明のつかなかった惑星の運動を正しく説明することができる。その一例が、水星の近日点（公転軌道上で太陽に最も接近する位置）が、一〇〇年ごとに角度にして約〇・一六度ずつ前にずれていくという現象で、ニュートンの理論では完全には説明し切れていなかった。また、恒星からの光が、強い重力を及ぼす天体〔ブラックホールなど〕の近くを通過したときに進行方向が曲がるために起こる「レンズ」現象や、そのような天体の近くから放射される際に色がずれる現象〔波長が長い（赤い色）のほうへずれる。重力が原因で起こるので、重力赤方変移と呼ばれる〕などを一般相対性理論は正しく予測した。アインシュタインの一般相対性理論は宇宙全体に当てはまり、宇宙が膨張していること、今なお空間が創造されつづけていることを正しく予測する。宇宙の「測地線」に沿って伝わってくる恒星からの光は太陽によって曲げられるという、アインシュタインの理論から導かれた重要な予測は、一九一九年の日食の際に確認された[3]。この観察で、一般相対性理論は科学的事実として認められ、それまでは無名だったアルベルト・アインシュタインを、世界中の誰もが知っている科学のスーパースターの地位へと押し上げたのである。

次節で見るように、一般相対性理論は、質量が極めて大きな物体はすべての物質と光を内部に閉じ込めてしまい、それらが表面から再び外へ出てくることはないということも予測している。

ブラックホール

一つ、単純な問題を考えてみよう。「ある粒子が、引力が極めて大きい惑星の表面から逃れようとしているのだが、そのためにはその粒子の静止エネルギー $E = mc^2$ のすべてが必要だとすると、どんなことになるだろうか？」という問題だ。実際、そのものすごく重い惑星は、その不運な粒子が逃れようとするのを完全に阻止してしまうだろう。というのも、静止エネルギーを使い果たしてしまえば、その粒子にはもはや何も残されていないのだから。その質量のすべては、逃れようとする過程で消費し尽くされてしまうだろう。光子さえ、これを逃れることはできないだろう。逃れたとしても、その時点で光子にエネルギーは少しも残っていないだろうから。

そのような非常に重い天体は、**ブラックホール**と呼ばれている。どんな天体でも、**シュヴァルツシルト半径**と呼ばれる十分小さな半径Rにまでそのすべての質量を詰め込むと、ブラックホールになる。Rは、$R = 2G_{N}M/c^{2}$という式で定義される。シュヴァルツシルト半径以内の距離から、ブラックホールの外へと逃れられるものは存在しない[4]。さいわい、地球はブラックホールになりそうにはない。仮に地球がその「非常に重い天体」だったとして、しかるべき数値をRの式に代入してみると、地球がブラックホールになるには、半径が六・五ミリメートルほどになるまで圧縮しなければならないことがわかる。太陽の場合、シュヴァルツシルト半径は約三・二キロメートルとなるので、太陽を小さな町ぐらいの大きさに圧縮したならブラックホールになるわけだ。太陽をなしている物質のすべてが、この大きさに閉じ込められたなら、その密度は原子核のそれをはるかに超えるだろう。それにもかかわらず、今日、宇宙物理学者たちのあいだでは、たいていの銀河の中心部には、太陽の質量の数十億倍を超える質量をもった巨大なブラックホールがいくつも存在するはずだと、広く信じられている。

シュヴァルツシルト半径は、必ずしもブラックホールの中心から表面までの距離ではなく、ブラックホールの中心から、**事象の地平面**が存在するところまでの距離である。事象の地平面とは、その内側からは、光がもはや逃れられなくなる境界のことであり、ブラックホールの内部から外に向かって強力な光線を発射しても、光はすべてのエネルギーを失って、事象の地平面から逃れ出ることはできない。反対に、ブラックホールの内部に落ち込む物体は、事象の地平面を越えて内側へと入る。

奇妙に聞こえるかもしれないが、ブラックホールの外側で静止している観察者——この観察者は、ブラックホールに落ちてしまわないように、常に外向きに加速していなければならない——は、物体が実際に事象の地平面を越えるところを目撃することは決してない。そのような観察者から見ると、その現象は無限の時間をかけて進んでいるように感じられるのだ。外部の観察者からは、事象の地平面で時間が停止しているかのように見える。落ちていくのも見えないが、逆にブラックホールから何かが逃れて出てくるのも見えない。事象の地平面上の物体が放射するすべての光は、外に向かおうとすると波長が遠赤外側に**赤方偏移**し（つまりエネルギーを失い）、最終的にはエネルギーはゼロになってしまう。外側の観察者（私たち）には、それらの物体は、次第に暗くなって、事象の地平面のなかへと永遠に消えていくように見えるだろう。実際、いろいろな銀河の中心部にあるブラックホールには、その周囲に存在する多様な物体——巨大なガス雲や、恒星系そのものなど——が徐々に落ち込んでいるのである。これらの物体は、事象の地平面に到達するまでのあいだに衝突し、加速しながら、高エネルギー放射線を大量に生み出す。周囲をそのような放射線が取り巻いているので、私たちは、実際にブラックホールが暗黒の口を露《あらわ》にしているところを観察することは決してできない。

しだいに広がりゆく渦に乗って鷹は
旋回を繰り返す。鷹匠《たかじょう》の声はもう届かない。
すべてが解体し、中心は自らを保つことができず、
まったくの無秩序が解き放たれて世界を襲う。
血に混濁した潮《うしお》が解き放たれ、いたるところで

無垢《むく》の典礼が水に呑まれる。
最良の者たちがあらゆる信念を見失い、最悪の者らは
強烈な情熱に満ち満ちている。
——ウィリアム・バトラー・イェイツ「再臨」(5)(『対訳イェイツ詩集』高松雄一編、岩波文庫)

では今度は反対に、あなたがブラックホールに落ちつつあるとしよう。このブラックホールは、近くをガラクタが周回していない、理想的なものだとする。するとあなたは、別段何も感じないだろう(実を言うと、人間ほどの大きさがあるものは、極めて大きな「潮汐力」がかかってずたずたにされてしまうはずだが、あなたが針の先端よりも小さな粒子だったとすると、その力は無視できるほど小さくなる)。あなたは、ほとんど時間もかからずに事象の地平面を越えて、地平面の内側で自由落下を続け、中心にある小さくて高密度の**特異点**——ブラックホールの内部にあったすべての物質が凝縮された残骸——へと向かう。この特異点でどんな物理法則が成り立っているのか、科学者はまだ理解していないが、その法則は弦理論のようなものなのかもしれない(弦理論については後で詳しく触れる)。

ブラックホールの内部に落ちていく物体は事象の地平面を越えられるのに、外部にいる静止した観察者は有限時間内に何かが地平面を越えるのを見ることはあり得ないという事実こそ、「事象の地平面」を特徴づけている。この地平面によって、時空は二つの異なる領域——ブラックホールの外側と内側——に完全に分けられており、両者のあいだで情報をやりとりすることは決してできないのである。ブラックホールへの旅は、片道旅行でしかあり得ない。

量子重力?

一九五〇年代、量子力学と重力を融合することを目指す真剣な取り組みが始まると、物理学者たちはすぐにいろいろな問題に直面した。いちばんの頭痛の種だったのが、無限大の問題だ。ディラックの海の真空エネルギーで出てきた問題が、一段と難しくなって戻ってきたのだ。量子重力の理論は、意味をなさなかった——物理学者たちがやろうとした計算はほとんど全部、無限大に苦しまされることになった。何も計算できず、理論は使い物にならなかった。

量子効果を重力と調和させようとして最初に持ち上がった問題は、実ははるか以前にマックス・プランクが気づいた事柄に根っこがあった。ニュートンの重力定数G_Nという基本的な定数に、光速とプランク定数を組み合わせると、ある「長さの尺度」を数学的につくることができる。この長さの尺度は**プランク長**と呼ばれ、L_Pという記号で表され、次の式によって定義されている。

$$L_P=\sqrt{\frac{\hbar G_N}{C^3}}=1.6163\times10^{-35}\text{メートル}$$

この一つの式のなかに、$\hbar$、c、G_Nという三つの有名な物理学の**基本定数**が登場していることに注目してほしい。プランク長は約10^{-35}メートルと、最小の原子軌道の10^{-10}メートルや、原子核の10^{-15}メートルに比べても極めて小さいが、粒子加速器で人間が探ったことのある最短の距離、10^{-18}メートルよりもなおいっそう小さい。このごくごく小さなプランク長のスケールでは、重力を非量子力学的（すなわち古典論的）現象として近似することはもはや不可能であることが知られている。

このような距離尺度では、古典論的な空間と時間という概念は、大きく揺らぐことになる。空間と時間は「曖昧」になる。あるいは、一部の研究者たちが提案しているように、「時空の泡」――ぐつぐつと煮えたぎったように泡立つ量子カオス――となるのかもしれない。もしも量子重力の理論があるとすれば、それは、プランク長という究極に短い距離の領域で何が起こっているのかを、詳しく説明できなければならない。プランクは、プランク長を提案した早い時期から、これよりも長さが短いスケールでは、別の理論を構築せねばならないことを認識していた。

アインシュタインの一般相対性理論の(非量子論的な)古典論版では、重力場の歪みが波として伝わる可能性があることが知られていた。これは、マクスウェルが光を電磁場の波として記述したのとよく似ている。一般相対性理論では、この重力の歪みの波を**重力波**と呼ぶ。マクスウェルの古典論的な光の波が、のちに量子(光子)であると突き止められたのと同じように、重力波も量子でできているであろうと誰もが期待するだろう。この量子を**重力子**(**グラビトン**)と呼び、光子と同じく、重力子もボソンと考えられる。一般相対性理論の重力子はまた、スピン2の粒子である(ちなみに、光子はスピン1で、フェルミオンである電子はスピン½である)。

今日に至るまで、重力子が実際の検出器にかかったことは一度もない。実のところ、重力の歪みが波となって放射されているのが直接検出されたことはまったくないのである。ある種の天体系(連星パルサー)で、軌道が崩れ減速していくペースが、その系が重力放射によって失っていると考えられるエネルギーの量と矛盾しないことから、間接的に重力放射の存在する可能性があることがわかっているだけにすぎない。[6] 問題は、すでに本書でも触れたように、重力は力として極めて弱いということだ。巨大な天体から放射されていると考えられている重力放射を検出しようと試みる、野心的な実験がいくつも実施されている。だが、これで検出されるのは、**古典論的重力放射**、すなわち何兆個もの重力子が一つの波となったものであって、たとえそのようなものが検出されたとしても、一個の重力量子――重力子――を観察するにはまだまだ遠い。

だが、重力の量子論の本当の問題が始まるのは、重力子どうしの相互作用を考慮に入れはじめたときである。たとえば、一個の重力子が別の重力子を放出したり吸収したりすると考えられているが、それはどんなカラクリによるものか、といった問題だ。重力の量子論を構築しようとすると数学の泥沼にはまってしまうのだが、それを解決するには、プランク長という極めて短い距離尺度で、この理論を明確に定義する必要がある。

弦理論

一貫性のある量子重力の理論が求められていたことが大きな後押しとなり、宇宙に存在するすべての粒子を説明する、まったく新しい一連の考え方が出現した。**弦理論**という新しいパラダイムだ。

これまで本書では、「粒子」とは何なのかを明確に定義することなしに、「粒子」を論じてきた。物理学者は常に、単純化し、近似して考える。彼らにとって、粒子を最も単純化した姿は、何らかの質量が存在している空間のなかの一点――針の先端のように広がりをもたない点――である。したがって、一個の粒子を記述するには、その粒子が任意の時間にどこに存在しているかを記述すればいい。つまり、その粒子の質量 m と軌跡 $x(t)$ を与えればそれでいいのである。

ニュートンに従えば、恒星を周回する惑星の運動方程式を解く際、恒星も惑星も点粒子として扱うことができる。しかし、現実の粒子はもっと複雑だ。たとえば一個の原子を近似的に粒子と見ることができるのは、倍率の低い顕微鏡で観察するときだけだ。倍率をどんどん上げていけば、やがて原子核の周囲を運動している電子が雲のように見えてくる。この尺度では、原子核は点粒子のように見えるだろう。だが、倍率をさらに一〇万倍上げると、原子核には陽子と中性子が含まれているのが見えるだろう。そして、この尺度では点粒子のように見えている陽子が、もっと短い距離尺度で見ると実は**クォーク**をいくつも含んでいることがわかってくる。

クォークと**レプトン**（電子はレプトンの一例）は紛れもなく素粒子であり、それより細かい構造はもっていないように思える。クォークとレプトンは、小さな質量のほかにスピンと電荷をもち、クォークの場合には、さらに色荷などの属性をもっている。しかし、クォークもレプトンも、はっきりそれと認められるような大きさはもっていないようだ。今日までの実験からわかる範囲では、これらの粒子は真に物質の点粒子だと考えられる。だが、顕微鏡の倍率をさらに何兆倍も上げられるとしたらどうだろう（これは実際には、粒子加速器のエネルギーをそれだけ上げるということだ。これらの粒子の内部を観察するには、粒子加速器で高エネルギー衝突実験を行うのである）。それでもクォークやレプトンは、なおも点粒子としか見えないだろうか？　それとも、何かの内部構造がぼんやりと見えるだろうか？　「超原子核」と「超電子」をもった「超原子」のぼやけた姿が、クォークやレプトンの奥深くで軌道を周回しているのが見えてくるのだろうか？

弦理論はまず、自然界の基本的な物体は粒子ではないとする。すなわち、基本的な物体は点粒子ではなく、点粒子が最も基本的な出発点だという考え方は間違っているとする。「点粒子の次に単純なものとは何か？」と、純粋に数学的に問うてみよう。答えは簡単だ。それは**弦**である。

粒子は、空間のどこかに存在する、点のように小さな物質だと言うことができる。その位置を時間の関数で表せば、軌跡 $x(t)$ となり、$x(t)$ は時空のなかでその粒子がどう運動するかを記述する。これを時空間の図のなかに、図35の左側のように描いてやることもできる。このように描いた粒子

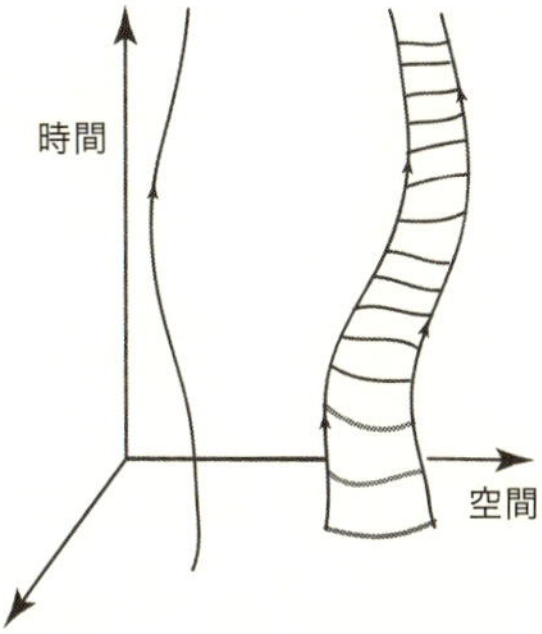

図 35 「粒子」は、過去から未来に向かって延々と続く世界線である。任意の瞬間に見ると、粒子は常に空間のなかの点である。弦は過去から未来に向かって延々と続く「リボン」、あるいは専門用語で言うと世界面である。任意の瞬間に見ると、弦は一次元の物体である。

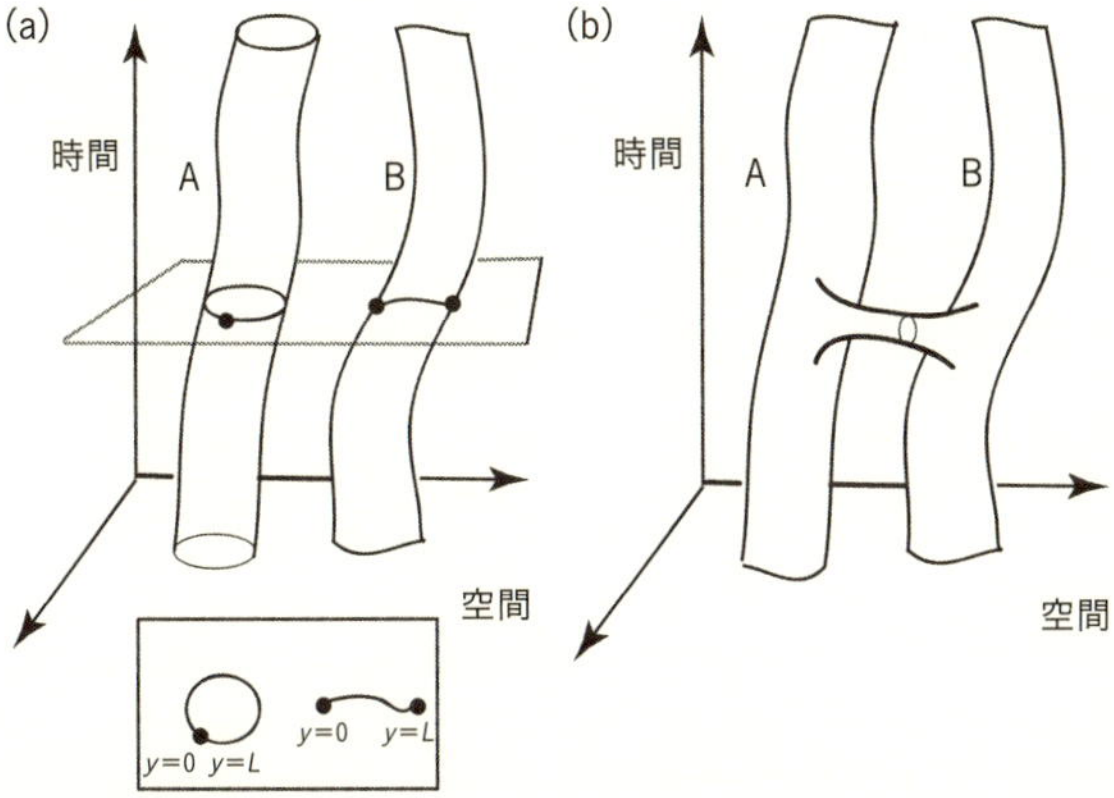

図 36 弦は、「開いている」か「閉じている」かのいずれかだ（それぞれ、開弦、閉弦と呼ぶ）。すべての弦理論は閉弦を含むが、開弦は必ずしも理論に含まれていない（開弦を論じるには、端を定義するものが必要となるため）。任意の瞬間、開弦は線分であり、閉弦は閉じた輪である。(b) では、二つの閉弦の相互作用が、世界面をゴムのシートのようなものと見なし、その変形として表され、隣り合う弦どうしが結びつく様子が描かれている。すべての弦理論には、1 本の閉弦が隣り合う 2 本の弦を結びつける相互作用が含まれている。弦理論では、この相互作用によって重力が説明される。

の経路を**世界線**と呼ぶ。任意の瞬間にスナップ写真を撮ると、そこに見えるのは次元のない点の空間内での位置だけである。

今度は一本の弦について考えてみよう。弦は、点とは違って、「一次元の物体」だ。弦が時空のなかを運動すると、その軌跡は図35の右側のような一本の「リボン」となる。弦のスナップ写真を撮る、つまり、ある特定の時間tの瞬間に弦を捉えると（tの値が一定の面で弦の軌跡を切断した切り口を見ると）、弦は空間のなかに少し広がりをもつことがわかる。ある瞬間tにおいて、弦はある特定の長さという一次元の大きさをもっているのである。

弦上のある一点の、任意の時間における位置は、$x(y)$で定義することができる。ここにyは、図36に示すような、その弦の上での**内部座標**である。$y=0$は弦の一端であり、$y=L$がもう一端だ。このように$y=0$と$y=L$が異なるとき、その弦は**開いた弦**と呼ばれる。弦の$y=0$と$y=L$が同じ一点で、弦が閉じたループになっている場合も考えられる。このとき$x(0)=x(L)$となるが、このような弦を**閉じた弦**と呼ぶ。任意の時間tにおける弦は、時間tと内部座標yの関数$x(t,y)$で表すことができる。一本の開いた弦の時空における運動を描くと、その軌跡はリボンのようになることがわかる。閉じた弦では、軌跡は時空内を動くチューブのようなものとなる。開いた弦がつくるリボン、閉じた弦がつくるチューブは、弦の**世界面**と呼ばれている。

ニュートンの方程式は、粒子の運動を決定した。相対性理論では、これに代わって時空の方程式が世界線を決定する。この二つの方程式では、量子力学を加味せずに物体を記述する。粒子は、何もなければ最も短い線（測地線）の上を運動するが、力の影響があるとそこからそらされてしまう。ところが私たちは今、弦という長さをもった物体を論じている。弦の運動を記述するには、新たにどんな原理が必要なのだろう？

弦が時間の経過に伴って描く「世界面」あるいは「リボン」の面積は、とり得る値の最小値をとる。これが、弦の運動を支配する原理である。弦が描くリボンの面は、針金でできた輪に張った石鹸の膜に似ている。量子論的な弦は、空間のなかを運動すると同時に、小刻みにくねくねと振動している。この振動の仕方によって、加速器で観察された際に、これらの弦が何の粒子に見えるかが決まる。クォーク、レプトン、光子（そしてその他のゲージ粒子）など無数の粒子はすべて、そして未確認の重力子さえも、一種類の弦が特定のモードで振動しているだけだと考えることができるようになる。

時空のなかを運動している弦の世界面は、リボンのようなものである。このリボンに、弦内の位置を表すための「弦座標」を、地図のように書き込むことができる。ここで、新たな対称性が登場する。「物理法則は、私たちが内部座標をどのように選ぶかには依存しない」という対称性だ。これはある意味自明なことである。人間が、リボンの面について計算を行うための手段として、座標を導入するだけなのだから。しかし、十分注意しなければならないのは、量子論を適用してもこの対称性は保たれねばならないし、座標を導入することによって、弦が何を意味するかという定義を変えてしまってはならないということだ。この対称性は、これを別の経緯で発見した、二〇世紀前半に活躍した偉大な数学者ヘルマン・ワイルにちなみ、**ワイル対称性**（あるいは**ワイル不変性**）と呼ばれている〔共形対称性とも呼ばれる〕。言い換えれば、これは弦のリボンにはもともとは道路地図も距離表示もないということだ。また別の表現をすればこうなる。「時空のなかに弦が描く世界面の表面にどんな座標を導入しようが同じように使える。なぜなら、弦のリボンにはこれといった特徴がないのだから」。ワイル対称性とはそういう意味だ。

では、ワイル対称性が弦の量子論でも成り立つとすると、どんなことが起こるだろうか？　なかなかすごいことになる。時空の次元数が、ある特定の数でなければならなくなるのだ。**ボソン弦理論**と呼ばれる、(フェルミオンが登場しない)最も単純な弦理論では、二六次元となる(これを「D＝26」と書き表す)。つまり、二五の空間次元に時間次元が一つ加わったものなのだが、これだと私たちは二五次元の宇宙に暮らしていることになる。言い換えれば、二五の空間次元に一次元の時間次元が加わったもののなかに存在するときのみ、ボソン弦は矛盾を起こさない。だがこれは、私たちが実際に観察している世界とはまったく違う。

そこで理論家たちは、弦の世界面にスピノル(スピン½の粒子)を導入した(スピノルはベクトルの平方根、つまりは座標の平方根であったことを思い出してほしい)。こうしてフェルミオン弦の概念が登場したわけだが、一九七〇年代前半これを最初に論文にしたのが、ピエール・ラモンドと、彼とはまったく無関係に研究していたジョン・シュワルツとアンドレ・ヌボーのチームだった。ラモンドはさらに、弦理論には今や新しい対称性が含まれていることを見いだした。これが、本書の第8章でもすでに論じた**超対称性**で、以来、理論物理学者たちのお気に入りとなっている。

超弦理論

弦にフェルミオンという武器を追加してワイル対称性を再検証すると、一歩前進できる——時空の次元はD＝10に減少するのだ。つまり、「九つの空間次元に一つの時間次元」となる。要は、ワイル対称性を保つためには、弦の真空エネルギーがきっちりと相殺されていなければならず、このことから超対称性が必要になるのである。現時点では、弦理論が正しいなら、自然界で超対称性が成り立っているはずだと予測されている。とはいえ、私たちの宇宙で経験されている「三つの空間次元に一つの時間次元」の世界には、まだまだほど遠い。

この一連の展開は、一九七〇年代、弦や弦理論に関心のある人などほとんどいなかった時代に起こった。七〇年代といえば、実験と理論が目覚しく進展したわくわくする時代だったが、超弦理論はおろか弦理論そのものも、当時はそれほど面白くなかった。そのころ量子重力の問題を重要視していた人はあまりいなかったのだ。

七〇年代中ごろ、若く才能あふれたフランスの理論物理学者ジョエル・シュルクは、カルテック（カリフォルニア工科大学）に滞在中、ジョン・シュワルツと共同研究を行った。彼らは、弦理論には面白い特徴があることに気づいた。すべての弦理論は、開弦理論と閉弦理論にかかわらず、またフェルミオンを含むか否かにもかかわらず、ある一つの共通する振動モードをもっているのだ（第6章で見たギターの弦のモードのように、弦理論の弦にも振動モードがある。弦の振動モードとは、バイオリンやギターの弦をはじいたときに、弦が振動する特定の振動数のこと）。このときシュルクとシュワルツは、その特定のモードは質量のない「粒子」のようにふるまい、そのスピンは2であることに気づいた。重力放射の量子である重力子は、スピン2だったことを思い出してほしい。この、すべての弦理論の弦に共通する振動モードは、本当に重力子にそっくりだった。そのためシュルクとシュワルツは、もしかすると弦理論は、理に適った重力理論を構築するという積年の課題を解決してくれるかもしれないと考えた。だが、まだ問題は残っていた。一〇次元の時空から私たちが経験している四次元の時空へと、どうやってたどり着けるのかという問題だ。

一九七四年、シュルクとシュワルツは次のように提案した。弦理論が予測する余分な六つの次元（私たちは四次元時空しか経験していないのに、フェルミオン超弦理論は一〇次元を必要とするので、その差六つを**余剰次元**と呼ぶ）は、巻き上げられて球になり（専門用語で言うと「コンパクト化」されて）、現状の貧弱な、エネルギーの低い粒子加速器では検出できないほど小さくなっている、と。私たちが低エネルギーで見ているのは、宇宙全体に広がっている、コンパクト化されずに残った四次元だけなのだという。さらにこの説には、弦のさまざまな振動を、まるで素粒子のようにふるまうものに変換することができ、その結果、標準モデルに出てくる一連の素粒子を原理的に説明できるというもう一つのメリットもある。この考え方は、自然界で観察されているすべての力に論理的根拠を与える——すべての力は、弦というもので表される一つの共通する源から生じており、重力もまたここから来ていると説明できるのだ。

それでも弦理論は、依然として物理学の主流から外れた難解な仮説のままだった。弦理論の研究のほとんどはカルテックで行われ、それ以外では世界中でも数か所で小さな研究が行われるだけだった。だが、弦理論抜きの超対称性は、少し前から理論物理学コミュニティの主流として活発に研究されるようになってきており、すべての力を支配し得る理論へと急速に成長しつつあった。ただし、重力は議論の外に取り残されたままであった。しかし、やがて理論家たちは、これらすべてを一つの総合弦理論のようなものにまとめ上げようという方向で、もっと真剣に考えるようになった。忘れないでほしいのだが、今日に至るまで、自然界に弦や超対称性が存在するという証拠はまだまったく発見されていない。しかし、これを否定するような証拠もないのである。だが、弦理論の中心には重力が位置するだろうということ、そして弦理論のほかに重力の量子論として成功するものはないだろうということはどうも確からしい。

ところが、弦理論にはもう一つ、数学的に破綻してしまう潜在的な危険性がある。それは、低エネルギー領域で自然界に存在する（重力以外の）すべての力を説明できるように弦理論を応用しようとするときに生じる、**重力アノマリー**と呼ばれる事態だ。重力アノマリーがあると、アインシュタインの一般相対性理論が完全に破綻してしまうのである。つまり、物質が時空の曲率を生み出すというアインシュタインの基本方程式が成立しなくなる。方程式の右辺の物質に対応する側に、重力とは無関係な弦の振動が含まれているため、これが破綻し、空間の曲率（左辺）を物質（右辺）に一致させる手立てがなくなるのだ。* このことが、生まれたばかりの弦理論にとどめを刺してしまっていたかもしれないのだが、実際には弦理論は理論物理学の辺縁部にかろうじて留まりつづけたのだった。

だが一九八四年、ジョン・シュワルツとマイケル・グリーンは、重力アノマリーの問題に正面から取り組むことにした。二人は面倒で退屈な計算にとりかかり、カルテックの研究室があるパサデナを激しい雷雨が襲っていたさなか、それを完成に近づけた。彼らの計算から、重力アノマリーが起こらないのは、ごく例外的な状況においてのみだということが明らかになった。弦理論は、これらの特殊な場合にのみ成り立つのである。シュワルツとグリーンは、重力アノマリーに関して英雄的な計算を行い、その結果を発表した。彼らの研究によって、弦は四次元にまでコンパクト化できるようになり、また、弦理論から、次のような摩訶不思議な予測が立てられた。自然界に存在する重力以外のすべての力をも説明する超弦理論はどれも、ある一つの特殊な形（「$E^8 \times E^8$」と呼ばれ

＊訳註：一般に、古典論にあった対称性が量子論で破れる場合、その理論はアノマリー（量子異常）をもつと言う。ネーターの定理から、理論に対称性があるとそこから保存則が導かれるが、アノマリーはこの保存則が崩れる現象である。重力に関して考える対称性は並進対称性で、これに対応する保存則はエネルギー・運動量の保存なので、重力アノマリーがあるとエネルギー・運動量保存則が成り立たなくなる。アインシュタイン方程式の右辺には「物質」のエネルギー・運動量テンソル、左辺には空間の「曲率」が含まれているので、エネルギー・運動量保存則が破れるとアインシュタイン方程式に矛盾が生じてしまう。

る「対称性」をもつヘテロティック弦理論の形）をしている、というものだ。標準モデルは、この枠組みのなかにうまく収まる（のちに、超対称性を弦理論に組み込む方法には、I型、IIA型、IIB型、ヘテロO(32)、ヘテロ$E^8\times E^8$の五つがあることがわかり、そしてこれらはすべてM理論という一つの理論を記述する五つの方法であることが明らかになった）。

グリーンとシュワルツの計算に刺激され、物理学者たちはこぞって弦理論に熱心に取り組みはじめた。突然、弦理論研究者であることが最高の尊敬を集めるようになり、弦に関する科学論文が無数に書かれた。長年謎とされてきた事柄に新たな答えが出現しはじめ、位相幾何学が重要な役割を担うようになり、量子論はなぜ存在するのかをめぐる深淵な思索も行われるようになった。これはたいへん大きな話題で、本書で扱う範囲を越えている。しかし、こうした話題については多くの書籍がすでに出版されており、なかでも、ブライアン・グリーンの『エレガントな宇宙―超ひも理論がすべてを解明する』（林一、林大訳、草思社）を心からお薦めする。[7]

弦理論が誕生した当時、多くの理論物理学者がこの新しい「万物の理論」に夢中になっていた。一部の物理学者には、これこそ史上最大の科学革命であり、弦理論を構築するために行われた物理学研究は、過去一〇〇年間に行われた研究を凌駕するとさえ主張した（ボーアが水素原子の問題を解決したときや、シュレーディンガーが彼の方程式を提案したときの努力を、弦理論に注がれた努力が越えているというのだ！）。さて、こういった見解は、今日の状況を受けてどんなふうに変わっているのだろう？

今日の弦

重力に関する量子科学についての私たちの理解を、そしてそれに関連する理論物理学に対する私たちの取り組み方を、弦理論は大きく変えた。すべての力を統合するエレガントな理論の実現に、弦理論以上に近づいたものはない。弦理論はまた、量子論の基盤をめぐる基本的な問題も提起している。

弦理論は、少なくとも次の二つのことを達成する。重力の量子論を導き出すこと、粒子加速器の実験により、超対称性の存在が明らかになる日がくるだろうと予測することである。確かに、フェルミ研究所のテバトロン〔二〇一一年九月末に運転終了〕や、CERNの大型ハドロン衝突型加速器(LHC)で、超対称性が検出される可能性はある。

だが残念ながら、現時点でそのような実験的証拠はまったく出ていない。もちろん、超対称性は必ずLHCで観察されるとも言えない。それでも弦理論は、なおいっそう高いエネルギー尺度で現れる超対称性に適用可能かもしれないのだ。より高いエネルギーの加速器の登場を待たざるを得ないのかもしれないし、もしかすると、超対称性はまだまだ私たちの手が届くところにはなく、実験で確認するなどとんでもないということなのかもしれない。

一方で、弦理論の諸形態としてさまざまな高度な理論が構築されていることを考えると、一九八四年の熱狂的な還元主義とは隔世の感がある。理論物理学者はすぐに、時空の次元を一〇から四に減らすにはたくさんの方法があることに気づいた(なかでも名高いモデルの一つは、弦の一部は二六次元に、残りは一〇次元に住んでいるとするものだ〔先に出たヘテロティック弦理論のこと〕)。さらに、弦の「モデル」には**ブレーン**と呼ばれる、弦とは違うものが含まれていることが明らかになった。ブレーンも、弦と同じように基本的な存在と見なすことができる(ブレーンは、弦のような一次元の物体ではなく、もっと嵩《かさ》高い多次元の物体だ。たとえば、ふつうの空間そのものを三次元のブレーンと見なすこともできる)。ブレーンが加わって、この分野はいっそう充実し、理論のさらなる展望へと思考の扉が開かれた。

一九九六年には、驚くべき洞察が一つ生まれた。プリンストン大学のファン・マルダセナが、五次元を四次元にコンパクト化する手法を検討していたときのことであった。この五次元世界は、**反ド・ジッター時空**、略して**AdS時空**と呼ばれている、極めて大きく湾曲した時空だ。コンパクト化する先の四次元世界は、AdS時空を四次元のブレーンでスライスしたものである。マルダセナは、ブレーン上の弦を含まない量子物理〔共形場理論(CFT)〕が、五次元AdS時空の弦理論とどのように関係づけられるかを検討した。そして彼が発見したのは、このブレーン上のある理論(「N=4超対称ヤン=ミルズ理論」と呼ばれる場の量子論)が、五次元AdS時空内の弦理論と同じふるまいをするということだった〔AdS/CFT対応〕。言い換えれば、五次元AdS時空にいる観察者には多数の弦が振動しながら絡まっていると見えるものが、四次元ブレーンにいる観察者には多数の粒子の世界に見え、しかもこの二つの世界の物理学は同じだということである!

この有名な結果は、**マルダセナ予想**と呼ばれ、高い次元の理論が、それより一つ次元の低い境界で記述されるという、**ホログラフィック原理**が厳密に記述された例となっている。ホログラフィック原理は、前章でディラックの海の真空エネルギーの問題を解決する際に登場した考え方だったことを思い出していただきたい。宇宙全体の物理学が、一つ次元の低い境界に映したホログラムの活動として表されるのだった。このことは、真空エネルギーを計算するときに、何かを見落としているのではないかと——あるいは逆に、時空を記述するときに私たちが使っているもののなかに、必要性の低いものがあるのではないかと——考えるきっかけを提供してくれる。

ホログラフィック原理の研究は、いまだ進行中ではあるが、今後さらに洞察が得られる研究テーマとして有望なようだし、量子物理学が自然の何を表しているのかについて新しい理解をもたらしてくれるかもしれない。

二〇世紀初期の量子物理学の発展と、弦理論革命との非常に大きな違いの一つは、弦理論には実験から提供されるものが事実上皆無だということだ。これは弦理論やその研究者の責任ではない。ただそういう状況になっているというだけのことだ。内部構造をもつ弦は、粒子加速器で探るのが難しい最も短い距離尺度の世界に隔絶されている。弦の検証を始めるうえで、原理的に最も期待がもてるのは、既存の粒子加速器による超対称性の発見だが、そんなものはまだ見つかっていない。だが、このことから、一つ疑問が持ち上がってくる。「ハイゼンベルク、ボーア、プランク、シュレーディンガー、アインシュタイン、ディラック、パウリなどの物理学者たちは、彼らを駆り立てると同時に彼らの思考を導くような実験が存在しなかったなら、果たして量子論を構築することができたのだろうか？」という疑問だ。私たちは、これら二〇世紀前半の偉大な物理学者たちの足跡をたどってきた。そして彼らが、自分たちの科学上の問いかけに関する新しい実験が無数に行われた時代を生きていたのを見た。だから、世界に関するすべてを純粋に思考だけから導き出すことのできる人間などいないように思える。その域に最も近づいたのは、アインシュタインだった。彼は、ものすごい実験結果が次々と生み出される時代にあっても、そんな離れ業を成し遂げるところに相当近づいたのだ。だが、その偉大なアインシュタインさえも、結局量子論を拒否するという過ちを犯してしまった。

電子はスピン½で、ベクトルの平方根であるスピノルというもので記述されるとか、量子論は確率の平方根であるとかいうことを、どうやったら思いつくことができるのだろう。そう考えこんでしまう人もいるかもしれない。二〇世紀初頭の先駆者たちには、実験で求めた種々の原子の重さや、黒体放射の問題、そして光電効果に、思考の方向づけをしてもらう必要があったことは間違いない。パウリの排他原理が、実験で得られた事実をうまく説明し、元素周期表を具体的に理解できるようにしたという成功を収めていなかったなら、ディラックは、ディラック方程式や、反物質の存在の予測に結びついた「ディラックの海」について、論文を書く気になっただろうか？

しかし、今の私たちは、自然を完全に理解するために必要な材料をすべて手にしていると言っていいだろう。今日の物理学の世界は、二〇世紀前半とはまったく違う。量子革命の時代、大部分の事柄は理解されていなかったが、理論は実験と手を組んで、真実を次々と明らかにしていった。今日、素粒子物理学の**標準模型**に矛盾する実験結果は一つも知られていないが、同時に今の標準模型が不完全なことも私たちは承知している。どこに向うのであろうと、数学が導いてくれる方向に進めばいいだけだと言う人たちもいる。そうかもしれない。だがたとえそうだとしても、そこで問題となるのは、理論物理学者が数学をきちんと正しくやったかどうかではない。そうではなく、人間の限られた想像力が捉え損ねてきたかもしれないものは何かということが問題になるのである。

ランドスケープ

本章の最後は、すべての理論の終点ではないにしても、弦理論の終点かもしれないものについて論じて締めくくろう。それは、主にスタンフォード大学のレオナルド・サスキンドが着想し、発展させたアイデアだ[8]。これはおそらく、人間が自然について述べられる最も深い真実を突いた主張であり、私たちを最も謙虚にさせる言葉でもあろう。

高エネルギー実験（ＬＨＣなど、現在最高の加速器を使った実験も含む）における物理法則はどのようなものか、弦理論から厳密に導き出すことを考えてみよう。そんなことが可能だろうか？ここで問題になるのが、弦理論において真空をどう決定するかだ。どんな量子論でも、第一にやらねばならない仕事は、「基低状態はどんな状態か」、あるいは同じことだが、「真空とは何か」を決めることだ。真空は、元素周期表の水素のようなものだと言える——水素は、他のすべての原子を理解するための出発点である。

弦のさまざまな振動モードは**モジュライ場**と呼ばれているが、モジュライ場は真空中では凝縮して一種の量子スープになっている。モジュライ場の値が「物理法則」を決定する——つまり、モジュライ場の値によって、電子の質量、ニュートンの重力定数などの値が、空間の任意の領域に対して決まるのである。空間のなかで長い距離を移動していくうちに、モジュライ場はゆっくりと変化する場合もあるので、モジュライ場が私たちの周辺での値とはまったく異なる値となる、どこかよその領域では、物理法則が実際に異なっているという可能性もある〔モジュライとは、代数学で多様体を扱う際に使う概念。弦理論において、一〇次元時空のうち六次元がコンパクト化された空間の一つに、カラビ＝ヤウ多様体というものがあるが、この多様体のもつ自由度をモジュライ空間として扱うことにより、超弦理論の真空の性質が解析できるとされている〕。

ラトガース大学のマイケル・ダグラスをはじめとする理論物理学者たちは、すべての空間のなかでモジュライ場がさまざまな値をとることによって弦理論に生じうる真空状態の数を見積もっている。その答えは、約10^{450}というものだ。信じられないほどの数の真空状態があるわけだ！　自然は、コインを投げてこれらの真空のなかから一つを選ぶのではないだろうか、その結果私たちは今ここにいるのではないか、という気がする。

だが、私たちがこうして存在するためだけにだって、どれだけの偶然が起こらねばならないかを考えてみてほしい。たとえば、私たちは極めて小さな宇宙定数（真空のエネルギー密度）をもつ極めて大きな宇宙に住んでいるが、このこともそんな偶然の一つに数えられるだろう。というのも、もし宇宙が今より小さければ、あまりに密度が高すぎ（あまりに熱すぎ）て進化が起こるまで存続しなかったかもしれないし、逆に大きければ、物質が凝集して塊をつくることもなく、恒星系が生まれるところまで至る可能性も低かったかもしれない。他にも、絶妙な条件を偶然に満たしていることがいろいろとある。宇宙定数は宇宙の膨張をもたらしているが、測定してみると極めて小さな値であることがわかった。宇宙定数がそんな値なのも、まったくの偶然のようだ。というのも、宇宙定数に関するそこそこよい理論を思いついた者はまだなく、宇宙定数をどうやって計算したらいいのかは、誰にもわかっていないからだ。他にも、生命に不可欠な炭素が恒星の内部で合成できるような強さに、自然界の各種の力の大きさが決まっているという偶然などがある。私たちが健康に恵まれ、ビーチでエビ料理を楽しむのにちょうど適した値に、さまざまなパラメータが決まっているような宇宙が、たった一つしか存在しないなんてことがあるだろうか？

サスキンドらは、私たちが観察している宇宙は、巨大な超宇宙のちっぽけな一部にすぎず、その超宇宙のずっと遠くのあちこちで、起こり得るすべての真空状態が存在して、それぞれ別の宇宙をなしているのだという、興味深い説を提案している。これらの宇宙は、私たちの宇宙の地平面のはるか彼方に存在しているので、私たちには見ることはできない。ここでいう地平面とは、私たちが観察できる最も遠い距離で、超宇宙を誕生させたビッグバンの瞬間から光が進んだ距離で定義され、具体的にはたったの一三〇億光年にすぎない。私たちが地平面によって閉じ込められている状況を、多少なりとも実際的な距離感が味わえるような比喩で表してみよう。私たちはカンザス州のどこかの農場の、二五セント硬貨大の畑地のなかで暮らしているとする。それに対して、地球の表面全体は、山あり、海あり、氷河にジャングルありと、多様性に満ちている。この二五セント硬貨と地球の関係が、私たちの宇宙と超宇宙の関係に感覚としては近いと言える。（実のところこの比喩にしても、サイズの差としては数百桁足りないのだが）。

この壮大な超宇宙は**ランドスケープ**と呼ばれている。私たちは、現にこうして存在しているのだから、ランドスケープのなかの生命が存在し得る部分にいるに違いない。こういう素晴らしい偶然は、ランダムに起こっているはずだ。だから、他の場所は私たちの宇宙とはまったく違っていても何ら不思議はない。そういうところには私たちは暮らしていないし、他の何ものも暮らせないのだから。ランドスケープの彼方の、未知の「山頂」や「大海」の最深部には、生命は存在しないのだろう。このことは、**人間原理**を正当化する。人間原理とは、「私たちは理想的な存在に違いない。なぜなら私たちは偶然にも存在しているのだから」という、一種のトートロジーである。ボルテールの『カンディード』に登場する哲学者パングロスの楽天主義にも似ている。実際、ランドスケープについて考えるのはなかなか難しいし、それを書くとなるとなおさらだ。レオナルド・サスキンドの『宇宙のランドスケープ――宇宙の謎にひも理論が答えを出す』（林田陽子訳、日経BP社）をお読みになるよう強くお薦めする。(9)

ランドスケープを受け入れるかどうかはともかく、この説には少なくとも何がしかの真実と、私たちを謙虚にさせる深さがある。この宇宙は実際に、観察可能な有限の大きさをもっている。宇宙の年齢と光の速度から決まる地平面があって、その向こう側を見ることは絶対にできない。それは、どの方向にも一三〇億光年という距離にある。これを越える距離尺度に影響を及ぼす物理について、その内側の小さな世界に限られた観察によって統計的に信頼できるような検証をすることは不可能だ。私たちが宇宙に占めている位置を考えるに、宇宙のすべてを明らかにするに十分な観察を私たちが行うことはあり得ないのだろう。

一粒の砂にも世界を
一輪の野の花にも天国を見、
君の掌のうちに無限を
一時《ひととき》のうちに永遠を握る。
――ウィリアム・ブレイク「無垢の予兆」(『対訳ブレイク詩集』松島正一編、岩波文庫)

第10章　第三千年紀《サード・ミレニアム》のための量子物理学

本書をとおして見てきたように、量子論は、私たちが慣れ親しんできたものとはまったく違うものとして実在《リアリティ》を捉えているにもかかわらず、実際に役に立つ――それも奇跡的なほどに！　その功績は目覚しく、極めて大きな影響が広範囲に及んでいる。分子、原子、原子核、そして原子核以下の大きさの粒子、さらには、さまざまな力や、微小世界を説明する新しい法則。これらを私たちが理解しコントロールできるようなったのは、量子論のおかげだ。二〇世紀前半に量子論の創始者たちが交わした、深い知性による議論が礎となり、今日私たちは驚異的な装置や道具をつくり出すことが可能となり、そしてそれらは人間のあり方をも変えつつある。

量子論の魔法から、レーザーやトンネル顕微鏡といった誰も夢想だにしなかったような力をもった装置が誕生している。しかし、量子論を生み出し、教科書を書き、素晴らしい発明を行った知の巨人たちのなかには、今なお不安で夜も寝つかれない者もいる。彼らを苦しめている不安とは、アインシュタインがいくつもの論文で指摘していたことなのだが、これほど輝かしい成果を収めている量子論も、ひょっとするとすべてを捉えてはいないのではないか、というものだ。確率が自然の基本原理に組み込まれているなんて、本当にそんなことがあるのだろうか？　何か見落としがあるのではないか？　事実重力は、長年量子論からとり残されてきたものの一例だ。そして、アインシュタインの一般相対性理論と量子論とを統合しようと、勇敢な理論物理学者たちが根本的なレベルで弦理論をつくり上げるための研究を進めているが、そこで闇を照らす光となってくれるのは純粋数学だけだ。心配事を抱えながら、あえて大きなジグソーパズルを完成させようと必死になっているときのように、「あれっ、大切なピースを一枚どこかに落としてしまったのかな？」と、ついつい疑いたくなってしまう。

誰もが強く望んでいるは、相対論がニュートン力学を物体の速度が光速より遅いときにのみ通用できるものとして包括したのと同じように、量子論をある特定の領域にのみ適用するものとして含む一段と強力な超理論が発見されることだろう。そんなものがあるとすると、現在の量子論は終点ではなくて、宇宙をよりよく、より包括的に記述する最終理論が、遠いどこか、「自然」が精神をもつとしたらその深い奥底に、存在するということになるだろう。この最終理論は、高エネルギー物理学、分子生物学、複雑性理論の最先端の問題を解決するのみならず、研究者たちがまだ気づいていない、まったく新しいさまざまな現象を私たちに教えてくれるかもしれない。なんといってもヒトは、好奇心旺盛な種《しゅ》だ。宇宙の彼方の恒星を公転している新発見の惑星と同じぐらい好奇心を刺激してくれる、驚異に満ちた量子の世界を、どうして探らずにいられようか？　また、これは真剣なビジネスの話でもある。なにしろ、ＧＤＰの六〇パーセントが量子科学を使いこなすことに依存しているのだから。自然を理解するために必要な基本構造を研究しつづけることが重要なのには、こんなにさまざまな理由がある。

Ｅ・Ｊ・スクワイヤーズは、『量子世界の不思議（The Mystery of the Quantum World）』（未邦訳）の

まえがきで、「実在《リアリティ》をまだ素朴にしか理解していない私たちに、量子の現象は挑戦を突きつける。量子論的現象を前に私たちは、存在の概念とはいったい何を意味しているのか、再検討を迫られている」と述べ、さらに次のようにも語っている。「これらのことは重要だ。なぜなら、私たちが『存在』をどのようなものと考えているかが、私たち自身がそのなかでどのような位置を占めているか、また、私たちは何なのかという見解に、影響しているに違いないからだ。逆に、自分たちは何であると私たちが信じているかが、私たちが実際に何なのか、そして、私たちがどうふるまうのかを、最終的に決めるのである」[1]。今では故人となってしまったハインツ・パージェルは、著書『量子の世界』（黒星瑩一訳、地人書館）のなかでこの状況を、大型ショッピングセンターに入っている種々雑多な店舗がどれも、それぞれ独自の形の「実在《リアリティ》」を売っているようなものだと記している[2]。

前章でベルの定理を論じたときに、私たちがもっている実在《リアリティ》についての認識を疑問に付した。その際、非局所性が効果として表れる可能性、すなわち、いかに遠く離れていようが二つの検出器のあいだに何らかの影響が瞬時に伝わる可能性の検討を迫られたことを思い出してほしい。そのとき、古典物理学的な考え方に縛られていると、遠方にある検出器がもう一方の検出器での測定に影響を及ぼしているという、誤った印象をもってしまうのだった。実際には、二つの検出器を結びつけているのは、粒子源で対生成によって誕生したときに「量子もつれ」状態に入り、その後二つの検出器1と2に到着した二つの粒子（光子、電子、中性子など）だけだ。検出器1が、そこに入った粒子はAという性質をもっていると確認したとすると、検出器2のほうは、入ってきた粒子の性質はBだと確認するはずだ（二つの検出器に入る粒子が入れ換わった場合も、この議論は成り立つ）。量子論的波動関数の立場から見ると、検出器1での測定という行為が、全宇宙において瞬時に量子状態を**収束させている**ということになる。局所性を信じ、またどんな信号も光速を超えて伝わることはないという確信を抱きつづけてきたアインシュタインにとって、これは嫌悪感を催させることだった。これを検証するための一連の実験で、検出器1と2における検出という行為のほかに、結果に影響するものは何ら存在しないことが確かめられた。言い換えれば、検出器1で起こったことが、何らかの手段で検出器2まで伝わったという可能性は排除されたのだ。その一方で、量子もつれが存在することは事実であり、それは実験によっても確認されている——ここでもまた、量子論が基本的に正しいことが示されたのだ。一見矛盾しているかのようなこの新しい実在性《リアリティ》に対する私たちの反応のなかに、問題の根っこがある。ある理論物理学者が言ったように、私たちは、量子論と相対性理論が「平和的に共存している」と感じたくて仕方ないのである（宇宙の制限速度を破って平気なのは無謀な人だけだ）。

　問題となるのは、アインシュタイン＝ポドルスキー＝ローゼンの問題は、たんなる思い違いにすぎないのかどうか、である。直感に反するように思える言葉で表現されたので、科学者たちの注目を集めただけなのだろうか？　ファインマンは、ベルの定理に深い関心を抱き、量子力学をよりわかりやすく表現できるような新しい形式を探そうと努力した。彼が編み出した「経路のすべてについて和をとる」方法は惜しいところまでいったと言えよう。すでに本書でも見たが、ファインマンはディラックのアイデアを拡張し、**経路積分**、あるいは「とり得る経路すべてについて和をとる方法」と呼ばれる手法を発明した。この描像においては、一個の放射性粒子が崩壊して、スピンが上向きと下向きの一対の粒子が生じるとき、時空の全体に延びる二つの「経路」が存在する。一方の経路（Aとする）では、スピン上向きの粒子が検出器1まで行き、スピン下向きの粒子が検出器2まで行く。もう一方の経路（Bとする）では、スピン下向きの粒子は検出器1に、スピン上向きの粒子は検出器2へと行く。それぞれの経路に、ある**量子振幅**が伴っており、私たちはこの振幅を足し算する。検出器1で測定を行えば、この系で二つの経路のどちらが現実となったのかを知ることができる。つまり、検出器1でスピン上向きの粒子を検出したなら、宇宙は経路Aに進んだということがわかるわけだ。私たちが計算できるのは、与えられた経路に対して、その確率（振幅の二乗）だけである。

この「時空」の描像のなかには、何光年もの距離を瞬時に情報が伝わるという考え方はもはや含まれていない。ここでの状況は、もっと古典論的だ。私たちの友人が、地球にいる私たちと、リゲル3にいる同僚とに、二色（赤と青）のビリヤードの球のどちらかを送ってくれたのだが、私たちに届いたのは青の球だったという、例のシチュエーションに近いのだ。このとき私たちは、リゲル3にいる同僚は赤い球を受けとったのだと瞬時にわかる。だが、宇宙のどこであっても、そのことで変わるものは何もない。ただ、可能なすべてのオプションのうちどれが実際に起こったのかを、私たちが知っただけだ。こう考えれば、EPR実験が感じさせる居心地の悪さも少しは和らぐだろう。とはいえ、実在《リアリティ》を成しているあらゆる経路を足し合わせるというファインマン流の量子力学は、やはりそれ自体、唖然とさせられるような奇妙な考え方であることに変わりはない。経路積分がどうして状況をうまく説明できるのか、じっくり考えれば理解できなくはないし、実際、経路積分の考え方から、光速を超えたスピードで信号が伝わることはないということだって導き出される。実のところこれは、反物質の存在と性質と、それから場の量子論とに深く結びついているのだ（第8章ですでに見たとおりだ）。ファインマンの提供してくれた描像では、宇宙全体は可能な経路の無限集合によって支配されていて、そのような経路が、時間の経過と共にどのように宇宙が進化するかを左右する。宇宙全体が、確率波が重なり合った巨大な波面のようになって、時間のなかを順方向に進んでいく。私たちは、時空のなかで何かの出来事が起こったときに実験を行って、どの経路が選ばれたのかを、たまに調べるだけだ。波は組み合わせを変えては違う姿になって、また未来へ向かって進んでいく。

こうした事柄は、大勢の物理学者を苦しめた。量子物理とは本当のところ、いったい何なのか。理解に苦しんだ彼らは、どうにもいらいらして叫び声をあげてきた。私たちの直感と経験のすべてと、量子論の実在性《リアリティ》との対立は、今日なお深まる一方だ。

ベルの定理に悩まされない者はみな、頭のなかに岩が詰まっているに違いない。

——デイヴィッド・マーミン(3)

しかし最終的には、私たちはそれを受け入れなければならない。

量子力学の哲学的意義は、実際的な応用にはほとんど関係ないので、深淵な疑問はすべて実は無意味なのではないかと、われわれは考えはじめている……。

——スティーブン・ワインバーグ(4)

ワインバーグのコメントは、事態をあまりに軽視しているように見えるかもしれないが、そうではない。むしろこれは深い言葉なのだ。量子論の哲学的な深い意味や解釈について語るうえで避けては通れないような事柄から、何らかの答えを得られるとは限らないのである。私たちが量子力学を哲学的に理解しようがしまいが、量子力学はちゃんと役に立つ。ベルの定理を考えるとき、重ね合わせの状態、すなわち量子もつれの状態という量子論にとって本質的な事柄が、私たちをいらいらさせる。それでもこの種のことは、物理的世界のすべての現象のなかで起こっている——ベンゼン分子の構造、K中間子、あるいは宇宙の真空状態のなかに潜んでいるのである。それは、より大きな全体の一部なのだ。

そんな状況のなかでも、二〇世紀の終わりまで、量子科学の基盤に関する精度の高い見事な実験が、腕まくりした物理学者たちによってさまざまに行われてきた。だが、これらの実験から完全な答えが得られたかというと、とてもじゃないがそんなことはない。しかし、これらの実験のほとんどすべてが、直感に反するような領域に対する私たちの直感を研ぎ澄ましてくれた。そして、困惑顔で展開を傍観する物理学者たちが驚いているのを尻目に、これらの奇妙なアイデアたちは、実際に役に立っているように見える。量子論の不確定性と量子もつれは、量子暗号を生み出したのだ！さらには、薄気味悪い遠隔作用（つまり非局所性）からは、いつの日か超高速量子コンピュータという素晴らしいものが生まれるかもしれない。そして、一部の理論物理学者たちは、私たちを不安にさせる、これら非局所的と思しき効果に突き動かされ、量子論を理解するための新しいアプローチを工夫したのだった。

おびただしい数の世界……でも、時間はあまりない

量子力学のコペンハーゲン解釈では、観察という行為が起こる前には、粒子など存在していないに等しいとすることを思い出していただきたい。粒子は測定という行為によって、明確な性質をもった一つの明確な状態に強制的に入らされる。測定によって、そもそも複数の可能性（それぞれの可能性に一つの確率が伴っている）が共存する曖昧な形をしていた波動関数が収束して一つの状態

に確定し、それが測定の結果として現れる。ここで問題になるのが、「観察者」の意味だ。この解釈では、主観をもった観察者が状態の決定に大きく関与することになるが、それは科学者にとってあまり気持ちのいいことではない。私たちが知る限り、宇宙は一〇〇億年かそこら観察者なしでうまくやってきたのだ。どうして急に観察者が必要になるのか？　それに、観察という行為が波動関数を収束させるなんて、どうしてそんなことが可能なのだろう？

これに代わり得る解釈が、一九五七年、プリンストン大学の大学院生ヒュー・エヴェレットによって提唱された。エヴェレットは大胆にもこう主張した。粒子は存在している。それも、波動関数をなす可能な状態のすべてのなかに存在している。ただし、可能な状態のそれぞれが、個別の宇宙のなかに存在しているのだ、と（エヴェレットの最初の提案は、数年後にテキサス大学のブライス・デウィットによって修正された）。こちらの解釈では、一個の光子が一つの障壁（たとえばビクトリアズ・シークレットのショーウインドーなど）に向かっているとき、宇宙全体が二つに分裂する。一方の宇宙では、光子は障壁を通過し、もう一方の宇宙では、光子は障壁で反射される。観察者はもちろん、他の人間と物体もすべて、光子のせいで世界が二つに分裂したのに伴って二つに分裂する（ファインマンの経路積分では、宇宙はたんに二つの可能性のなかから一つの経路を選びとっただけである。これとエヴェレット解釈とを比較してみていただきたい[5]）。

エヴェレットの並行宇宙解釈では、私たちはあらゆる瞬間に、無限個の宇宙のなかに存在していることになるが、それらの無限個の宇宙のことなど、この宇宙にいる私たちは気づいていない。また、それらの宇宙に存在している無限の人数の観察者たちも、お互いの存在を知らない。並行宇宙のどれか一つに存在する観察者が、別の並行宇宙に存在している誰かと恋をするなんてことができるのだろうか？　コペンハーゲン解釈がもつ不自然さ（観察者の及ぼす影響や波動関数の収束）を解消するのと引き換えに、私たちは他の宇宙の存在を知り得ないという問題が出てくる。**多宇宙**というのは、多数の経路を実体化したものだ。だがボーアが聞いたなら、きっと容赦なくこう言うに違いない。それは、私たちが測定できないものに実在性《リアリティ》を与えることになってしまう、と。

一つの量子論的な系が存在するとする（ここでは、ある磁場のなかに存在する一個の電子としよう。たとえば、磁石に入り込んだ一個の電子のようなものだ）。このとき、私たちはそれを一つのシュレーディンガー方程式で書き表し、その方程式からは、未来の測定結果に関するたくさんの可能性が導き出される。たとえば、原子のエネルギー準位には五つとか七つとかの可能性があり、電子のスピンには上向きと下向きの二つの可能性がある。それぞれの可能性に対して、一つの確率が伴っている。この系に対して実際に測定を行うとき、現在主流となっている量子論では、（確率を表す）波動関数は**収束**し、まったく突然に、たとえばエネルギー準位は六・三二四電子ボルトという大きさに、スピンは上向きに決まるとされている。だがこの解釈には、どう考えればいいのか釈然としない厄介な問題が二つある。「観察者の行為」と「波動関数の収束」だ。エヴェレットの解釈ではこのような問題は生じず、すべての可能性が実際のものとして、別々の「宇宙」のなかに、別々の観察者とともに存在している。一方ファインマンの経路積分の考え方では、宇宙がとり得る経路が多数存在し、それらの経路は可能なすべての結果に対応していて、それぞれに振幅が伴っており、そのうちどれが実際に起こるかは測定によって決定される。

多世界、あるいは多数の並行宇宙とも呼ばれるエヴェレットの解釈では、波動関数の収束もなければ、人間の主観が影響を及ぼすこともない。そこでは、すべての量子力学的な過程において実在《リアリティ》が一種の「分裂」を起こす。たとえば、反射するか通過するか、いま崩壊するか後で崩壊するかなどへと分裂する。すべての可能性は、それぞれ異なる「宇宙」のなかで実現されるのだ。しかしその個々の宇宙では、測定がその可能性を実現させたかのように見える。時間というものが始まった瞬間からこのような状況になっているとされているわけだから、とんでもなくたくさんの宇宙が存在することになる。科学者である観察者がこの図式に加わると、彼らもまた分裂して、量子力学が示す可能性の一つひとつに存在しなければならない。しかし、たくさん存在する並行宇宙も、その一つひとつにいる観察者も、こんな分裂が起こっていることなどまったく知らない。こうして、無限の数の未来が存在することになる。それらの未来の多くは、極めて似通っているが、なかには極端に違っている未来も多少は存在する。もしこの考え方を受け入れがたいと思ったのなら、その違和感は、一部の物理学者が量子世界に対してもつ閉塞感に近いと思っていただければいい。それ以外の物理学者たちは、「多宇宙は経路積分を構成する成分だよ——さあ、計算して先へ進もう」と言うだけである。

存在し、かつ、存在しない

あの名高いシュレーディンガーの猫は、多世界仮説では次のように説明される。宇宙は二つに分裂し、その一方では猫は生きており、もう一方では猫は死んでいるのだと。後者の猫は、コペンハーゲン解釈では、誰かが箱を開いて波動関数を収束させたときに死ぬことになっているが、多宇宙解釈では、毒ガスの入ったフラスコが割れたときに死ぬという常識的な死に方をする。さらに、波動関数の収束がなくなるわけだから、薄気味悪い遠隔作用（非局所性）もすべてなくなる。多世界解釈も常識感覚からははずれているが、長所もあるのは確かだ。このことをある物理学者は、「仮定においては安価だが、宇宙には高くつく」と言った。[6] 一九九七年に開催された量子科学の会議で行われた投票では、四八名のうち、多世界解釈を支持したのが八名、コペンハーゲン解釈を支持したのが一三名、一八人がどちらとも言えないと答えた。投票に参加した専門家たちが、混乱していたことは間違いなさそうだ。

要するに私たちは、量子論という一つのものを多くの異なる視点から見ているのである。そうやって、「最善の解釈」を生み出そうとしているのだが、もしかしたらそんなものは存在しないのかもしれない。最善の解釈など必要ない――そんなものは人間が都合よく決めた約束事にすぎない。「最善の詩」などないし、偉大な詩の最善の解釈などというものもない。私たちは、象をまさぐっている三人の盲人と同じだ。量子論的実在《リアリティ》を熟考することは、犬が自分の尻尾を追いかけているのと少し似ている。私たちは量子力学を使う際、どういうふうにして使っているか、あるいは量子力学において物事は実際にどのように展開しているかを、深く掘り下げて考えているわけではない。アインシュタインのように、自然に関する深く揺るぎない哲学をもって物理学に取り組む人にとって、量子論的実在《リアリティ》とは知の破局にほかならない。物理学者は、量子論がどのように機能するかを解読するという点では素晴らしい仕事を続けているが、どういう理由でそうなっているかを理解するという点に関して言えば、創造的な仕事はできていない。

量子の富

情報理論の領域で、アインシュタイン＝ポドルスキー＝ローゼンのパラドックスとベルの定理をじっくりと考えてみた結果、いくつもの応用が生まれるわくわくするような新しい可能性があることがわかった。情報理論という分野には、コンピュータ科学と結びつきの強い、新しい考え方をする人々が引き付けられ集まっている。これらの応用はすでに、社会でも価値を認められ、今後二、三〇年のうちによりいっそう大きなイノベーションを実現すると期待されている。少なくとも提唱者たちはそう信じているようだ。

オックスフォード大学の物理学教授で情報理論が専門のアンドリュー・スティーンは、「量子コンピューティング」という論文のまえがきで次のように述べている。

量子コンピューティングというテーマは、古典情報理論、コンピュータ科学、そして量子物理のさまざまなアイデアをまとめ上げる……。情報は、原因から結果に伝わらねばならない、最も一般的なものと定義できるだろう。このように情報は、物理科学において極めて重要な役割を担っている。ところが、情報の数学的処理、とりわけ情報プロセシングは、二〇世紀なかごろに誕生したまだ歴史の浅い分野だ。このため、情報が物理学の基本概念としていかに重要か、その全容は今ようやく明らかになりはじめたばかりである。このことは量子力学において最も顕著に表れている。量子情報と量子コンピューティングの理論は、この重要性を確固たる基盤の上に据え、自然界に関する新しい刺激的な洞察をもたらしている。たとえば、量子状態を利用して、古典的情報を確実に伝達する可能性（量子暗号）、量子もつれを使って信頼性の高い量子状態を伝達する可能性（テレポーテーション）、不可逆雑音過程の存在のもとで量子コヒーレンスを維持する可能性（量子誤り訂正）、そして制御された量子進化を使って効率的なコンピュテーションを行う可能性（量子コンピュテーション）などにつながる洞察だ。これらの洞察すべてに共通するテーマは、量子もつれをコンピュテーション資源として使おうということだ。(7)

ここに述べられているうちのいくつかを詳しく見てみよう。私たちがこれから訪れるのは複雑で摩訶不思議な世界で、私たちはそこで量子の奇妙さをなんとか利用しようと試みるのだということをあらかじめ承知しておいていただきたい。

量子暗号

情報を安全に伝えるにはどうすればいいかという問題は昔からあった。軍の情報部が暗号と暗号解読を活用するといったことが、古代からよくやられてきたのである。エリザベス一世の時代、スコットランド女王メアリーの処刑につながる決定的な証拠が得られたのは暗号解読のおかげだった〔メアリーは、エリザベス一世の暗殺を企て、複雑な暗号を使って共謀者らと手紙を交わしていたが、イングランド随一の暗号解読者トマス・フェリペに解読された〕。また、第二次世界大戦の勝敗を決定的にしたのは、一九四二年に、「解読不能」と言われたドイツのエニグマの暗号の解読に連合国側が成功したことだったと考えられている。(8) 暗号をめぐる駆け引きにおいて発信者は、暗号が破られたかどうかを探り、もし破られたなら「偽情報」を送って対応する。一方、解読者たちは暗号を解読しつつ、そのことが発信者に知られないよう努力する。

私たちが生きるこの時代、新聞を読む人なら誰でも知っているように、暗号に最も注意を払っているのは、もはやスパイやスパイの親玉ではない。あなたは、自分のビザカードの番号をイーベイやアマゾン・ドット・コムに教えるたびに、この情報は安全に守られていると信用していたかもしれない。しかし、昨今の情報テロリストたちの大胆な手口を聞き知れば、オフィスの電子メールから銀行預金の送金にいたるまで、情報交換の安全性は危険に曝されていると痛感するだろう。アメリカ政府も非常に憂慮し、この問題の解決のために何十億ドルもの予算を当てている。

基本的な解決策は、遠く離れた二人が暗号をやりとりする場合、両者に共通の暗号「鍵《キー》」を決め、キーを知る者だけが暗号化されたメッセージを送信し解読できるようにすることだ。秘密のメッセージは、標準的には、ランダムな長い数列のなかにそのメッセージを「隠す」ことによって暗号化される。しかし、スパイやハッカー、コンピュータに関する豊富な知識を窃盗に悪用する連中には、ランダムな数の列を調べて暗号を解読することが可能だ。しかもこの勝負では、誰も自分だけ抜き出てはいられないのが普通である。

だが量子科学は、他にはない特有のランダムさを提供してくれる。素晴らしいとびきりのランダムさで、これを使った暗号は解読できない。おまけに、暗号解読者が解読しようとしたなら、そんな行為があったことはただちに暴露されてしまう！　だが、暗号の歴史は解読不能な暗号がより優れた技術によってついには解読されることの繰り返しであることを考えれば、量子暗号を称賛した今の言葉も、ある程度の懐疑をもって迎えられねばならないだろう（最も有名な例が、解読不能な暗号を作成する装置と恐れられた第二次世界大戦中のドイツ軍のエニグマ暗号機だ。結局は、連合国側の英雄的な努力によって解読された。そのときドイツ軍は、暗号が解読されているなど気づいてもいなかったのである(9)）。

暗号について、もっと詳しく見てみよう。情報科学の分野で広く使われているのが**ビット**という用語だが、これは情報の最小単位を指している。一つのビットとは、たんに二進数字一個のことで、具体的には1か0かのいずれかだ。たとえば、（古典的な）コイン投げの結果は、0か1かという二進数字で記録することができる。「表／裏」を「1／0」で表し、一回のコイン投げの結果を一ビットの情報で記録できる。コイン投げを何度も続けて行った結果は、1011000101110100101010111のように表される。

この古典的な情報の単位に対応する量子情報の単位が存在し、これを専門家たちは**キュビット**(qubit)と名づけた。量子論では、電子のスピンは検出器で測定すると上向きか下向きかのいずれかだ。古典的情報の「0か1か」を、量子情報の性質をもった『『上向き』か『下向き』か」のキュビットで置き換えるのである(聖書でノアが箱船の大きさを測ったときの「キュビット(cubit)」という長さの単位と発音は同じだが、まったく関係ない)。量子情報のキュビットを使えば、上向きスピンを1に、下向きスピンを0に対応させることによって、量子のスピン状態を暗号化することができる。ここまでは、新しく導入されたものは何もない。

しかし、量子論のキュビットは、純粋状態、混合状態、いずれでも存在し得る。純粋状態では、測定が状態に影響を及ぼすことはない。たとえば、一個の電子のスピンをある検出器で「z軸」方向に測定したとすると、電子のスピンは必ずz軸に沿って上向きか下向きかのどちらかに決まる。ランダムにいろいろな電子のスピンを測定する場合、結果は、上向き、下向きがそれぞれ何らかの確率で現れることになる。しかし、電子が純粋なスピン状態に――z軸に沿って上向きか下向きかに――なるように発生装置のところであらかじめ調整されていたなら、検出器ではその向きのスピンが観察されるだろう。だが、そのことで電子のスピン状態は何の影響も受けない。

そのような次第で、理屈の上では、z軸に沿ってスピンが純粋に上向きか下向きかのいずれかである一連の電子(または光子)からなる二進暗号によって、メッセージを送ることができる。これらの電子(光子)はどれも純粋状態にあり、混合状態ではないので、やはりz軸方向に軸合わせされた受信器を使ってこれらを測定する者は誰でもこの暗号を読むことができ、また、その行為によって電子のスピン状態に影響を及ぼすことはない。では、z軸は何によって決まるのだろう？　それは、私たちが（秘密裏に）行った選択によってのみ決まるのだ。空間のどの方向でもz軸と定めることができ、いったんそれを決めたなら、暗号化したメッセージを送ろうとする遠方にいる相手に、z軸の規定に関する情報——「鍵《キー》」——を送るのである。

ところが、z軸に沿って完全に軸合わせされていない検出器でこの信号を観察している者たちはみな、混合したスピン状態の電子しか受けとることができず（しかもそうとは気づかない）、おまけに測定を行う際に必ず電子スピンを乱してしまう。このため、傍受者がでたらめで無意味な信号を受けとるのみならず、その後、本来意図されていた受信者がこの信号を読むと、それが誰かに「いじられた」と知ることもできる。このように、誰かが傍受していることがわかるので、それに対応した措置をとることもできるわけだ。逆に、私たちのメッセージが乱されていなければ、それが完全に安全だということがわかる。つまり、スパイが妨害のために測定したなら、信号にランダムな変化が生じ、送信者も受信者もその事実を知ることができるということだ。スパイがいるとわかったなら、情報のやりとりを中止すればいい。

送信された一連の量子状態を使って、まったく同じ一対のランダム二進数字の列をつくることができ、それを安全な通信を維持するための暗号キーとして使うことができる。量子の性質が、キーが安全であることを保証してくれる。なぜなら、侵害されたときには、そうとわかるからだ。量子暗号は、送信者と受信者の距離が数キロにのぼる場合まで検証されている。しかし、量子暗号キーを配布する実用的な方法はまだ見いだされていない。というのも、そのためには最先端のレーザー装置を設置するという莫大な投資が必要だからだ。だがいつの日か、私たちのクレジットカードに、遠い異国で購入された身に覚えのない商品の代金が請求されるという迷惑な話は絶えてなくなることだろう。

量子コンピュータ

ところが、量子暗号が到達した究極の情報セキュリティを脅かす存在がある。それが量子コンピュータだ。おまけに量子コンピュータは、二一世紀の究極のスーパーコンピュータの候補になりつつある。ゴードン・ムーアは、「チップ一個に搭載されるトランジスタの数は二四か月ごとに倍増する」という**ムーアの法則**を提唱した[10]。こんな冗談を言った者もいる。「もしも自動車技術がこの三〇年間でコンピュータと同じぐらい速く進歩していたなら、自動車は、重さ六〇グラム、値段は四〇ドル、四立方キロメートルの広さのラゲッジルームを備え、そして一時間で一六〇万キロメートル走るのにガソリンはたったの四リットルしかいらないような代物になっていただろう」と。

コンピュータ技術は、歯車から始まり、リレーから真空管へ、さらにトランジスタから集積回路へというように、人間の一生より短い期間でさまざまに進歩した。それにもかかわらず、すべてのコンピュータ科学は、二〇〇〇年に入手できた最高のコンピュータに実現されたものを見ても、古典的であり、古典物理学の法則に支配されている。量子コンピュータはまだ、量子科学の法則に基づいた新しいタイプの計算処理が実現できるのではないかという憶測の段階でしかない。IBMも、あるいは最も冒険心あるシリコンバレーの新興企業も、まだ計画すらしていない――少なくとも私が知る範囲では。だが、量子コンピュータが実現したなら、現在最速のコンピュータも、手を怪我した人がそろばんを使っているようなものと感じられてしまうだろう。

量子計算は先に述べたキュビットを利用するが、その意義を理解するには、量子の世界における情報理論の知識が必要だ。カギとなるアイデアは、一九八〇年代前半にリチャード・ファインマンらによって提案され、一九八五年にディヴィッド・ドイッチュがさらに発展させた。これらの概念に加え、どんどんと増えていく量子計算の研究グループからの貢献が続き、**量子ゲート**（開と閉の二状態をとれるスイッチ）が実現した。量子干渉効果にEPR・ベル相関を組み合わせると、ある種の計算を実行するのにはるかに強力な方法となるかもしれない現象が起こることを、これらのグループは見いだしたのだ。[11]

二重スリット実験に見られるような干渉効果は、量子論的な概念のなかでも最も奇妙なものだ。開いたスリットが二つあることで、一個の光子が検出スクリーンのどこに到達するかが変わってしまう。このことを受け入れるために、私たちは次のように説明する。いったい何が干渉し合っているのかというと、それは量子振幅で、そこには可能なすべての経路が包含されている。そんな量子振幅どうしが干渉し合う結果、一個の光子が検出スクリーンの特定の一か所に到達する正味の可能性（ならびにそれに伴う確率）が得られるのだ、と。しかし、仮に中間のスクリーンにあるスリットが二つではなくて一〇〇〇個だったなら、この場合はこの場合で、光子がたどり着ける場所とたどり着けない場所ができる。検出スクリーンの特定の場所に光が到達する確率を知りたいのなら、一〇〇〇個のスリットのそれぞれからその点までの経路をすべて計算し、計算結果をすべて足し合わせ、その和を二乗すればいい。同時に二個の光子が存在する状況になると、量子論的複雑性はいっそう増す。一方の光子には、他方の光子が行う一〇〇〇通りの経路選択の一つひとつにつき、とり得る経路が一〇〇〇通りあることになる。その結果、一〇〇万通りの異なる状態が存在することになる。光子が三個になると、状態は一〇億通りになり、そして光子を増やせば増やすほど、どんどんとたくさんの状態が現れてくる。入力数の増加に伴い、結果を予測する計算は指数関数的に増加する。

これらの問題一つひとつの結果は、極めて単純なこともあるだろうし、予測可能であることは間違いないが、計算の観点からは極めて非実用的だ。ファインマンのアイデアは、一種のアナログコンピュータと見なせる、量子コンピュータというものの能力を確かめようではないかというものだった。本物の光子を使って量子力学的系の実験を実際に行い、自然がこの膨大な計算を素早く淡々と実行するのに任せるという量子コンピュータは、ある意味アナログコンピュータだ。究極の量子コンピュータは、どの測定を現実のどの系で実施しなければならないか、そしてこれらの測定結果を全体の計算のなかのどの部分計算に組み込めばいいかを決定するようになるだろう。このためには、なじみ深い二重スリット実験をもう少し大胆な形にしたものが必要になるだろう。

未来のすごいコンピュータたち

量子プロセスの威力を実感していただくために、古典的な計算と単純な比較をしてみよう。ここに古典的な三ビットの**レジスタ**、つまり開（0）または閉（1）の二状態がとれるスイッチが三つあるデバイスがあるとしよう。すると私たちは、任意の瞬間に、次の八つの数のどれかを、このレジスタに保存しておけることになる。その数とは、二進法で000, 001, 010, 011, 100, 101, 110, 111すなわち十進法の1, 2, 3, 4, 5, 6, 7, 8だ。ふつうのコンピュータはどれも、開（0）と閉（1）のスイッチを使って数をコード化する。四ビットのレジスタ（スイッチが四つのレジスタ）は数を一六個コード化できる（ただし一度に一個だけ）ことはすぐに理解できる。

ところが、レジスタが機械式・電子式スイッチではなくて、一個の原子だった場合、その原子レジスタ——「一個のキュビット」とも呼べる——は、基底状態（0）と励起状態（1）の重ね合わせであることも可能だ。三キュビットのレジスタなら、可能な八つの数を同時に表すこともできる。なぜなら、各キュビットが0と1の両方の状態に存在できるからだ。四キュビットのレジスタは、数を一六個保持することができ、さらに数学者の言い方で表現すると、「Nキュビット」のレジスタは2^N個の数を保持することができる。

古典的コンピュータでは、ビットと言えば電子式で、小さなコンデンサに電荷が収容されていれば（1）、電荷がなければ（0）であるのがふつうだ。コンデンサへ流れ込む電流とそこから流れ出る電流を制御することで、数を操作する。これに対して量子システムでは、光のパルスで原子を励起したり基底状態に戻したりすることができる。標準的なコンピュータとは対照的に、量子計算では0と1が両方同時に一つの計算ステップに参加できる。これだけで、さまざまな可能性が開けてきたのがおわかりだろう。

一〇キュビットのレジスタがあったなら、0から1024までの数をすべて同時に表すことができる。このようなレジスタが二つあれば、それらを組み合わせて、0から1024までの任意の数どうしを掛け合わせた結果の表が出力されるようにできるかもしれない（掛け算が可能になるわけだ）。高速の従来型のコンピュータなら、こんな表をつくるには、そこに含まれるすべての数を得るのに一〇〇万ステップ以上の計算を行わねばならないだろうが、量子コンピュータならすべての可能性に同時にあたって、同じ結果をやすやすと一つのステップで終えてしまうだろう。

理論上はこのように考えられることから、ある種の計算では、現在の最高のコンピュータには数十億年かかる問題を、量子コンピュータなら一年以内に解決できるようになるだろうという憶測が出てきている。量子コンピュータの威力は、とり得る状態のすべてで同時に働けるので、多数の操作を並行して実行し、しかもそのために使う処理ユニットはたった一個でいいということに由来する。しかし（リヒャルト・ストラウスの交響詩『ツァラトゥストラはかく語りき』の曲に合わせて）、あなたの老後の蓄えをカリフォルニア州クパチーノ（アップルの本部、ヒューレット・パッカード、IBMなどのハイテク企業がある都市）にできたばかりの量子コンピュータ企業に投資する前に、量子コンピュータの専門家のなかにも、その最終的な有用性には懐疑的な人たちがいることを知っておくべきだろう（彼らも、理論的可能性を探ることは、量子論の基礎を解明するうえで価値があるという信念はもっている）。たとえすごい問題が何種類か解けるとしても、それは、特殊な問題に取り組めるよう特化されたコンピュータにすぎず、現在使われている古典的コンピュータとはまったく違うものであって、それにとって代わるとは考えにくいと、これらの専門家たちは言う。古典論的世界は量子論的世界とは違う。だから私たちは、自分の車が故障しても、量子論研究者のところにもって行ったりしないのだ。

量子コンピュータ実現を阻む要素として知られているものに、外部のノイズの影響をあまりに受けやすいことが挙げられる（宇宙線の干渉で一つのキュビットだけでも状態が変わってしまうと、計算すべてが台無しになってしまう）。さらに、量子コンピュータは基本的にアナログ装置である。つまり、計算したい何か特定のプロセスを真似るように設計されている。したがって、ユーザーが計算したいと思ったら何でも計算できるプログラムを走らせられるコンピュータのような、完全な普遍性はない。しかも、汎用性の高い量子コンピュータをつくるのは難しいということは、やはり真実なのだ。量子コンピュータを実現するには、信頼性の問題をきっちり解決し、有用な量子アルゴリズムを見いだすことが必要であろう。それはつまり、それを解いたなら量子コンピュータの価値が歴然とするような問題を、解いてみせるということだ。

ものすごく大きな数を因数に分解するアルゴリズムは、量子コンピュータの存在価値を確たるものにする可能性をもっている。ある二つの数が、もう一つの数の因数か否かを確認するのは（普通は）難しくない。たとえば5と13は65の因数だ。しかし、3,204,637,196,245,567,128,917,346,493,902,297,904,681,379などのような、とてつもなく大きな数の因数を見つけるのは、一般的に言ってものすごく難しい。この問題は、暗号に応用できるだけでなく、既存の古典的コンピュータでは解決できないため、量子コンピュータの威力を示す格好の例となるかもしれない。

ここでイギリスの数学者で理論物理学者のロジャー・ペンローズが人間の意識について提案した奇妙な仮説をご紹介しておく。人間は、コンピュータのスピードに負けない速さで、電光石火のごとく計算をすることもできるが、そのやり方は、コンピュータとはまったく違っている。コンピュータ相手のチェスで、処理スピードのはるかに速い電子式コンピュータが行うアルゴリズムによる手筋を破ろうとするときも、人間は、蓄積した経験に付随した無数の知覚効果を評価し、それらを素早く統合している。コンピュータの結果は正確だが、人間は要領よく有効な結果に到達する――ただし、人間が得る結果には曖昧さが付きもので、常に正確とは言えない。正確さや精密さは、スピードを可能な限り速めるために犠牲にされる。

ペンローズは、目覚めていて意識がはっきりしているときに人間が得ている知覚の全体を見ると、それは多くの可能性が一貫性のある形で和になったものかもしれない、すなわち人間の知覚は一種の量子現象かもしれないと提案した。[12] ペンローズの解釈はこうだ。私たちは量子コンピュータなのであり、私たちが保存し、計算結果を得るために干渉させている波動関数は、脳の範囲を超えて私たちの身体にまで広がっているのだ。ペンローズは、著書『心の影〈1〉―意識をめぐる未知の科学を探る』（林一訳、みすず書房）のなかで、神経細胞の内部に不思議な管が走っていて、そのなかに人間意識の波動関数が存在していると示唆する。確かに興味深い説だが、これを論じる前にまずは意識の理論を確立せねばならないだろう。

とはいえ、量子物理学の基礎において情報理論がどのような役割を果たしているかを今後明らかにすることで、量子コンピュータは名誉挽回できる可能性がある。そうすれば私たちは、これまでとはまったく違う新しいタイプの強力なコンピュータと、量子世界を一望する視点を手にすることになるかもしれない。それは、私たちの直感が進化する方向にもっとしっくり合う視点、つまり量子世界に対する違和感、薄気味悪さ、当惑の少なくなるような視点だろう。そして実際にそうなったとき、一つの独立した科学分野（情報科学や意識理論）が物理学と結びついて——おそらく深く結びついて——物理学の基礎構造を変えるという、科学史でも稀な時代が始まるだろう。

フィナーレ

こうして私たちは、多くの哲学的な疑問を未解決のままにしてこの物語を締めくくることになる。それらの疑問とは、「光が波でもあり粒子でもあるのはどうして？」「世界はたくさんあるの？　それとも一つなの？」「解読不可能な暗号は存在するの？」「究極の実在《リアリティ》って何？」「物理法則そのものがサイコロを投げて決められているの？」「こういった疑問は無意味なの？」「『量子物理は慣れるほかない』というのが答えなの？」などというものだ。そして、みなさんはこうお尋ねになるかもしれない。「科学の偉大な跳躍は、次はいつ、どこで起こるの？」と。

ガリレオがピサでアリストテレス的物理学にとどめを刺したところから、私たちの旅は始まった。その後、機械仕掛けの規則性に支配されたアイザック・ニュートンの古典論的宇宙へと入って、力も法則もすべて予測可能であることを見た。もしかしたら、私たちの世界はどのようなものなのか、その世界で私たちはどこに位置するのかという認識は、ニュートン的宇宙のなかにずっと留まっていられたのかもしれない。もしもそうだったなら、精神衛生上はよかったことだろう(携帯電話は誕生しなかったとしても)。しかし、そうはいかなかった。次に出くわしたのが、一九世紀半ば、科学者たちを悩ませた不思議な力、電気と磁気だった。これらの力はマイケル・ファラデーとジェームズ・クラーク・マクスウェルによって解読され、古典論的宇宙のなかに組み込まれた。これで私たちの物理的宇宙も完成したかに思われた。一九世紀末までには、物理学の終焉を予想する者たちまで出てくるほどだった。解決する価値がある謎はすべて解決してしまったのであり、この先は、ニュートンの古典論的秩序のなかで細かな点を明らかにする仕事しか残っていないと思われた。終点まで来てしまっていたのだ。物理学者たちは、とうの昔に店じまいしてもおかしくないはずだった。

やがて当然のことながら、まだ理解できていない重要なことがいくつも残っており、説明が必要だということが明らかになった。炭を燃やしてキャンプファイヤーをするとき、計算では炭は青白く輝くはずなのに、実際には赤く輝いていた。それに、地球がエーテルという媒質のなかを運動しているのだとすれば、媒質の影響が地球の速度に現れるはずなのに、そんな痕跡はない。光線に追いつくこともできない。どうしてこんな妙なことになっているのだろう?　私たちは宇宙を理解していると思い込んでいたが、それは最終的な理解ではなかったのかもしれないと、科学者たちは気づきはじめた。新しい、一流のチームによって宇宙が描き直されることになった。そのチームとは、アインシュタイン、ボーア、シュレーディンガー、ハイゼンベルク、パウリ、ディラック、さらにその他この仕事をやろうと意欲に燃える多くの物理学者たちからなっていた。

もちろん、古きよきニュートン力学は、惑星、ロケット、ボーリングの球、蒸気機関車、橋など、たいていのものについては問題なく使いつづけることができた。たとえ二七世紀になろうとも、ホームランのボールはニュートン力学が予測する美しい放物線で空を飛ぶはずだ。しかし、一九〇〇年以降、もう少し厳密に言えば一九二〇年、もしくは一九三〇年以降、原子レベルや原子以下のレベルで世界を理解したいと思う者は、新しい脳をもたざるを得なくなった――量子物理に取り組み、その本質的に確率論的な性質に耐えられる脳を。だが、みなさんも覚えておられるように、アインシュタインは、核心の部分で本質的に確率に基づいている宇宙というものを決して受け入れなかったのだった。

本書で見てきたように、この旅は生やさしいものではなかった。繰り返し登場する二重スリットのパラドックスなど、頭痛の種としては物足りないかのように、シュレーディンガーの波動関数、ハイゼンベルクの不確定性原理、そしてコペンハーゲン解釈など、圧倒されそうな理論が立ち並ぶ、めまいがしそうな景色が広がっていた。猫たちは生きていると同時に死んでいると判定された。光は粒子であると同時に波だった。系は、それを観察している者から切り離せなかった。神は宇宙に対してサイコロ遊びをするのかが議論された。そして、このぐちゃぐちゃの状況を何とかすべて把握できたと思った瞬間、事態はいっそう混沌としてしまった。パウリの排他原理、アインシュタイン＝ポドルスキー＝ローゼンのパラドックスに、ベルの定理が登場したのだ。これらの事柄は、ニューエイジ思想を信奉する人々にとってさえ、カクテルパーティで気軽に喋れる話題ではないし、人に話そうとすると概して事実がごちゃ混ぜになってしまう。それでも私たちは、諦めずに頑張りつづけ、どうしても式を使わねばならなかったときも格闘の末なんとか前進してきたのだった。

この旅を通して私たちは勇敢であったし、あまりに現実離れしていて『スタートレック』の何話分かのタイトルにさえなりそうな理論――「多世界」「コペンハーゲン」「弦とM理論」「ランドスケープ」などなど――も積極的に受け入れてきた。みなさんにとってこの旅が意義深いものであったことを願っている。われわれ物理学者がこの世界の壮大で深淵な謎に対して抱いている感覚を、みなさんと分かち合えていることを期待したい。

二一世紀というこの新しい世紀には、私たちの意識そのものを理解するという大きな課題が待ち構えている。人間の意識も、量子状態の現象として説明できるのかもしれないのだ。量子状態も人間の意識も、どちらも理解されていないからといって、必ずしもそれらが結びついているというわけではない。だが、両者には関係があると考えている科学者は多い。

みなさんもご記憶のことと思うが、人間が測定を行うとき、実際に精神が量子科学に登場してくる。観察者（精神）は観察されている系に常に干渉している。このあたりのことを理解するには、人間の意識が物理世界のなかでどのような位置を占めているかを明らかにせねばならないのだろうかと疑問に思う人もいるかもしれない。物質としての体と心との関係を巡る、哲学の伝統的な問題である、いわゆる心身問題は量子科学と関係があるのだろうか？　脳がいかにして、情報を暗号化して処理し、さらに行動をコントロールするかについて、私たちの理解は近年目覚しい進歩を遂げた。だがそれにもかかわらず、深い謎が一つ残っている。これらの物理化学的活動が、いかにして「内的な」、あるいは「主観的な」存在をもたらすのだろうという問題だ。「あなた」になり得るものを、物理化学的な活動がどうやって生み出すのだろう？

一方で、量子‐精神一体論を批判する者たちもいる。DNA発見者の一人で、『DNAに魂はあるか――驚異の仮説』（中原英臣訳、講談社）を著したフランシス・クリックもそんな批判者だ。クリックはこう言っている。「『あなたという存在』、あなたの喜びも悲しみも、あなたの記憶も望みも、あなたの自分というアイデンティティも自由意志もすべて、実のところ、膨大な数の神経細胞とそれに関わるさまざまな分子の連携した動きにすぎないのだ[13]」。

最後に一言。本書がみなさんの旅の始まりにすぎず、私たちの量子宇宙をなす驚異的で一見矛盾していると思える事柄を今後もさらに追究されつづけることを著者二人、共に願っている。

補遺　スピン

ここでは本書の補遺として、スピンについて解説する。

スピンとは何か？

ようこそ、粒子がもつ最も量子論的な性質、**スピン**の世界へ。スピンとは、ごく大雑把に言えば、自転の角運動量のことだ。回転する物体——独楽《こま》、CD、地球、すすぎ中の洗濯漕、恒星、ブラックホール、銀河など——はどれも自転の角運動量をもっている。量子論で扱う粒子、すなわち、分子、原子、原子核、原子核を構成する陽子や中性子、光の粒子（光子）、電子、陽子や中性子を構成する粒子（クォーク、グルーオン）などもそうだ。これらの粒子がもつ自転の角運動量をスピンと呼ぶ。しかし、大きな古典論的物体は任意の大きさの自転の角運動量をもつことができ、しかも自転を完全に止めてしまうことができるのに対して、量子論的物体には**固有スピン**というものがあって、系全体を考えると、スピンの総和としては、常に同じ固有スピンで自転している。

スピンは、素粒子を定義する性質の一つである。たとえば、電子はスピンをもつ素粒子だ。電子のスピンをなくすことは決してできない。そんなことになったら電子ではなくなってしまう。だが、古典論的な角運動量の場合と同様、粒子が空間のなかで回転しているとき、空間内の任意の軸に沿って射影したスピンの値は変化する。量子論と古典論では何が違うかというと、量子論では、スピンの値がどれだけかを問えるのは、ある軸に沿ってスピンを射影した場合だけだということだ。なぜなら、スピンを測定できるのはそのような場合だけだからだ——測定できないものについて問うことは、量子物理では無意味である。

まず、古典論的な物体の回転について議論しよう。直線的な運動は、**運動量**と呼ばれるもので測られる。運動量とは、単純に、質量に速度を掛けたものである。運動量は、物質の概念（質量）と運動の概念（速度）とを結びつけるものであり、「物理的な運動」を一種総合的に測ったものを表していることに注意してほしい。これは**ベクトル**量だ。なぜなら、速度自体が「大きさ（速さ）」と「空間内での方向（運動の向き）」の二つをもつベクトルだからだ。一般的にベクトルは、空間内で大きさと向きをもった矢として視覚化することができる。

同様に物理的な回転運動は、**角運動量**と呼ばれるベクトル量で測ることができる。古典論では、角運動量は物体内で質量がどのように分布しているかに依存する。この分布を**慣性モーメント**と呼ぶ。同じ質量をもつ物体が自転する場合でも、半径が大きいときのほうが、半径が小さいときよりも、物質の回転としては大きくなる。したがって、当然ながら、慣性モーメント I は物体が大きくなればなるほど増加する。実際、慣性モーメントは質量に「物体の（近似的な）半径の二乗」を掛けたものにほぼ等しく、M を物体の質量、R を物体の「半径」とすると $I = MR^2$ となる。微積分を使えば、慣性モーメントは極めて正確に表される[1]。

図 37　右手の法則は、スピンベクトルの向きを決める。右手の、親指以外の 4 本の指を回転の方向に丸めたとき、親指が向いているのがスピンベクトルの向きである。古典論的な物体に対しては、スピンは任意の方向に沿って任意の値をとることができる。電子のスピンを任意の方向に沿って測定すると、$\hbar=h/2\pi$ を単位として、1/2 か −1/2 か、いずれかの値になる。

角運動量にはまた、角速度というものが含まれる。角速度とは、物体が実際にどれだけの速さで回転しているかを表す。角速度はふつうω《オメガ》で表され、**ラジアン毎秒**という単位が使われる（三六〇度は2πラジアンに等しい。したがって、たとえば九〇度は$\pi/2$に対応する。ラジアンは、角度の単位として「度」よりも自然である。というのも、半径一の円の円周は2πになるからだ）。角運動量Sは、慣性モーメントと角速度との積である。式で表せば、$S=I\omega$だ（運動量は質量と速度の積で、直線上の運動を表しているのに対して、角運動量は慣性モーメントと角速度の積であることに注意。運動量と角運動量はよく似た概念である）。角運動量もまたベクトル量で、その方向は、その物体の回転軸と同じだ。ここで、回転運動の向きを明確に定義するために、**右手の法則**を導入しよう。あなたの右手の、親指以外の四本の指を回転する物体の回転方向に丸めて握る。そのとき親指の指している向きが角運動量ベクトル（スピンを論じるときには**スピンベクトル**）の向きであるとする（図37）。

角運動量は（エネルギーや運動量と同じく）保存量なので、擾乱を受けない孤立系の総角運動量はいつまでも一定である。これがどんな結果をもたらすかを、フィギュアスケート選手を一つの物理系とみなした例で見てみよう。スピン技をしている選手が両腕を体に引き寄せる。すると、回転運動の半径が小さくなる分、角速度が増加するので、スピンの回転速度が急激に上がる。スピン技の角運動量$S = I\omega = MR^2\omega$は、彼女が腕を縮めたときに保存されなければならないが、腕を縮めるとRが減少し、Mは変化しない。したがってRの減少を相殺するためには、角速度ωが増加しなければならない。実際、スケート選手が腕の長さRを半分にしたとすると、R^2は四分の一に減少する。このため、彼女の角速度は約四倍に増加せねばならず、おかげでスピン技に劇的な効果が現れる。角運動量は、さまざまな状況において非常に重要な効果をもたらしている。フリスビーは、角運動量の保存を活かした応用のなかでも多くの人々に楽しまれているものだ。だが、パイロットたちは、飛行機がフリスビーのようにスピンしてしまう「水平きりもみ」という非常に恐ろしい状態にうっかり入ってしまわないように常に気配りしなければならない。この状態に陥ると、角運動量が保存されるおかげで、飛行機のコントロールを回復することは極めて困難になる。

ニュートン物理学では連続的に変化する量だった角運動量も、量子力学では、やはりその性質をがらりと変えてしまう。角運動量も量子化されるのだ。任意のスピン軸に沿って測定されるすべての角運動量は、$\hbar = h/2\pi$の整数倍で、離散的である。ここに、hはプランク定数である。粒子のスピンはすべて、そして運動の軌道状態もすべて、次のようなきりのいい値だけしかとれない。

$$0, \frac{\hbar}{2}, \hbar, \frac{3\hbar}{2}, 2\hbar, \frac{5\hbar}{2}, 3\hbar \cdots\cdots$$

角運動量は常に、$\hbar$に整数か、あるいは半整数を掛けた値である。大きな古典論的物体では、この量子化の効果は見られない。というのも、そういう物体は$\hbar$の何倍もの大きな角運動量をもっているからだ。ものすごく小さな、原子や素粒子のレベルにおいてしか、角運動量の量子化を観察することはできない。

このように角運動量は素粒子や原子の固有の特性で、すべての素粒子がスピン角運動量をもっている。電子の自転を減速し、電子のスピンを止めてしまうことは絶対にできない。電子は常に明確な値のスピン角運動量をもっており、その大きさはちょうど$\hbar/2$である。電子はひっくり返すことができるが、このときスピン角運動量は向きが反対になり、$-\hbar/2$となる。空間のなかで任意に選ばれた方向に沿って電子のスピンを測定するとき、その値は$\hbar/2$か$-\hbar/2$か、二つのうちのいずれかでしか観察されない。私たちは、「電子はスピン½の粒子だ」という表現をするが、これは電子のスピン角運動量の大きさが$\hbar/2$に決まっているからである。

スピン角運動量が$\hbar$の半整数倍、

$$\frac{\hbar}{2},\ \frac{3\hbar}{2},\ \frac{5\hbar}{2}\ \cdots\cdots$$

の粒子は、これらの概念について（ヴォルフガング・パウリ、ポール・ディラックと共に）先駆的な研究を行ったエンリコ・フェルミにちなみ、**フェルミオン**（**フェルミ粒子**）と呼ばれている。私たちの議論で出合う主なフェルミオンは、電子、陽子、中性子（さらに、陽子や中性子などを構成するクォーク）で、これらの粒子はスピン角運動量が$\hbar/2$である。これらの粒子をすべて、「スピン½のフェルミオン」と呼ぶ。

一方、スピン角運動量が$\hbar$の整数倍、すなわち$0, \hbar, 2\hbar, 3\hbar\cdots\cdots$の粒子は**ボソン**（**ボース粒子**）

と呼ばれる。これらの概念のいくつかをつくり上げた名高いインドの物理学者で、アインシュタインと親しかったサティエンドラ・ボースにちなんで名づけられた。この後すぐに見るが、フェルミオンとボソンには大きな違いがある。本書で私たちが考慮するボソンは、次の三種類だけだ。まず、「スピン1」（スピン角運動量が一単位）の光子。そして、「スピン2」（スピン角運動量が二単位）で、実験室内ではまだ発見されていない重力の粒子グラビトン。さらに、「スピン0」（スピン角運動量がゼロ単位）の中間子と呼ばれる粒子だ（中間子は、クォークや反クォークでできている）。ちなみに、軌道運動にも角運動量がある。量子論では、すべての軌道運動は、$\hbar$の整数倍の角運動量、すなわち$0, \hbar, 2\hbar, 3\hbar$などをもっている。

交換対称性

物理的な世界を形づくる最も重要な対称性が、**量子力学の同種粒子交換対称性**だ。すべての素粒子は極めて基本的な存在であるため、個々の素粒子が特定できるようなしるしは何もなく、同種の素粒子が二個あった場合、それらを区別することは絶対にできない。宇宙に存在するどの二個の電子をとっても、それらのあいだには何の違いもない。光子、ミューオン（ミュー粒子）、ニュートリノ、クォークなどでも同じだ。この素粒子の同一性からある量子効果が生じるが、それはスピンに大きく依存する。

この効果は、シュレーディンガーの波動方程式に表れる対称性から生まれている。二個の同種粒子からなる物理的な系を考えよう。たとえば、二個の電子が原子軌道に存在しているヘリウム原子とする。一般に、このような二粒子系を表すには、二個の同種粒子が占める異なる二つの位置に依存する次のような量子力学的波動関数を使う。

$$\Psi(\vec{x}_1, \vec{x}_2, t)$$

ここでもやはり、マックス・ボルンに従えば、波動関数の（絶対値の）二乗は確率を与えるので、$|\Psi(\vec{x}_1, \vec{x}_2, t)|^2$は、時間$t$において粒子1を$\vec{x}_1$に、粒子2を$\vec{x}_2$に見いだす確率となる。

さてここで、一方の粒子をもう一方の粒子と交換するという行為を考えよう。別の言い方をすると、二つの粒子の位置を入れ換え（$\vec{x}_1 \leftrightarrow \vec{x}_2$）、系の配置換えを行う。すると「交換後」の系は、$\Psi(\vec{x}_2, \vec{x}_1, t)$という波動関数で記述されることになる。これは、もともとの波動関数の二個の粒子の位置を入れ換えただけである。だが、この系は本当に新しい系なのだろうか？　それとも、最初の系そのものなのだろうか？　言い換えれば、これは粒子を交換した新しい系の波動関数なのか、それとも、もともとの系の波動関数なのか？

日常生活で、私たちが「犬」と呼んでいるものの範疇はとても広く、また同じ犬は二匹と存在しない。しかし、すべての電子はどれもまったく同じである。電子は、ごく限られた量の情報しかもっていない。任意の一個の電子は、他のどの電子とも厳密に同一である。これと同じことは、他の素粒子についても言える。したがってどの物理系も、このような二個の粒子を入れ換えるという操作に対し、対称的、すなわち不変であるはずだ。波動関数のなかで同種の粒子二個を入れ換えるという操作は、自然がもつ基本的な対称性に対応する。ある意味自然は、電子を極めて純朴に扱うため、宇宙全体のなかでどの二個の電子（あるいはもっと多数の電子）をとっても、それらの違いを検出することはできないのである。

この波動関数の**交換対称性**により（同種粒子はすべて同一なのだから）、物理法則は交換によら

ず不変でなければならないはずだ。このことは量子レベルでは、粒子を入れ換えた波動関数がもともとの波動関数と同じ存在確率を与えることを意味する。すなわち、$|\Psi(\vec{x}_1, \vec{x}_2, t)|^2 = |\Psi(\vec{x}_2, \vec{x}_1, t)|^2$となるはずである。だがこの条件は、波動関数の交換に対して、次の二つの解が存在し得ることも意味している。

$$\Psi(\vec{x}_1, \vec{x}_2, t) = \Psi(\vec{x}_2, \vec{x}_1, t) \quad \text{あるいは} \quad \Psi(\vec{x}_1, \vec{x}_2, t) = -\Psi(\vec{x}_2, \vec{x}_1, t)$$

このため交換後の波動関数は、対称的すなわちもともとの波動関数を$+1$倍したものか、反対称的すなわちもともとの波動関数を-1倍したもののいずれかとなる。私たちは確率（波動関数の二乗）しか測定できないのだから、原理的にはどちらの場合もあり得る。

実際に量子力学が両方の可能性を許していることから、自然は両方の可能性を提供する方法を見つけているのだ。その結果、以下に述べるような驚くようなことが起こるのである。

ボソン

さて、**ボソン**について論じよう。二個の同一ボソンに関する波動関数のなかで、その二個の同一のボソンを入れ換えるとき、次のように符号はプラスとなる。

同種のボソンの交換対称性　$\Psi(\vec{x}_1, \vec{x}_2, t) = \Psi(\vec{x}_2, \vec{x}_1, t)$

このことから、一つの重要な帰結が導かれる。すなわち、系がとり得るある一つの状態に、同時に入れる粒子の数には制限がない。たとえば、絶対零度に近い極低温では、同種のボソンの集合体に対し、すべての粒子に完全に同一の運動量の値をもたせ、一つの量子状態に容易に入らせることが可能になる。このことを、ボソンはコンパクトな状態、あるいは**コヒーレント**な状態に凝縮すると言う。これが**ボース＝アインシュタイン凝縮**と呼ばれる現象である。

ボース＝アインシュタイン凝縮や、多数のボソンが一つの運動の量子状態に入るさまざまな現象には、多くのバリエーションがある。**レーザー**は、おびただしい数の光子がすべて同じ運動の量子状態に入り、同じ運動量状態で同時に整然と運動するコヒーレントな状態を生み出す。**超伝導**は、結晶格子の振動（フォノンと呼ばれる音量子）によって結びつけられた電子のペアがスピン0のボソンになって（クーパー対《つい》と呼ばれる）生じるものだ。超伝導体の内部に流れる電流はコヒーレントな運動状態にあり、それは、クーパー対となった膨大な数の電子のペアが厳密に同じ運動量の状態を共有することによって実現する。**超流動**は極低温にあるボソン（液体ヘリウム４ ^{4}Heなど）の量子状態である。液体全体が一つの運動状態に凝縮して、摩擦がまったくなくなってしまう。超流動体になるには、ヘリウムの二つの同位体のうち ^{4}He（原子核が二個の陽子と二個の中性子からなるもの）でなければならない。なぜなら、^{4}Heはボソンだが、もう一つの同位体、^{3}Heはそうではないからだ（こちらは、原子核が陽子二個と中性子一個からなっているのでフェルミオンである。次節で解説する）。ボース＝アインシュタイン凝縮では、空間のなかでおびただしい数のボソンがどんどん積み重なって、超高密度で極めてコンパクトな液滴状態に凝縮するような状況も起こり得る。

フェルミオン

今度は、一つの量子状態にある一対の電子を入れ換えてみよう。電子はフェルミオンなので、ボソンのときとは違い、粒子を入れ換えた後の波動関数の前にマイナスの符号が必ず付く。これは、スピン½の電子など、スピンが半整数であるどんな粒子に対して成り立つ。したがって、同種のフェルミオンどうしの交換対称性は次のようになる。

同種フェルミオンの交換対称性　$\Psi(\vec{x}_1, \vec{x}_2, t) = -\Psi(\vec{x}_2, \vec{x}_1, t)$

このことから、同種のフェルミオンどうしのあいだに、次のような関係があることがわかる。すなわち、二個の同種のフェルミオン（両者のスピンは同じ軸に沿っているとする）は、同一の状態に存在することはできない。フェルミオンが自分自身と入れ換わることを式で表してみると、これはすぐに導き出される。右の式から$\Psi(\vec{x}_1, \vec{x}_1, t) = -\Psi(\vec{x}_1, \vec{x}_1, t)$となるが、自分自身にマイナス符号を付けたものと等しいのはゼロだけなので、したがって$\Psi(\vec{x}_1, \vec{x}_1, t) = 0$である。

二個の同種のフェルミオンは、同じ運動量の量子状態に入ることができないことは、オーストリア生まれでのちにスイスに移った高名な物理学者ヴォルフガング・パウリにちなんで、**パウリの排他原理**と呼ばれている。パウリは、スピン½の粒子に対する排他原理が、物理法則の基本的な回転対称性から生じていることを証明した。この証明は、スピン½の粒子を回転したとき、それがどのようにふるまうかに関する数学的に詳細な議論に基づいている。ある量子状態の二個の同種の粒子を交換することは、その系をある配置のもとで一八〇度回転させることと同等であり、このときスピン½の波動関数は、マイナス符号を与えるようにふるまう。

フェルミオンがこのような性質をもつことから、物質の安定性をほぼ完全に説明することができる。スピン½の粒子に対して許されているスピンの状態としては、私たちが「上向き」「下向き」

と呼ぶ二つのものがある（上向き、下向きは、空間内で任意に選ばれた方向に対しての向き）。したがって、ヘリウム原子では、二個の電子を、エネルギーが最低の固有の運動状態に対応する同一の軌道に入れることができる。二個の電子を一つの軌道に入れるためには、一方の電子のスピンが「上」を向き、もう一方の電子のスピンは「下」を向いていなければならない。だが、この後さらに三つ目の電子をこの同一の軌道に入れることはできない。なぜなら、その電子のスピンは上向きか下向きかのいずれかで、すでに存在している電子の一方と同じになるからだ。交換対称性ゆえに付くマイナスの符号のせいで、波動関数はゼロになってしまう。言い換えれば、スピンが同じ二個の電子を交換しようとすると、波動関数が自分自身にマイナス記号を付けたものと同じになり、したがってゼロでなければならなくなるのだ！　このため、周期表でヘリウムの次に来るリチウムをつくるには、第三の電子を新しい軌道運動の状態、すなわちエネルギー準位が一つ上の軌道に入れなければならない。これが、リチウムが一つの閉殻（二個の電子で満員になったK殻）と一個の外殻電子をもつ理由である。このような構造になっているために、リチウムは水素と化学的性質が似通っている。第6章で見た元素周期表が成り立っているのも、スピン½の粒子がもつ交換対称性のおかげなのである。電子がこのようにふるまうフェルミオンではなかったとしたら、原子内のすべての電子はすぐさま基底状態に落ち込んでしまい、すべての原子は気体水素のようにふるまっていただろう。有機分子（炭素を含む分子）が見せる精巧な化学は、まったく存在しなかったにちがいない。

　フェルミオンのふるまいが現れる極端な例として、もう一つ挙げられるのが中性子星だ。中性子星は、巨大な超新星爆発の際、もとの恒星の外層部分が宇宙空間に吹き飛ばされるのに対し、中心部が非常な圧力で圧縮されることによって形成される。中性子星は、重力によって拘束された中性子からできている。中性子はスピン$\frac{1}{2}$のフェルミオンなので、やはり排他原理が成り立つ。二個を超える中性子（この二個は、スピンが同じ軸に沿って逆向きである）が同じ運動状態をとることができないという事実によって、重力による崩壊が食い止められ、中性子星は維持されている。中性子星を圧縮しようとすると、中性子は一つの低エネルギー状態に凝縮することができないので、中性子のエネルギーは上昇しはじめる。このように、フェルミオンは同じ量子状態をとれないという事実に由来する一種の圧力が働き、崩壊が食い止められているのである。

　これらの奇妙な微視的現象はすべて、素粒子の波動関数の交換対称性から来ている。プードルや人間、そのほか日常目にする巨視的な物体に対しては、このような交換対称性は見られない。それは、たんにこれら巨視的物体の複雑性のゆえだ。複雑性が存在するためには、多くの異なる物理状態が可能になるように、個々の粒子は互いに離れていなければならず、粒子が同時に同じ量子状態に入るほど近づくような状況は決して生じない。一匹のプードルがもう一匹のプードルと違っているのは、その量子論的な要素がこのように複雑に組み合わされているからだ。したがって同一性による影響は、量子論的基底状態からかけ離れた巨大で複雑な系においては、はっきりと現れることはないのである。

謝辞

私たちが書いたこの本を世に出すために献身的な努力をしてくださった、担当編集者のリンダ・グリーンスパン・リーガンと、プロメテウス・ブックスの制作スタッフのみなさんに感謝申し上げる。有用なコメントをしてくださったロナルド・フォードとウィリアム・マクダニエルに、そして、イラストを担当してくださったイルセ・ランドとシェイ・フェレルにお礼を申し上げる。

私たちはまた、若い方々が科学を学ばれることはたいへん重要だと確信している。この点に関し、プロメテウス・ブックスが科学分野の書籍の出版に努力を続けておられることに、そして全米の学校が多大な貢献をされていることに、深く感謝する。とりわけ、わが国で最も成功している科学専門高校の一つである、イリノイ数学科学アカデミーに御礼申し上げる。

訳者あとがき

レオン・レーダーマンは、ミューニュートリノの発見によりレプトンの二成分構造を確かめた功績で一九八八年ノーベル物理学賞を受賞したことで知られるアメリカの実験物理学者だ。フェルミ国立加速器研究所（フェルミラボ）の所長を長年務めた人物で（現在は名誉所長）、加速器を使った高エネルギー物理学の分野での数多の実績もさることながら、最もウィットに富んだ物理学者の一人としても名高く、「笑う実験物理学者」や「物理学界のメル・ブルックス（コメディー映画の巨匠と呼ばれる映画監督）」というニックネームがある。

フェルミラボ所長の座を退いてからは、科学教育振興にも力を注いでおり、シカゴ大学で教鞭をとるほか、イリノイ州数学科学アカデミー（ＩＭＳＡ。数学や科学に優れた高校生を集め、ユニークなアプローチで教育を行う全寮制の学校）の設立に貢献し、また、数学科学のための教員アカデミー（ＴＡＭＳ）という、初等教育に携わる教員に算数・理科教育の新手法を指導する組織の会長を務めている。優雅な引退者の生活も送れたはずだが、天性の教師としてその仕事を続けたいというほかに、当時から市民の科学リテラシーの問題に憂慮し、何か手を打たなければという使命感に駆られての尽力である。

一九九八年のニューヨークタイムズのインタビューでレーダーマンは、教育とは一種のショービジネスなのだと述べている。ユーモアは他者との関係を心地よいものにしてくれるし、自分はみんなを笑わせたい、そしてその要素は教育にも必要だというのが彼の持論だ。

ウィットとユーモアで相手を引き付ける彼の能力は、科学者の立場を社会に対してプレゼンテーションする際にも発揮される。たとえば、アメリカの国家事業として超伝導超大型加速器（ＳＳＣ）建設を求めるキャンペーンでも彼が中心的役割を果たした。ＳＳＣの魅力と必要性を一〇分間の動画にまとめ、当時のレーガン大統領に見せ、支援を取り付けたのだ（ＳＳＣはその後中止となってしまったが）。

二〇一一年四月、本書の原書 Quantum Physics for Poets の出版記念イベントがＩＭＳＡで行われた際、レーダーマンと共著者クリストファー・ヒルがメッセージを発表し、本書の目的を語っている。つまるところこれも、量子力学教育の改革の一つの試みなのだ。量子力学は、大学院でいくつものコースを取り、苦労して学ぶのがお決まりになっているが、そんな専門家を目指す学生でなくても、この本を一冊読めば、著者らとの楽しいコミュニケーションを通して量子力学の重要なポイントを理解できるよう企画されたのである。ちなみに、ヒルのお母さんがこれを読んで、「私にもちゃんとわかりますよ」と言ったそうだ。

『詩人のための量子力学』という表題についてだが、アメリカの大学では、文科系の学生を対象とした理系の講座を当の学生たちが「詩人のための〇〇学」と呼ぶ風習があり、そこから来ているようだ。そんな題名をもつ本書の特徴は、理論的に厳密な話や数式までもっていかずに、高度で難しい量子力学の考え方や概念を、大局観に立って大胆に要約し、「どこが肝心なのか」ということ、つまり、提案者たちが一番苦労したところや、物理として一番面白いところを言葉で紹介しているという点にある。量子力学以前の古典物理学から始まり、プランクの放射に関する法則、ハイゼンベルクの不確定性原理、コペンハーゲン解釈、ＥＰＲ論文など、量子力学創生期の重要な研究が解説されるのはもちろん、量子力学がその後も抱えつづける問題についても、それを解決するための取り組みに至るまで紹介されている。さらに、それらすっきりしない部分を残しながらも、現代社会のなかで実際に役に立ち、富をもたらすような応用がなされていることも語られるので、確かにこれを一冊読みきれば、誰もが量子力学通になれそうだ。

特に、ＥＰＲ論文の解説では、物理量の測定値の背後に存在する物理的実在にアインシュタインがこだわっていたことがよくわかる。科学史では、そんなアインシュタインが、明確な値として測定できないものは存在していると考える意味がないとしたコペンハーゲン解釈の立場に敗れてしまったとされがちなのは残念だ。おかげで、量子力学のツールとして役に立つという側面ばかりが強調される傾向が生まれ、それがますます強まっているように思われる。量子論は、たんに難しい物理数学理論ではなく、私たちの世界観を変えるような考え方の枠組みであり、それを知ることでいっそう新しい理解への道が拓かれる可能性がある。その可能性を高めるためには、人文科学分野の人々、そして芸術家などと、理系の人間が力を合わせて豊かな知的創造力で量子論をさらに育てていく必要があろう。レーダーマンらの取り組みもそのような方向を目指していると思う。

本書の翻訳にあたっては、弦理論・超弦理論に関する内容をはじめ、科学史上の展開などを念のために確認すべく、内外の研究機関で物理学に取り組んでいる友人知人に相談した。なにしろ、複雑で高度な内容をレーダーマン独特のセンスで大胆にまとめているので、思わぬ誤解があってはならないと思われたのだ。ご協力下さったのは、主には大学時代の同級生の方々で、この方々からいただいた多くの助言が訳文に反映されている。この場をお借りして御礼申し上げます。しかし、最終的な訳文を作成したのは訳者であり、また、訳者が気づかなかった問題点があるかもしれず、これらの点の責任は訳者にあります。お気づきの点があれば読者の皆様にご教示いただきたく、お願い申し上げます。最後になりましたが、本書翻訳の機会をお与えくださり、編集でもたいへんお世話になりました、上原弘二氏、筧貴行氏をはじめ、株式会社白揚社の皆様に厚く御礼申し上げます。

二〇一四年四月
吉田三知世

and the Laws of Physics (New York: Oxford University Press, 2002)〔『皇帝の新しい心—コンピュータ・心・物理法則』(林一訳、みすず書房)〕; Roger Penrose, *Shadows of the Mind: A Search for the Missing Science of Consciousness* (New York: Oxford University Press, 1996)〔『心の影—意識をめぐる未知の科学を探る』(林一訳、みすず書房)〕

13) Francis Crick, *Astonishing Hypothesis: The Scientific Search for the Soul* (New York: Scribner, 1995)〔『DNA に魂はあるか—驚異の仮説』(中原英臣訳、講談社)〕

補　遺

1) たとえば、Richard P. Feynman, *Lectures on Physics*, vol.1 (Reading, MA: Addison-Wesley, 2005)〔『ファインマン物理学 1』(坪井忠二訳、岩波書店)〕の「第 18 章　平面内の回転」を参照のこと。

第10章

1）E. J. Squires, *The Mystery of the Quantum World*（Oxford, UK: Taylor & Francis, 1994）

2）Heinz Pagels, *Cosmic Code: Quantum Physics as the Language of Nature*（New York: Bantam, 1984）.〔『量子の世界』（黒星瑩一訳、地人書館）〕。どのショップにも、その店が押している実在《リアリティ》を巧みに売り込む主任販売員がいる。最新の弦理論を販売する専門店では、多世界解釈の販売に全力を注いでおり、その系列店では量子コンピュータの展望がディスプレイされている。私たちはどの店の実在《リアリティ》を買えばいいのだろう？

3）N. David Mermin, "Is the Moon There When Nobody Looks? Reality and the Quantum Theory," *Physics Today*（April 1985）. 本節で論じているヴァージョンのベルの定理は、最初この記事に登場した。

4）Steven Weinberg, *Dreams of a Final Theory: The Search for the Fundamental Laws of Nature*（New York: Pantheon Books, 1992）〔『究極理論への夢―自然界の最終法則を求めて』（小尾信弥、加藤正昭訳、ダイヤモンド社）〕

5）*The Stanford Encyclopedia of Philosophy*（http://plato.stanford.edu/entries/qm-manyworlds/）で、"Quantum Mechanics" のページを参照されたい。

6）Paul Davies, *God and the New Physics*（New York: Simon & Schuster, 1984）〔『神と新しい物理学』（戸田盛和訳、岩波書店）〕

7）A. M. Steane, "Quantum Computing," *Reports on Progress in Physics*, no. 61（1998）: 117–73

8）次を参照のこと。Simon Singh, *The Code Book: The Science of Secrecy from Ancient Egypt to Quantum Cryptography*（London: Fourth Estate, 1999）〔『暗号解読』（青木薫訳、新潮社）〕

9）同上。

10）Gordon Moore, "Cramming More Components onto Integrated Circuits," *Electronics* 38, no. 8（April 1865）: 4. また、"Martin E. Hellman," http://ee.stanford.edu/~hellman/opinion/moore.html も参照のこと。

11）量子コンピュータに関する有益なレクチャーが、"Edward Farhi," http://www.youtube.com/watch?v=gKA1k3VJDq8 で参照できる。

12）Roger Penrose, *The Emperor's New Mind: Concerning Computers, Minds,*

現象は、D. Kennefick, “Testing Relativity from the 1919 Eclipse—A Question of Bias,” *Physics Today* (March 2009): 37–42; L. I. Schiff, “On Experimental Tests of General Relativity,” *American Journal of Physics* 28, no. 4:340–43; C. M. Will, “The Confrontation between General Relativity and Experiment,” *Living Reviews in Relativity* 9:39を参照されたい。

4) シュヴァルツシルト半径は、ニュートン力学を用いて概算することができる。質量mの粒子が巨大な物体から逃れるに必要なエネルギーは、**重力ポテンシャルエネルギー**と呼ばれ、ニュートンの理論では$G_N Mm/R$となる。これは、アポロ11号のような質量mの宇宙船が、半径Rと質量Mをもつ地球から遠く離れるために必要なエネルギーである。さてここで、質量mの粒子が、非常に大きな質量Mをもつ惑星の表面に存在しており、そこでの重力ポテンシャルエネルギーは極めて大きく、この粒子が惑星を逃れるには、その粒子がもつ質量エネルギーのすべてを消費しなければならないとしよう。この仮定から、$mc^2 = G_N Mm/R$なので、これをRについて解く。すると、mは両辺で打ち消しあい、その結果得られる解は、$R = G_N M/c^2$である。実のところ、ニュートンの理論を使って計算したので、答えは間違っているが、正しい解とは係数2しか違わない。正解は、$R = 2G_N M/c^2$である。逃れようとしている粒子の質量が式から消えているので、任意の質量をもった任意の粒子がこのような巨大な物体に拘束されてしまうことがわかる(質量Mと半径Rが上記の方程式の関係にあるという条件で)。光でさえも、このような惑星の表面に拘束されてしまうわけだ。

5) この詩が書かれたのは1919年で、William Butler Yeats, *Michael Robartes and the Dancer* (Churchtown, Dundrum, Ireland: Chuala Press, 1920)〔邦訳は『対訳イェイツ詩集』(高松雄一訳、岩波文庫)など〕に収録されている。次のサイトを参照のこと。http://www.potw.org/archive/potw351.html

6) 重力放射に関する議論と参考文献は、次のウェブサイトを参照されたい。http://www.astro.cornell.edu/academics/courses/astro2201/psr1913.htm

7) Brian Greene, *The Elegant Universe* (New York: Random House, 2000)〔『エレガントな宇宙』(林一、林大訳、草思社)〕

8) Leonard Susskind, *The Cosmic Landscape: String Theory and the Illusion of Intelligent Design* (Back Bay Books, 2006)〔『宇宙のランドスケープ—宇宙の謎にひも理論が答えを出す』(林田陽子訳、日経BP社)〕

9) 同上。

22）たとえば、http://www.physlink.com/education/askexperts/ae430.cfmの*How Does a TransistorWork?*や、http://www.howstuffworks.com/diode.htmの*How Semiconductors Work*を参照のこと。Lillian Hoddeson and Vicki Daitch, *True Genius: The Life and Science of John Bardeen*（Washington, DC: Joseph Henry Press, 2002）も参照されたい。

23）David Deutch, *The Fabric of Reality: The Science of Parallel Universes and Its Implications*（New York: Penguin, 1998）〔『世界の究極理論は存在するか―多宇宙論から見た生命、進化、時間』（林一訳、朝日新聞社）〕

第9章

1）私たちは、対称性と物理法則との深い結びつきについて、エミー・ネーターの短い伝記とともに論じている（第1章の原註1を参照のこと）〔『対称性』第3章に詳しい〕。また、今では古典となった重要な論文も参照するとよい。H. Minkowski, *Space and Time*とA. Einstein, *On the Electrodynamics of Moving Bodies*は、どちらも、*The Principle of Relativity*, edited by Francis A. Davis（New York: Dover, 1952）に収録されている。

2）これは、しばしば**慣性座標系の等価性**と呼ばれるものである。この原理は、「物体は外から力を加えられない限り、静止したままか、あるいは等速直線運動を続ける」という慣性の法則（ニュートンの運動の第一法則）のなかに基本的に含まれている。ある物体が静止しているとき、等速直線運動をする観察者A（Bに対して相対運動をしている）は、この物体が反対の向きに等速直線運動していると観察するだろう。AもBも、物体には力は働いていないと結論づけるはずで、それぞれの座標系における物理現象の記述は等価である。重要なのは、アインシュタインもガリレオも相対性原理を提唱したが、ガリレオの対称性では、時間が両方の観察者にとって常に同じだったのに対して、アインシュタインは、光速cが両方の観察者にとって常に同じだとした点だ。

3）一般相対性理論の入門書としては、Robert M. *Wald, Space, Time, and Gravity: The Theory of the Big Bang and Black Holes*（Chicago: University of Chicago Press, 1992）〔『新しい宇宙観―4次元宇宙とブラックホール』（石田五郎訳、秀潤社）〕; CliffordWill, *Was Einstein Right?*（New York: Basic Books, 1993）〔『アインシュタインは正しかったか？』（松田卓也、二間瀬敏史訳、ティビーエス・ブリタニカ）〕などがある。より高度な内容は、Steven Weinberg, *Gravitation and Cosmology*（New York: JohnWiley and Sons, 1972）をお薦めする。皆既日食で観察される、光線が太陽によって曲げられる

18）ファインマンの経路積分は、すべての可能な経路に、「作用を$\hbar$で割ったものの指数関数」という数学的な量で重み付けしたものを足し合わせたもの、すなわち

$$\sum_{paths} e^{iS/\hbar}$$

である。

量Sは、「作用」と呼ばれる（作用はそれぞれの経路の関数である）。二重スリット実験に対しては、考慮すべき経路は次の二つしかない。

(1) 電子は電子源から放出され、スリット1を通り、そして検出スクリーン上の点xに到達する（この経路をとる電子の波動関数は、$F_1 = e^{ikd_1/\hbar}$、ここにd_1はスリット1から検出スクリーンまでの距離。作用Sは、たんに波動ベクトルkの大きさにd_1を掛けただけである）。

(2) 電子は電子源から放出され、スリット2を通り、そして検出スクリーン上の点xに到達する（こちらの電子の波動関数は、$F_2 = e^{ikd_2/\hbar}$、ここにd_2はスリット2から検出スクリーンまでの距離）。

以上から、電子を検出スクリーン上の任意の点で見いだす振幅は、$e^{ikd_1/\hbar} + e^{ikd_2/\hbar}$である。確率は、この量を2乗すればいいだけで、$|e^{ikd_1/\hbar} + e^{ikd_2/\hbar}|^2$である（複素数が含まれているので、絶対値の2乗）。さらに、結果として得られた確率分布をグラフにすると、例の不思議な干渉パターンが得られ、実験と完全に一致する。このようなパターンが生じるのは、粒子が時空を運動するすべての可能な経路（今の場合は二つの経路）を自然が検討しており、そのような経路の振幅をすべて足し合わせるからだ。確率を得るために2乗する際に、振幅どうしが干渉するのである。

19）このテーマについては、たくさんの教科書がある。たとえば、Charles Kittel, *Introduction to Solid State Physics*, 8th ed.（New York: Wiley, 2004）〔『固体物理学入門　第8版』（宇野良清ほか訳、丸善）〕など。とりわけ単純な結晶格子に、**体心立方格子**がある。次のウィキペディアのページに、体心立方格子が図示されている（http://en.wikipedia.org/wiki/Cubic_crystal_system）。

20）実際、光（エックス線）やその他の粒子が結晶表面で散乱される際の量子論的干渉を利用して、結晶構造を検出したり測定したりすることができる。

21）通常、このギャップを飛び越えるのに、電子1個あたり5eV以上のエネルギーが必要だが、このエネルギーはごく短い距離で与えられねばならない。絶縁体の場合、電流を次の伝導帯に流すためには非常に大きな電圧をかけてやらねばならない（**降伏電圧**）。

だ)。世界中の科学者たちがこのニュースに興奮し、さらなる結果がこれからどんどん出てくると期待される(これに関する最初の科学的記事は、V. M. Abazov et. al., the DZero Collaboration, "Evidence for Anomalous Like-Sign Di-Muon Anomaly arXiv: 1005.2757 [hep-ex]")。よく読まれている解説 Dennis Overbye, "A New Clue to Explain Existence," も、次のサイトで参照されたい(http://www.nytimes.com/2010/05/18/science/space/18cosmos.html)。

12) 次の文献を参照のこと。Alexander Norman Jeffares, "William Butler Yeats," in *A New Commentary on the Poems of W. B. Yeats*, p. 51: "The Fish" first appeared in Cornish magazine, December 1898, with the title "Bressel the Fisherman."

13) N個の負の整数を足し合わせたとき(ゼロは数えずに)、その結果は有名な公式$-N(N+1)/2$となる。これは、ガウスの公式と呼ばれる。言い伝えによれば、数学者カール・ガウスがこれを導き出したのは、小学生のときに、先生が授業で1から100までの数をすべて足し合わせなさいという課題を出したときのことだった。これは、私たちが空間の一次元と時間の一次元からなる世界に暮らしていた場合に、ディラックの海での足し算がどのようになるかを説明する。

14) 古い教科書のなかには、中間子と光子の相対論的波動方程式の解として、負のエネルギーをもっているものに言及しているものがあるが、実のところ、これらの解に対応する量子状態はすべて正のエネルギーをもっている。場の量子論の形式からこのようになる。

15) ウィキペディアの「超対称性(supersymmetry)」のページを参照のこと〔英語版のほうが詳しい〕。http://en.wikipedia.org/wiki/Supersymmetry

16) 光子を電子の超対称性パートナーにしようとする試みは、ディラックが陽子を反電子にしようとして失敗したのと同様、すべて失敗に終わるだろう。というのも、超対称性パートナーは、電子と同じ電荷をもたねばならないのに、光子は電荷をもたないからだ。また、真空エネルギーの問題を解決するために超対称性を何やら摩訶不思議な方法で隠してしまおうという試みもいくつかあるが、これらの理論はどれも、あまりうまく定義されておらず、説得力がない。しかし、巧妙な新しい解決策への希望は、永遠に湧き上がりつづけ、絶えることはない。

17) http://en.wikipedia.org/wiki/Maldacena_conjecture〔現在は、英語版ウィキペディアも"AdS/CFT correspondence"という項目になっている。英語版のほうが日本語版よりも詳しい〕

説とは、「私たちはなぜ存在するのか」という謎の解明の端緒となり得るもので、中核にあるのは、ある種の相互作用は粒子とその反粒子に微妙に異なる影響を及ぼす可能性があるという考え方だ。それは、**CP対称性**を破る相互作用である。そのような相互作用が存在することはすでに知られているが、これまでのところ、現在私たちがこの宇宙のなかで観察している物質の量を説明するにはあまりに稀にしか起こらないのが問題だ。最近得られた結果は、**ストレンジB中間子**（**B_s中間子**）という重中間子（電気的に中性でスピン0の粒子で、質量は約5GeV/c^2。反ボトムクォークとストレンジクォークからなる）の存在を示唆している。この粒子は、すばやく「振動」し、自らの反粒子、**反B_s中間子**と入れ替わる。反B_s中間子は、またすぐにB_s中間子に戻る。このような反B_sとB_sのあいだの粒子・反粒子振動は、ものすごい速さで〔毎秒2.8兆回〕起こり、特に、重中間子が1秒の1兆分の1の時間で放射性崩壊する前に起こる。この崩壊は、振動中、粒子がB_sであるときにも、反B_sであるときにも起こり得る。B_s相にあるときに（**半レプトン**）崩壊する場合、負に帯電した**ミューオン**を生じる。一方、反B_s相にあるときに崩壊する場合、正に帯電した**反ミューオン**を生じる。B_s中間子は通常、反B_s中間子と共に生じ、これら二つの粒子は振動して互いに入れ換わりながら気ままに過ごす。これらの粒子がどちらも崩壊してしまうと、その結果として正と負のミューオンが統計的にバランスのとれた数で存在するはずだと、ふつうならば期待される。ところが、CP対称性が破れた相互作用では、振動の二つの相の一方、たとえばB_s相が、もう一方の反B_s相よりも少しだけ長時間存続するという状況が生じ得る。これは、負に帯電したミューオンのペアが生じる（両方の中間子がB_s相にあるため）という事象を検出する可能性のほうが、反ミューオンを検出する（両方の中間子が反B_s相にあるため）可能性よりも少しだけ高まることを意味する。このような理由で、ミューオンが反ミューオンよりも少しだけたくさん存在するという事実が、フェルミ研究所のDZero実験で確認されたのではないかと考えられているわけだ。もしそうなら、この効果は、標準模型という理論が予測するよりも、約50倍大きいことになり、CP対称性を破る新しい力の証拠であると同時に、標準模型の破綻を示す、初めての証拠である可能性がある。この新しい力は、私たちの宇宙には物質がたくさんあるのに、反物質はほとんどないのはなぜか――言い換えれば、私たちはなぜ存在しているのか――を説明するのに必要な強さをもっているかもしれない。

本書執筆の時点で、これらの結果はまだ暫定的なものでしかなく、確認するためには、もっと辛抱強い研究が必要となるだろう（科学とはそういうもの陽子は、反電子（正電荷をもった陽電子）と光子に崩壊することが可能かもしれないが、そのためには**バリオン数**と**レプトン数**の保存則の破れをもたらすような新しい力の存在が必要だ（陽子は、バリオン数が1で、レプトン数はもたない）。このような相互作用が、極めて稀ではあるが、実際に起こるはずだと私たちも信じている（実際、このような相互作用は、標準模型のなかで、極めて稀な**電弱インスタントン**と呼ばれる位相的なプロセスによって生じる）。陽子の崩壊確率は非常に低いので、陽子の寿命は10^{36}年を超える。

5）原註2および3参照。

6）エネルギーが負の粒子は、次の式で与えられるエネルギーをもっていると考えられる。

$$E = -\sqrt{m^2c^2 + p^2c^2}$$

運動量pが増加するにつれて、これはますます大きな負の値になる。

7）エネルギーが負の粒子をくれぐれも**タキオン**と混同しないように。タキオンは光速よりも速く運動するとされる架空の粒子だ。タキオンは質量が虚数なので、$E^2 = -m^2c^4 + p^2c^2$という関係を満たす（通常の関係式とはm^2の項がマイナス符号になっているところが違う）。タキオンを素粒子とする有効な「理論」は存在しない。場の量子論のタキオンは、真空が丘の上に置かれた岩のように不安定な場合に登場する。このときタキオン的なモードは、丘を転がり落ちる岩に相当すると考えられ、真空全体が不安定になる。最終的に「丘のふもと」（ポテンシャルエネルギー最低の位置）に到達すると、$-m^2c^4$という質量項は通常の正の形、$+(m')^2c^4$質量項となり、モードは通常の粒子となる。

8）Paul A. M. Dirac, *The Principles of Quantum Mechanics*（New York: Oxford University Press, 1982）〔『量子力学』（朝永振一郎ほか訳、岩波書店）〕

9）原註6参照。

10）陽電子については、英語版のウィキペディアに、アンダーソンが検出した陽電子の軌跡の写真と共に解説されている（http://en.wikipedia.org/wiki/Positron）。次のサイトも参照されたい（http://www.orau.org/ptp/collection/miscellaneous/cloudchamber.htm および http://www.lbl.gov/abc/Antimatter.html）。また、クリストファー・ヒル博士がフェルミ研究所で行った "Saturday Morning Physics" の反物質に関する講演も、次のサイトで閲覧できる（http://www.youtube.com/watch?v=Yh1ZY1A2c5E&feature=watch_response）。

11）最近、フェルミ研究所のテバトロン衝突型粒子加速器で、ある新しい物理学の説が正しいという最初の証拠が現れた可能性があると考えられている。その

ており、私たちもそれを使用させていただいた。

11）同上。

12）John Bell : http://www.americanscientist.org/bookshelf/pub/john-bell-across-space-and-time; http://en.wikipedia.org/wiki/John_Stewart_Bell

第8章

1）電子は、物質のなかでは、光速 c よりもゆっくりした速度で運動している。たとえば、水素原子内で量子軌道にある電子は、光速の0.3パーセント程度の速度である。もっと大きな原子の内側の軌道にある電子のスピードは、光速の10パーセント近くまでになり、これらの電子が内殻で遷移するとエックス線やガンマ線が放射される。こうなると、相対論的効果を考慮しなければならない。だが、これらの電子は満たされた電子殻の奥底に閉じ込められている。このような内殻の構造は不活性原子と似ており、内殻原子は化学反応には関与しない。

2）アインシュタインは、二つの原理に基づいて特殊相対性理論を構築した。(1) 相対性原理：等速直線運動をしているすべての系（**慣性座標系**と呼ばれる）は、物理現象の記述に関して等価である。そして、(2) 光速不変の原理：任意の慣性座標系においてすべての観察者にとって、光の速度は同じである。この二つだ。

3）相対性は、粒子のエネルギー E、運動量 p、そして質量 m の関係を変える。

アインシュタインのエネルギーと運動量の関係：$E^2-p^2c^2=m^2c^4$

したがって、1個の粒子のエネルギーは、$E^2=m^2c^4+p^2c^2$ であり、E を求めるには、この数学的表現の平方根をとらねばならない。運動量がゼロのときに、正の平方根をとると、$E=mc^2$ が得られる。運動量が小さいとき、次のような近似式が成り立つ。

$$E \fallingdotseq mc^2+\frac{p^2}{2m}$$

右辺の第二項は、粒子の速度が光速に比べ十分小さいとき、ニュートンの運動エネルギーの表記に一致する〔$p^2/2m=m^2v^2/2m=mv^2/2$〕。

4）ある粒子が崩壊して別の種類の粒子に変化するとき、どんな粒子にでもなれるわけではなく、崩壊の原因となっている力（すなわち相互作用）に関係する**選択則**によって制約される。たとえば、陽子は、単純に電子と光子に崩壊することはできない。なぜなら、陽子の電荷は正なのに、電子の電荷は負だからだ。

しかし、次に私たちが「木検出器」をもって量子の木のところに戻ってみると、木が（確率$|b|^2$で）地面に倒れているのが観察される。この観察行為は、量子状態を、$a=0$かつ$b=1$の「木ダウン」へとリセットする。

観察する前の量子状態が両者の重ね合わせである可能性もある。木が倒れているのを観察するのか、立っているのを観察するのかは、ある確率をもってしか決められない。そして、観察されてしまえば、それで木がとっている新しい状態が定められてしまう。実のところ、私たちでなくても、原理的に観察をすることができる任意のもの（たとえば、通りすがりの異星人）が木の新しい状態を定める。異星人も私たちも、あるいは、木を乱して、その状態が何であるかという情報を伝えることのできる何ものも存在しなかったなら、木は重ね合わせ状態にありつづける。しかし、異星人あるいは私たちの観察、もしくは電子的に自動化された観察が、状態をアップかダウンか、どちらか一つの特定の可能性にリセットしてしまう。

ハイゼンベルクによるシュレーディンガーの猫についての議論には、a(猫は生きている)$+b$(猫は死んでいる）という重ね合わせ状態のことが含まれている。この場合、状態は、猫が生きている確率が$|a|^2$で、猫が死んでいる確率が$|b|^2$だ。そしてもちろん、$|a|^2+|b|^2=1$である。最初猫は生きているので、$a=1$かつ$b=0$だが、時が経つにつれて、aは小さくなりbは大きくなっていく。だが、いったい猫は生きているのか死んでいるのか、どちらだろう？　量子論によれば、覗いてみるまで私たちにはわからない。あなたが箱を覗いた瞬間、「生／死」重ね合わせ状態は変化する。もしも私たちが覗いたときに猫がまだ生きていたなら、量子状態は$a=1$かつ$b=0$の「猫は生きている」にリセットされる。しかし、かわいそうなことに猫が死んでいたなら、状態は$a=0$かつ$b=1$の「猫は死んでいる」に定まる。

9）Nathan Rosen, et al., eds., *The Dilemma of Einstein, Podolsky and Rosen—60 Years Later: An International Symposium in Honour of Nathan Rosen, Haifa,* March 1995, *Annals of the Israel Physical Society*（Institute of Physics Publishing, 1996）; http://en.wikipedia.org/wiki/EPR_paradox（こちらのウィキペディアのページも参照のこと）; M. Paty, "The Nature of Einstein's Objections to the Copenhagen Interpretation of Quantum Mechanics," *Foundations of Physics* 25, no. 1（1995）: 183–204

10）私たちが提供したベルの定理の説明は、素晴らしいウェブサイト（http://www.upscale.utoronto.ca/PVB/Harrison/BellsTheorem/BellsTheorem.html）から引用したものだ。このサイトは、ベルの定理が単純になる特殊な例を示しである「古典論的」直感でもある。

さて、これを量子論と比較してみよう。この木を1個の原子のような一つの量子力学的な系とみなす。まず私たちは、「木検出器」を製作する。この検出器は、木が二つの量子状態のどちらにあるかを観察することしかできない。それらの状態とは、木がまっすぐに立っているか（「スピン上向き」に対応。「木アップ」という量子状態で示す）、木が地面に倒れているか（「スピン下向き」に対応。「木ダウン」という量子状態で示す）だ。だがこのとき、木が倒れるという実際の動きはどうなるのだろう？　これについては、量子論は、木が完全に倒れてはいないけれども、まっすぐに立ってもいない「重ね合わせ状態」、

$$a(\text{木アップ}) + b(\text{木ダウン})$$

という新しい状態を私たちがつくることを許してくれる。

量子物理学では、aとbは複素数である（原註5参照）。量子物理学はまた、任意の時間において、$|a|^2+|b|^2=1$でなければならないというルール（**ユニタリ性**と呼ばれる）を課す。量子論によれば、$|a|^2$は木が立っている確率で、$|b|^2$は木が地面に倒れている確率である。したがってこの式はたんに、「木がまだ立っているか、または倒れてしまっている」という確率は1だと述べているだけだ。ユニタリ性が成り立っていなければ、量子論の確率的解釈はまったく意味をなさない（ユニタリ性は**確率の保存**とも呼ばれる）。最初木は森のなかでまっすぐ立っているという**純粋状態**にあるが、これは、$a=1$かつ$b=0$であることを意味する。だが、時が進むにつれ、量子論の諸法則のおかげで、aとbは、常に$|a|^2+|b|^2=1$という関係を保ちながら変化する。

さて、私たちはしばらく経ってから森に戻り、「木検出器」で件《くだん》の木を観察するとしよう。観察してみると、木はまだ立っているかもしれない（$|a|^2$の確率で）。しかし、ボーアによれば、観察するというこの行為だけで、量子状態を「木アップ」に戻してしまうこともあり得る。もしそんなことが起こったとすると、また$a=1$かつ$b=0$に戻ってしまったというわけだ……私たちが系を測定したせいで、「木アップ」の状態を観察することになってしまった。測定という行為は、重ね合わせ状態から純粋状態に物理系を戻してしまうこともある。これが、測定の行為が量子状態を乱し、大きく変化させてしまうという、量子論の奇妙な性質の一つである。これが古典物理学とどれほど違うか、よく認識してほしい。古典物理学では、たとえば木が垂直から13度傾いているところを観察し、木にはまったく影響を及ぼすことなく、木が13度傾いたままの状態（$\theta=13$）で、そこを立ち去ることが可能だ。

2）電子のスピンは、シュテルン＝ゲルラッハの実験で初めて観察された。http://library.thinkquest.org/19662/low/eng/exp-stern-gerlach.html および http://plato.stanford.edu/entries/physics-experiment/app5.html を参照のこと。

3）同上。

4）Pascual Jordan, *Physics of the Twentieth Century*（Davidson Press, 2007）〔『二十世紀の物理学―現代物理学思想の内容への入門』（中野広訳、八元社）〕

5）第1章の原註3参照。

6）ウィリアム・シェイクスピア『ハムレット』1幕5場。

7）M. Beller, "The Conceptual and the Anecdotal History of Quantum Mechanics," *Foundations of Physics* 26, no. 4（1996）: 545–57; L. M. Brown, "Quantum Mechanics," in *Companion Encyclopedia of the History and Philosophy of the Mathematical Sciences*, edited by I. Grattan-Guinness（London, 1994）, pp. 1252–60; A. Fine, "Einstein's Interpretations of the Quantum Theory," in *Einstein in Context*（Cambridge: Cambridge University Press, 1993）, pp. 257–73; M. Jammer, *The Philosophy of Quantum Mechanics: The Interpretations of Quantum Mechanics in Historical Perspective*（New York, 1974）〔『量子力学の哲学』（井上健訳、紀伊国屋書店）〕; Jagdish Mehra and Helmut Rechenberg, *The Historical Development of Quantum Theory*（New York; Berlin, 1982–1987）

8）「量子論における重ね合わせ状態」〔彼らが1935年に発表した論文は、Albert Einstein, Boris Podolsky, Nathan Rosen, "Can Quantum-Mechanical Description of Physical Reality Be Considered Complete? " *Phys. Rev.* 47 no. 10（1935）: 777–80〕：ここでは、別の表現で説明してみよう。森のなかの1本の木を考える。古典物理学では、「この木は立ってるが、垂直からのずれの角度θを時間の関数として表したもので定義される厳密な経過をたどって、いつかは倒れる」と言うことができる。最初、木は真っ直ぐ立っており、$\theta=0$である。時が経つにつれて、木は徐々に傾いていきはじめ、やがてθは10度になり、次に20度になり、ついにθが90度になったときに、ドシンという衝撃音と共に地面に倒れる。私たちは、任意の時間に森に入ってθを測定（または「観察」）することができる。ビデオカメラを設置してθを測定し、$\theta=0$の真っすぐに立っている健康な木から、$\theta=90$の倒れた木まで、それが時と共に徐々に変化していく様子を記録することもできる。$\theta(t)$が、最初の$\theta(0)=0$から、ある時間Tが経過したのちの$\theta(T)=90$まで、どのように変化したかを示すグラフをつくることもできる。これは古典物理学であり、私たちの常識

の周期表の第二列、第三列は11元素しかなかった（http://www.elementsdatabase.com/ および http://www.bpc.edu/mathscience/chemistry/images/periodic_table_of_elements.jpg を参照のこと。

11）ここでは、運動量の大きさについて論じていることに注意。なぜなら、拘束された波は、進行波ではないので、きっちり決まった運動量をもってはいないからだ。定常波は任意の瞬間に、正と負の二つの運動量値をもっているが、これらの運動量の大きさは等しい。最低モードに対応する波動関数は、空間のなかに存在し、時間の経過にしたがって振動しているギターの弦と同じ形である。波動関数の厳密な形には、必然的に複素数が含まれ、$\Psi(x,t)=A\sin(\pi x/L)e^{i\omega t}$ と表記される。ここで、$\omega=2\pi E/h$ は角振動数である。したがって、$x=0$ と $x=L$ のあいだのどこかに電子を見いだす確率は、$|\Psi(x,t)|^2=A^2\sin^2(\pi x/L)$ である。実際、$0\leqq x\leqq L$ のあいだのどこかに電子を見いだす確率は1なので、$A=1/\sqrt{2L}$ であることがわかる。

12）これらは、シュレーディンガーの波動関数の2乗 $|\Psi|^2$ にほかならない。ぼやけた雲の色が最も濃いところでは、電子が存在している可能性が最も高い。雲が薄く、消えそうな部分では、電子は存在しない可能性が高い。あなたが原子にちょっかいを出して、たとえばこの雲のなかに高エネルギーの光子（ガンマ線）を撃ち込んで電子にぶつけるという方法で、電子の位置を測定したとしよう。空間内のその位置に電子があったなら、「当たり」というわけだ。これを何度も繰り返すと、「当たり」は、雲が密な部分に集中し、雲が薄いところでは稀という結果になるだろう。ウィキペディアの原子軌道のページを参照されたい http://en.wikipedia.org/wiki/Atomic_orbital）。

13）George Gamow, *Thirty Years That Shook Physics*（New York: Dover, 1985）〔『現代の物理学―量子論物語』（中村誠太郎訳、河出書房新社）〕

14）偶然ながら、通常の分子状態の水素は、2個の陽子のスピンが逆平行になって一重項（singlet）状態を形成している［(上、下）－（下、上)、いわゆる「パラ水素」］か、あるいはスピンが平行な三重項（triplet）状態を形成している［(上、上)、(上、下）＋（下、上)、(下、下)、いわゆる「オルト水素」］かという二つの状態が混合して存在している。ウィキペディアの該当箇所を参照されたい（http://en.wikipedia.org/wiki/Orthohydrogen）。

第7章

1）John Rigden, *I. I. Rabi: Scientist and Citizen*（Cambridge, MA: Harvard University Press, 2001）

内に自然に存在するHには、実際にはD（重水素）が混合している。同位体は、ウィキペディアでも説明されている（http://en.wikipedia.org/wiki/Atomic_weight〔日本語版では、http://ja.wikipedia.org/wiki/同位体〕。

周期表の最初のほうの元素の原子量を挙げていくと、水素（Z=1, A=1）、ヘリウム（Z=2, A=4）、リチウム（Z=3, A=7）、ベリリウム（Z=4, A=9）、ホウ素（Z=5, A=11）、炭素（Z=6, A=12）、窒素（Z=7, A=14）、酸素（Z=8, A=16）、フッ素（Z=9, A=19）、ネオン（Z=10, A=20）、ナトリウム（Z=11, A=23）、マグネシウム（Z=12, A=24）、アルミニウム（Z=13, A=27）となる。限られた紙面でこのテーマを十分に論じることは不可能であり、みなさんはいろいろな文献に当たられるようお勧めする。大方の話は下記のサイトにある（http://en.wikipedia.org/wiki/Periodic_table と http://www.corrosion-doctors.org/Periodic/Periodic-Mendeleev.htm）。

7）同上。

8）原註5参照。

9）リチウムとナトリウムは水と反応して発火する。ウェブで動画が閲覧できる（http://www.youtube.com/watch?v=oxhW7TtXIAM&feature=related）。このときいったい何が起こっているのだろう？　まず、水の分子がリチウムの表面で二つの部分に分解する。$H_2O \rightarrow 2H + OH$（水は往々にしてこのように分解する。OHはヒドロキシ基と呼ばれ、通常1個の電子と結合し、負に帯電している。一方Hは、もともともっていた電子をヒドロキシ基に奪われ、裸の陽子として存在するのが普通である）。**イオン**とは、原子もしくは小さな化合物が、余分な電子に結びついたり、電子を失ったりして、電荷をもつようになったもの。液体状の水のなかに存在する陽子、すなわちH^+は、H_2Oに結合して、ヒドロニウムイオン（H_3O^+）を形成している。水中にヒドロニウムイオンがあまりに多く存在する場合（言い換えれば、OHイオンが少なすぎる場合）、水は**酸性**になり、OHイオンがあまりに多く存在する場合（ヒドロニウムイオンが少なすぎる場合）は**アルカリ性**になる。リチウムは、もともと水素があった場所にすばやく入り込み、水酸化リチウム（LiOH）を形成する。このとき、Liに場所を奪われた水素は遊離する。この余剰なHは、Liの塊を取り巻く水の表面から泡となって勢いよく噴出すが、この反応ではかなりの熱が放出され、しばしば発火する。この反応の激しさを味わいたい方は、上に挙げた動画を参照してほしい（私たちは、実際に個人的にこの実験をやった経験から申し上げている。本当です。ひどいことになりますよ）。

10）メンデレーエフはHe、Arなどの希ガスについては知らなかったので、彼

21）原註 14 参照。
22）原註 19 参照。
23）実際には、ハイゼンベルク方程式は三次元であり、粒子の位置と運動量について、三つの空間次元のそれぞれに沿って、同様のことを表している。ハイゼンベルクのこのルールのおかげで、二重スリット実験で現れる波と粒子の二重性のジレンマが解決できなくなっているのである。

第6章

1）Heinz R. Pagels, *Perfect Symmetry: The Search for the Beginning of Time*（New York: Simon & Schuster, 1985）〔『時の始まりへの旅―対称性の物理』（黒星瑩一訳、地人書館）〕
2）Erwin Schrödinger, *What Is Life? Mind and Matter*（Cambridge: Cambridge University Press, 1968）〔『生命とは何か―物理的にみた生細胞』（岡小天、鎮目恭夫訳、岩波文庫）、『精神と物質―意識と科学的世界像をめぐる考察』（中村量空訳、工作舎）〕
3）James D.Watson, *The Double Helix: A Personal Account of the Discovery of the Structure of DNA*（New York: Touchstone, 2001）〔『二重らせん―DNA の構造を発見した科学者の記録』（江上不二夫、中村桂子訳、講談社）〕
4）Roger Penrose, *Shadows of the Mind: A Search for the Missing Science of Consciousness*（New York: Oxford University Press, 1996）〔『心の影―意識をめぐる未知の科学を探る』（林一訳、みすず書房）〕
5）Michael D. Gordin, *A Well-Ordered Thing: Dimitry Mendeleev and the Shadow of the Periodic Table*, 1st ed.（New York: Basic Books, 2004）; Dmitri Ivanovich Mendeleev, *Mendeleev on the Periodic Law: Selected Writings, 1869–1905*, edited by William B. Jensen（Mineola, NY: Dover, 2005）
6）炭素の原子量または、同じ意味だが原子質量は、A＝12.00 と定義される。水素は、ほぼ1単位、すなわち、ほぼA＝1の質量をもっている。現在の原子量表では、水素の原子量は 1.0079 という中途半端な数になっている。原子量は、炭素 12 の原子量を 12 と定義し、それに対する相対的な質量と定義されているのだから、水素の質量は炭素 12 の 1/12 になりそうな気がするが、どうしてそうなっていないのだろう？　これには二つ理由がある。(1) 炭素の質量の一部は、原子核内の陽子と中性子の結合エネルギーだから。そして (2) 原子量は、すべての同位体に対する平均値で定義されるから（同位体とは、原子としては同じ（Z＝陽子数が同じ）だが、原子核内の中性子の個数が違うもの）。海水弦楽器の弦は、ブリッジと、楽器のネックの端にあるナットの両方で固定されている。私たちが弦をはじくと、弦は振動し、音を立てる。振動は、弦に固定されており、このような波を定常波と呼ぶ。実際、弦の長さが無限なら、弦をはじくことによって進行波を無限の彼方まで送ることになるが、これは、量子力学では、真空中を自由に運動していく粒子を表している。

適切な大きさのエネルギーをもった光子が電子に衝突すれば、電子は他の励起状態に飛び上ることができる。あるいは、電子が光子を放射して、そこからより低いエネルギー準位に飛び降りることもできる。より大きなエネルギーを与えることによって、電子をより高い準位に励起することができるが、これらの準位はそれぞれ、ギターの弦のより高い振動モードに対応している。電子は、十分大きなエネルギーを獲得すれば、原子核の正電荷による拘束から逃れて、自由な粒子となる（その波動関数は、原子のある場所から遠ざかってしまう）。このような場合、系はイオン化されたと言う。

17）原註13参照。

18）Nancy Thorndike Greenspan, *The End of a Certain World: The Life and Science of Max Born*, export ed.（New York: Basic Books, 2005）; G. S. Im, "Experimental Constraints on Formal Quantum Mechanics: The Emergence of Born's Quantum Theory of Collision Processes in Göttingen, 1924–1927," *Archive for History of Exact Sciences* 50, no. 1（1996）: 73–101. ボルンについてさらに詳しくは、次のサイトを参照のこと（http://www-gap.dcs.st-and.ac.uk/~history/Mathematicians/Born.html）。

19）本書では、$\Psi(x, t)$ が複素数であるという事実を無視して、便宜上、確率を $\Psi(x, t)^2$ と書くことにする。実際には、複素波動関数の大きさの2乗を表す正の量である、$|\Psi(x, t)|^2$ を意味している。$|\Psi(x, t)|^2$ は確率密度である。すなわち、空間の一次元を論じている場合、$|\Psi(x, t)|^2 dx$ は微分間隔 dx に粒子を発見する局所的な確率である。現実の粒子を容積 V の三次元空間のどこかに見いだす確率を求めるには、ある固定された時間 t において、その体積全体にわたって $\int_v |\Psi(\vec{x}, t)|^2 d^3x$ という積分を行う。この粒子が占有している空間全体に対しては、この積分の値は1になる。実のところ、すべての時間にわたってのすべての空間を対象とすれば、シュレーディンガー方程式が与える確率は常に1となる。これを**確率の保存**、あるいは**ユニタリ性**と呼び、これが成り立つためには、理論に特別な条件が必要となる（具体的には、**ハミルトニアンのエルミート性**と呼ばれるもの）。エルミート性は、物理系のエネルギーを実数に制限する。

20）原註18参照。

れらの数は**複素数**と呼ばれる。zの共役複素数を$z^* = a - bi$、zの絶対値を$|z| = |\sqrt{zz^*}| = |\sqrt{a^2 + b^2}|$と定義する。虚数は第二の次元、すなわち通常の実数軸に直交する軸を表す。ここから、複素平面と呼ばれるものを考えることができる。複素平面ではx軸が通常の実数、y軸がすべての実数にiを掛けたものを表す。複素数は複素平面のベクトルである。

次の非常に重要な定理が、三角関数をとおして虚数の指数関数を複素数に結びつける。$e^{i\theta} = \cos(\theta) + i\sin(\theta)$ である。この関係の証明は、もっぱら微積分の講座に任されているが、実のところ、指数関数の一般的な性質と、三角関数の加法定理を使うだけで証明できる。この結果を応用すると、任意の複素数を$z = \rho e^{i\theta}$と書き表すことができる。ここにρとθは実数である。すると、$|z| = |\sqrt{zz^*}| = |\rho|$である。これが複素平面の極座標表現である。

物理の方程式で複素数を使うことに、本当に物理的な意味があるのだろうか？　量子物理学では、「複素数は実際に存在し、波動関数は本当に複素数値をとる時空の関数だ」という事実を受け入れなければやっていけない。実際、量子力学の数学では、-1の平方根iが重要な役割を演じる。量子力学は本質的に、確率の平方根の理論なのだから、そのような構造のものにiが出てくるのは当然だ。どうやら、自然が読んでいる本は複素数で書かれているようだ。

15）ここで多くの学生がこんなふうに言う。「ご冗談でしょう！　あなたが複素数を使っておられるのは、電気工学の人たちと同じく、一種の数学ツールとして、あるいは便利だからで、物理方程式で複素数を使うことに本当の物理学上の意味なんてないんじゃないんですか？」と。これに対して私たちはこう答える。「いや、冗談なんかじゃない！」量子力学には、本当に複素数が出てくるのであり、波動関数は本当に時空の複素数値関数なのだ。もちろん、すべてを実数のペアとして書き下し、-1の平方根を使って結びつけた形をした複素数のことなんてまったく触れずに、難儀な計算をすべてやることだってできるが、そんなことをする利点がない。実のところ、量子力学の数学では、-1の平方根iは重要な役割を演じるのである。どうしてなのか、その理由は私たちにはわからないが、それが真実であることはわかる。ならば、量子論的粒子の波動関数は、どのような姿をしているのだろうか？　シュレーディンガーの波動方程式を使えば、運動する1個の粒子は運動する一つの波で、その波動関数は、次のような形をしていることがわかる。

$$\Psi(\vec{x}, t) = A\cos(\vec{k}\cdot\vec{x} - \omega t),\quad ここに|\vec{k}| = 2\pi/\lambda,\quad \omega = 2\pi$$

16）バイオリンやギターの弦は、拘束された電子の波動関数のように振動する。

いく。kという量は波数と呼ばれ、ωという量は波の角振動数と呼ばれている。これらの量は、通常の「サイクル毎秒」単位の振動数fおよび波長λと$f=\omega/2\pi$、$\lambda=2\pi/k$という関係にあることが多い。λは波で隣り合う二つの谷または山のあいだの距離である。fは波が固定された任意の点xにおいて上下にまる1周期振動する回数が1秒間に何回かという数である。言い換えれば、波を長い貨物列車とみなすと、λは1両の貨車の長さであり、fは、列車が通過するのを辛抱強く待っているあなたの前を1秒間に通り過ぎる貨車の数である。Aは波の振幅と呼ばれ、たとえば、谷から測った山の高さを$2A$と定める。進行波の速度は、$c=\lambda f=\omega/k$である。これはベクトルとして書き表すのが一般的だ。したがって、kxは三次元空間において$\vec{k}\cdot\vec{x}$と表記され、$\vec{k}$の向きに進む波を表す慣習になっている。

14）「複素数よもやま話」：実数が発見されたのは、西洋では古代メソポタミア、東洋では古代中国でのことだったと推定される。数が「発見」されねばならないとは妙だと思われるかもしれないが、事実はそうなのである。私たちはまず、数えるための単純な数、すなわち整数0、1、2、3……を使いはじめるが、これは羊やお金を数えているときに発見された数だ。しかし、まもなく私たちは負の整数、−1、−2、−3……を見いだす。これは、誰かが**引き算**を発明し、3から4を引こうとしたときに見いだされたものだ。古代ギリシャ人たちは、有理数、すなわち3/4や9/28のように二つの整数の比で表される数を発見した。古代ギリシャ人たちはまた、素数、すなわち2、3、5、7、11、13、17……などのように、自分自身以外の整数では割り切れない整数を発見した。たとえば、15＝3×5は素数ではないが、素因数3と5を含んでいる。ある意味、素数は、それを元に掛け算をすることによってすべての整数をつくることができる「原子」のようなものだ。素数は数学において極めて重要であり、今日なお、その性質に関する多数の研究が進行中で、注目を集めている。$\sqrt{2}$やπなどの数は無理数で、二つの整数の比で表すことはできない。正と負の、整数を含む有理数と、無理数とをまとめて実数と呼ぶ。中世イスラム世界のアラビア語圏で代数学が発明され、$x^2=9$などの方程式が解かれるようになり、こういう方程式には$x=3$と$x=-3$という二つの解が存在することが知られるようになった。その後まもなく、虚数が発見された。たとえば、$x^2=-9$という方程式を解きたいとしよう。この式の解になる実数は存在しない。そこで私たちは、$i=\sqrt{-1}$、または$i^2=-1$で定義されるiという新しい数を発明する。こうして私たちの方程式には、$x=3i$と$x=-3i$という二つの解が存在することになる。さらに、aとb両方を実数として、$z=a+bi$という新しい数をつくることができる。こに等しい。しかし量子物理学では、粒子の位置を測定すれば必ずその運動量を乱してしまうという性質が常にその核心に存在しており、運動量と位置を入れ換えてもこのことは言えるのだとハイゼンベルクは説明した。差 $xp-px$ は極めて小さい。量子論的効果に付随するものなので、プランク定数 h 程度の大きさである。

12）運動量の不確定性が大きいとき、運動量そのものが不確定性と同じぐらい大きくなり得る。$\Delta p \geqq \hbar/2\Delta x$ である。運動エネルギーは運動量によって定義され、$KE=p^2/2m$ なので、このとき運動エネルギーも $(\Delta p)^2/2m \geqq \hbar^2/2m(\Delta x)^2$ まで大きくなり得る。ここで m は電子の質量である。これは、負のポテンシャルエネルギー $PE=-e^2/x \fallingdotseq -e^2/\Delta x$ よりもはるかに大きくなり得る。したがって、総エネルギー $KE+PE$ は実際、電子を原子核の近くへと近づけるにつれて増加する――原子には基底状態というものがあり、それは安定で、それ以上電子を近づけようとすると途方もなく大きなエネルギーが必要となる。この効果は**シュレーディンガー圧力**と呼ばれ、一般的に、非相対論的量子論では系の崩壊が阻止されることを説明する。シュレーディンガー圧力は克服され得るが、それは相対論的極限においてである。そのような場合は、運動量が巨大になったところでエネルギーが運動量でほぼ決定され、$E \fallingdotseq pc \fallingdotseq \hbar c/2\Delta x$ となる。だが、逆２乗力を受ける系のポテンシャルエネルギー $PE \fallingdotseq -k/\Delta x$ は、これに打ち勝つ可能性がある。したがって、巨大な恒星は内部が相対論的になると崩壊を起こす可能性があり、ブラックホールが形成され得る。

13）Walter J. Moore, *Schrödinger: Life and Thought* (Cambridge, MA: Cambridge University Press, 1992)〔『シュレーディンガー――その生涯と思想』(小林澈郎、土佐幸子訳、培風館)〕、また J. J. O'Connor and E. F. Robertson (on Schrödinger) のサイト (http://www-history.mcs.st-andrews.ac.uk/Mathematicians/Schrodinger.html)、さらに K. von Meyenn, "Pauli, Schrödinger and the Conflict about the Interpretation of Quantum Mechanics," in *Symposium on the Foundations of Modern Physics* (Singapore, 1985), pp. 289–302 も参照されるとよい。オッペンハイマーの言葉は、次の書評にも引用されている (Dick Teresi, "The Lone Ranger of Quantum Mechanics," in the *New York Times book review of Schrödinger: Life and Thought*, by Walter J.Moore, January 9, 1990)。たとえば、x が波の進行方向に沿った位置で t が時間だとすると、ある進行波を $\Psi(\vec{x}, t)=A\cos(kx-\omega t)$ という余弦関数の形で表すことができる。任意の時間 t においてプロットすると、これは波列であり、時間 t が増加するにつれて波列は右に向かって動いて

態に戻ろう。そして次に、本をまずz軸の周りに回転させ（b)、続いてx軸の周りに回転させる。この一連の操作（b×a）のあと、本がどんな状態になったかを確認しよう。a×bとb×aは同じだろうか？　答えは、「ノー」だ！回転の順番が問題になるわけだ。このような非可換性は、回転そのものの性質で、したがって自然がもつ性質であって、回転させる物体にはよらない。

ハイゼンベルクは、ある物体の位置xの測定に続き、その運度量pを測定すると、これらの測定を順序を変えて行ったとき、すなわち、まず運動量pを測定し、続けて位置xを測定したときとは異なる結果が得られると説明した。このことを量子論的に表現するにあたって彼は、測定という行為は、これらの記号の積をつくるようなもので、したがってa掛けるbはb掛けるaに等しくない場合もあって不思議はないのだと気づいた。厳密な言い方をすれば、xが電子の位置でpがその運動量だとすると、ハイゼンベルクは、xpはpxには等しくないことを見いだしたのだ。だがもちろん、このようなことはニュートン物理学では起こらない。ニュートン物理学では、位置に続いて運動量を測定することはxpであり、運動量に続いて位置を測定することはpxで、この二つは常

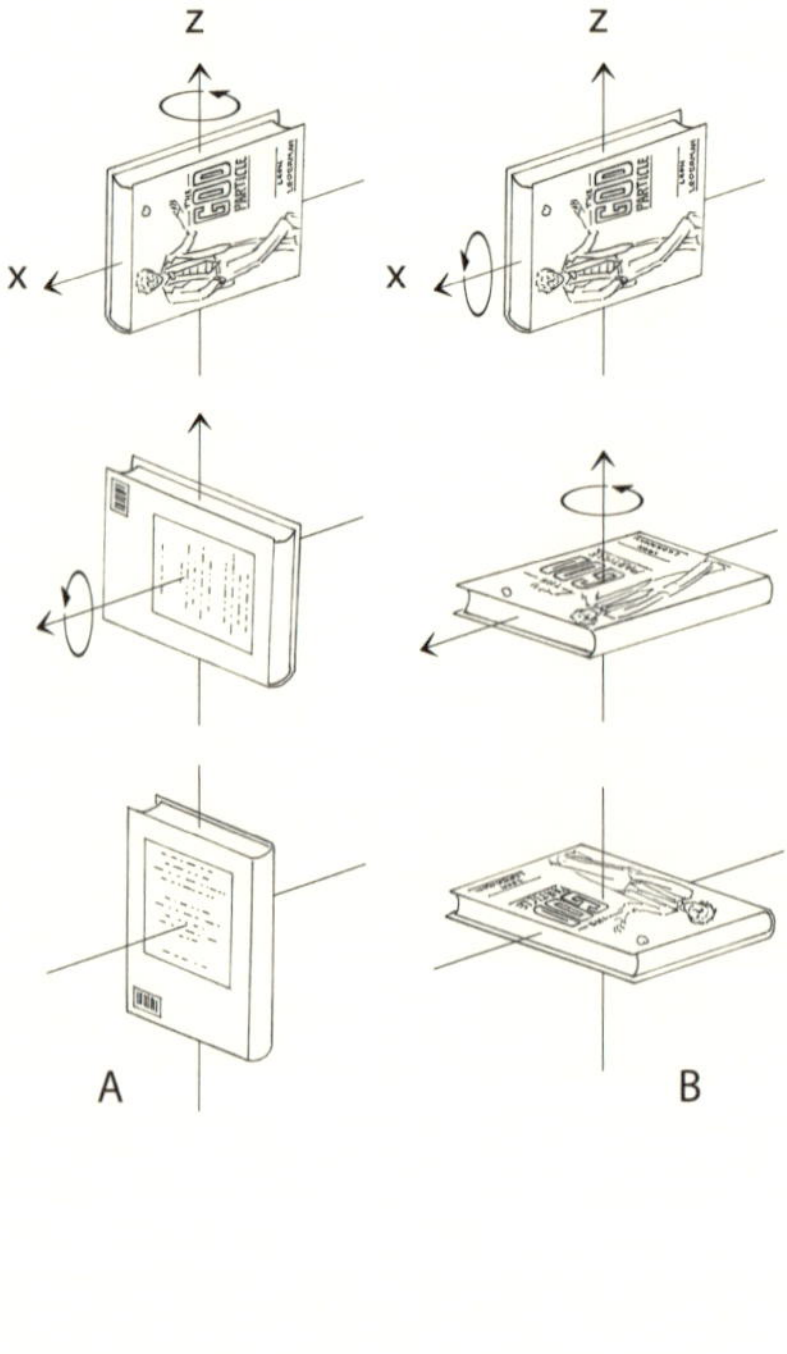

図 38　初期位置にある本から出発しよう。z軸の周りに90度回転させ、続いてx軸の周りに90度回転させる。すると、本はAという向きになる。同じような実験をもう一度行う。初期位置に戻り、そこから本をまずx軸の周りに90度回転させ、続いてz軸の周りに90度回転させる。今度は前とは異なるBという向きになる。これら2種類の回転は可換ではない。つまり、X×Z≠Z×Xである。（イラスト シー・フェレル）

ド・ブロイは、粒子の速度が上がるほど（つまり運動量が大きくなるほど）粒子に付随する波長は短くなることに気づいた。

7）同上。

8）同上。

9）David C. Cassidy, *Uncertainty: The Life and Science of Werner Heisenberg*（W. H. Freeman, 1993）〔『不確定性―ハイゼンベルクの科学と生涯』（金子務監訳、白揚社）〕; Arthur I. Miller, ed., *Sixty-Two Years of Uncertainty: Historical, Philosophical, and Physical Inquiries into the Foundations of Quantum Mechanics*（New York: Plenum Press, 1990）

10）同上。

11）正式な数理物理学の用語で言うと、$xp-px=ih/2\pi$ は、ハイゼンベルクの不確定性原理で量子力学を定義する**交換子**である。この表現を使えば、ニュートン力学との対応はごく自然に現れる。象や機関車や砂粒のような巨視的な物体の世界では、普通の可換な数を使って位置 x を測定して（たとえばメートル単位で）すませることができるし、もしも象がこちらに向かって突進してきているなら、その運動量は $p=Mv$（M は象の質量をキログラム単位で表したもの、v は象の速度をメートル毎秒単位で表したもの）である。通常の数を使って古典的な象を定義することができ、またこのとき、巨視的な象はプランクの h は感じないので、$xp-px=0$ である。しかし、小さな粒子――電子、原子、光子――に対しては、これはもはや成り立たない。厳密に言えば、$xp-px\neq 0$ という関係は、象に対しても成り立っているのだが、象に対してこのことを確かめられるほど感度の高い実験は不可能なのだ……。自然は電子を記述するのに日常的な数学は使わないということを認識するには、個々の原子レベルの繊細さが必要なのである。さらに、これではまだ足りないとでも言うかのように、上記の表現で h に掛かっている「数」は、$i/2\pi$ で、i とは -1 の平方根なのだ！私たちは、間違いなくオズの国に降り立ったのである。

次の例は、レーダーマン、ヒル共著『対称性』396ページの図A3を引用したものだ。本を1冊準備しよう――どんな本でもかまわない。この本は、単純に回転させることができる。架空の座標系を思い描き、その原点に本が存在しているとしよう。この本を架空の x 軸の周りに90度回転させよう。回転させるときには、常に「右手の法則」を使うことにする。この操作を「a」と呼ぼう。この回転に続き、架空の z 軸の周りにまた90度回転させよう。この操作を「b」と呼ぶことにしよう。そして、この二つの操作のあと、本がどうなったかを見てみよう。これが a×b の結果だ。さて、本が最初に置かれていた状

に対しては、ジュールよりも小さなエネルギー単位、たとえば電子ボルトなどを使ったほうが便利なことが多々ある。ジュールを電子ボルトに換算すると、1ジュール$=6.24150974\times10^{18}$eVとなり、電子ボルトの小ささが実感できる。いろいろなエネルギー尺度を感覚的につかむために、ふつうの燃焼を考えてみよう。炭素を燃やすと、炭素原子Cと酸素分子O_2が結合してCO_2が生じるが、このとき約$E=10$eVのエネルギーが（光子として）発生する。代表的な核分裂では、^{235}U原子核がより軽い原子核に変化し、このとき、1回の分裂あたり約200MeVのエネルギーが発生する。核融合では、水素原子核（陽子）を重水素原子核（陽子＋中性子）と結びつけ、ヘリウムの同位体（陽子2個と中性子1個）をつくり出すことができるが、このとき14MeVのエネルギーが解放される。

4）フランク＝ヘルツ実験については、たとえば次のようなサイトを参照のこと。http://hyperphysics.phy-astr.gsu.edu/hbase/frhz.html および http://spiff.rit.edu/classes/phys314/lectures/fh/fh.html

5）運動量の保存は、ベクトル方程式で表される。たとえば、質量がm_1とm_2の二つのビリヤード球が初速度（$\vec{v}_1, \vec{v}_2$）で衝突し、終速度（$\vec{v}'_1, \vec{v}'_2$）になったとすると、$m_1\vec{v}_1+m_2\vec{v}_2=m_1\vec{v}'_1+m_2\vec{v}'_2$となる。運動量の保存は、あなたが空間内のどこにいようと物理法則は変わらないという事実の帰結である。これは**ネーターの定理**の一例になっている。『対称性』を参照のこと。

6）ルイ・ド・ブロイ（Louis de Broglie 1892–1987）。1929年のノーベル賞講演（http://www.spaceandmotion.com/Physics-Louis-de-Broglie.htm）ならびに、ノーベル賞受賞者の経歴を記した次のサイトも参照のこと（*the Nobel Prize Biography*, http://nobelprize.org/nobel_prizes/physics/laureates/1929/broglie-bio.html）。ボーアは、電子は波であるという考え方を適用して彼の原子理論を構築したが、この手法は原子軌道に拘束された電子にしか使えないと考え、空間を運動していく拘束されていない自由電子にまで一般化しなかった。もしも電子に波が付随していたなら、その波の波長はどれぐらいなのだろう？アインシュタインの特殊相対性理論、ならびにプランクのエネルギーと波長の関係式とに導かれ、ド・ブロイは、粒子の波長はその質量と速度の両方に——要するにその運動量に——依存すると示唆した。運動量は、質量に速度を掛けたもの、すなわち$p=mv$と定義される。ド・ブロイはさらに素晴らしい洞察によって、粒子はプランク定数hをその運動量pで割ったものに等しい波長（λと呼ぶ）をもたねばならない、すなわち$\lambda=h/p$だと気づいた（このような量子論的な考え方には、量子論のトレードマークhが当然入ってくる）。

員）らのあいだでは、次のような辛辣な言葉で有名だった。「ああ、あれ（アインシュタインの相対性理論）か。われわれの研究では、あれで頭を悩ますようなことは絶対にしない」。

16）Jan Faye, *Niels Bohr: His Heritage and Legacy*（Dordrecht, Netherlands: Kluwer Academic Publishers, 1991）; ウィキペディアのNiels Bohr の記事も参照のこと（http://en.wikipedia.org/wiki/Niels_Bohr）。

17）Oscar Wilde, "In the Forest," 1881, from *Charmides and Other Poems, ublic domain*（オンラインで入手可）

第5章

1）Charles Enz and Karl von Meyenn, *Wolfgang Pauli: A Biographical Introduction, Writings on Physics and Philosophy*（Berlin: Springer-Verlag, 1994）〔『パウリ物理学と哲学に関する随筆集』（並木美喜雄監修、岡野啓介訳、シュプリンガー・フェアラーク東京）〕; C. P. Enz, *No Time to Be Brief: A Scientific Biography of Wolfgang Pauli*, rev. ed.（New York: Oxford University Press, 2002）; David Lindorff, *Pauli and Jung: The Meeting of Two Great Minds*（Wheaton, IL: Quest Books, 2004）

2）1911年、ボーアは、電子の運動が波の運動のようなものだとすると、電子が原子軌道をまる1周する距離（軌道の周の長さ）は、電子の運動を波として見たときの量子波の量子数という明確な数になっていなければならないと気づいた。各軌道において、電子の運動量の大きさはプランク定数で量子化されているとボーアは主張した。すなわち、電子の運動量は、プランク定数hを量子論的波長で割ったものに等しいとしたのである。原子の構造を解くカギは、「原子軌道の周の長さは、波長に整数を掛けたものに等しい」という条件が満たされていなければならないということにあった。つまり、電子の運動量はその軌道に結び付けられた特定の値しかとれないわけだ。これは実は、楽器が出す音についても同じである――特定のサイズの真鍮の管が出せる音や、所与の直径のドラム、あるいは所与の長さの弦が生み出す音は、特定の波長のものだけである。

3）原子のなかで特定の状態にある電子の拘束エネルギーは、たとえば、6.1eV、9.2eV、10.5eVなどとなっている。電子ボルト（eV）は、原子や原子以下の尺度で便利な、小さなエネルギーの単位である。1eVは、1個の電子が電気回路のなかで、1ボルトの電位差を下ったときに得る運動エネルギーと定義される。ジュールは、MKS単位系で定義されるエネルギーの単位だ。小さなもの

51, no. 4（1979）: 863–914 も参照のこと。

9）Wは金属の**仕事関数**と呼ばれている。振動数fがFよりも大きいとき、電子が放出され、この電子は、表面の障壁に「通行料」を支払ったあと、自分が吸収したエネルギーから「通行料」分を差し引いた量のエネルギーをもって金属の外に出る。式で表すと、放出された電子のエネルギーは、$E=hf-W$となる。言葉で表現すると、金属表面から逃れ出た電子のエネルギーは、この電子が光子から吸収したエネルギー（hf）から、逃れるために必要だった「通行料」（W）を引いたものに等しいということだ。続く数年にわたって、この式は何十人もの実験物理学者によって注意深く検証された。その結果、式の正しさが証明された！　今日ではこの「通行料」は、**金属の仕事関数**として、多くの参考書に表として記載されており、私たちはそれを見て値を知ることができる。表面で支払うエネルギー通行料であるWは、金属材料の原子構造に依存する。

10）*How Quantum Dots Work*, http://www.evidenttech.com/quantumdots-explained/how-quantum-dots-work.html を参照のこと。

11）個々の光子はエネルギーをもっているが、次のように表される運動量ももっていなければならない。$p=E/c=hf/c$。このことは、個々の光子（エックス線）を個々の電子に相対論的なビリヤードの球のようにぶつけるコンプトンの実験で確かめられた。http://en.wikipedia.org/wiki/Compton_effect ならびに、http://nobelprize.org/nobel_prizes/physics/laureates/1927/compton-bio.html を参照のこと。

12）同上。

13）同上。

14）ここでの議論は、リチャード・ファインマンが1964年にコーネル大学でメッセンジャー・レクチャーとして行った優れた講演、Richard P. Feynman, *The Character of Physical Law*（Cambridge,MA:MIT Press, 2001）〔『物理法則はいかにして発見されたか』（江沢洋訳、岩波書店）に収載〕に従っている。また、R. P. Feynman, *Six Easy Pieces, Essentials of Physics by Its Most Brilliant Teacher*（Basic Books, 2005）も参照のこと〔こちらも上記の邦訳書に収録〕。

15）David Wilson, *Rutherford, Simple Genius*（Hodder & Stoughton, 1983）; Richard Reeves, *A Force of Nature: The Frontier Genius of Ernest Rutherford*（New York: W. W. Norton, 2008）を参照のこと。手先が器用で（この点は、師のJ・J・トムソンとは大違いである）、現実離れした理論物理学者たちを蔑んでいたラザフォードは、彼が指導していたポスドク（博士研究

な影響を及ぼした（たとえば、電子がいかにして原子軌道を埋めていくかの理解に対して）。このことが私たちに理解できるようになるのは、さらなる思考と困惑の60年を要したのだった（補遺参照）。

6）ルートヴィッヒ・ボルツマン（Ludwig Boltzmann 1844–1906）。David Lindley, *Boltzmann's Atom: The Great Debate That Launched a Revolution in Physics*（New York: Free Press, 2001）〔『ボルツマンの原子—理論物理学の夜明け』（松浦俊輔訳、青土社）〕; John Blackmore, ed., *Ludwig Boltzmann—His Later Life and Philosophy, 1900–1906, Book One: A Documentary History*（Dordrecht, Netherlands: Kluwer, 1995）; Stephen G. Brush, *The Kind of Motion We Call Heat: A History of the Kinetic Theory of Gases*（Amsterdam: North-Holland, 1986）などを参照のこと。ボルツマンは 原子論を熱心に提唱し、量子論に重要なツールを提供した先見者の一人であった。彼は、**エントロピー**に関連する**位相空間**という概念を生み出した。これは数学の位相空間とは異なり、波長が異なる多数の波からなる系が占有できる状態の数を特定するための概念である。このおかげで、たとえば、黒体から発せられる放射のパターンをいかにして計算すべきかが理解できる。この概念は量子力学の基礎をなす重要なもので、世界を記述するために量子力学を応用する際には必ず使われる。今日の弦理論でも重要な役割を果たしている。ボルツマンは鬱に苦しみ（双極性障害だったのではないかと推察される）、62歳のときに自死を遂げた。

7）J. L. Heilbron, *Dilemmas of an Upright Man: Max Planck and the Fortunes of German Science*（Cambridge, MA: Harvard University Press, 2000）〔『マックス・プランクの生涯—ドイツ物理学のディレンマ』（村岡晋一 訳、法政大学出版局）〕; Max Planck, *Scientific Autobiography and Other Papers*（Philosophical Library, 1968）

8）アルベルト・アインシュタイン（Albert Einstein 1879–1955）。あまりにたくさんの参考文献があり、ここには挙げ切れない。この引用と優れた伝記が、Walter Isaacson, *Einstein: His Life and Universe*（New York: Simon & Schuster, 2007）〔『アインシュタイン—その生涯と宇宙』（二間瀬敏史監訳、武田ランダムハウスジャパン）〕で参照できる。引用は原書のp. 96から。最高の伝記と思われるのは、Abraham Pais, *Subtle Is the Lord: The Science and the Life of Albert Einstein*（New York: Oxford University Press, 2005）〔『神は老獪にして…—アインシュタインの人と学問』（金子務ほか訳、産業図書）〕。また、A. Pais, "Einstein and the Quantum Theory," *Review of Modern Physics*

体積、原子の数、総エネルギーなどが特定の値に定まっているときに、その系がとり得る運動状態が、どれぐらいたくさんあるかを表す尺度である。また、**平衡**という概念も重要である。平衡とは、このような系の安定性のようなものだ。たとえば、部屋を満たしている空気は、私たちには感知できない短い尺度では、それを構成する原子たちが飛び回ったり衝突したりしているにもかかわらず、見たところ変化のない状態、平衡状態をとることができる。ギブズは、このような状況で、部屋に静かに仕切りを入れて二つの等しい部分に分割しても、ガスの平衡状態は変化しないはずだと気づいた。このことが成り立つためには、部屋半分のエントロピーは、部屋全体のエントロピーの2分の1でなければならない（つまり、エントロピーは「示量的」である）。さもなければ、たんに系を分割しただけで、それに伴う見かけの圧力や見かけの温度が生じるはずだ（すなわち、平衡が崩れる）。だが、古典論ではこのような結果は生じない。この問題の原因は、古典論では、どの原子も原理的に他の原子から区別できるとしている点にある（理屈の上では、優れた彫刻家は、個々のヘリウム原子に、リック、ケイティ、グレアム、メアリー、ロン、ドンなど、違う名前を彫りこむことができることになる）。**ギブズのパラドックス**と呼ばれるこの問題を解決するためにギブズは、同じ種類の原子はどれも区別することはできないことを意味する「ファッジ・ファクター（微調整因子）」を計算に導入しなければならなかった（たとえば、すべての酸素分子は等価であり、すべての窒素分子も等価であるが、酸素分子と窒素分子は区別できる、などなど）。現実にも、同種の原子／分子／粒子（たとえばヘリウム原子）は互いに区別できない。

これは、古典物理学の深い哲学的な基礎を理解していた人々にはショッキングなことだったが、当時、そのような人はごくわずかしかいなかった。古典電磁気学理論を構築した偉大なジェームズ・クラーク・マクスウェルや、当時の最先端の科学者たちは、ギブズの本を熱心に読んで活用しており、とりわけマクスウェルは対等の科学者としてギブズを支持した。さもなければギブズは、アメリカの変人物理学者として無名に終わり、彼にふさわしい名声を得ることはできなかったかもしれない。いずれにせよ、当時はギブズのファッジ・ファクターが何を意味していたかははっきりしなかった――それは、エントロピーという概念の数学的定義の「些細な問題」にすぎないだろうと思われていた。これが量子革命の始まりを記した痕跡だとわかるのは、私たちが後年振り返って大局的に見るという恵まれた立場にあるからだ。ギブズが課した、同種の粒子は区別できないというルールは、量子論の基盤であり、物理学の世界に大きれる場合、それは一般に電磁放射による。電磁放射は、目にはほとんど見えないか、完全な不可視光かのどちらかで、核爆発のような極めて高温においてはエックス線やガンマ線などの超高エネルギー電磁放射が伴う。電磁放射は、物体内部に留まって飛び回ったり、放射されて再吸収されたりして、熱平衡を維持する役目を果たすが、やがては物体表面から放射されて離れていく。人間の体が冷やされる現象では、これらの効果が相乗的に働いているが、皮膚表面で水分（汗）が蒸発する。このとき、空気の湿度が高すぎない限り、水分は皮膚表面で自然に液体から気体に変化する。蒸発（液体から気体への変化）はエネルギーを消費するが、このエネルギーは皮膚からの伝導によって獲得されるので、冷却効果が生じるのである。熱はこのようにして運び去られる。

2）花火の色については、http://chemistry.about.com/od/fireworkspyrotechnics/a/fireworkcolors.htm; http://www.howstuffworks.com/fireworks.htm を参照のこと。また、*The Teacher's Domain*, http://www.teachersdomain.org/resource/phy03.sci.phys.matter.fireworkcol/ も推奨する。

3）リゲルについては、http://en.wikipedia.org/wiki/Rigel を参照のこと。

4）物理学者が使う温度の基本単位はケルビン（K）である。絶対零度は、物質が熱エネルギーをまったくもたなくなる温度で、厳密に0K と定義される（摂氏温度で−273.15℃に当たる）。絶対零度においても、系は量子論的ゼロ点エネルギーをもっている。なぜなら、量子論では運動が完全にゼロになることはあり得ないからだ。ケルビン温度の1度は、摂氏目盛の1度と正確に同じである。摂氏零度は水の凝固点（三重点）にほぼ等しく、これは絶対温度で273.15K である（したがって、0K＝−273.15℃）。ウィキペディアでは熱測定システムについてさらに正確な定義を与えており、参考情報や変換公式などへのリンクも記載されている（http://en.wikipedia.org/wiki/Temperature）。

5）ジョサイア・ウィラード・ギブズ（Josiah Willard Gibbs 1839–1903）。Muriel Rukeyser, *Willard Gibbs:American Genius*（Woodbridge, CT: Ox Bow Press, 1942）. Raymond John Seeger, *J. Willard Gibbs: American Mathematical Physicist Par Excellence*（Oxford, NY: Pergamon Press, 1974）; L. P. Wheeler, *Josiah Willard Gibbs: The History of a Great Mind*（Woodbridge, CT: Ox Bow Press, 1998）。量子革命の最初の兆候は、1860年代にJ・ウィラード・ギブズが熱力学の定式化のために行った研究のなかに認められる。ここで重要になるのがエントロピーの概念である。エントロピーとは、たとえば気体を構成している原子からなるような系があったとして、系の

Waves, Rogue Waves, Extreme Waves, and Ocean Wave Climate, http://folk.uio.no/karstent/waves/index_en.html)。さらに、このサイトから参照できるリンク先も興味深い。

6) 波の干渉を示す優れた動画や画像をインターネットで見ることができる。とりわけ、次のサイトは優れている（Daniel A. Russel, *Acoustics and Vibration Animations*, http://paws.kettering.edu/~drussell/Demos.html)。たとえば、二つの波の重ね合わせは秀逸（http://paws.kettering.edu/~drussell/Demos/superposition/superposition.html)。また、*Physics in Context*, http://www.learningincontext.com/PiC-Web/chapt08.htm もよい参考になる。

7) このような実験では、たとえばレーザーポインターで発するような単色光を使うのが最も望ましい。なぜなら、さまざまな色が混じった光を使うと、干渉パターンは異なる位置に生じ、観察しづらくなるからだ。ヤングは蝋燭を使ったと思われるが、カラーフィルターを使ってよりよい結果が出るようにしたのであろう。一つのスリットでも、スリットの幅が有限であるために回折が生じるが、この効果は、二つのスリットがあって、それらの間隔に比べ、スリットの幅が狭い場合には、二つのスリットによる効果から分離することは難しい。ここでの議論では、単独スリットによる回折の効果は無視する。

8) 同上。

9) ヨゼフ・フラウンホーファー（Joseph Fraunhofer)。*The Encyclopedia of Science*, http://www.daviddarling.info/encyclopedia/F/Fraunhofer.html を参照のこと。

10) マイケル・ファラデー（Michael Faraday)。ファラデーとマクスウェルは、古典電気力学の二本柱だ。Alan Hirschfeld, *The Electric Life of Michael Faraday*, 1st ed.（New York: Walker, 2006）を参照のこと。

11) Basil Mahon, *The Man Who Changed Everything: The Life of James Clerk Maxwell*（Hoboken, NJ: Wiley, 2004）を参照のこと。

第4章

1) 高温の物体が放射するエネルギーは、次の三つの方法で伝えられる。(1) 伝導。お湯に直接浸かっている卵のように、二つ以上の物体が直接接触することによって伝わる。(2) 対流。高温物体が空気と接触しているとき、周囲の空気が熱せられ、その空気が移動することによってエネルギーが運び去られる。アメリカで普及している強制空気加熱暖房もこれを利用している。(3) 放射。赤く輝くトースターの電熱線の場合のように、放射によってエネルギーが伝達さ

波を長い貨物列車と考えると、波長は貨車1両の長さ、振動数は列車が通過するのを辛抱強く待っている私たちの前を1秒間に何両の貨車が通過するかに当たる。したがって進行波の速度は、貨車の長さを、それが通過するにかかった時間（周期）で割ったもの、すなわち、(波の速度)＝(波長)×(振動数）である〔振動数は周期の逆数なので、周期で割るのは振動数を掛けるのと同じこと〕。波の速度がわかっているときは、(波長)＝(波の速度)÷(振動数)、そして（振動数)＝(波の速度)÷(波長）と、波長や振動数を求めることができる。

波の振幅とは、波の平均の高さを基準に測った、山の高さ、もしくは谷の深さだ。したがって、山の頂上から谷の最も深い底までは振幅の2倍となり、これを貨車の車高と考えることができる。電磁波の場合、振幅は波のなかの電場の強さにあたる。水の波の場合、波の谷底から山の頂上までの高さが振幅の2倍となる（図5参照）。

可視光の色は、19世紀のマクスウェルの理論によって、波長（あるいは、その逆数の振動数）によって決まることが理解されるようになった。振動数が小さければ波長は大きくなる。波長が長い可視光は赤色で、波長が短い可視光は青色だ。赤の可視光は、波長が約 $0.000065 = 6.5 \times 10^{-5}$cm（または、650ナノメートル（nm)、6500オングストローム（Å)。1nmとは、10^{-9}m、すなわち10^{-7}cm。1Åは、10^{-8}cm）である。波長がさらに長くなるにつれて、光の色は暗い赤色になっていき、約 $0.00007 = 7 \times 10^{-5}$cm（700nm、あるいは7000Å）に達すると、私たちの目には感じられなくなる。これよりもなお波長が長くなると、赤外線となり、私たちには温かく感じられるだけで、目にはまったく見えなくなる。さらに長波長になるとマイクロ波領域に入り、それよりも長波長になると電波となる。一方、波長が約 $0.000045 = 4.5 \times 10^{-5}$cm（450nm、あるいは4500Å）よりも短くなると、光は青色になる。これよりも短い波長（高い振動数）では、光は暗い青紫色になり、それより短波長になると、約 $0.00004 = 4 \times 10^{-5}$cm（400nm、あるいは4000Å）あたりで目には見えなくなる。さらに短波長になると、紫外線となり、その後エックス線となって、もっと短波長になるとついにはガンマ線になる（図12参照)。

5）ドラウプナー採油プラットフォームは、1995年の元日、巨大な波に襲われた（この波は観察され、測定もされた)。このとき、このような異常波が実際に存在することがついに確認されたのであった。このときまで、そのようなものは船乗りたちの妄想にすぎないと考えられていたのだが。次のサイトを参照されたい（*Physics, Spotlighting Exceptional Research*, http://physics.aps.org/articles/v2/86)。こちらのサイトでは面白い議論が示されている（*Freak*

るすべての物体は、最終的には静止状態という自然な状態に向かうと結論した。質量とは、物体が静止状態に戻る傾向の尺度であり、持ち上げたり、押したり、引っ張ったりするときに、「うーん」と、うめき声を出させるものだと広く考えられていた。古代ギリシャ人たちは、摩擦の概念と、理想的な摩擦のない運動という概念を、別々のものとして考えることができなかった。

2）古典論の範囲内での科学革命の歴史については、レーダーマン、ヒル共著『対称性』で論じている。

3）この詩は、Thomas H. Johnson, ed., *The Complete Poems of Emily Dickinson*, paperback ed.（Boston: Back Bay Books, 1976）に収載されている1627番目の詩である。

4）Edgar Allan Poe, *Complete Stories of Edgar Allan Poe*, Doubleday Book Club ed.（New York: Doubleday, 1984）〔日本語訳は、『黒猫・アッシャー家の崩壊』（巽孝之訳、新潮文庫）などに所収〕

第3章

1）インターネットで調べれば、画像や動画も含め、光に関する優れた教材がたくさん見つかる。たとえば、*Science of Light Animations*, http://www.ltscotland.org.uk/5to14/resources/science/light/index.asp; *How Stuff Works*, http://science.howstuffworks.com/light.htm; Itchy-animation, http://www.itchy-animation.co.uk/light.htm; *Thinkquest*, http://library.thinkquest.org/28160/english/index.html など。

2）Laurence Bobis and James Lequeux, "Cassini, Röme, and the Velocity of Light," *Journal of Astronomical History and Heritage* 11, no. 2（2008）: 97–105

3）Alex Wood and Frank Oldham, *Thomas Young*（Cambridge: Cambridge University Press, 1954）; Andrew Robinson, "Thomas Young: The Man Who Knew Everything," *History Today* 56, nos. 53–57（2006）; Andrew Robinson, *The Last Man Who Knew Everything: Thomas Young, the Anonymous Polymath Who Proved Newton Wrong, Explained How We See, Cured the Sick and Deciphered the Rosetta Stone*（New York: Pi Press, 2005）

4）進行波は波列とも呼ばれ、波が空間を横切るにつれて、多数の山と谷が連続して通過していくものである。このような波は、振動数、波長、振幅という三つの数によって記述される。波長とは、隣り合う二つの谷、または二つの山のあいだの距離である。振動数とは、空間の任意の固定された1点において、1秒間に波がまる1周期、上下にうねる回数である。

11）M. Paty, "The Nature of Einstein's Objections to the Copenhagen Interpretation of Quantum Mechanics," *Foundations of Physics* 25, no. 1（1995）: 183–204; K. Popper, "A Critical Note on the Greatest Days of Quantum Theory," *Foundations of Physics* 12, no. 10（1982）: 971–76. F. Rohrlich, "Schrödinger and the Interpretation of Quantum Mechanics," *Foundations of Physics* 17, no. 12（1987）: 1205–20. F. Rohrlich, "Schrödinger's Criticism of Quantum Mechanics—Fifty Years Later," in *Symposium on the Foundations of Modern Physics: 50 Years of the Einstein-Podolsky-Rosen Gedankenexperiment, Joensuu, Finland, 16–20 June 1985*, edited by Pekka Lahti and Peter Mittelstaedt（Singapore; Philadelphia: World Scientific, 1985）, pp. 555–72. D. Wick, *The Infamous Boundary: Seven Decades of Controversy in Quantum Physics*（Boston: Birkhauser, 1995）

12）同上。

13）より一般的には、**混合状態**〔「重ね合わせ状態」のこと〕は次のような形になる。a(J→ピオリア、M→ケンタウルス座α星)＋b(J→ケンタウルス座α星、M→ピオリア)。ここで$|a|^2+|b|^2=1$である。両方の確率が等しいので、$|a|^2=|b|^2=1/2$となる。より詳細は、第7章の原註8を参照のこと（「混合状態」という用語は、通常は「非対角密度行列」と呼ばれる、これとは別のものを指すのに使われる。本書では、上記の例のように、この用語を「固有状態の混合」を指すのに使う）。

14）Karen Michelle Barad, *Meeting the Universe Halfway, Quantum Physics and the Entanglement of Matter and Meaning*（Durham, NC: Duke University Press, 2007）, p. 254の、Niels Bohr, *The Philosophical Writings of Niels Bohr*（Woodbridge, CT: Ox Bow Press, 1998）を引用した箇所を参照のこと。

15）原註13を参照のこと。

16）Robert Frost, "The Lockless Door," in *A Miscellany of American Poetry, Aiken, Frost, Fletcher, Lindsay, Lowell, Oppenheim, Robinson, Sandburg, Teasdale and Untermeyer*（*1920*）（New York: Robert Frost, Kessinger Publishing, 1920）

17）原註1を参照のこと。

第2章

1）摩擦のない運動と、理想的な真空という概念は、古代ギリシャ人たちにとっては、現実とはあまりにかけ離れていた。重たい物体は力を加えないかぎり**等速直線運動**を続けるようにはとても見えなかった。アリストテレスは、運動す

Science 37, no. 1（1980）: 59–79

6）物理系の「量子状態」の記述と、古典論的な記述との違いをより深く味わうには、第7章の原註8「量子論における重ね合わせ状態」を参照のこと。

7）以下を参照のこと。Born, *The Born-Einstein Letters*（Palgrave Macmillan, 2004）; Cline, *Men Who Made a New Physics*（University Of Chicago Press, 1987）; Fine, "Einstein's Interpretations of the Quantum Theory," *Science in Context* 6, no. 1（1993）

8）シュレーディンガーは、標準的な波動方程式を基にして、この問題に答えられるような波動方程式を構築した。今日、「シュレーディンガー（波動）方程式」と呼ばれるものだ。この式において波をなしているもの、つまり、「波打って」いるものは、シュレーディンガーの「波動関数」と呼ばれている。シュレーディンガーが構築した枠組み全体は、ハイゼンベルクの枠組みと数学的には等価だが、そのことは当時すぐにはわからなかった。以下を参照のこと。P. A. Hanle, "Erwin Schrödinger's Reaction to Louis de Broglie's Thesis on the Quantum Theory," Isis 68, no. 244（1077）: 606–609; Walter John Moore, *Schrödinger: Life and Thought*（Cambridge: Cambridge University Press, 1992）〔『シュレーディンガー――その生涯と思想』（小林澈郎、土佐幸子訳、培風館）〕; Moore, *A Life of Erwin Schrödinger*, Canto ed.（Cambridge University Press, 2003）

9）波動関数$\Psi(x, t)$は、一般に時空の任意の点で複素数であるが、本書では無視することにする。そのため、波動関数の2乗をΨ^2と書き表す。厳密には、複素数の2乗は絶対値の2乗なので、$|\Psi|^2$でなければならない。第5章の原註14「複素数よもやま話」を参照のこと。

10）より厳密には、$\Psi(x, t)$は確率の**平方根**である。$\Psi(x, t)$は複素数値をとる時空の関数である。そのため、2乗は絶対値の2乗、$\Psi \times \Psi = |\Psi|^2$であり、これは時空の任意の点で正の実数である（第5章の原註14「複素数よもやま話」を参照のこと）。ディラックは、ハイゼンベルクの形式とシュレーディンガーの形式が数学的に等価であることを示した。しかし、「等価であること」と「使いやすさ」は別物だ。では、量子力学的な粒子の波動関数とはどのようなものなのだろう？　シュレーディンガー波動方程式を使うと、自由に運動している粒子は**進行波**の形をしており、次のように表される。

$$\Psi(x, t) = A\cos(\vec{k} \cdot \vec{x} - \omega t) + iA\sin(\vec{k} \cdot \vec{x} - \omega t),$$
$$\text{ここに} |\vec{k}| = 2\pi/\lambda\ ,\ \omega = 2\pi f$$

原　　註

第1章

1）物理学のパラダイムの進化に関するさらなる議論は以下を参照のこと。Leon M. Lederman and Christopher T. Hill, *Symmetry and the Beautiful Universe*（Amherst, NY: Prometheus Books, 2004）〔『対称性―レーダーマンが語る量子から宇宙まで』（小林茂樹訳、白揚社）〕

2）同上。

3）Max Born, *The Born-Einstein Letters: Friendship*, Politics and Physics in Uncertain Times（New York:Macmillan, 2004）〔『アインシュタイン・ボルン往復書簡集：1916–1955』（西義之ほか訳、三修社）〕; Barbara L. Cline, *Men Who Made a New Physics: Physicists and the Quantum Theory*（Chicago: University of Chicago Press, 1987）〔『現代物理学をつくった人びと』（柴垣和三雄ほか訳、東京図書）〕; A. Fine, "Einstein's Interpretations of the Quantum Theory," in *Einstein in Context: A Special Issue of Science in Context*, edited by Mara Beller, Robert S. Cohen, and Jürgen Renn（Cambridge: Cambridge University Press, 1993）, pp. 257–73

4）Walter J. Moore, *A Life of Erwin Schrödinger*, abridged ed.（Cambridge: Cambridge University Press, 1994）

5）C. P. Enz, "Heisenberg's Applications of Quantum Mechanics（1926–33）or the Settling of the New Land," *Helvetica Physica Acta* 56, no. 5（1983）: 993–1001; Louisa Gilder, *The Age of Entanglement: When Quantum Physics Was Reborn*（New York: Alfred A. Knopf, 2008）. *Werner Heisenberg Austolang: Helgoland*のサイト（http://www.archiv.uni-leipzig.de/heisenberg/Geburt_der_modernen_Atomphysik）を参照するのも面白い〔アクセスにはサイトの承認が必要〕。Jeremy Bernstein, *Quantum Leaps*（Cambridge, MA: Belknap Press of Harvard University Press, 2009）; Arthur I. Miller, ed., *Sixty-Two Years of Uncertainty: Historical, Philosophical, and Physical Inquiries into the Foundations of Quantum Mechanics*（New York: Plenum Press, 1990）; J. Hendry, "The Development of Attitudes to the Wave-Particle Duality of Light and Quantum Theory, 1900–1920," *Annals of*

索　引

著者紹介

レオン・M・レーダーマン（Leon M. Lederman）

一九二二年生まれのアメリカの実験物理学者。ボトムクォークの発見で知られる。一九八八年にミューニュートリノの発見によるレプトンの二重構造の実証でノーベル物理学賞受賞。イリノイ数学科学アカデミーの常任研究員、フェルミ国立粒子加速器研究所名誉所長であり、イリノイ工科大学プリツカー科学教授。著書にThe God Particle（『神がつくった究極の素粒子』高橋健次訳、草思社）、クリストファー・T・ヒルとの共著にBeyond the God Particle、Symmetry and the Beautiful Universe（『対称性』小林茂樹訳、白揚社）がある。

クリストファー・T・ヒル（Christopher T. Hill）

理論物理学者。シカゴ大学物理学科非常勤教授、客員研究員、オックスフォード大学客員研究員を経て、フェルミ国立粒子加速器研究所理論物理学部長。理論物理学と宇宙論についての論文を一〇〇篇以上執筆している。

訳者紹介

吉田三知世（よしだ・みちよ）

京都大学理学部物理系卒業。英日・日英の翻訳業。訳書にダイソン『チューリングの大聖堂』、クラウス『ファインマンさんの流儀』、ファーメロ『量子の海、ディラックの深淵』、ウィルチェック『物質のすべては光』、ボダニス『E=mc2』（共訳）、マンリー&フォーニア『アメリカ最優秀教師が教える 相対論&量子論』、ガブサー『聞かせて、弦理論』、ジョンソン『もうひとつの「世界でもっとも美しい10の科学実験」』ほか多数。

ISBN 978-4-8269-0173-4

詩《し》人《じん》のための量子《りょうし》力学《りきがく》

二〇一四年六月二十二日　第一版第一刷発行
二〇一四年八月十二日　第一版第二刷発行

著　者　レオン・レーダーマン、クリストファー・ヒル
訳　者　吉《よし》田《だ》三《み》知世《ちよ》
発行者　中村　浩
発行所　株式会社　白揚社　
〒101-0062　東京都千代田区神田駿河台1-7
電話03-5281-9772　振替00130-1-25400
装　幀　岩崎寿文
印刷・製本　中央精版印刷株式会社

レオン・レーダーマン&クリストファー・ヒル著　小林茂樹訳

対称性

レーダーマンが語る量子から宇宙まで

すべての物理法則を規定する「対称性」とは？　エネルギーの保存則や、相対性理論、量子力学、素粒子、ビッグバンやヒッグス粒子などを物理になじみのない読者にもわかりやすく解説。物理の楽しさを味わえる名著。　四六判　４６８ページ　本体価格３２００円

トマス・レヴェンソン著　寺西のぶ子訳

ニュートンと贋金づくり

天才科学者が追った世紀の大犯罪

17世紀ロンドンを舞台に繰り広げられた国家を揺るがす贋金事件。天才科学者はいかにして犯人を追いつめたのか？　膨大な資料と綿密な調査をもとに、事件解決にいたる攻防をスリリングに描いた科学ノンフィクション。　四六判　３３６ページ　本体価格２５００円

クライブ・フィンレイソン著　上原直子訳

そして最後にヒトが残った

ネアンデルタール人と私たちの50万年史

滅び去ったもう一つの人類、ネアンデルタール人。その研究の第一人者が、私たちと同等の能力をもった彼らがどのように繁栄を勝ち取り、やがて絶滅していったかを、数々の新しい知見とともにひも解く壮大な人類の物語。　四六判　３６８ページ　本体価格２６００円

D・P・バラシュ&J・E・リプトン著　越智典子訳

女性の曲線美はなぜ生まれたか

進化論で読む女性の体

生物学、進化論、心理学の観点から、さまざまな仮説を一つひとつ検証し、女性に関する未解明の５つの謎（月経、排卵、乳房、オーガズム、閉経）に迫る、知的興奮とスリル溢れる至高のサイエンス・ノンフィクション。　四六判　３２０ページ　本体価格２８００円

ソーア・ハンソン著　黒沢令子訳

羽

進化が生みだした自然の奇跡

進化・断熱・飛行・装飾・機能の５つの角度から、羽の魅惑の世界を探訪。恐竜化石、翼をまねた飛行機、アポロの羽実験、フライフィッシング、羽帽子の流行とダチョウ探検隊……軽妙な語り口で縦横無尽に語り尽くす。　四六判　３５２ページ　本体価格２６００円

経済情勢により、価格に多少の変更があることもありますのでご了承ください。
表示の価格に別途消費税がかかります。